G. NONY
Sous-intendant militaire de 2e classe

L'Intendance en Campagne

COURS PROFESSÉ AU STAGE DE L'INTENDANCE MILITAIRE

Préface de M. le Général LANGLOIS

PARIS
HENRI CHARLES-LAVAUZELLE
Éditeur militaire
124, Boulevard Saint-Germain, 124

MÊME MAISON A LIMOGES

1914

L'INTENDANCE EN CAMPAGNE

G. NONY
Sous-Intendant militaire de 2e classe

L'Intendance en Campagne

COURS PROFESSÉ AU STAGE DE L'INTENDANCE MILITAIRE

Préface de M. le Général LANGLOIS

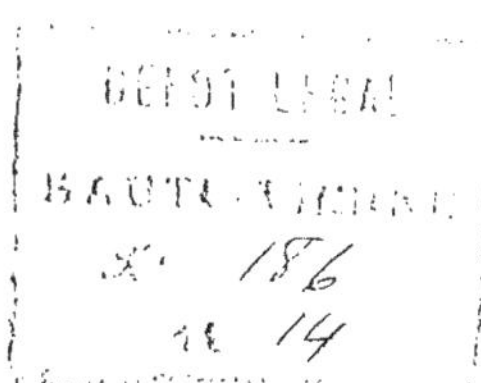

PARIS
HENRI CHARLES-LAVAUZELLE
Éditeur militaire
124, Boulevard Saint-Germain, 124

MÊME MAISON A LIMOGES

1914

TABLE DES MATIÈRES

Pages.

LETTRE-PRÉFACE DU GÉNÉRAL LANGLOIS. 11

PRÉLIMINAIRES.

Organisation administrative des armées. — Situation et rôle de l'intendance. . . 15
Divisions de l'ouvrage. . . 24

PREMIÈRE PARTIE

Principes généraux de l'alimentation des armées.

CHAPITRE Ier.

PROCÉDÉS GÉNÉRAUX D'ALIMENTATION.

I. *Historique sommaire*. . . . 28
Temps modernes. . . . 29
Campagnes de l'Empire. . . . 32
Campagne de 1859 en Italie. 45
Guerre de 1870. . . . 46
Concentration et invasion. . . . 49
Investissement de Metz. . . . 52
Marche de l'armée française de Châlons à Sedan. 59
Périodes diverses de la guerre. 62
Armées de la Loire. 65
Siège de Paris. . . . 69

II. *Bases de l'organisation actuelle.*
Enseignements tirés de l'étude des campagnes. 74
L'exploitation locale. . . . 79
Ravitaillement par l'arrière. . . 87

CHAPITRE II.

PERSONNELS DE L'INTENDANCE

I. *Les fonctionnaires de l'intendance*. . . 93
II. *Les personnels d'exécution*. . . . 104
III. *Administrateurs et comptables*. . . . 113

CHAPITRE III.

VOIES ET MOYENS DE L'INTENDANCE EN CAMPAGNE.

I. *Des approvisionnements.* 117

II. *Différents modes d'acquisition.* 121
1° Achats. . . . 124
2° Réquisitions. . . . 126
3° Prises sur l'ennemi. . . . 136
4° Contributions de guerre. . . . 137

III. *Exécution des services en campagne* 141

CHAPITRE IV.

NOURRITURE DES TROUPES EN CAMPAGNE.

I. *De la ration.* 148

II. *Allocations.*
1° Vivres. . . . 152
2° Fourrages. . . . 158
3° Combustibles. Paille de couchage 160
4° Tabac. . . . 160
5° Modifications des allocations 161

DEUXIÈME PARTIE

Organisation et fonctionnement de l'administration aux armées.

CHAPITRE Ier.

FORMATIONS ADMINISTRATIVES DES SERVICES DE L'AVANT.

I. *Distinction de l'avant et de l'arrière. Corrélation du commandement et de l'administration* 167

II. *Personnels et organes de l'avant du service de l'intendance d'une armée.*
1° Armée. . . . 174
2° Corps d'armée. . . . 174
3° Divisions isolées. . . . 177
4° Quartiers généraux des grandes formations 178
5° Eléments d'armée. . . . 180

III. *Matériels et ressources des organes de l'avant.*
1° Ressources des corps de troupe.
a) Vivres de réserve 181
b) Vivres du jour 183
c) Vivres régimentaires. . . . 185
d) Distribution journalière. . . . 189

Pages.

2° Ressources et matériels des organes administratifs.
a) Groupes d'exploitation. 190
b) Troupeau de bétail de corps d'armée.................. 190
c) Convoi administratif de corps d'armée................ 192

CHAPITRE II.

FONCTIONNEMENT DES SERVICES ADMINISTRATIFS DE L'AVANT.

I. *Relations des fonctionnaires de l'intendance avec les états-majors. — Des ordres.* 194

II. *Droits et devoirs des diverses autorités.*
1° Armées. 202
2° Corps d'armée. 206
3° Divisions. 211

III. *Considérations générales.* 220

IV. *Coup d'œil synthétique.* 225

CHAPITRE III.

ORGANISATION GÉNÉRALE DES SERVICES DE L'ARRIÈRE.

I. *Objet et divisions des services de l'arrière*.............. 230

II. *Service des chemins de fer.* 235

III. *Service des étapes.*
1° Directeur des étapes et des services..................... 239
2° Organes des lignes de communication..................... 242
3° Commandements d'étapes. 251

IV. *Service de la navigation.* 253

CHAPITRE IV.

INTENDANCE DES ÉTAPES.

I. *Personnels et formations de l'intendance des étapes*............. 255
1° Réserves d'armée. 256
2° Organes des étapes...................................... 258
3° Approvisionnements échelonnés sur la ligne de communication. 261

II. *Rôle des fonctionnaires de l'intendance affectés aux services de l'arrière.* 263

CHAPITRE V.

TACTIQUE DU RAVITAILLEMENT ET DE L'ALIMENTATION.

I. *Mouvements des denrées à l'arrière.*
1° Mouvements sur les voies ferrées......................... 272
2° Mouvements sur routes d'étapes.......................... 276

II. *Mouvements des équipages de l'avant.*
1° Entrée en ligne des différents organes.................... 278
2° Examen de quelques situations........................... 280
a) Ravitaillement au chemin de fer......................... 281
b) Ravitaillement aux têtes d'étapes....................... 288
c) Exemple d'ensemble. 291

Pages.
III. *Alimentation pendant les différentes circonstances de guerre* 297
IV. *Emploi et remplacement des vivres de réserve* 303
V. *L'avenir?* 307

CHAPITRE VI.

LE RAVITAILLEMENT NATIONAL.

1° Evaluation des ressources 309
2° Emploi des ressources 311

CHAPITRE VII.

COMPTABILITÉ DES SUBSISTANCES EN CAMPAGNE.

1° Comptabilité en deniers 315
2° Comptabilité en matières 317
3° Comptabilité des distributions 318
4° Opérations des bureaux de comptabilité 321

CHAPITRE VIII.

LES VIVRES-PAIN.

I. *Du pain* 323
II. *Ravitaillement en pain par l'arrière* 328
III. *Fabrication du pain au voisinage de l'avant par les boulangeries roulantes de campagne.*
1° La boulangerie roulante 334
2° Fonctionnement de la boulangerie 338
3° Appréciation des boulangeries roulantes 346
IV. *Exploitation des ressources locales. Centres de fabrication* 349
V. *Pain de guerre* 354

CHAPITRE IX.

LES VIVRES-VIANDE.

I. *Transport de la viande fraîche à la suite des troupes* 356
II. *Acquisition et abat du bétail* 358
III. *Livraison de la viande par l'intendance.*
1° Organisation générale 364
2° Le troupeau de bétail de corps d'armée; sa constitution 368
3° Le ravitaillement du corps d'armée 370
4° Les cuisines roulantes 374
5° Unités isolées 377
IV. *Ravitaillement en bétail.*
1° L'exploitation locale 377
2° Le troupeau de bétail d'armée 378
3° Les organes de l'arrière 379
4° Marche éventuelle des troupeaux 381
5° Diverses circonstances de guerre 383
V. *Viandes conservées. Potages* 384

CHAPITRE X.

QUELQUES PROCÉDÉS PARTICULIERS D'ALIMENTATION.

Pages.
I. *Alimentation sur la base de concentration*........................ 390
II. *Alimentation des troupes de montagne*........................... 393
III. *Alimentation des troupes chargées de la défense des côtes*.......... 398
IV. *Alimentation des places fortes*. 399

TROISIÈME PARTIE

Services administratifs

CHAPITRE Ier.

FONDS ET TRÉSORERIE.

I. *Crédits. Délégations*. 401
II. *Paiements. Trésorerie et postes.*
1° Fonctionnement général du service de trésorerie.............. 404
2° Principaux actes des payeurs. 408
III. *Origine des fonds de guerre*. 412

CHAPITRE II.

SERVICE GÉNÉRAL DE L'HABILLEMENT................. 414

CHAPITRE III.

TRANSPORTS ET CONVOIS...................... 418
I. *Transports par chemins de fer.*
1° Quelques règles techniques. 420
2° Règles administratives. 429
II. *Transports sur voies navigables*. 432
III. *Transports maritimes*. 433
IV. *Transports par voitures. Convois*.
1° Rendement des voitures. 434
2° Modes d'exécution des transports sur routes................. 439
3° Convois des étapes. 447
4° Administration des convois. 450
V. *Transports automobiles.*
1° Emploi des convois automobiles. 452
2° Le camion automobile. 454
3° Composition des convois. 458

CHAPITRE IV.

ADMINISTRATION DES CORPS ET DES DÉTACHEMENTS EN CAMPAGNE.

I. *Corps de troupe.*
1° Administration. 461
2° Comptabilité. 468
3° Surveillance administrative. 472
II. *Détachements de commis et ouvriers militaires d'administration*.... 474
III. *Isolés des quartiers généraux.* 475
IV. *Prisonniers de guerre.* 478
V. *Déplacements des isolés.* 479

APPENDICE

Manœuvres et exercices d'application

Manœuvres d'automne. 482
Manœuvres de cadres et voyages d'état-major........ 490
Exercices sur la carte. 491
CONCLUSION. 495

LETTRE-PRÉFACE [1]

Mon cher camarade,

Quand vous me fîtes l'honneur de me demander une préface pour votre Cours d'Administration, je ne voulus pas refuser mon concours à l'ancien lieutenant d'artillerie dont la collaboration m'avait été autrefois si précieuse; mais la tâche que j'assumais me paraissait bien difficile et, permettez-moi le mot, mortellement ennuyeuse. En effet, si j'ai trouvé parfois grand intérêt à suivre des cours oraux d'administration militaire, grâce à l'éloquence de certains professeurs, par contre je n'ai vu, dans la plupart des cours écrits, qu'une indigeste compilation des instructions réglementaires, compilation inutile à mon sens, car, dans la pratique, il faut toujours, en définitive, recourir aux textes des règlements; on trouve rarement dans ces cours autre chose qu'un amas de mots et de faits sans lien, sans vues d'ensemble, sans idées directrices, un dédale de formules sans fil conducteur, une série de leçons détachées capables de charger l'esprit, non de le former. Rien n'est plus difficile, en effet, que de présenter des idées générales en matière administrative.

Ainsi, me disais-je, me voilà condamné à lire encore un de ces ouvrages insipides, comme j'en ai déjà tant lus!... Et j'ouvris votre Cours la mort dans l'âme. Mais, dès les premières pages, je sentis disparaître peu à peu toutes mes préventions et je continuai jusqu'au bout, non seulement sans ennui, sans fatigue, mais avec intérêt et avec plaisir. D'abord,

---

(1) Cette préface est sans doute la dernière qu'a écrite le général Langlois. Avant que ce volume n'ait pu paraître, la mort est venue le surprendre, en pleine force, et l'arracher à l'affection de sa famille et de ses amis, à l'admiration de tous.

Qu'il nous soit permis, au seuil de ce livre qui s'ouvre sur sa parole toujours si bienveillante, d'adresser à son souvenir un dernier témoignage de reconnaissance et de respectueux attachement. — G. N.

j'ai retrouvé le fin lettré que vous êtes, au style à la fois sobre et élégant. Analyste et discuteur, tenant, avant tout, à pénétrer le pourquoi des choses, ne vous attachant pas aux formes, mais au fond même des règlements, vous avez cherché et vous avez réussi à donner à toute prescription une origine dans un principe général, à faire ressortir en tout l'*esprit* de nos organisations. Parfois, vous vous laissez entraîner par la passion, par l'amour de votre profession, et vous cherchez à communiquer la même flamme à vos lecteurs, que vous empoignez ainsi. Après avoir parlé à vos élèves, à des officiers, vous n'êtes pas fâché de vous adresser maintenant à un public indifférent ou même peu sympathique; la lutte des idées ne vous effraie point, et je vous approuve : rien ne me plaît comme les lutteurs.

On sent en vous cette profonde conviction, cette foi ardente et communicative qui sait donner du charme au sujet le plus aride. Vous aimez votre corps et voudriez le voir grand et respecté, et maintenu à sa vraie place. Vous faites un appel chaleureux à l'union, et combien vous avez raison ! J'ai surtout beaucoup goûté la page où vous exposez votre conception des rapports entre l'intendance et les autres services, où vous dictez à vos jeunes camarades leur conduite, dès le temps de paix, envers les états-majors. Oui, la collaboration entre ces deux grands corps ne peut être féconde que si elle est préparée, dès la vie de garnison, par des relations cordiales, une estime et une confiance réciproques. « Faites les premiers pas », dites-vous à vos élèves. Ils vous écouteront, j'en suis certain : leur intelligence, leur jugement sont trop sûrs pour qu'ils méconnaissent la voix de la vérité et de leur intérêt.

Je souhaite que, de leur côté, les officiers d'état-major comprennent aussi cette leçon, qui ne s'adresse pas à eux, et je leur dirais bien volontiers à mon tour : « Cette cordialité ne doit pas être seulement apparente; c'est dans le service qu'elle doit se manifester; ne négligez pas les avis de l'intendance, ne cherchez pas surtout à vous substituer à elle; ce serait une tâche trop lourde pour vos épaules déjà si chargées. Le service en souffrirait gravement et vous n'y gagneriez qu'un surcroît de responsabilités qu'il vaut mieux laisser à ceux à qui elles vont naturellement. C'est la troupe qui réclame votre activité; faites-la marcher, faites-la combattre. A d'autres revient, sous vos directives, le soin de la pourvoir. Evitez la confusion des pouvoirs. L'union doit naître d'une pensée commune, d'un cœur commun. »

J'ai trop prêché pendant toute ma vie militaire la *liaison des armes* pour ne pas être heureux de voir préconiser aujourd'hui celle des services.

Si votre livre est bien pensé, mon cher camarade, il est aussi bien écrit, bien composé, logiquement divisé. Vous n'êtes pas tombé dans le travers de beaucoup d'écrivains militaires, qui cherchent leur inspiration de l'autre côté des Vosges, et nous encombrent de citations germaniques, en attendant qu'ils en importent du Japon. Par vos idées élevées, par votre style vibrant et clair, plein de verve et de vie, vous êtes resté bien Français et je vous en félicite. Evidemment, il vous a fallu entrer parfois dans le détail des faits, dans la technicité des procédés, puisque vous parliez à de futurs intendants; mais vous l'avez fait sans troubler la suite des idées générales, sans cesser d'être intéressant même pour le grand public. Les dédales obscurs de la comptabilité pure trouvent moyen de devenir clairs, et presque agréables à parcourir avec votre netteté pour guide.

Aussi votre Cours se recommande-t-il non seulement aux spécialistes pour qui vous l'avez écrit, mais à tous les officiers d'état-major, à tous ceux qui aspirent aux étoiles, à tous les hommes instruits désireux de comprendre dans ses grandes lignes l'un des services les plus complexes des armées en campagne.

Je lui souhaite le plus vif succès, et j'entends par là le résultat que je sais vous être le plus cher, c'est-à-dire la reconnaissance et la diffusion de vos idées. Vous aurez fait œuvre utile, et bien mérité de votre corps et du commandement.

Général H. LANGLOIS.

ERRATA.

(Modifications survenues pendant le tirage.)

Page 98, *citation en tête de la page.*

Supprimer les mots : marche, stationnement, etc. (L'échelonnement des ressources du corps d'armée ou de l'armée doit être considéré comme une exclusive affaire de commandement.)

Page 107, *ligne* 27.

Les officiers qui commandent les colonnes de trains régimentaires sont « désignés par le commandement ». Ce ne sont plus forcément les officiers de gendarmerie.

Pages 109 *à* 111, *au sujet du commandement des détachements du train des équipages.*

Ajouter, après la 7e ligne de la page 111 :

Lorsque le chef de groupement existe, c'est donc de lui que relèvent les détachements du train, ainsi que les organes qu'ils attellent, pour la police et la discipline générales, pour les dispositions relatives aux marches, aux stationnements, et pour la garde du matériel.

A défaut de ce chef (soit que le groupement ne soit pas constitué, soit que le convoi soit détaché, soit pour toute autre cause), le détachement relève, dans les mêmes conditions, du sous-intendant qui a la direction du convoi.

Page 182, 6e *ligne en remontant ; page* 188, *et dans tous autres passages où il est question des trains de combat des corps de troupe et des trains régimentaires :*

Le groupement des voitures à viande, des cuisines roulantes, des voitures à vivres et à bagages, que nous avons appelé deuxième échelon du train de combat (TC_2), prend désormais le nom de *premier échelon du train régimentaire.* Rien n'est changé d'ailleurs aux conditions habituelles de sa marche : il suit toujours, en principe, le train de combat, réduit à son premier échelon.

Quant au train régimentaire, outre ce groupement de voitures, il comprend toujours ses trois sections, à l'emploi et au nom desquelles rien n'est changé.

En somme, il y a simplement lieu de remplacer partout : *train de combat* (car nous n'en avons jamais considéré que le deuxième échelon) par : *premier échelon du train régimentaire.*

Page 213. — *A propos de la direction du ravitaillement du corps d'armée.*

Le délégué du commandement à la gare ou au centre de ravitaillement n'est plus un officier d'état-major. La présence d'un lieutenant-colonel, signalée à titre hypothétique, devient réglementaire. Cet officier supérieur prendra la direction effective de l'opération, et en fixera les détails : ordre dans lequel les unités seront servies, disposition à donner aux voitures, leur groupement en vue du retour, etc. Un sous-intendant, à désigner, assiste aussi obligatoirement au ravitaillement ; il *seconde* le lieutenant-colonel, qui est tenu de prendre son avis sur les mouvements de voitures, et il le remplace entièrement en cas d'absence.

Modifier aussi dans ce sens les indications données, page 438, *lignes* 5 *à* 7.

L'INTENDANCE EN CAMPAGNE

PRÉLIMINAIRES

Organisation administrative des armées. — Situation et rôle de l'intendance.

Une *armée*, au sens le plus général du mot, est formée par une masse d'hommes armés, accompagnés de tout le matériel nécessaire à leur action et à leur existence, le tout placé sous le commandement d'un seul chef.

Mais le mot *armée* possède, dans les documents militaires, un sens plus précis, qui caractérise un groupement déterminé de nos forces, en vue de la guerre.

L'armée comprend : des corps d'armée, une ou plusieurs divisions de cavalerie, des éléments d'armée (artillerie lourde, troupes d'aéronautique et de télégraphie, équipage de ponts) et des organes administratifs d'armée (parcs et convois d'armée, services des étapes).

Les armées ainsi formées, d'effectif variable suivant le rôle qui leur est dévolu, constituent les *unités d'opérations* par excellence. C'est à elles que sont confiées les missions militaires dont l'ensemble forme les opérations de guerre. Celles qui ont à se mouvoir sur un même théâtre d'opérations sont réunies en *groupe d'armées* sous le commandement unique d'un *général commandant en chef*.

Le *corps d'armée*, de composition à peu près constante, est, lui, une *unité de manœuvre*. Il comprend, en principe, deux (ou trois) divisions d'infanterie, des troupes non endivisionnées (cavalerie, artillerie, génie de corps), un équipage de ponts, des formations administratives et sanitaires, des parcs et convois.

La *division* elle-même renferme deux (ou trois) brigades d'infanterie, des troupes de cavalerie, d'artillerie, du génie, des détachements administratifs et sanitaires.

L'addition éventuelle de quelques troupes accessoires brise la rigueur de ces types : le corps d'armée peut recevoir quelques bataillons formant réserve d'infanterie, l'armée peut posséder des divisions isolées.

Les *divisions de cavalerie* sont formées par la réunion de trois brigades de cavalerie, d'artillerie et de cyclistes d'infanterie. Elles peuvent être groupées en *corps de cavalerie* (1).

L'*administration*, ou ensemble des actes qui ont pour but de pourvoir l'armée de tout ce qui est nécessaire à ses besoins, est exercée, sous la haute impulsion du commandement, par un personnel et un ensemble d'organes, groupés par spécialités sous le nom de *services*.

Les grands services, dans les armées en campagne, sont ceux de l'*artillerie*, du *génie*, de l'*intendance*, de *santé*, de la *trésorerie et des postes*, de la *télégraphie militaire*. Par l'expression : *services administratifs*, on entend plus spécialement l'ensemble des services de l'intendance.

Le général commandant une armée n'est pas seulement un chef de *troupes;* il assume aussi la direction suprême de tous les *services*, et le commandement du *territoire*, tant de celui qu'occupe son armée que de celui qu'elle a occupé précédemment, et par lequel se fait la liaison entre les troupes qui manœuvrent et la mère-patrie. Pour lui faciliter cette triple tâche, on a divisé territoire, troupes et services, en deux grandes sections : l'*avant*, ou section des opérations proprement dites, sur laquelle s'exerce le plus directement son action, et l'*arrière*, où le personnel est plus spécialement occupé à faire parvenir à l'avant hommes, munitions, denrées; et l'on a donné au général d'armée un collaborateur sur lequel il se décharge d'à peu près tout ce qui n'est pas la conduite même des troupes : c'est le général *directeur des étapes et des services*.

A des degrés inférieurs, et conformément à la loi du 16 mars 1882, la direction supérieure de l'administration est exercée dans chaque formation par le général qui la commande. Mais il est clair que ce

(1) La composition exacte et les effectifs de ces différentes formations sont détaillés dans l'*Aide-mémoire de l'officier d'état-major en campagne*.

dernier s'en rapportera, pour l'exécution, au personnel spécial placé sous ses ordres, auquel il se bornera à donner des instructions telles que l'action administrative se trouve toujours d'accord avec l'action militaire proprement dite. En réalité, il y a non pas administration réelle par le commandement, mais impulsion administrative du commandement et subordination de l'administration au commandement.

Par « commandement », d'ailleurs, il ne faut pas entendre tout officier pourvu d'une autorité. La loi est formelle et claire. Elle subordonne l'administration au commandement *responsable*. Le commandement responsable, c'est le général commandant le corps d'armée, c'est le général commandant la division, c'est, parfois, le général commandant la brigade.

Ces idées qui paraissent aujourd'hui si évidentes — toute question d'amour-propre ou de personnes mise à part — ont été, au moment de leur réalisation, l'objet de discussions passionnées. C'est que, sur le fait de l'administration pure, s'en greffait alors un autre, et non des moindres, celui du *contrôle*.

La fonction de contrôle avait toujours, dans le passé, été confiée au corps des administrateurs. Comment ce contrôle aurait-il été efficace, s'il n'avait été indépendant ?

On sait comment la loi de 1882 a tourné la difficulté : elle a organisé un *corps de contrôleurs*, qui ne sont plus, ou ne doivent plus être, des administrateurs, et ne dépendent que du ministre de la guerre. L'administrateur a pu alors se cantonner dans ses fonctions de pourvoyeur, sous la haute direction du commandement.

Cette solution est-elle parfaite ?... Comme toute chose, elle présente des côtés faibles. Elle est, en tout cas, une solution; elle constitue le régime sous lequel nous vivons, et sa discussion est sans intérêt pour le temps de guerre.

Déjà, sous l'ancien régime, depuis Louvois, la lutte était vive entre les administrateurs et les généraux. Les « porte-rapières » supportaient impatiemment l'autorité parfois prépondérante des « commis ».

Par sa fameuse loi de nivôse an III, la Révolution avait essayé d'établir un statut administratif. Le commissaire des guerres y trouvait une situation élevée, une autorité s'étendant à toutes les branches de l'administration militaire, même à « tout ce qui concernait la police et la discipline des troupes..., la proclamation des lois et le maintien de leur exécution ». Aussi sa liberté est-elle bien nettement proclamée :

> Les commissaires des guerres, dit l'article 9 de cette loi, sont dans une indépendance entière des chefs militaires. Ils ne sont susceptibles d'aucune peine à infliger militairement.

Il est vrai que l'article 10 déclarait immédiatement après :

> Les commissaires sont tenus de déférer sans retard à toute réquisition écrite qui leur sera faite, pour un objet dépendant de l'administration militaire, par les officiers généraux.

La contradiction, qui n'avait pas échappé aux législateurs de l'époque, se retrouve dans toute la période napoléonienne. Mais il y avait alors un chef que les contradictions n'effrayaient point, et qui se chargeait de les résoudre. L'Empereur concentrait en son vaste cerveau toutes les conceptions du commandement et de l'administration, et les services eurent fréquemment à souffrir de leur dépendance exagérée du général autoritaire qui ne leur laissait pas une liberté d'action suffisante. La loi n'avait guère changé, mais la pratique l'avait interprétée au profit du commandement.

La Restauration apporta jusqu'à la réorganisation de l'intendance, « déléguée du ministre de la guerre », son esprit de réaction antibonapartiste, et se hâta de rétablir la liberté des administrateurs, qui se maintint jusqu'en 1870. L'ordonnance de 1832 sur le service en campagne confiait bien aux généraux le soin de donner l'*ordre de distribuer*, mais l'usage avait singulièrement restreint l'exercice de ce devoir. Les idées courantes l'avaient emporté sur le texte. D'une part, on considérait comme utile de dégager le général du souci administratif, pour permettre à son esprit de s'absorber entièrement dans la conduite des troupes. De l'autre, on était retenu par le manque de responsabilité effective du commandement. « Le général, pensait-on, ne voit que le bien-être de ses troupes; il ne s'inquiète pas des finances de l'Etat; il a l'habitude des procédés autoritaires; son intervention discrétionnaire est incompatible avec l'ordre nécessaire à l'exercice d'un budget. »

Quelques généraux, énergiques, ayant un réel souci de leur devoir, « prenaient des réquisitions » et exigeaient ce qu'ils croyaient utile à leurs troupes. Ce n'était là que des exceptions individuelles : l'organisation d'ensemble répondait à l'autre idée. Aussitôt la guerre déclarée, l'intendance se mobilisait à part, disposait seule des approvisionnements qu'elle avait seule créés, les faisait parvenir en toute liberté aux corps que lui désignait le ministre. Il en était de même de l'état-major de l'artillerie et de celui du génie, chargés de fournir les armes, les outils, d'organiser les forteresses, etc.

Pour donner une idée des résultats d'une pareille conception, il suffit de reproduire, au hasard des pièces de l'enquête, la déposition, devant la commission de l'Assemblée nationale qui après 1870-1871 étudia la réorganisation de l'armée, de M. l'intendant de Lavalette, intendant de Strasbourg :

« ... J'exposai au maréchal Le Bœuf (chef d'état-major de l'armée du Rhin) la pénurie où nous étions. Il me dit :

— Comment ! c'est à présent que vous venez me dire que vous n'avez pas ce qu'il vous faut !

Je lui répondis :

— Monsieur le Maréchal, depuis 1866 et 1868, je ne fais pas autre chose que de vous avertir, et j'ai pour témoin le général Ducrot, qui s'est associé à mes instances et qui a même pris l'initiative de mesures à prendre. Au mois de mai encore, j'ai été à Paris dans ce but.

Le maréchal Le Bœuf s'emporta. Je n'ai pas besoin de dire que nous ne sommes pas l'objet des prédilections des chefs militaires. Il me dit :

— Il fallait prendre l'initiative; vous deviez prendre tout sur vous, et acheter quand même.

Je lui répondis :

— L'initiative est entière en temps de guerre, quand le général autorise l'intendant; elle n'est pas entière en temps de paix. Pour acheter, en premier lieu, il me fallait des ordres et, en second lieu, des crédits. »

Encore s'agissait-il là des approvisionnements d'une place forte de premier ordre, de la nécessité desquels personne ne pouvait douter. Quelle devait donc être la situation pour les corps d'armée formés de toutes pièces au moment de la guerre ? Ils étaient forcément dépourvus de tout. Le commandement ne donnait pas l'*ordre de pourvoir;* l'administration ignorait les besoins, et n'avait même pas toujours les moyens d'y satisfaire.

« ... Je demandai au maréchal Bazaine, dit l'intendant général Wolff devant la même commission, quels ordres il avait à me donner. *Il me dit de faire pour le mieux ...*

Ce qui m'a surtout empêché de prendre des mesures, c'est l'absence d'ordres, de projets. Pas plus à Metz qu'à Paris, je n'ai jamais su au juste ce qu'on voulait faire. J'ai ignoré les faits, la direction imprimée par le commandement; j'étais livré complètement à moi-même. »

On le voit, l'intendance elle-même protestait contre la dualité d'action et demandait à être dirigée.

En réalité, cette subordination ne trouble guère le libre exercice des fonctions administratives. Elle consiste surtout en un abaissement d'un degré dans la délégation au nom de laquelle agit le fonctionnaire. Au lieu de lui venir du ministre, son autorité lui vient du général. Elle n'est en rien diminuée au regard de ceux sur qui elle s'exerce, et elle y gagne d'être mieux soutenue : le général, qui a la responsabilité de l'administration de son corps d'armée, ou de sa division, non seulement fera connaître à son intendant les futures opérations et le rôle précis qu'il aura à y jouer, lui indiquera nettement les besoins du soldat qui devront être assurés, mais encore il ne pourra lui refuser les moyens d'action nécessaires, et facilitera de tout son pouvoir une tâche, toujours difficile, et dont, de plus, l'échec pourrait un jour être imputé à lui-même.

Mais le devoir administratif des généraux ne va pas jusqu'à les substituer, eux ou leurs états-majors, aux corps spéciaux créés pour assurer cette administration. Aucun service ne peut être dirigé que par un personnel possédant les aptitudes spéciales et les connaissances professionnelles. Le commandement doit indiquer le but : le service garde, dans certaines limites, le choix des moyens avec la responsabilité de l'exécution. « On commande une armée, dit l'intendant général Baratier, en voulant de grands moyens d'action et en sachant les manier; *on l'administre en introduisant la méthode dans le service général et en laissant une large et vivifiante initiative dans le service local.* »

Ces principes trouvent leur expression dans différents règlements que nous aurons occasion de citer.

L'*Instruction sur la conduite des grandes unités* (décret du 28 octobre 1913) définit comme il suit les devoirs du commandement et des administrateurs :

A la tête de chaque service est placée une direction qui prévoit les besoins, réunit les moyens, ordonne et assure les mesures techniques d'exécution.

Dans le corps d'armée, les directions fonctionnent sous les ordres immédiats du général commandant le corps d'armée. Dans l'armée, la haute surveillance et la coordination d'ensemble des services sont assurées par le directeur des étapes et des services...

... Le fonctionnement des services est entièrement subordonné au développement des opérations; le but à rechercher est de permettre au commandement de prendre ses décisions indépendamment de toute préoccupation de ravitaillements et d'évacuations.

A cet effet, il est essentiel de mettre, le plus tôt possible, les directeurs des services au courant des principales éventualités envisagées dans le plan de manœuvre. Ils pourront ainsi établir leurs prévisions sans être surpris par les événements.

En cas de difficultés techniques spéciales, c'est au commandement qu'il appartient d'apprécier dans quelle mesure il tiendra compte des exigences de fonctionnement des services.

De son côté, le *Règlement sur le service des armées en campagne* (décret du 2 décembre 1913) dit, en son article 9 :

En principe, à la tête de chaque service est placé un chef de service qui, mis en temps voulu au courant des intentions du commandement, prévoit les besoins et les moyens d'y satisfaire, puis assure les mesures techniques d'exécution.

Les chefs de service sont sous l'autorité du commandement qui leur donne ses ordres. En outre, ils peuvent recevoir, au point de vue technique, des instructions du chef de service de l'échelon supérieur.

Le service de l'intendance a un chef dans l'armée : c'est l'*intendant d'armée*, dont l'autorité s'exerce sur tout le personnel de l'intendance appartenant à l'armée. Il est le conseiller du général d'armée, l'inspirateur de toutes les décisions que doit prendre celui-ci — ou le directeur des étapes et des services — sur l'alimentation et l'administration de ses troupes, et, de plus, l'organisateur et le directeur technique de tout le service.

Dans le corps d'armée, un haut fonctionnaire joue un rôle analogue auprès du commandant de corps d'armée et exerce la même autorité sur le personnel de l'intendance du corps d'armée. Dans chaque division se trouve un sous-intendant, dernier chef de service, qui exerce, sur une moins grande échelle et auprès d'un général à pouvoirs moins étendus, des fonctions analogues à celles de son supérieur. Chacun d'eux dispose d'un personnel d'exécution, auquel il donnera les ordres convenables pour assurer le résultat voulu, et d'un certain nombre d'approvisionnements sur lesquels il fera prélever les denrées nécessaires à l'alimentation, à moins qu'il ne les reçoive directement, ou ne les fasse acheter, et même fabriquer sur place. En dernière analyse, c'est le sous-intendant de division, qui est en contact direct avec les troupes, qui est le véritable pourvoyeur de vivres, l'agent le plus actif et le plus précieux de l'alimentation, ainsi que de toutes les autres parties du service.

Les éléments non endivisionnés — quartiers généraux, troupes à la disposition du commandant de corps d'armée, parcs et convois

— sont administrés aussi par des sous-intendants, et un personnel spécial est affecté à l'administration des organes de l'armée qui ne sont pas incorporés aux corps d'armée.

Des organisations analogues se retrouvent dans la division isolée, d'infanterie ou de cavalerie, et dans le groupe de divisions.

Pour achever ce coup d'œil d'ensemble sur l'armée et son administration, il faut rappeler quelles sont les fonctions spéciales qui incombent au personnel de l'intendance.

Aux termes de l'article 13 du décret sur le service en campagne, l'intendance aux armées est chargée :

1° De l'organisation, de la direction et de l'exécution des services des subsistances, de l'habillement et du campement et du harnachement de la cavalerie, ainsi que de l'ordonnancement des dépenses de ces services;

2° De l'ordonnancement de la solde;

3° De la vérification et de l'arrêté des comptes des distributions et consommations, en ce qui concerne les fonds et matières qui ressortissent aux services de l'intendance;

4° De la vérification des comptes des corps de troupe et de l'administration des personnels sans troupe;

5° Du contrôle du service de la trésorerie et des postes dans les limites prévues par les règlements.

Cette énumération serait à compléter par quelques attributions des fonctionnaires de l'intendance aux armées, opérant en qualité d'officiers publics : tenue des registres d'état civil, réception des testaments, etc., toutes attributions personnelles s'exerçant suivant des règles fort simples et n'ayant aucun besoin de commentaires ni de développements.

Toutes les fonctions de l'intendance en campagne s'appliquent à des actes également nécessaires, mais qui exigent d'elle des efforts variés. Les besoins des militaires en opérations possèdent des degrés d'urgence différents.

Le service des subsistances prend évidemment une importance capitale. Son fonctionnement est journalier; il absorbe une grande partie du temps du personnel de l'intendance; il soulève des difficultés toujours renaissantes et toujours nouvelles, et crée une préoccupation constante.

Mais il ne suffit pas que l'homme soit bien nourri : il faut qu'il soit bien couvert; il faut qu'il soit pourvu de tous ces accessoires qui lui rendent possible la vie en campagne avec toutes ses fatigues. La chaussure, le manteau sont les effets dont la qualité importe le plus; sans souliers, le fantassin ne va pas loin, et les souliers s'usent vite, et se réparent mal, au milieu des longues étapes. L'équipement de l'homme doit être au complet : il doit surtout être muni de ses ustensiles de campement, qui lui permettent de préparer partout ses aliments, car il serait imprudent de toujours compter sur le secours du cantonnement ou même des futures cuisines roulantes. En 1870, les troupes ont beaucoup souffert du manque de campement.

Maintenir tous ces effets au complet, en assurer à temps le renouvellement, prévoir les expéditions aux corps nouveaux, tel sera le but du service de l'habillement.

Ce n'est pas tout. Une armée a constamment besoin d'argent. L'intendance, en particulier, qui dispose des crédits, doit s'assurer que les fonds sont suffisants pour la solde et les nombreux achats à faire, pour assurer le paiement des prestations diverses.

Enfin, quoique atténué en campagne, le souci de la comptabilité ne doit pas s'éteindre. Sans elle, sans cette série d'écritures qui accompagnent tout acte administratif et qui semblent parfois fastidieuses à ceux qui n'en voient ni l'utilité, ni le lien, le désordre régnerait vite au sein des armées. Et le désordre entraîne, outre les abus, les fâcheuses conséquences de la pléthore d'un côté, de la pénurie de l'autre. Il appartient à l'intendance d'assurer la régularité des comptes, et, sans être tracassière en un moment où tous les ressorts de l'énergie militaire sont tendus vers le but supérieur de la victoire, de veiller à ce que les précieux matériels ne se perdent point et à ce que chacun reçoive tout son dû, mais rien que son dû.

Les autres attributions énumérées, dont l'exercice est d'ailleurs simplifié en campagne, passent au second rang.

Le grand devoir de l'alimentation garde d'ailleurs la prépondérance. Habillement, campement, numéraire, si nécessaires soient-ils, ne sont, en effet, pas des objets qu'il s'agit de trouver en tout lieu, à la minute même. Ils proviennent toujours de quelque magasin; leur arrivée peut généralement être attendue, ne fût-ce qu'un jour, et les garantir à l'armée est surtout affaire de prévoyance et de travail du temps de paix. Les vivres, au contraire, ne sauraient provenir, uniquement et indéfiniment, des approvisionnements : il faudra à la fois les rechercher sur place, à l'avant, et les rassembler à l'arrière pour les amener ensuite au consommateur. Leur besoin est toujours urgent, et ils représentent toujours un poids et un volume considérables.

Depuis quelques années surtout, l'augmentation effrayante des effectifs des armées, leur concentration sur des théâtres d'opérations souvent restreints, la rapidité probable des débuts d'une guerre et des mouvements qui les suivront, donnent au problème un aspect redoutable et le rendraient même à peu près insoluble si les progrès de l'industrie et le développement des moyens rapides de transport n'étaient venus, dans une certaine mesure, simplifier la tâche de ceux à qui incombe le soin d'alimenter les armées.

Divisions de l'ouvrage.

La portion la plus importante de cet ouvrage sera donc consacrée à l'étude de l'organisation et du fonctionnement du service des subsistances en campagne, étude qui sera divisée en deux parties :

1° *Principes généraux.* — Divers procédés qu'on peut employer pour la nourriture des armées. Historique de l'alimentation en campagne. Conclusions, méthode générale à adopter.

Organisation générale admise dans l'armée moderne. Personnels chargés d'assurer l'alimentation. Moyens généraux d'action à leur disposition.

2° *Mise en œuvre du personnel et de ses moyens d'action.* — Organisation de détail. Divers organes d'alimentation. Attribution des personnels à ces organes. Ressources et matériels; leur composition, leur emploi.

Fonctionnement du service. Emploi de tous ses éléments suivant les circonstances.

En d'autres termes, connaissance et emploi des ressources de l'intendance dans l'armée française actuelle, ce qu'on devrait appeler : *tactique de l'alimentation.*

Une troisième partie étudiera le rôle et les devoirs de l'intendance dans *les services autres que celui de l'alimentation* : service des fonds, administration générale des corps de troupe et détachements, etc., que nous comprendrons sous le terme, peut-être pas très exact, mais général, de *services administratifs*, et donnera quelques indications sur le mode d'exécution des transports, service de premier ordre, base même de tous les mouvements d'approvisionnements.

Si cette dernière partie paraît plus succincte que les deux autres, il n'en faudrait pas conclure que les matières qu'elle traite sont sans intérêt ou d'importance négligeable. Elles sont surtout moins nouvelles en campagne que celles qui se rapportent à l'alimentation. Pour ce dernier service, les modes d'opération sont assez différents de ceux du temps de paix, et exigent naturellement des développements plus longs.

Enfin, il est bien difficile de séparer entièrement l'alimentation des autres fonctions administratives. Il est clair que la même organisation, par exemple, doit convenir pour toutes, que les personnels et leurs zones d'autorité restent les mêmes pour des actes de natures un peu différentes. Bien des choses dites à propos des subsistances s'appliqueront aux autres services, ce qui contribuera encore à charger les chapitres relatifs à l'alimentation et nuira peut-être un peu à la netteté des divisions et à la précision des titres généraux, qu'il ne faut pas espérer trop absolues.

Tout ce qui va être développé ci-après ne représente pas en fait le véritable travail du sous-intendant militaire en campagne. Cela n'en représente qu'une minime partie; pour mieux dire, cela n'en représente que le *cadre*. Ce qu'on va définir, c'est la situation du sous-intendant au milieu des troupes; on va le montrer recevant et donnant des ordres, agissant entre l'état-major et ses subordonnés, coordonnant les efforts de son service aux opérations de tous, en vue du succès général. Mais on ne le montrera pas agissant dans sa sphère propre, faisant son vrai métier de sous-intendant, dirigeant son service en vue de la production maxima, apportant à ses gestionnaires le secours de son intelligence et de ses connaissances. Nous supposons un fonctionnaire parfaitement formé, rompu à son service du temps de paix, et nous montrons quelle modalité doivent revêtir ses actes ordinaires pour devenir actes de guerre. Ce que nous allons traiter devrait être intitulé, en reprenant le mot qu'a rendu célèbre le général Langlois : « L'intendance en liaison avec les autres armes. »

Le tableau que nous allons dresser est inerte : il n'a pas d'âme. Pour que tous ces personnels deviennent agissants, pour que tous ces matériels et ces ressources deviennent utiles, il faut leur insuffler la vie, ce que seule pourra faire la *science* du sous-intendant, sa connaissance parfaite de tous les détails de sa profession. Tout officier intelligent pourra connaître — devrait connaître — ce qui va suivre. Un seul sera capable de l'appliquer avec succès : le sous-intendant; c'est-à-dire celui qui aura acquis dès le temps de paix tous les secrets de son rôle de pourvoyeur, celui qui connaîtra à fond la qualité des denrées, la mouture des grains et la fabrication du pain, la conduite du bétail, les soins à donner à la viande fraîche, la préparation des viandes conservées, les propriétés des matériels, le rendement des organes, les meilleures conditions de leur fonctionnement; celui qui saura découvrir les ressources, assurer les achats et leur paiement, conserver et transporter toute espèce de vivres; celui qui mettra de l'ordre et de la régularité dans les opérations les plus embrouillées ou les plus hâtives; celui, enfin, dont l'activité inlassable, l'intelligence toujours en éveil et l'habileté professionnelle jamais en défaut, sauront tirer parti des situations les plus compromises.

Ces mêmes qualités, naturellement, entreront encore en jeu, et à un degré plus élevé, lorsque le fonctionnaire, ayant atteint les hauts grades de sa hiérarchie, exercera la direction supérieure de son service.

Certes, le rôle de l'intendance en campagne sera souvent écrasant. Mais qu'on ne s'imagine pas qu'il sera sans éclat. Il est d'une utilité telle, et il mettra tant de qualités en relief, qu'il sera impossible d'oublier ceux qui l'auront rempli. Non seulement ceux-là pourront compter sur la récompense intime que donne le sentiment d'un grand devoir bien rempli, mais ils éprouveront encore la satisfaction profonde de voir naître autour d'eux une atmosphère de *confiante reconnaissance* par laquelle, depuis l'humble soldat, qui n'a jamais eu le ventre vide, jusqu'au général dont les mouvements n'ont jamais été entravés, tous manifesteront qu'ils ont reconnu la difficulté de la tâche, apprécié le mérite de ceux qui ont su la mener à bonne fin, et considéré comme de premier ordre les services qu'ils auront rendus.

PREMIÈRE PARTIE

PRINCIPES GÉNÉRAUX DE L'ALIMENTATION DES ARMÉES

CHAPITRE Ier

PROCÉDÉS GÉNÉRAUX D'ALIMENTATION

Alimenter une armée, c'est faire parvenir aux soldats les denrées nécessaires à leur nourriture et à celle de leurs chevaux.

Deux grands procédés de rassemblement de ces denrées se sont offerts de tout temps aux chefs militaires : ou bien prendre sur le pays occupé, au milieu des troupes ou dans leur voisinage immédiat, tout ce qu'il lui est possible de fournir, soit en laissant le soldat lui-même s'en emparer sans règle ni frein, soit en organisant systématiquement la levée et le partage des richesses comestibles; ou bien constituer, avant l'entrée en campagne, d'importants approvisionnements, en une région appelée « base d'opérations », d'où des convois apportent, plus ou moins régulièrement, ce qui est nécessaire à la consommation de l'armée. Ces deux systèmes peuvent d'ailleurs être mis en œuvre soit par les moyens militaires, sous la direction et la surveillance directe des chefs ou de leurs délégués, soit par l'intermédiaire d'entrepreneurs payés en bloc et agissant à peu près en toute liberté.

Si haut qu'on remonte dans l'histoire, on constate l'application, plus ou moins pure, d'un de ces procédés, ou une combinaison des deux. Suivant l'époque ou les circonstances, suivant l'organisation administrative de l'armée, suivant le caractère du chef, suivant les ressources dont il dispose, suivant enfin la nature des théâtres d'opérations, leur richesse en produits agricoles et en moyens de transport, on relève une tendance à faire prédominer l'emploi systématique du premier ou du second.

Demandons donc d'abord à l'histoire quelles sont les préférences des grands capitaines, les avantages et les inconvénients de l'un ou de l'autre mode d'action. L'expérience des grandes guerres de l'Empire, celle de la guerre de 1870-71 surtout, seront particulièrement instructives, et c'est d'elles qu'on extraira les principes sur lesquels repose la méthode mixte admise aujourd'hui, et qui est la base de toute notre organisation actuelle.

A sa leçon de choses l'étude du passé joindra l'enseignement de la grandeur de l'effort d'intelligence et de volonté nécessaire à l'accomplissement des actes administratifs.

I

Historique sommaire des procédés employés pour assurer la subsistance des armées en campagne.

Dans l'antiquité et au moyen-âge (1), les troupes vivaient comme elles le pouvaient, sur le pays; « la guerre nourrissait la guerre » dans la complète acception du mot; ni magasins, ni convois; les guerres n'étaient d'ailleurs souvent entreprises que dans le seul but de s'emparer des richesses des peuples voisins.

---

(1) Cet exposé est, en quelque sorte, le résumé des connaissances classiques sur l'histoire de l'alimentation en campagne, complété par toutes les données qu'on a pu réunir sur l'alimentation de l'armée française pendant la campagne de 1870-71. On s'est efforcé de le présenter clairement et d'en faire ressortir la leçon encourageante, trop longtemps négligée.
Si les sources n'en ont pas été régulièrement indiquées, ce n'est pas pour donner au lecteur l'illusion de la mise au jour de documents vraiment nouveaux et originaux, c'est uniquement à cause de la diversité et du mélange de ces sources, dont le rappel aurait beaucoup surchargé le texte.

Temps modernes.

Depuis le xve siècle, de nombreux essais furent tentés pour éviter le pillage et lui substituer un emploi méthodique des ressources du pays. Cependant, longtemps encore, le soldat dut se pourvoir lui-même, au moyen de sa solde, en achetant ses vivres aux marchands qui se rendaient dans les camps ou suivaient les armées; ce fut l'origine des *vivandiers*. Dès que la solde cessait d'être payée avec régularité, l'homme d'armes se trouvait obligé de faire main basse sur tout ce qui se trouvait à sa portée; c'était le pillage qui devenait alors le principal moyen d'alimentation.

En France, *Henri II*, *Sully*, *Richelieu*, par leurs institutions et le soin qu'ils apportèrent à la surveillance de leurs agents, surent régulariser les fournitures et remplacer les réquisitions brutales par des achats.

Les Turcs furent les premiers à fixer une ration journalière au soldat et à faire suivre leurs troupes d'un convoi régulier. Leur exemple fut suivi par les Hongrois et les Autrichiens dans leurs guerres contres les musulmans; les territoires alors déserts et sans ressources du théâtre de la guerre imposaient la nécessité des convois.

Pendant la guerre de Trente ans, *Gustave-Adolphe* organisa méthodiquement l'alimentation de son armée; il fut le premier général qui sut, suivant les circonstances de la guerre, faire varier les procédés : exploitation locale sévèrement réglementée; nourriture chez l'habitant moyennant paiement; subsistance par des magasins fixes pendant les stationnements et par des magasins mobiles pendant les marches.

A la même époque, les troupes françaises et allemandes en étaient encore à acheter leurs vivres avec leur solde et à piller quand la solde manquait. Le reître ou le lansquenet, laissé libre de pourvoir à son entretien, dévasta le pays, fit la guerre pour son compte et devint un maraudeur éhonté.

Les excès, les horreurs de cette guerre soulevèrent partout la réprobation, et tous les Etats européens s'efforcèrent d'organiser régulièrement la subsistance de leurs armées.

L'activité de *Louvois* et son génie administratif provoquèrent en France de grands progrès dans l'alimentation des troupes. Jusqu'à lui, les marchés de subsistances étaient passés par le ministre des finances, qui avait souvent plus à cœur les intérêts du Trésor que ceux de l'armée. Louvois concentra dans ses mains tout ce qui était relatif à l'administration militaire.

Manquant de moyens d'action directe, il chargea de grands entrepreneurs de réunir les approvisionnements nécessaires aux armées; mais il les surveilla étroitement, eux et leurs commis, et obtint des résultats merveilleux, qui lui firent donner à lui-même le surnom de *grand vivrier*.

D'après les traités passés avec ces munitionnaires, toutes les places de l'intérieur étaient approvisionnées à six mois; en outre, les grandes places de l'extrême frontière possédaient des magasins généraux exclusivement affectés aux besoins des armées actives. Partout où marchaient les troupes, les subsistances marchaient après elles; l'existence régulière assurée au soldat permit de relever ou d'affermir la discipline. A ses débuts, ce système assura aux armées françaises une véritable prépondérance, parce qu'il rendit leurs mouvements indépendants de la saison, ce qui jusqu'alors n'avait paru qu'accidentellement possible. Mais l'exagération ne tarda pas à se manifester, et le système à être imité des autres nations. S'il était parfait, d'ailleurs, pour la guerre de sièges, où, grâce à Vauban, excellaient Louis XIV et Louvois, il devenait ruineux dans les opérations à grande distance, par le grand nombre de magasins qu'il exigeait et par les pertes auxquelles exposait la prise d'une place par l'ennemi. La défaite d'Hochstedt-Blenheim, en 1704, par exemple, fit tomber entre les mains des ennemis tous les approvisionnements disposés pour la subsistance des armées de Villars, de Tallard et de Marsin, depuis la frontière jusqu'au Danube.

Les armées pouvaient à peine manœuvrer au delà de leurs magasins; la méthode de Louvois reçut, à la fin, le nom de « système des cinq jours de marche »; aucune armée ne s'éloignait de ses magasins de plus de cinq étapes, sept au maximum; si on voulait marcher davantage, il fallait attendre la formation de nouveaux magasins, et l'on ne vit plus de ces rapides mouvements qui avaient donné la victoire à Gustave-Adolphe et à Turenne.

Frédéric II sut s'affranchir des entraves d'une application trop rigoureuse de ces procédés, et l'aisance de ses mouvements, en présence d'adversaires énervés dans leur discipline par l'abus des réquisitions et du pillage ou alourdis par de nombreux équipages, lui permit de résister aux armées coalisées qui semblaient toujours prêtes à l'enserrer de toutes parts. « Il faut, écrivait-il dans ses *Mémoires*, des magasins fixes et des provisions mobiles. La première règle est d'établir ses magasins sur les derrières échelonnés et toujours dans une ville fortifiée. » Les provisions mobiles, portées sur les caissons des régiments, s'élevaient à 5 jours de pain; celles de son intendance à 20 ou 25 jours. Il eut le premier l'idée d'organiser une boulangerie mobile, suivant à deux ou trois étapes les troupes, qui l'alimentaient elles-mêmes de farine au moyen de moulins à bras dont elles étaient munies. Pour ménager ses provisions, d'ailleurs, il usa de l'exploitation locale toutes les fois que ce fut possible et notamment de la nourriture chez l'habitant. En un mot, il sut, ce qui est encore aujourd'hui le secret de l'alimentation des troupes en campagne, combiner dans une juste mesure les magasins fixes en arrière de ses lignes, les moyens de transport destinés à accompagner l'armée et l'exploitation des pays traversés.

Les premières guerres de la *Révolution* se firent dans des conditions de disette et de souffrances qu'aucune armée européenne ne pourrait plus supporter aujourd'hui. Seul, l'enthousiasme des soldats de cette époque leur permit de résister à leur misère. « Apprenez, leur disait le général Chancel, que c'est par une longue suite de travaux, de privations, de fatigues et de souffrances qu'il faut acheter l'honneur de combattre et de mourir pour la patrie ! »

Cependant, toute une organisation avait été prévue et codifiée. D'après l'instruction du 7 ventôse an III, on devait, au moment de chaque guerre, constituer des lignes successives de magasins, distantes l'une de l'autre d'une trentaine de lieues; entre deux lignes principales voisines devaient se trouver des dépôts intermédiaires de vivres, séparés par trois ou quatre étapes les uns des autres; magasins et dépôts devaient être alimentés soit par des envois de l'intérieur, soit par des achats sur place. C'était créer ce qu'on a appelé plus tard *une série de bases d'approvisionnements*. Dans l'intervalle qui les séparait, les magasins intermédiaires jouaient le rôle dévolu aujourd'hui à nos gîtes principaux d'étapes. Cette idée prit, pendant les guerres de l'Empire, la force d'une théorie, et l'intendant Odier, premier professeur d'administration à l'école d'état-major, et qui avait fait, comme commissaire des guerres, quinze années de campagnes en Europe, l'enseignait en 1824 dans son cours, en recommandant de porter à 60 jours le total des approvisionnements de ces magasins.

Malheureusement, cette théorie resta théorie. Faute d'argent, la Révolution ne constitua jamais de magasins, et ses troupes vécurent au hasard des campagnes, tantôt de réquisitions, tantôt avec les approvisionnements envoyés de l'intérieur ou levés à grand'peine sur les pays occupés.

L'histoire a chanté à juste titre la gloire des généraux de la Révolution : elle a été un peu ingrate envers les hommes qui assumèrent la lourde tâche d'administrer leurs armées improvisées, sans personnel et presque sans ressources. Il ne faut pas laisser périr les noms des grands commissaires des guerres Villemanzy, Dubreton, Arcambal, Malus (auteur de l'instruction du 7 ventôse an III), et surtout Pétiet, qui devint ministre de la guerre en 1796, était intendant général de l'armée de Napoléon en 1805 et mourut à la peine l'année suivante.

Malgré les efforts de ces hommes habiles et énergiques, les besoins étaient extrêmes : les privations de l'armée d'Italie, jusqu'aux premières victoires de Bonaparte, sont restées célèbres.

Campagnes de l'Empire.

Les guerres de l'Empire ne furent, au point de vue militaire comme au point de vue historique, que la continuation de celles de la Révolution. Les principes révolutionnaires de l'administration, comme ceux de la tactique, auraient dû trouver leur application dans ces longues et classiques campagnes. La rapidité des mouvements ne permit qu'exceptionnellement la vie sur les magasins, au moins pendant les opérations elles-mêmes, et la constitution de bases régulières fut rare et de courte durée. Nous en verrons cependant quelques exemples.

Campagne de 1800. — Pour éviter le renouvellement des souffrances de ses troupes en 1796 et 1799, Napoléon organisa avec le plus grand soin le ravitaillement de son armée avant le départ pour la campagne de 1800 en Italie. Il accumula sur la route du Grand Saint-Bernard (1), à Lausanne, Vevey, et sur le cours du Rhône, de Villeneuve à Martigny, vivres et munitions. Les approvisionnements de denrées furent d'ailleurs inutiles : les riches plaines de la Lombardie et du Piémont permirent de vivre par achats ou par réquisitions.

Campagne de 1805. — Depuis Boulogne jusqu'au Rhin, les troupes avaient vécu sur le pays à l'aide de fournitures réglées par Napoléon lui-même dans les moindres détails; elles avaient, avant de passer le Rhin, reçu 4 jours de pain et 4 jours de biscuit; après quoi, suivant un ordre général de l'Empereur, elles devaient vivre sur le pays, tous les commandants de corps d'armée ayant été invités à ne pas s'embarrasser de convois encombrants. Avant tout, Napoléon voulait aller vite, et les impedimenta lui paraissaient devoir entraver sa marche; c'est ce qui faisait dire au maréchal Berthier :

« Dans la guerre d'invasion que fait l'Empereur, il n'y a pas de magasins. »

Le 2 octobre 1805, le même maréchal écrivait à Bernadotte :

« Il est impossible de vous nourrir par les magasins, cela n'a jamais été, et ce n'est pas pour s'être servi des magasins que l'armée française doit en partie ses succès. »

Les résultats de cette absence d'organisation furent déplorables.

« L'excès de fatigue, le manque de vivres, la rigueur de la saison, les désordres commis par les maraudeurs, rien ne manqua à cette campagne... Les généraux n'avaient ni le temps ni les moyens de se procurer de quoi nourrir une si nombreuse armée. C'était donc autoriser le pillage et les pays parcourus l'éprouvaient cruellement. »

La correspondance des maréchaux et des généraux pendant toute cette période est des plus instructives à lire. Ce ne sont que plaintes d'une part, de l'autre aveux d'impuissance basés sur la rapidité de la marche (le capitaine Coignet prétend, dans ses fameux *Cahiers*, que les étapes de vingt lieues étaient « la ration du soldat »). « La santé et la discipline de nos braves troupes, écrit, par exemple,

(1) Pour toutes les guerres de Napoléon et la campagne de 1859, voir la carte de l'Europe centrale, page 40.

Vandamme à Soult, souffrent infiniment par le manque de ces deux choses essentielles : le pain et les souliers. » Marmont cite, de son côté, des régiments, surtout des étrangers, tombés à 80 hommes par suite de désertions. Les Français, fait-il remarquer, se conduisaient beaucoup mieux : il y en avait toujours au moins *la moitié* qui revenait...

Les troupes étaient d'ailleurs relativement bien accueillies par les habitants, et l'aménité des « bons Allemands » de cette époque a été maintes fois célébrée par les auteurs de mémoires.

Napoléon constata lui-même les inconvénients de ce procédé de vie exclusive sur le pays; le 24 octobre, il écrivait à l'intendant général Pétiet :

« Nous avons marché sans magasins; nous y avons été contraints par les circonstances. Nous avons eu une saison extrêmement favorable pour cela; mais, quoique nous ayons été constamment victorieux et que nous ayons trouvé des légumes dans les champs, nous avons cependant beaucoup souffert. Dans une saison où il n'y aurait point de pommes de terre dans les champs, ou si l'armée éprouvait quelques revers, le défaut de magasins nous conduirait aux plus grands malheurs. »

C'était reconnaître que l'on ne peut marcher sans cesse en avant sans se préoccuper du ravitaillement par l'arrière. Et l'Empereur faisait organiser, aussitôt que le moindre temps d'arrêt le permettait, des magasins, des manutentions et des ambulances, et rassembler des moyens de transport.

La campagne n'en aboutissait pas moins à Ulm et à Austerlitz, et le principal facteur du succès était la rapidité de la marche de l'armée française.

Campagne de 1806-1807. — Les désordres de 1805 se renouvelèrent encore; les premiers jours de marche absorbèrent les vivres que les hommes avaient pris au départ. La rapidité exceptionnelle des mouvements qui suivirent les batailles d'Iéna et d'Auerstaedt, tant pour achever la ruine totale de l'armée prussienne que pour gagner les Russes de vitesse sur la Vistule, obligea l'armée à vivre exclusivement sur le pays. Le passage des troupes avait épuisé les ressources; les maraudeurs mettaient tout à contribution, exigeant de l'argent, du drap, des chevaux et des vivres, emprisonnant les habitants jusqu'à ce qu'on eût satisfait à leurs exigences.

Les mêmes excès, l'absence ou l'insuffisance des moyens de transport amenèrent les mêmes effets au début de 1807; c'est seulement quand on se fut replié, après Eylau (8 février), à l'est de la basse Vistule, que l'armée put se refaire.

La ligne de communication, qui passait par Varsovie, — où on avait accumulé des approvisionnements que l'absence de moyens de transports empêchait de faire parvenir à l'armée, — fut changée et dirigée de Posen sur Thorn, qui devint la véritable base d'approvisionnements. Tous les services s'y transportèrent et, en attendant qu'ils fussent en mesure d'expédier des denrées en avant ou de se livrer à une exploitation réglée des nouveaux cantonnements qui s'étendaient sur la Passarge, de Braunsberg au delà d'Allenstein, un corps d'armée restait en observation à l'extrême droite, à Pulstück.

Pendant trois mois, toute cette région de la basse Vistule fut le siège d'une activité fébrile. A Thorn, on installait une manutention de 50.000 rations; on recherchait dans le pays les grains, les pommes de terre, les fourrages, le bétail; on construisait des fours dans le voisinage des troupes. Des convois, organisés à grand'peine, amenaient à Thorn les richesses de la Posnanie et de la Silésie, par Breslau, Glogau, Kalisch, Posen. Au nord, le Brandebourg et la Poméranie accumulaient des réserves dans les places de l'Oder : Stettin, Custrin, Francfort-sur-l'Oder, qui formaient seconde base d'approvisionnement et qui se déversaient sur Thorn par voie d'eau : Wartha, Netze et canal de Bromberg. Enfin, Varsovie faisait descendre par la Vistule tout ce qu'on y avait inutilement recueilli pendant l'hiver, tout en assurant la subsistance du corps de Pulstück.

Tout cela était terminé à la fin de mars, époque où on pouvait commencer à dédoubler Thorn par l'occupation de Marienwerder. A ce moment seulement, chaque corps d'armée reçut sa ration complète de pain. De Thorn, tout était porté à Osterode, point de ravitaillement le plus avancé. Mais les convois manquaient pour aller plus loin. Ils étaient confiés à une compagnie civile, la compagnie Breidt, dont la négligence et la mauvaise volonté irritaient Napoléon au point qu'il la dissolvait le 26 mars et donnait son matériel à une troupe de conducteurs militaires, qui devint le noyau du corps des équipages militaires. (C'est ainsi qu'en 1800 il avait militarisé les conducteurs d'artillerie, et qu'il devait, en 1813, transformer en troupes d'administration les autres personnels civils.) D'autres voitures furent requises sur le pays, bien encadrées, et concoururent aux transports qui fonctionnèrent régulièrement à partir de la fin d'avril. Dès lors, rien ne manqua à l'armée. Au mois de mai, Dantzig se rendait : entre autres marchandises, on y trouvait 200.000 quintaux de grains et 300.000 bouteilles d'eau-de-vie; on y installa six fours militaires et on organisa des transports par l'embouchure de la Vistule et le Frische-Haff. Aussi, le 9 juin, l'armée française, reposée et pleine d'énergie, partait-elle sur le Niémen, où elle arrivait le 19, après avoir détruit l'armée russe, le 14, à Friedland. Dans sa marche vers le nord, elle vivait sur les approvisionnements emportés, sur une prise importante faite à Heilsberg le 11 juin, sur les convois envoyés d'Osterode par une ligne d'étapes, qui créait des magasins aux gîtes principaux de Heilsberg, Wehlau, Tilsitt, en même temps que la navigation apportait des denrées de Dantzig, par Kœnigsberg et Wehlau.

Tel est le résumé trop bref des opérations administratives restées justement célèbres, et qui sont un des plus beaux titres de gloire de Daru, intendant général de la Grande Armée (1).

Campagne de 1809. — Pendant que se prépare la concentration de tous les corps sur le haut Danube, une base sérieuse d'approvisionnements s'organise à Ulm, Augsbourg, Donauwerth et Ratisbonne.

En marche sur Vienne, Napoléon ne se contente plus d'une place d'étape à Braunau, comme en 1805; Passau sur l'Inn, Lintz en avant

---

(1) Les *Cahiers* du capitaine Coignet abondent en détails pittoresques sur la nourriture des armées de l'Empire. Cet illustre « grognard » ne paraît pas s'être beaucoup préoccupé des savantes combinaisons de Napoléon, ni des efforts acharnés de Daru. Mais il n'a pas oublié une seule de ses maraudes, pas un des jambons qu'il a « trouvés », comme il dit, pas une des bouteilles de vin qu'on lui a offertes ! En particulier, son tableau du dénuement de l'armée pendant l'hiver 1806-1807, et des moyens employés par les grenadiers pour y remédier, est des plus curieux et des plus amusants. Il est assez piquant d'y retrouver des points de repère, des recoupements, avec le récit officiel qui précède.

La mise au grand jour de cette âme de soldat, uniquement préoccupé du froid et de la faim, montre combien est vrai le mot de M. Melchior de Voguë, soldat volontaire de 1870 : « J'arrivais avec l'espoir d'assister à des spectacles grandioses, avec la certitude que j'allais recueillir et associer des impressions fécondes pour l'imagination. Après *vingt-quatre heures* d'épreuves, mes méditations ne s'écartaient plus de ce thème : trouver des pommes de terre ! » Instructive rencontre des esprits d'un écrivain de talent et d'un illettré !

de la Traun, Mœlk sur le Danube, Saint-Polten, deviennent autant de places importantes échelonnées à moins de vingt lieues les unes des autres, dans lesquelles se développe toute l'activité de la production, de façon à ravitailler l'armée, si les murs de Vienne ou le sort des opérations lui ferment l'entrée de la capitale. Les convois, conduits par le train des équipages militaires, marchent avec régularité et amènent les denrées aux troupes en temps voulu. En même temps qu'il organise ses communications par terre, l'Empereur double ses moyens d'action par l'emploi d'une flottille formée des bateaux recueillis sur le Danube et dirigés par les marins de la garde; il constitue ainsi des convois flottants qui, chargés à Ratisbonne, viennent jusqu'à Mœlk, à vingt lieues de Vienne, transporter sans efforts et décharger vivres et munitions.

Au point de vue administratif, la campagne de 1809 fut une des plus heureuses applications de la théorie des bases posée par l'instruction de ventôse an III.

Campagne de 1812. — En prévision de cette campagne, Napoléon, fidèle au système de prévoyance qui lui avait si bien réussi en 1809, effectua des préparatifs gigantesques, véritablement dignes de sa puissance d'organisation.

Un traité avec le roi de Prusse permettait de compter sur 200.000 quintaux de seigle, 400.000 de blé, des fourrages, de l'avoine, des chevaux et 44.000 bœufs. Tous les produits de l'Italie, de la France et de l'Allemagne affluèrent par toutes les routes, par tous les canaux, pour constituer sur la Vistule une solide base d'approvisionnements en denrées de toutes sortes, en effets, en matériel et en moyens de transport. Varsovie, Plock, Thorn, Graudenz, Marienwerder et surtout Dantzig, sur une étendue d'environ 350 kilomètres, constituaient la base d'opérations où les diverses armées allaient se réunir et d'où elles devaient s'élancer sur le Niémen. En arrière, les magasins n'avaient pas été négligés : les places de l'Oder, de l'Elbe, du Rhin étaient approvisionnées. On avait même prévu l'expédition de 28 millions de bouteilles de vin de Bordeaux et de 2 millions de bouteilles d'eau-de-vie.

Avant de commencer les hostilités, Napoléon s'assura des moyens de subsistance et passa la revue des magasins de Dantzig et de Kœnigsberg. Il renouvela ses ordres, ses recommandations : « Il faut, dit-il, dans une de ses dépêches, que tous les caissons puissent être employés et chargés de farine, riz, légumes et eau-de-vie. Le résultat de tous nos mouvements réunira 400.000 hommes sur un seul point. Il n'y aura rien alors à espérer du pays, et il faudra tout avoir avec soi. »

On partait de la Vistule avec 10 jours de vivres sur le sac et 15 sur les équipages, espérant ainsi atteindre le Niémen ou la Wilija et avoir le temps d'y constituer une seconde base d'opérations. Malheureusement, à peine avait-on franchi le Niémen, le 24 juin, qu'un orage terrible, accompagné d'un froid glacial qui dura plusieurs jours, vint surprendre au bivouac et frapper de pleurésie tous les jeunes chevaux employés aux transports et désorganiser subitement, par une perte de 8.000 animaux, ce service si important que l'on avait pris tant de soin à former.

Arrivée à Wilna sur la seconde base d'opérations, l'armée dut s'arrêter près de dix-huit jours, autant pour assurer l'approvisionnement des colonnes que pour réorganiser les transports et faire reposer les troupes. Le 28 juillet, l'armée entrait dans Witebsk; elle avait perdu 5 à 6.000 hommes par le feu, et, cependant, 144.000 soldats avaient disparu des rangs. Witebsk offrait peu de ressources; l'Empereur songea tout d'abord à s'y arrêter. « Je m'arrête ici, dit-il à ses maréchaux; je veux m'y reconnaître, y rallier, y reposer mon armée et organiser la Pologne; la campagne de 1812 est finie, celle de 1813 fera le reste. » Douze jours après, Napoléon reprenait sa marche sans convois suffisants, dans un pays dévasté, malgré les représentations de Berthier, Lobau, Caulaincourt et Duroc.

De Witebsk à Smolensk et à Wiasma, les armées vécurent d'expédients, de maraude. Une épouvantable dévastation méthodique, férocement exécutée par les cosaques, détruisait en avant d'elles les granges, les fours, les moulins, jusqu'aux villages eux-mêmes, et créait sur les pas de la Grande Armée une disette que les lignes des magasins, trop éloignées, ne pouvaient adoucir. Seul, le corps de Davout put résister; les hommes y portaient 4 jours de biscuit, 10 livres de farine et 4 jours de pain; les convois traînaient, en outre, 6 jours de farine et des moulins à bras.

Entré dans Moscou le 15 septembre, Napoléon se décida à en sortir le 19 octobre. Les provisions de la capitale permirent d'emporter 15 jours de vivres; mais le soin du transport des blessés, la poursuite hardie des cosaques, l'épuisement des équipages, le pillage des débandés et, bientôt après, le verglas et la glace, devaient avoir raison de ces immenses transports. A Smolensk, l'armée ne trouva que peu de ressources, bientôt pillées; elle ne put y rester et la retraite continua. On comptait trouver des approvisionnements importants à Minsk et à Witebsk; les Russes s'en étaient emparés; c'était une perte de 2 millions de rations. A Wilna, l'intendance avait rassemblé 40 jours de farine et 36 jours de viande pour 100.000 hommes; on y puisa, mais les convois avaient fondu sur la route depuis le départ de Moscou; aussi toutes les denrées, le matériel, 1.500 malades ou blessés, 5 à 6.000 traînards et 10 millions en or furent-ils abandonnés à l'ennemi, faute de voitures. Nous avions perdu 440.000 hommes, dont 150.000 étrangers, dans cette campagne, qui offre le singulier et triste spectacle d'une immense prévoyance absolument déjouée dans ses calculs, presque stérile dans ses résultats.

On peut appliquer au côté administratif de cette campagne ce que Clausewitz disait de sa préparation stratégique : « C'est montrer une absence complète de jugement que de voir une absurdité dans la campagne de 1812, tandis que, si elle avait réussi, on l'eût considérée comme une combinaison sublime... »

Il n'est pas sans intérêt de rappeler comment l'intendant Odier, qui avait suivi cette campagne, appréciait les fâcheux résultats d'une organisation pourtant si prévoyante : « Jamais l'administration militaire, — dit-il dans son cours à l'école d'état-major déjà cité, — n'avait fait de semblables prodiges. Tout avait concouru, du Rhin à la Vistule, à approvisionner pour plusieurs hivers l'armée des confédérés. Cependant, dans cette désastreuse retraite, *le mouvement des approvisionnements* fit défaut. Les denrées, au lieu de se présenter à des soldats transis et affamés, restèrent entassées dans les magasins; les hommes à moitié nus et mourant de faim ne purent s'en faire ouvrir les portes; des formalités sans fin, une étrange timidité s'y opposèrent : ces magasins devinrent la proie de l'ennemi.

» Le défaut de subsistance, dans un moment aussi critique, s'explique par la concentration trop rigoureuse des pouvoirs et de l'action dans la main d'un seul. Il n'y avait dans l'armée qu'un bras comme une tête. Tout ce que le chef ne faisait pas restait à faire... Ce grand événement explique la nécessité de divers pouvoirs pour régir une armée comme pour gouverner un Etat, la nécessité de leur action libre et spontanée; il nous fait entrevoir leur *dépendance*

MER DU NORD
MER BALTI
Hambourg
POMERANIE
Stettin
Netze
Custrin
Wartha
Francfort
Elbe
Ems
Weser
Wesel
Meuse
BERLIN
Magdebourg
BRANDEBOURG
Wittenberg
Torgau
Oder
Glogau
Lutzen
Leipzig
Dresde
Gorlitz
Erfurt
Saale
Iéna
Kœnigstein
Bautzen
Rhin
Main
Mayence
Wurtzbourg
SILÉSI
Ratisbonne
Strasbourg
Donauwerth
Hochstedt
Ulm
Augsbourg
Passau
Linz
Mœlk
Austerlitz
Braunau
St Pölten
VIEN
Inn
Lausanne
Vevey
Villeneuve
Culoz
Lyon
Martigny
Grand St Bernard
Mt Cenis
Milan
Chiese
Lautaret
Briançon
Suse
Pô
Tessin
Brescia
Solferino
Mincio
Mt Genèvre
Turin
Alexandrie
Crémone
Rhône
Gênes
MER
ADRIATIQUE
Golfe
de Gênes

EUROPE CENTRALE

raisonnable, leur *assistance réciproque* et la nécessité de la distribution des pouvoirs. »

Quelles paroles, mieux que ces lignes si modérées et dictées par l'expérience, pourraient faire ressortir le danger d'une trop grande concentration, entre les mêmes mains, des pouvoirs du commandement et des fonctions administratives !...

Campagne de 1813. — En quelques mois, le génie puissant de Napoléon venait de reformer une armée de 380.000 hommes; le Rhin, de Strasbourg à Wesel, fut approvisionné pour assurer la subsistance des troupes qui, venant d'Italie, d'Espagne et de l'intérieur, affluaient pour s'opposer à la coalition menaçante. Le temps pressait et, à peine concentrée, l'armée dut entrer en opérations en Saxe. Après les victoires de Lutzen et de Bautzen, et l'ennemi étant refoulé au sud jusqu'en Bohême, les magasins trouvés à Leipzig, à Dresde, à Gorlitz et à Glogau, et les ressources abondantes des villes et des villages, suffirent à la subsistance de l'armée française. Après la signature de l'armistice de Pleiswitz, sous l'impulsion énergique de Napoléon, Kœnigstein, Dresde, Torgau, Wittemberg, Magdebourg et Hambourg furent transformés en magasins, en ateliers et en centres de production, alimentés par d'énergiques réquisitions.

Pendant la période victorieuse, l'armée put donc vivre, en partie sur le pays, en partie sur ses convois; mais lorsqu'il fallut, malgré la victoire de Dresde, abandonner l'Elbe, Napoléon se trouva acculé, presque investi dans Leipzig, que sa prévoyance n'avait pas approvisionné. En se retirant sur Mayence après la bataille du 18 octobre, l'armée souffrit cruellement de cette absence de magasins sur sa ligne de retraite.

A Erfurt, on s'arrêta trois jours pour laisser reposer les hommes, reconstituer les groupes et distribuer aux affamés les approvisionnements de la place; mais là encore, comme à Moscou, on ne prit pas les dispositions nécessaires pour reconstituer les corps que les combats, la fatigue et la maraude ne cessaient de désorganiser.

« Des troupes aussi découragées que celles que nous commandions, aussi harassées, aussi exténuées par les marches, les combats, les revers et les privations, s'abandonnent bientôt à l'indiscipline. L'impossibilité de faire vivre les soldats par des distributions régulières motiva et justifia leur disparition. Chacun s'occupa avant tout de trouver sa subsistance, et, comme l'esprit militaire était éteint, comme un abattement et un dégoût que rien ne saurait rendre le remplaçaient, tous ceux qui s'étaient éloignés des drapeaux jetèrent leurs armes et marchèrent un bâton à la main. Sur 60.000 hommes qui restaient encore, 20.000 étaient ainsi formés en groupes de 8 à 10 hommes, courant toute la campagne. » (Marmont.)

« La mesure de faire vivre les troupes chez l'habitant est tout à fait contraire aux intérêts de l'Empereur, les paysans effrayés abandonnent leurs maisons », dit de son côté le général Belliard. Enfin, le général Morand, témoin de la retraite, nous apprend que l'armée perdit, dans trois jours, plus de monde que celle de Moscou dans vingt jours de marche.

Pour donner un exemple, la division polonaise Dabrowski, formée de 7.388 hommes et 276 officiers, perdait par désertion 1.444 hommes d'infanterie, 1.843 de cavalerie, 38 d'artillerie. Les raisons données de cette immense désertion, qui avait porté principalement sur les recrues, représentées cependant comme animées des meilleures intentions, étaient, outre des marches trop fortes pour l'entraînement de ces jeunes soldats, l'absence de vêtements, de vivres, de solde, et le manque de harnachement.

Campagne de 1814. — Napoléon surpris, sans hommes et sans argent, n'a pas le temps d'organiser des magasins, ni des convois, et cependant les ressources sont épuisées; on vit sur le pays, on le ruine. Les départements de l'Aube, de la Marne, de la Meuse, de l'Aisne et de la Meurthe furent ravagés par les armées alliées.

Pour trouver de l'argent, Napoléon eut recours à l'impôt, au moyen de 30 centimes additionnels sur les diverses contributions; il imposa des réquisitions de toute nature et en fixa arbitrairement la valeur. Un décret du 15 décembre 1813 avait réglé le mode de perception des fournitures requises; les préfets furent chargés de nommer une commission pour recevoir les denrées et délivrer les récépissés devant servir de titre au remboursement ultérieur.

Daru, encore chargé d'organiser les services administratifs, put à peine assurer les premiers besoins de l'armée; on dut vivre de contributions et de réquisitions. Les Russes et les Prussiens firent de même : denrées, moyens de transport, bateaux, guides, effets, chaussures, tout fut pris ou requis.

Les campagnes de Napoléon ont été ainsi résumées au point de vue administratif :

« Ici on se jette hardiment et fièrement sans magasins, on manœuvre avec légèreté, avec rapidité; on vit sans cesse au jour le jour et le succès couronne cette audace. (Campagne de 1805.)

» Ailleurs, les mêmes procédés sont mis en œuvre et réussissent d'abord; mais bientôt la misère accable la Grande Armée qui stationne, et tous les efforts du pays occupé demeurent presque vains, jusqu'à ce que, enfin, on se décide à faire revivre une méthode oubliée, qui consiste à former au loin l'approvisionnement et à lui donner la vie par le réseau des transports en arrière. (Campagne de 1806-1807.)

» Plus tard, dans la plus gigantesque des campagnes, on profite de l'expérience acquise, on prépare l'approvisionnement méthodique qui doit assurer l'abondance par la création et le déversement successif des bases d'approvisionnement, et les circonstances imprévues viennent annihiler tant d'efforts et les rendre presque inutiles. » (1812.)

En d'autres termes, moins brillants, l'étude des campagnes de l'Empire montre que le recours unique à l'exploitation du pays conduit rapidement à la maraude, au pillage, pour aboutir aux privations, qui entraînent nécessairement la destruction de la discipline, l'affaiblissement de l'armée. En revanche, la constitution d'approvisionnements sur des bases stratégiques, l'arrivée régulière des convois de l'arrière, permettent d'assurer convenablement la vie des troupes, mais elles les immobilisent, tout au moins ralentissent leur marche, et ne sauraient convenir à une armée qui puise dans la rapidité des mouvements le plus certain élément de ses succès (1).

La vérité, là encore, paraît occuper le juste milieu. C'est dans l'emploi simultané et soigneusement coordonné des deux procédés

---

(1) Voici l'opinion d'un auteur tout moderne, dont le talent s'exerce habituellement assez peu sur les choses de la guerre :

« Par la hardiesse de l'offensive, par le prodige des concentrations rapides, Napoléon s'assure la supériorité des forces sur le champ de bataille. Tactique difficile, qui suppose... *des qualités d'administration admirables;* car il faut que toute la masse pesante de matière, que l'armée la plus dégagée traîne toujours avec elle, la portion de vivres qu'elle ne peut prélever sur le pays et les munitions, soit au service d'une pensée ailée et ne l'opprime pas de sa lenteur. » (JAURÈS, *L'Armée nouvelle*.)

On ne saurait définir par une plus juste image le devoir administratif !

que les armées doivent trouver à la fois la mobilité nécessaire et la certitude, non moins indispensable, de leur existence. Il n'existe aucun moyen d'alimentation susceptible de répondre seul à toutes les exigences de la guerre. Tous peuvent être nécessaires; l'art consiste à être toujours prêt à employer chacun d'eux comme si, seul, il devait assurer le service, à discerner les conditions de recours aux autres, à combiner l'emploi de tous suivant les circonstances.

Campagne de 1859 en Italie.

Pour la première fois, une grande armée, sur le continent européen, avait occasion d'utiliser les puissants moyens de transport créés par l'industrie du XIXe siècle. Il est clair que le ravitaillement par l'arrière est grandement facilité par la présence du chemin de fer, qui permet à la fois de transporter de grandes quantités de denrées et de les faire parvenir aux troupes en peu de temps. Marchant plus rapidement que ces dernières, les convois ne peuvent plus recevoir le reproche de les immobiliser. Malheureusement, la voie ferrée est facile à détruire, et son interruption arrête le ravitaillement. La campagne de 1859 fit ressortir nettement ces avantages et ces inconvénients.

L'administration, au début, eut à vaincre de réelles difficultés, par suite de la précipitation avec laquelle on dut entrer en campagne. Rien n'était préparé : il fallut tout organiser au dernier moment. La plus grande activité fut déployée; des vivres et des fourrages furent réunis à Briançon, Culoz, Suse, Turin, Alexandrie et Gênes, pour la concentration des troupes. D'autre part, les ressources mises par le Piémont à notre disposition aidèrent à la subsistance des 3e et 4e corps, qui voyageaient par voie de terre.

Dans la première partie de la campagne, c'est-à-dire pendant la période de préparation, d'organisation et de concentration, l'administration militaire utilise des bases éloignées du front de manœuvre, bases sédentaires, Suse et Gênes, où affluent les ressources de la mère-patrie. De ces deux points, l'administration alimente journellement l'armée à l'aide d'expéditions par voie ferrée, dans des gares centres de ravitaillement, susceptibles de se déplacer suivant le mouvement des corps d'armée. C'était une méthode nouvelle.

Dans la seconde partie de la campagne, pendant la période des manœuvres, du Tessin à la Chiese, les voies ferrées sont coupées; l'armée s'avance déjà jusqu'à 130 kilomètres de sa gare de ravitaillement, où les approvisionnements s'immobilisent faute de transports suffisants et d'un service des étapes organisé; on vit sur le pays, au prix de grandes difficultés, parce que l'armée entière ignore ce procédé et le pratique sans méthode.

Dans la dernière partie de la campagne, de Solférino au 6 juillet, jour de l'armistice, on organise méthodiquement le service des transports. Une solide base d'approvisionnements est formée par Milan, Brescia et Crémone; des convois organisés aux points extrêmes amènent ces approvisionnements sur une première ligne de magasins, située sur la Chiese, puis de là sur une seconde ligne allant jusqu'au Mincio; enfin, la voie ferrée réparée permet de reprendre l'heureux procédé de ravitaillement qui avait si bien réussi au début de la campagne.

Guerre de 1870.

Nous entrions en campagne, en 1870, sans approvisionnements entretenus dès le temps de paix, et imbus de l'idée qu'on ne devait rien demander au pays; notre funeste habitude de camper loin des villes et des villages ne permettait pas d'user de l'exploitation locale.

Depuis 1815, et sous l'influence des souvenirs redoutés des maraudes de la Grande Armée, on avait entouré ce procédé de restrictions telles qu'on avait dû renoncer à son application. Il fallait perfectionner le mode, le réglementer : on le raya d'un trait de plume; on ne connut plus qu'un système : vivre sur les magasins, les corps devant tout attendre de l'administration qui, sous le poids d'une aussi lourde charge, devait fatalement succomber.

Les guerres faites au milieu du siècle, la conquête de l'Algérie surtout, tendaient d'ailleurs à développer cette idée fâcheuse. Les territoires incultes et souvent déserts où se déroulaient les expéditions ne permettaient pas une exploitation régulière de la nouvelle colonie, et la faiblesse des effectifs procurait à la tâche de l'intendance une facilité relative qui devait faire naître une confiance regrettable.

Ce fut seulement pendant la campagne de 1870, sous la pression des besoins, alors que des changements incessants de direction éloignaient de plus en plus nos troupes des quelques magasins constitués à la hâte, que l'on s'ingénia et qu'on en arriva naturellement à user des réquisitions et en même temps des approvisionnements apportés par voitures et par chemin de fer. Mais ce procédé donna relativement peu de ressources : nos réquisitions n'ont atteint que le chiffre de 15 millions, tandis que celles des Allemands ont dépassé 200 millions.

Il n'y avait, en revanche, pas d'approvisionnements constitués en vue de cette guerre. On ne comptait pas sur des débuts aussi foudroyants. L'intendance supposait qu'elle agirait comme dans les guerres précédentes, en rassemblant les denrées dès que les mouvements des troupes seraient décidés et en les expédiant en certains points, où les distributions se seraient faites avec calme. Le succès de la première période de la guerre d'Italie fut, à ce point de vue, d'un fâcheux exemple.

Les événements ne permirent pas ce mode d'action. Il y avait évidemment imprévoyance à compter uniquement sur lui. L'imprévoyance fut, à cette douloureuse époque, le défaut général. Mais le corps de l'intendance remplaça ce qui lui manquait de préparation par des prodiges d'énergie et de résistance; de même que les troupes tâchaient de remédier, par un courage héroïque, à la maladresse et à la légèreté de la stratégie, ainsi l'intendance fit tout ce qui était possible pour suppléer par un travail acharné à l'insuffisance de sa préparation. Les armées improvisées, après l'anéantissement des forces régulières, furent organisées avec le personnel administratif de ces dernières, relâché après la capitulation de Sedan, comme dirigeant les services sanitaires et couvert par la convention de Genève. Ces mêmes hommes, qui avaient été si malheureux au début, et qu'on avait tant critiqués, purent montrer leur valeur le jour où ils eurent réellement des chefs, le jour où ils reçurent des ordres et surent dans quel sens ils devaient agir. Si bien des calomnies furent déversées sur l'intendance après la défaite, elle recueillit aussi bien des hommages sincères qui adoucirent pour elle l'amertume et le parti pris des premières.

Lorsque l'Assemblée nationale se réunit à Bordeaux, après la conclusion de l'armistice, une commission fut nommée pour prendre connaissance de toutes les ressources dont disposait encore le pays pour continuer la lutte. Voici quel a été, au sujet des vivres, le rapport de cette commission :

« L'état général de l'approvisionnement est satisfaisant. Si parfois des plaintes se sont élevées au sujet des privations subies par nos soldats, il faut en accuser, en partie, une certaine inexpérience des agents subalternes, des circonstances indépendantes de toute volonté humaine et les difficultés que les marches ou des combats incessants imposaient aux transports et aux distributions. Les vivres n'ont pas manqué. Ils sont de bonne qualité. Des erreurs ou des fautes ont été parfois commises dans leur répartition, mais le fait doit être attribué à la négligence de certains officiers qui ne s'occupaient pas de leurs hommes et à la paresseuse imprévoyance du soldat, jetant les provisions reçues pour trois ou quatre jours, afin de ne pas avoir la peine de les porter. » (M. DE FREYCINET, *La Guerre en province.*)

Le général Faidherbe a déclaré que le personnel administratif de l'armée du Nord avait parfaitement rempli son devoir, et avait assuré l'alimentation des troupes aussi bien que les circonstances le permettaient.

Le général Chanzy, dans sa belle relation des *Opérations de la Deuxième armée de la Loire*, a fait ressortir tout ce qu'avait donné, sous ses ordres féconds, la collaboration intime du commandement et de l'intendance, en des termes qu'on trouvera plus loin textuellement reproduits.

Enfin, le duc d'Audiffret-Pasquier qui, à la présidence de la commission d'enquête sur les marchés passés pendant la guerre de 1870, avait examiné jusque dans le plus infime détail le fonctionnement des services administratifs à cette époque, pouvait s'écrier, en pleine Assemblée, dans son discours du 17 juin 1873 :

« Donc, Messieurs, quand vous entendrez parler de l'intendance, quand on l'attaquera devant vous comme on l'a attaquée depuis trois ans, dites-vous que nous devons au pays la vérité, et qu'une des premières choses qui doit sortir de cette enquête, c'est la justice rendue à des fonctionnaires injustement attaqués, dont les efforts sont méconnus. J'ai développé, dans la dernière séance, les preuves de l'insuffisance, partout constatée, dans les préparatifs de la guerre; mais il faut que nous disions au pays que la faute a été d'abord aux institutions, dans une grande mesure à certains chefs, mais non pas aux intendants. »

Les Allemands, de leur côté, possédaient dans leur pays des approvisionnements relativement considérables. Ils étaient persuadés de la nécessité de l'exploitation locale et de la vie dans les cantonnements, et aussi de celle des réserves roulantes. La campagne de 1866, avec ses longues et rapides marches, avait été pour eux une leçon pratique de premier ordre. Enfin, ils avaient préparé, avec un soin méticuleux, leur mobilisation et l'invasion de l'Alsace et de la Lorraine.

Dès le commencement d'août, trois armées allemandes étaient concentrées, la première et la deuxième derrière la Sarre, la troisième entre Vosges et Rhin, de Landau à Germersheim. Elles pénétraient en France, la dernière par la trouée de Saverne, à la suite de la bataille de Wœrth-Frœschwiller, les deux premières par la route de Sarrebrück à Metz, à la suite de la bataille de Forbach (1).

Concentration et invasion. — Les armées allemandes s'étaient mobilisées et concentrées en moins de quinze jours. Leur intendance avait fait les plus grands efforts pour assurer leur alimentation pendant cette période.

Les ressources provenaient des avances du temps de paix, doublées par des achats effectués tant dans le pays qu'à l'étranger, surtout en Angleterre, à des prix très élevés d'ailleurs, atteignant le double des cours habituels.

Les magasins de chaque région de corps d'armée possédaient une réserve de six semaines de vivres, qui fournirent d'abord les vivres de mobilisation, de chemin de fer, de débarquement. Le restant fut expédié aux magasins de concentration suivants, affectés à chaque armée :

Ire armée : Coblentz, qui envoyait des vivres aux magasins plus avancés de Trèves, Sarrelouis et Fraulautern. Des vivres vinrent également de Cologne, place forte abondamment pourvue.

IIe armée : Mayence, qui alimentait les magasins avancés de Kreutznach, Alzey, Worms. De Cologne et de Wesel, des vivres descendirent le Rhin sur bateaux jusqu'à Bingen, d'où on les répartit dans les mêmes places. Les corps de la IIe armée avaient

(1) Voir la carte de la frontière franco-allemande, page 56.

emporté de leurs centres de mobilisation 5 jours de vivres, et en achetèrent eux-mêmes sur la base de concentration.

IIIe armée : Francfort-sur-le-Mein, d'où les vivres furent expédiés à Mannheim, Ludwigshafen, Heidelberg, Brücksal, Germersheim et Neustadt. En attendant que ces magasins fussent en état, les premières troupes arrivées vécurent chez les habitants.

De grandes manutentions étaient établies à Cologne, Coblentz, Bingen, Mayence, Francfort, Mannheim, Sarrelouis.

Dans la marche générale en avant qui suivit le franchissement de la frontière, chaque armée dut prendre, pour se ravitailler, des mesures différentes suivant sa position, les circonstances et la région d'opérations.

Après Forbach, pendant la marche sur Metz, la Ire armée tira ses approvisionnements de Sarrelouis, où l'on réunissait les vivres des autres magasins, et créa un dépôt intermédiaire à Boulay; elle s'empara des denrées abandonnées par nos troupes à Forbach, vécut de réquisitions et de pain fabriqué par les hommes dans les villages; plus tard, on lui envoya de gros approvisionnements et elle constitua un magasin avancé à Courcelles-sur-Nied.

La IIe armée, à dater du 4 août, reçut chaque jour de Bingen trois trains de vivres expédiés par Neunkirchen. Le général d'armée installa successivement des magasins et des manutentions à Sarrebrück, Sarreguemines, Sarre-Union, puis à Forbach, Saint-Avold, Faulquemont et, le 13 août, à Remilly.

La IIIe armée, partie sur Nancy et Châlons, puis Sedan, à la recherche de l'armée de Mac-Mahon, vécut tout d'abord sur ses convois, qui purent apporter des vivres par Landau, de Mannheim, Würzburg, etc. Le chemin de fer s'arrêtait d'abord à Soultz (un peu au delà de Wissembourg), puis à Sarrebourg. Pendant la traversée des Vosges, puis dans sa marche vers la Marne, elle vécut de prises et de réquisitions. Le service des étapes installa des magasins à Lunéville et à Nancy, dès que le chemin de fer fut ouvert à la circulation jusqu'à cette dernière ville, le 21 août.

Au lendemain du 18 août, était créée, par prélèvement sur les deux premières, une IVe armée, ou armée de la Meuse, qui se joignit à la IIIe et marcha sur le même objectif, en descendant la rive gauche de la Meuse. On lui assigna Pont-à-Mousson comme gare terminus, où on lui expédiait des approvisionnements par chemin de fer. De plus, à partir du 29 août, l'armée qui investissait Metz (1) vint à son secours en lui envoyant, chaque jour, cent voitures de vivres à Etain.

Malgré ces dispositions et malgré les prises faites à la Besace, Carignan, Donchery et Bazeilles, les Allemands eurent de grandes privations à endurer pendant leur marche sur Sedan. Le 2 septembre seulement, les convois purent rejoindre les troupes, mais il fallait nourrir les 100.000 prisonniers de la presqu'île d'Iges.

Après Sedan, pendant leur marche sur Paris, ces armées vécurent chez l'habitant et sur leurs convois administratifs; les troupes portaient trois rations de réserve; elles étaient, en outre, suivies de voitures enlevées dans le pays et portant plusieurs jours de vivres. De grands magasins furent établis à Reims et à Châlons, et la manutention française de Mourmelon fut exploitée par les parcs de boulangerie des Ve et VIe corps d'armée.

Pendant toutes leurs marches, les troupes allemandes firent le plus grand emploi de voitures de réquisition, dont elles avaient absolument besoin pour compléter leurs convois réglementaires et même pour y suppléer. L'usage se prit rapidement d'en adjoindre aux petites unités, pour porter une partie des vivres destinés à une consommation prochaine, par exemple la viande. Cet emploi fut reconnu légitime et régularisé. Un ordre du général en chef, en date du 12 septembre 1870, fixa à deux par bataillon et à une par escadron le nombre de voitures à requérir pour porter un en-cas de vivres; ces voitures prirent le nom de *voitures de viande abattue*.

Une autre innovation du même genre est à signaler. Dès le début de la campagne, les convois administratifs de l'intendance devaient amener directement à chaque unité tactique, chaque jour après la marche, les vivres nécessaires au bivouac ou au cantonnement, et les hommes, pour parer aux retards fréquents qu'amène ce mode de distribution, étaient obligés de se charger eux-mêmes de deux ou trois jours de vivres, indépendamment des vivres de réserve. Fatigués de ce régime et désireux d'éviter à tout prix cette surcharge, ils n'hésitèrent pas à s'emparer des voitures mêmes des convois administratifs, malgré les protestations de l'intendance, et à les conserver à la suite des régiments. On saisissait aussi, pour

(1) On donne un peu plus loin son mode de ravitaillement.

cet usage, toutes les voitures de réquisition possibles, même celles qui étaient déjà employées à la formation de convois réguliers. On ne put faire cesser ces abus qu'en augmentant la dotation des corps de voitures, qu'ils gardèrent d'ailleurs pendant toute la campagne, au lieu d'en changer à chaque étape, comme le prescrivait le règlement. Ces voitures, environ deux par bataillon, formaient le convoi du payeur (officier d'approvisionnement); ce convoi allait prendre les subsistances aux centres de distribution de l'intendance et les apportait à la troupe, ou bien il transportait les denrées requises sur le pays. Ce fut l'origine des *trains régimentaires*.

On avait fixé à 6.000 voitures par corps d'armée le convoi affecté à l'inspection allemande des étapes pour la création et le service des magasins intermédiaires entre la gare terminus et le corps en opérations, mais ce chiffre fut reconnu insuffisant; il fallut l'augmenter de beaucoup, notamment dans la IIe armée, qui eut à opérer jusqu'à 30 lieues de la ligne ferrée. Ce chiffre était cependant considérable. Son insuffisance montre quelle énorme consommation de voitures dut faire l'armée allemande.

Investissement de Metz. — Dès le 19 août, les armées d'investissement de Metz, sous les ordres du prince Frédéric-Charles, jusque-là commandant de la IIe armée, prenaient leurs positions autour de la place (1). La Ire armée, composée des VIIe et VIIIe corps, du Ier corps prussien (général de Manteuffel), de la 3e division de réserve (division Kummer) et de la 3e division de cavalerie, occupaient la rive droite de la Moselle et la rive gauche, au sud, jusqu'à la ferme de Moscou. La IIe armée, réduite à quatre corps d'armée, plus la Ire division de cavalerie, occupait la région des routes de France, les IIe et X^e corps au voisinage immédiat de la place, les IIIe et IXe en seconde ligne.

Il est intéressant de reproduire les fragments suivants des ordres d'investissement, par lesquels le prince Frédéric-Charles règle l'alimentation générale de toutes les troupes et répartit les zones d'exploitation du pays, puis le général Steinmetz fixe, dans la Ire armée, des mesures de détail pour l'application du plan imposé par le commandant en chef.

---

(1) Voir la carte d'investissement de Metz.

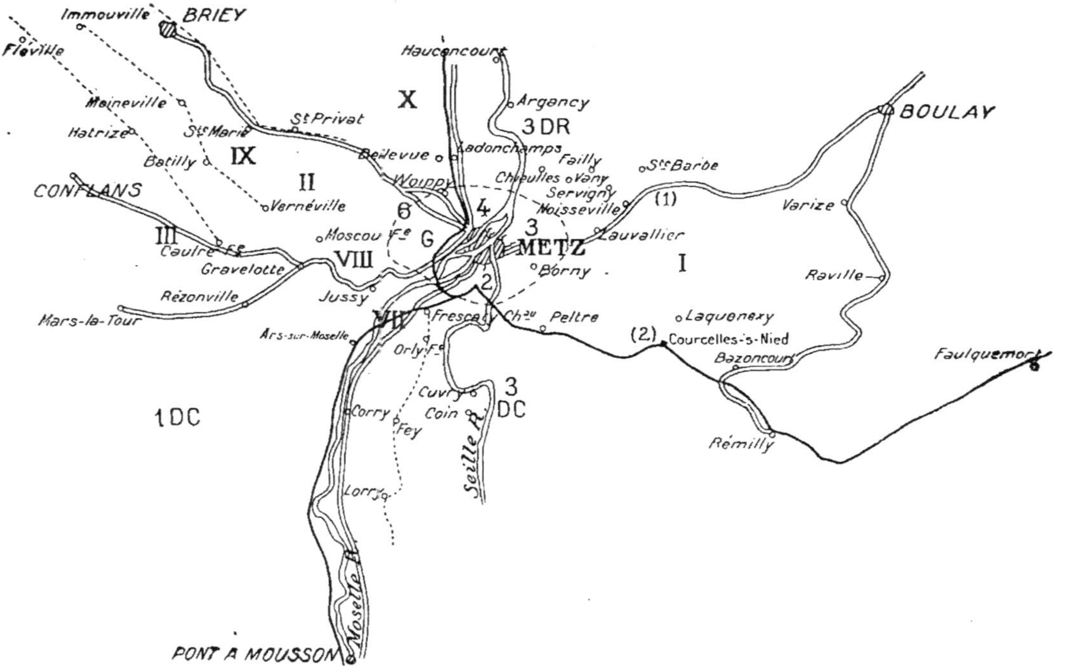

Investissement de Metz (20 août 1870).

1° *Ordre du prince Frédéric-Charles :*

Quartier général de Doncourt, le 19 août 1870, 11 heures du soir.

Dispositions pour l'investissement de Metz.

....

La station de Remilly forme la tête de nos communications ferrées et notre premier magasin principal.....

La subsistance de l'armée d'investissement sera assurée :

1° Par le magasin principal de Remilly (1);

2° Par le magasin de Pont-à-Mousson (2), qui sera alimenté par Remilly. Afin d'assurer le fonctionnement de ce service, et surtout de se procurer les voitures nécessaires aux transports, la division Kummer enverra immédiatement un bataillon et un escadron comme garnison d'étape à Pont-à-Mousson;

3° Par des réquisitions qui seront faites régulièrement avec la coopération de l'intendance et le concours de la cavalerie et devront s'étendre le plus loin possible en arrière de nos lignes. Les zones de réquisition seront déterminées de façon que la Ire armée dispose de toutes les localités de la rive droite et de celles qui, sur la rive gauche, sont au sud de la route Gravelotte - Conflans, à l'exclusion, toutefois, des villages situés sur la route même.

Le IIIe corps réquisitionnera dans une zone adjacente à cette route au nord et limitée par une ligne tirée de la ferme de Caulre sur Hatrize et Fléville, y compris ces villages.

Le IIe corps fera ses réquisitions au nord de cette région jusqu'à la ligne Verneville - Batilly - Moineville - Immouville, etc.

Le IXe corps, au nord, jusqu'à la route Sainte-Marie - Briey, y compris les localités situées sur cette route.

Le Xe corps aura à sa disposition le district au nord-est de la grande route de Metz à Briey, jusqu'à la Moselle.

Frédéric-Charles,

Prince de Prusse.

2° *Ordre du général de Steinmetz :*

Quartier général de Gravelotte, le 20 août 1870.

Ordre de l'armée.

....

En ce qui concerne les subsistances, j'ajouterai aux instructions déjà données que le bataillon et l'escadron de la division Kummer, appelés à occuper Pont-à-Mousson, devront s'y rendre d'urgence en

(1) Les vivres venaient toujours du magasin de Sarrelouis.

(2) Ce magasin avait été organisé le soir du 16 août.

faisant usage de tous moyens propres à hâter leur mouvement. J'ordonne, en outre, que les VIIe et VIIIe corps enverront, chacun, un fonctionnaire de l'intendance auprès de la 1re division de cavalerie, qui sera chargée de leur fournir les détachements nécessaires au service des réquisitions. En cas d'insuffisance des moyens de transport, ces détachements utiliseront les voitures vides qui se trouvent dans les convois de ces corps d'armée.

Le général de Manteuffel règlera lui-même ce qui est relatif aux réquisitions pour les troupes d'investissement de la rive droite.

Le VIIe corps disposera des localités situées dans la vallée même de la Moselle, à l'exclusion des vallées latérales. Sur la rive droite de la Moselle, la ligne Orly, Fey, Lorry et au delà forme la limite du corps de Manteuffel.

La ligne d'étapes du Ier corps continue à être tracée comme précédemment, de Sarrelouis par Boulay, Varize, Raville, Bazoncourt, Corny.

L'inspection générale d'étapes reste à Corny.

Le Commandant en chef de la Ire armée,

DE STEINMETZ.

Ces dispositions n'étaient pas et ne pouvaient pas être définitives. Au cours du mois d'août, Courcelles-sur-Nied fut aménagé en tête d'étapes de guerre (c'est-à-dire en terminus militaire du chemin de fer), affectée spécialement à la Ire armée, Remilly restant attribué à la IIe. On établit aussi un magasin accessoire poussé par voie de terre de Pont-à-Mousson (denrées venant de Nancy) à Ars-sur-Moselle.

L'armée était alimentée de bétail allemand. Une épizootie grave s'étant déclarée à Sarrelouis et aux environs de Metz, il fut impossible de continuer l'envoi de bétail vivant. On expédia par chemin de fer des quartiers de viande abattue à Mayence, et rendue susceptible de conservation par un passage à l'eau bouillante et un salage extérieur.

A la fin de septembre, on avait construit un tronçon de chemin de fer reliant Remilly à Ars-sur-Moselle. Le ravitaillement de tous les magasins de l'armée se fit alors par voie ferrée.

Pour suppléer à ce que donnaient les réquisitions, chaque corps d'armée se constituait un magasin de réserve alimenté par les magasins d'armée au moyen de transports sur routes (Sainte-Barbe et Remilly pour le Ier corps, Corny pour le VIIe, Gravelotte, Verneville, Sainte-Marie, Saint-Privat pour les corps de la rive gauche).

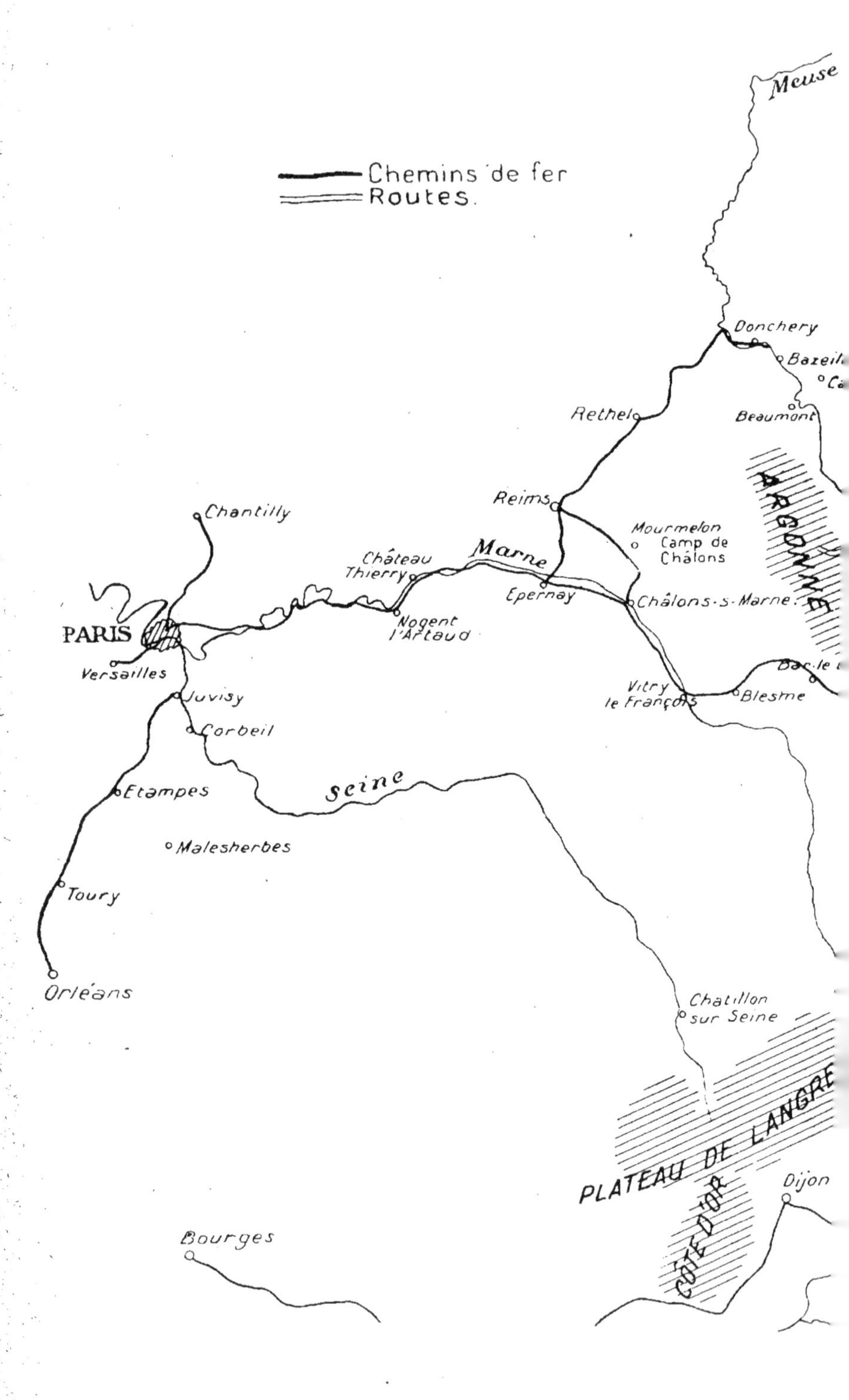

Chemins de fer
Routes.
Meuse
Donchery
Beaumont
Rethel
ARGONNE
Reims
Mourmelon
Camp de
Châlons
Chantilly
Château
Thierry
Marne
Epernay
Châlons-s-Marne.
PARIS
Nogent
l'Artaud
Versailles
Vitry
le François
Blesme
Juvisy
Corbeil
Etampes
Seine
Malesherbes
Toury
Orléans
Chatillon
sur Seine
PLATEAU DE
CÔTE D'OR
Dijon
Bourges

RÉGION
de la
FRONTIÈRE FRANCO-ALLEMANDE
1870

L'armée investie, elle, souffrit cruellement du manque de vivres qui devait amener sa reddition.

La place de Metz, comme celle de Strasbourg, était insuffisamment approvisionnée. Dès le 10 août, le maréchal Bazaine s'était préoccupé — il était bien temps ! — d'assurer les vivres de ses troupes. « Dès le début de la campagne, dit-il lui-même, les fournisseurs s'étant déclarés hors d'état de remplir les clauses de leur soumission, il avait fallu, pour faire vivre l'armée, prendre les ressources du pays, notamment en bestiaux, ce qui avait de suite appauvri les campagnes environnantes. M. l'intendant en chef de l'armée, l'intendant général Wolff, dut quitter Metz vers le 11 ou le 12 août, pour s'occuper d'accélérer l'exécution des nouveaux marchés qui avaient été conclus. Le 17 août, j'envoyai M. l'intendant de Préval pour presser les arrivages. Ni l'un ni l'autre de ces deux chefs de service ne purent revenir, et la rapidité des événements rendit nul pour l'armée du Rhin l'effet de leurs efforts. »

La question des vivres jouait le rôle primordial dans chacun des conseils de guerre que tenaient les chefs de cette malheureuse armée, surtout à mesure qu'approchait la fin de son martyre. On éprouve une véritable sensation d'angoisse à suivre, dans les comptes rendus officiels, l'émiettement des éléments de cette résistance toute passive, à voir l'armée, la garnison et la ville se disputer les ultimes rations. Le drame des dernières farines est aussi poignant que celui des dernières cartouches.

Le 9 octobre, veille du jour où furent envisagées, pour la première fois, les conditions d'une capitulation possible, un état général des vivres, tant de la place de Metz que des troupes investies, avait été dressé par l'intendant en chef Lebrun. Cet état faisait ressortir, pour un effectif de 160.000 rationnaires, la possession de quatre jours et quatre dixièmes de vivres-pain, blé, farine et biscuit compris, en comptant la ration à 300 grammes — mais non compris deux jours de biscuit distribués à titre de vivres de réserve (en réalité quatre rations avaient été distribuées, mais on admettait que deux rations étaient avariées). On disposait encore de 7 jours et six dixièmes de riz, 9 jours et demi de sucre, 8 jours de café, 7 jours de vin, 12 d'eau-de-vie, 1 jour de lard salé, et 2.850 kilogrammes seulement de sel (*la ration de sel était réduite à 2 gr. 5 !*). La viande était « à discrétion », fournie par les chevaux de l'armée, qu'il était impossible de nourrir. (Il ne restait, le 9 octobre, en fait de fourrages, que 451 quintaux de paille, réservés d'ailleurs pour le service des ambulances.)

« En faisant tous les efforts imaginables, dit le procès-verbal du conseil de guerre du 10 octobre, en fusionnant les ressources de la ville avec celles de la place et de l'armée, en réduisant la ration journalière de pain à 250 grammes, en rationnant les habitants, en consommant les réserves des forts, et en réduisant le blutage des farines au taux le plus bas, sans s'exposer à compromettre la santé des hommes, il était possible de vivre jusqu'au 20 octobre inclus, y compris les deux jours de biscuit existant dans le sac des hommes La ration de viande de cheval devait être élevée à 600 grammes d'abord, et poussée jusqu'à 750, tous les chevaux étant considérés comme sacrifiés, vu l'impossibilité de les nourrir autrement que par un pacage presque illusoire. »

Et cependant l'armée vécut encore sur ces maigres approvisionnements jusqu'au 29 octobre, lendemain de la signature de la capitulation.

Marche de l'armée française de Châlons à Sedan. — Quelques renseignements généraux sur la marche, d'ailleurs défectueuse, de l'alimentation des corps français pendant cette période, contribueront sans doute à mettre au point des faits que la légende avait vraiment par trop déformés.

L'armée de Châlons, sinon improvisée, tout au moins très hâtivement constituée, dut ses malheurs administratifs — qu'on lui a reprochés presque autant que son écrasement définitif à Sedan — à son organisation insuffisante et surtout à l'indifférence, ou l'ignorance, du commandement, touchant l'emploi des ressources dont elle disposait.

L'armée concentrée au camp de Châlons sous les ordres de Mac-Mahon comprenait quatre corps d'armée, les 1er, 5e, 7e et 12e corps.

Le 1er, qui avait reçu à Frœschwiller le choc de la IIIe armée allemande, s'était retiré sur Châlons, par Saverne, dans un grand désordre. Tous les sous-intendants divisionnaires avaient été faits prisonniers; tous les comptables des subsistances, tous les ouvriers d'administration étaient disparus. Les convois, restés pendant la bataille tout près de la ligne de feu, autour de la gare de Reichshoffen, ne reçurent pas l'ordre de se retirer avant les troupes et se trouvèrent tout à coup entourés de celles-ci, qui leur barrèrent la route : ils furent en totalité la proie de l'ennemi.

Le 5e corps, resté inactif pendant la bataille du 6 août, s'était retiré, lui aussi, précipitamment sur Châlons. Sans avoir combattu, il abandonnait à l'ennemi ses bagages, ses convois de vivres et une bonne partie de son personnel administratif.

Le 7e corps arrivait de Belfort sans avoir été engagé.

Le 12e était formé au camp de Châlons même avec les troupes d'infanterie de marine et était le plus dénué de ressources administratives.

Les convois réguliers ayant disparu, on en avait constitué hâtivement par réquisition de convoyeurs civils qui, mal embrigadés, ne rendirent que de mauvais services et dont un grand nombre disparut dès les premières épreuves. Les convois étaient incomplètement chargés, le biscuit ayant fait défaut. Le personnel manquait absolument. Les sous-intendants n'étaient au complet nulle part. On leur refusait des adjoints pour ne pas diminuer le nombre des combattants. Le service des subsistances du 12e corps comprenait, par division, un officier d'administration et 10 hommes.

La première étape, longue de plus de 30 kilomètres, devait conduire l'armée à Reims par deux routes, dont chacune était suivie par deux corps d'armée consécutifs, les convois étant tous rejetés en queue de colonne (21 août). Les dernières troupes n'arrivèrent même pas à l'étape. A plus forte raison, les convois ne purent-ils rejoindre, et la journée du 22 tout entière fut prise par les distributions, faites, pour toute l'armée, en un point unique, la gare de Reims.

Le 23 et le 24, l'armée marche, plus lentement, sur Rethel, occupant une route par corps d'armée. Les convois rejoignent et les distributions se font; mais, le 25, on perd encore un jour au ravitaillement des quatre corps à la gare de Rethel. On leur donne de 3 à 5 jours de pain, un peu de biscuit, 3 jours de petits vivres, 2 jours de viande sur pied, arrivés par chemin de fer. Le pain, trop abondant, placé sur des voitures requises dans le pays, mal couvertes, fut abîmé par les pluies abondantes qui suivirent.

Dès le 27, la cavalerie allemande prend le contact de l'armée française. Les convois et les troupeaux (tout au moins ce qu'il en restait, l'entrepreneur ayant disparu la veille) sont rejetés à l'arrière, où on les laisse indéfiniment, de crainte d'embarrasser la marche dans le voisinage de l'ennemi, et aucune ressource ne parvient plus aux corps de tête. On est obligé de vivre sur le pays. Mais on le fait sans ordre, sans assigner de zone d'exploitation aux troupes, sans pénétrer dans les lieux habités, sans donner à l'intendance de troupes pour organiser des réquisitions, rassembler des denrées, exécuter des récoltes sur pied. En réalité, on vit de maraude, alors que les approvisionnements et les richesses locales étaient suffisants pour éviter toutes privations, si on avait su faire marcher les premiers et exploiter méthodiquement les secondes. Un convoi de vivres, destiné à l'armée du Rhin et qui, égaré, rétrogradait vers le nord, apporta un secours temporaire.

Le 30 août commence la série de combats qui aboutit au désastre, et qui fut accompagnée des plus dures privations. Repoussés de Beaumont et de Mouzon sur la rive droite de la Meuse, les corps d'armée laissent leurs bagages et leurs convois dans le plus grand désordre; ils les font même marcher derrière eux, sans protection, et une grande partie tombe entre les mains des Allemands. Pendant ce temps, 500.000 rations de toute nature s'accumulaient dans la gare de Sedan. Mais, effrayé par quelques incursions de uhlans, sans liaison avec l'état-major, sans ordre et sans soutien malgré les efforts de l'intendant de l'armée, le chef de gare les renvoie sur Givet, d'où elles ne revinrent jamais.

Le désordre qui suivit la défaite, la désorganisation des grandes unités, l'affolement des chefs et des troupes chassées dans la petite ville de Sedan, empêchèrent l'utilisation des vivres conservés dans la place et de ceux qui avaient échappé aux calamités des jours précédents. On perdit ainsi l'usage d'environ deux jours de vivres.

Après la capitulation, les prisonniers français, internés dans la presqu'île d'Iges, y restèrent sans abris, sans vivres, sous la pluie, du 3 au 7 septembre, et y souffrirent d'une véritable famine. Ils ne purent se sustenter que grâce aux légumes déterrés dans les champs et à la viande de chevaux errants, capturés et abattus.

Les quelques lignes de l'intendant Odier, citées plus haut, ne semblent-elles pas s'appliquer également à ces tristes journées ? Le « mouvement des approvisionnements » a été mal dirigé, de grandes ressources sont restées inutilisées, d'autres sont devenues la proie de l'ennemi. Si on ne peut en accuser la concentration de tous les pouvoirs entre les mêmes mains, au moins faut-il reconnaître que la « dépendance » de ces pouvoirs n'était pas « raisonnablement » organisée, que leur « assistance réciproque » a fait complètement défaut. Nous verrons plus loin que, si la leçon fut dure, au moins elle ne fut pas complètement perdue.

Périodes diverses de la guerre. — Pour ravitailler les armées d'investissement de Paris, l'autorité allemande créa des magasins à Versailles, Corbeil et Chantilly, et les fit alimenter à l'aide de réquisitions opérées par les divisions de cavalerie (1). Les approvisionnements tirés de l'Allemagne ne pouvaient d'ailleurs atteindre au début que les gares de Nogent-l'Artaud et de Château-Thierry; de ces gares il fallait neuf à dix jours pour arriver aux troupes; les voitures manquaient et les voies ferrées étaient encombrées. Il fallut réduire la ration dans la IIIe armée, effectuer des réquisitions et des achats à caisse ouverte qui firent revenir les denrées que les premières avaient fait disparaître; enfin, malgré l'arrivée de 100.000 moutons à Corbeil, il fallut multiplier les distributions de conserves de viande venues de Berlin, de Mayence et de Francfort-sur-le-Mein. On profita néanmoins d'une abondante récolte de pommes de terre, et la fourniture du pain fut assurée au moyen d'une exploitation régulière de tous les moulins et fours de la région. Après la capitulation, le 28 janvier 1871, l'intendance allemande dut prendre des mesures pour aider au ravitaillement de la population de Paris : 35.000 quintaux (de cent livres) de farine, 2.050.000 rations de viande de conserve et autant de lard furent réunis sur différents points.

Après la reddition de Metz, la IIe armée, dans sa marche vers la Loire, consomma les vivres accumulés autour de cette place pendant l'investissement; puis elle vécut sur le pays et sur ses convois qui se ravitaillèrent aux magasins de Bar-le-Duc, de Commercy et de Toul. Pour les mouvements de ces convois, un grand nombre de voitures furent expédiées, même d'Allemagne, avec équipages, à destination de cette armée. Un train de vivres arrivait tous les jours pour elle jusqu'à la bifurcation de Blesme, près de Vitry-le-François, gare bien éloignée du front de marche; enfin, la IIIe armée fut chargée d'envoyer à Malesherbes et à Etampes 300.000

(1) Voir plus loin, chapitre III, § II, *Exécution des réquisitions*.

rations de vivres et 60.000 rations de fourrages. Tous ces efforts ne purent suffire pour assurer le ravitaillement de la IIe armée; les voitures étaient encore insuffisantes, les locomotives et les wagons manquaient sur la ligne de Juvisy à Orléans. La prise d'Orléans procura peu de ressources; l'autorité allemande se résolut à munir les corps de fonds pour acheter sur place, à faciliter les communications, à engager les habitants à apporter les produits de la récolte sur les marchés d'Orléans, d'Etampes, de Toury et de Chartres, où ils étaient payés comptant. Il en résulta un assez sérieux afflux de ressources dont l'armée profita pendant sa marche sur Le Mans. Mais, pendant les combats livrés autour de cette ville du 6 au 12 janvier 1871, le service des subsistances éprouva des difficultés presque insurmontables; la neige et le verglas avaient rendu les routes à peu près impraticables et le pays était épuisé. Après la prise du Mans, les ressources en denrées de toute nature et les achats mirent fin à la disette; Orléans et Chartres expédièrent de gros approvisionnements et les troupes cantonnées au large purent vivre chez l'habitant.

Pendant le siège de Strasbourg (9 août - 26 septembre), les troupes allemandes utilisèrent le magasin de Lampertheim, alimenté par des envois quotidiens de Rastadt. Après la capitulation, le XIVe corps, nouvellement créé (général de Werder), quitta Strasbourg pour opérer dans les Vosges, sur le plateau de Langres et jusqu'à Dijon. Il partit avec ses convois pleins, qui furent ravitaillés d'abord à Lunéville. Des magasins et des manutentions furent organisés à Epinal, puis, en novembre, à Vesoul, à Gray et à Dijon.

Lorsque l'armée française de l'Est, commandée par Bourbaki, tenta une diversion du côté de Belfort, les Allemands lui opposèrent une armée dite du Sud. Le XIVe corps partit précipitamment de Dijon (27 décembre) pour couvrir Belfort. Les IIe et VIIe corps, détachés du siège de Paris, furent envoyés à Châtillon-sur-Seine, d'où ils partirent, le 13 janvier, sous le commandement de Manteuffel, pour se diriger d'abord sur Gray, puis, après les batailles livrées par le XIVe corps à Bourbaki (Villersexel, 9 janvier; la Lisaine, 15, 16, 17 janvier), sur Dôle, pour couper la retraite aux Français, qui furent effectivement obligés de se retirer dans le Jura.

Les trois corps d'armée allemands éprouvèrent les plus grandes difficultés d'alimentation.

Le XIVe corps était parti sans convois. On essaya de lui faire parvenir quelques vivres d'Epinal, où les approvisionnements ne manquaient point, par Vesoul; l'état des chemins était si mauvais qu'il fallut cinq jours pour franchir cette distance de 75 kilomètres, et l'on dut renoncer à organiser un service régulier; pendant les combats de la Lisaine, en particulier, les troupes éprouvèrent une véritable disette. On tenta alors un changement de ligne de communication, en envoyant vivres et voitures sur Strasbourg, d'où le chemin de fer devait les transporter, par Dannemarie, aux environs de Belfort. L'opération était trop longue pour réussir, et rien n'arriva à temps par cette voie. Le XIVe corps vécut presque exclusivement de réquisitions qui rendaient, d'ailleurs, très peu.

Le IIe corps était parti avec des convois chargés, mais ceux du VIIe étaient vides. On créa un magasin commun à Châtillon-sur-Seine. Mais le plateau de Langres n'était pas sûr (corps français à Dijon), et on ne put y organiser une ligne d'étapes. Les approvisionnements furent conduits à Epinal, d'où on devait les envoyer à Vesoul, comme pour le XIVe corps. On aboutit au même insuccès, et ce ne fut que le 2 février que les denrées purent parvenir jusqu'à Vesoul. Il fallut encore quelques jours pour les transporter par convois jusqu'à Dampierre, où les trois corps d'armée purent enfin se ravitailler.

Dans la marche sur Dôle, des prises vinrent, heureusement pour Manteuffel, compléter les maigres ressources données par l'exploitation locale; le 21 janvier, les Allemands s'emparèrent de plus de 200 wagons de denrées à la gare de Dôle; plus tard, ils arrêtèrent, près de Saint-Vit, un train de subsistances et, à Pontarlier, un nombre considérable de voitures de vivres abandonnés par nos troupes.

Quant à l'armée française de l'Est (15e, 18e, 20e, 24e corps et division Cremer), des mesures sérieuses avaient été prises en vue d'assurer sa subsistance.

Les 15e, 18e et 20e corps, qui provenaient de la 1re armée de la Loire, furent transportés en chemin de fer sur Besançon. Le trajet fut extrêmement long et donna lieu à des encombrements restés tristement célèbres. Les hommes avaient emporté avec eux jusqu'à 12 jours de vivres. Des convois, envoyés par routes, arrivaient en même temps que les troupes. D'autres approvisionnements suivirent par chemin de fer ou furent rassemblés dans le Doubs et le Jura. Mais bien peu de ces ressources surabondantes parvinrent jusqu'aux troupes, car l'absence de convois et le mauvais état des chemins en firent rester la plus grande partie en gare, où, comme nous venons de le voir, ils sauvèrent de la famine les corps de Manteuffel. Besançon était très fortement approvisionné; mais, quand Bourbaki fut coupé de cette place, aucun envoi ne put plus parvenir à son armée, qui pénétra en Suisse dans le plus grand état de dénuement, rendu plus pénible encore par le froid excessif qui sévissait. Le pain arrivait gelé et il fallait le couper à coups de hachette. Des morceaux de viande jetés par les soldats, et complètement gelés, étaient ramassés par les paysans et, parfaitement conservés par le froid, étaient consommés plusieurs jours après le passage des troupes.

Armées de la Loire. — La première armée de la Loire a laissé peu de souvenirs administratifs. Il est cependant intéressant de citer ces quelques lignes du général Martin des Pallières, commandant du 15e corps d'armée, au sujet de la période du 1er au 8 décembre (Patay, Orléans, retraite sur Bourges) :

« Les hommes souffrirent beaucoup dans les marches, non seulement de la fatigue, mais aussi du manque de nourriture. Un convoi de biscuit marchait bien avec nous : *l'intendance ne nous laissait pas manquer de vivres;* mais on ne pouvait songer à s'arrêter pour faire des distributions que la confusion des corps n'eût pas permises.

» Aussi qu'arrivait-il ? Les hommes jetaient la viande qu'ils ne pouvaient faire cuire, et qui les surchargeait inutilement. Ils ne mangeaient plus que du biscuit, et la ration de plusieurs jours était consommée en un seul. »

Ces abandons de denrées inutilisables furent malheureusement fréquents.

A la deuxième armée de la Loire, les opérations administratives présentent un grand intérêt par l'opposition qu'elles forment avec celles de l'armée de Châlons et par la constatation consolante que le commandement et les personnels administratifs avaient su au moins profiter des leçons des premières défaites.

Les services furent, dans cette armée (16e, 17e et 21e corps), largement dotés en personnel, les convois amplement pourvus. Le général Chanzy s'est constamment préoccupé, avec un soin tout particulier, de la marche rationnelle, c'est-à-dire la mieux protégée et la plus utile, de ses équipages. Les centres de ravitaillement étaient soigneusement indiqués. Toutes les denrées, rassemblées à l'intérieur du pays par les soins des sous-intendants territoriaux, affluaient par chemin de fer et étaient très exactement dirigées de façon à former des magasins roulants au-devant de l'armée, sur les échelons successifs de son mouvement, de la Loire au Loir, à la Sarthe, à la Mayenne. On vit alors le triple et heureux effet d'une préparation, d'une méthode, de l'intérêt du commandement. Aussi cette armée, qui battit constamment en retraite, pendant une saison déplorablement dure, à travers des chemins que la neige et le verglas rendaient presque impraticables, ne manqua-t-elle jamais du nécessaire, en dépit de plaintes émanées surtout de quelques traînards indisciplinés.

Pendant la première partie de la retraite, du 10 au 20 décembre, de Beaugency au Mans, la marche des convois s'effectua avec une grande régularité, avec des destinations bien précises, des itinéraires bien spécifiés, souvent distincts de ceux des troupes, hors de la portée du canon et des incursions de l'ennemi. Pas une voiture ne fut perdue pendant ces dix journées de combats presque ininterrompus.

Arrivée au Mans, l'armée se recomplète en vivres et en vêtements. Des réquisitions, activement faites par les sous-intendants divisionnaires, disposant de troupes assez fortes, exploitaient le pays avec ordre et remplissaient les convois, en même temps que les trains de vivres arrivaient nombreux en gare du Mans.

Après les batailles indécises des 10 et 11 janvier, à la suite de la panique des mobiles de Bretagne, la retraite recommença brusquement dans la direction de la Mayenne. Quelques convois restèrent aux mains de l'ennemi, mais la majeure partie fut sauvée, et les trains de vivres expédiés sur Laval. Le 21e corps, isolé du reste de l'armée, fut atteint par les Allemands à Sillé-le-Guillaume, où, contrairement à ce qui s'était passé à Beaumont, une partie des troupes sut s'arrêter et contenir l'ennemi pendant tout le temps nécessaire au passage et à la mise en sûreté des équipages. Privé de chemin de fer, ce même 21e corps, une fois ses convois épuisés, vécut dans ses cantonnements et tira toutes ses ressources d'une exploitation régulière des pays occupés.

Enfin, il y a lieu de signaler que les isolés firent un fréquent usage de la nourriture chez l'habitant, au moyen de bons de repas qui étaient ultérieurement remboursés.

L'armistice du 28 janvier trouva l'armée réunie, reposée, organisée à nouveau, tous ses convois au complet, et prête à la reprise des hostilités.

Voici en quels termes le général Chanzy lui-même expose les résultats obtenus par les services administratifs de la 2e armée de la Loire :

« Grâce à la prévoyance de l'intendant général Bouché, parfaitement secondé par les intendants Brou, Coste, de la Chevardière de la Grandville, des 16e, 17e et 21e corps, ainsi que par tout le personnel administratif, dont l'activité pendant toute cette campagne mérite des éloges, les vivres arrivèrent constamment en quantité suffisante, les distributions purent se faire exactement et les convois divisionnaires portèrent toujours une réserve variant entre trois et six jours de vivres. Il est bon de faire ici justice des attaques imméritées dont l'administration de la 2e armée a pu être l'objet de la part de certaines gens qui ne jugeaient que d'après les plaintes qu'ils entendaient, sans en vérifier l'exactitude. Ces plaintes partirent, pour la plupart du temps, d'hommes débandés qui, fuyant le champ de bataille, ne se trouvaient pas à leurs corps au moment des distributions, préférant courir le pays, stimuler la charité publique par le récit de misères qu'il leur eût été possible d'atténuer tout au moins en restant à leurs rangs, et s'imposer parfois dans les fermes et les maisons isolées pour les habitants desquelles ils étaient devenus un objet de crainte malheureusement justifiée. *Nous affirmons donc que les vivres n'ont jamais manqué pendant les quatre mois qu'a duré cette campagne, malgré les difficultés de toute nature pour se les procurer, les faire aboutir et les transporter.* Si quelques distributions n'ont pu avoir lieu exactement, cela a toujours tenu aux circonstances qui retardèrent la marche des convois dans des chemins souvent impraticables, ou qui forcèrent les troupes à se battre et à marcher jusqu'au soir sans un moment de répit. Ajoutons enfin, pour dire toute la vérité, que, dans un grand nombre de régiments nouveaux, surtout dans ceux de la garde mobile, les officiers n'apportaient pas à cette partie si importante de leur service la surveillance qui eût été nécessaire, et que beaucoup d'hommes, la distribution faite, mangeaient immédiatement plus que leur ration d'un jour, gaspillaient le reste et abandonnaient souvent dans les bivouacs des monceaux de biscuit et de viande pour ne point avoir à les transporter. »

C'est une constatation qui n'est pas nouvelle : les chefs qui savent commander savent toujours aussi reconnaître les efforts et le mérite de leurs subordonnés...

La sollicitude du général Chanzy pour l'alimentation de ses troupes, la constance avec laquelle il en faisait pour ainsi dire une partie de sa stratégie, éclatent à chaque instant dans toute la série des ordres qu'il a laissés tant comme commandant du 16e corps, sous d'Aurelles de Paladine, que comme commandant en chef : il faudrait les citer tous pour rendre à ce chef éminent l'hommage qui lui est dû.

Les préoccupations administratives de son esprit ressortent avec une particulière netteté lorsqu'après la bataille du Mans, ses corps se sont retirés, quelques-uns fort en désordre. Il veut reconstituer son armée : il pense tout de suite à ses convois.

... A 10 heures du soir — dit-il dans son ordre n° 216 du 15 janvier — le général en chef est encore sans nouvelles du 16e corps... Il est donc de la dernière importance que la position de Sainte-Suzanne soit réoccupée par le 17e corps, dont le rôle, pour la journée de demain, est d'opérer son mouvement de retraite sur Laval, en se reliant constamment avec la division du 21e corps marchant par Evron et Montsurs, pour empêcher l'ennemi d'inquiéter les convois engagés sur cette route.

Dès cette nuit, les convois continueront, sans perdre de temps, leur marche dans toutes les directions qu'ils ont à suivre pour se porter au delà de la Mayenne.

Pour éviter l'encombrement, ceux du 21e corps ne devront point dépasser Evron dans la direction de Laval, et seront dirigés directement sur Mayenne par les routes les plus courtes à partir des points où ils se trouvent.

Le convoi du grand quartier général, qui est à Montsurs, au lieu de suivre la route de Laval le long du chemin de fer, s'engagera, aussitôt cet ordre reçu, sur la route qui conduit le plus directement au pont de Saint-Jean-sur-Mayenne, pour traverser la rivière sur ce point et venir attendre des ordres à Saint-Germain-le-Fouilloux, sur la rive droite de la Mayenne.

Le convoi et le matériel roulant du 17e corps suivront la même route et passeront par le même pont que le convoi du grand quartier général, afin de s'éloigner le plus possible de la direction que l'ennemi pourrait suivre pour aboutir directement à Laval.

Afin de protéger efficacement cette marche des convois, les mouvements de retraite des 16e, 17e et 21e corps devront s'opérer lentement et ne commencer que lorsque les convois auront une avance suffisante et ne courront plus aucun danger...

Les convois et parcs de chacun des corps d'armée devront être mis bien à l'abri derrière les lignes aussi longtemps que l'ennemi menacera.

Grâce à ces précautions, qui peuvent encore servir de modèles pour une marche en retraite, l'armée de la Loire était reconstituée en huit jours et « les hommes, régulièrement nourris, suffisamment vêtus, bien chaussés, abrités dans leurs cantonnements contre le froid, la neige et l'humidité, oubliaient leurs fatigues et reprenaient confiance ».

Voici enfin des fragments de l'ordre du 28 janvier, le dernier, hélas ! signé par le général Chanzy, et dont l'armistice arrêta l'exécution :

... Rien n'est changé aux dispositions à prendre pour le placement des ambulances, des parcs et des convois, qui devront toujours être disposés sur la rive droite (de la Mayenne), en arrière des positions occupées par les divisions auxquelles ils appartiennent, et sur des routes reconnues à l'avance et pouvant servir à la marche que les 16ᵉ et 21ᵉ corps sont appelés à faire vers le nord.

... Le général en chef prescrit qu'à partir de demain tous les hommes aient bien les deux jours de réserve du sac, ainsi que les deux jours de consommation, et que, dans chaque corps, on remplace par des distributions successives, exactement faites, les vivres consommés dans la journée.

La gare de Laval devant servir spécialement au ravitaillement du 17ᵉ corps, de la division de réserve et aux mouvements sur Mayenne, le commandant du 16ᵉ corps fera étudier les dispositions à prendre pour utiliser la gare de Genest au point de vue de l'approvisionnement des quatre divisions placées sous ses ordres.

On trouverait difficilement trace de pareilles préoccupations dans les ordres généraux de l'armée de Châlons... Le général Chanzy se tenait au courant de tout, se faisait rendre compte des détails administratifs, de l'arrivée des trains de vivres, de la recherche des voitures, de la réquisition des charretiers, des maladies du bétail... L'activité et la précision de son esprit n'avaient d'égale que l'énergie de son caractère.

Siège de Paris. — Pendant le siège lui-même, il n'y avait pas à s'inquiéter beaucoup des *mouvements des approvisionnements.* L'emploi de ces derniers ne se liait en rien aux opérations. L'intendance n'eut à intervenir que pour la réunion des approvisionnements, et Paris, à l'investissement duquel on ne pensait pas, n'était guère pourvu. Il était même démuni, car on avait expédié sur l'Est une bonne partie des approvisionnements qu'il possédait.

Le ravitaillement d'une place comme Paris, de la capitale de la France, ne saurait être confié exclusivement à l'autorité militaire. C'est une affaire de gouvernement. L'intendance doit réserver avant tout ses efforts pour la partie des approvisionnements qui sont destinés à la garnison, mais il ne saurait y avoir indépendance entre les deux catégories de vivres : il faut de l'unité dans leur acquisition; une certaine péréquation est nécessaire entre elles pour ne pas avoir pléthore d'un côté, pénurie de l'autre; enfin, des cessions ont forcément lieu d'un service à l'autre, si les prévisions n'ont pas été faites avec une égale justesse. De tout cela résulte une intervention forcée et importante de l'administration militaire dans le ravitaillement d'une grande place.

Aussitôt après nos premiers revers (1), il fallut envisager la possibilité d'un siège de Paris, et le gouvernement se préoccupa d'accumuler les vivres nécessaires pour assurer la résistance de la ville pendant quarante-cinq jours. On estimait qu'un siège plus long n'était pas probable pour diverses raisons. L'approvisionnement de Paris fut poussé avec une très grande activité, surtout par le ministère du 10 août, le « ministère des 24 jours ».

Une commission fut instituée, sous la présidence du ministre du commerce, Clément-Duvernois, et composée de hautes personnalités civiles, auxquelles étaient adjoints l'intendant militaire Danlion et son plus actif auxiliaire, le sous-intendant Perrier. Cette commission décida de nombreux achats, destinés à assurer les besoins tant de la population que de la garnison.

La plus grande partie des achats fut effectuée par le sous-intendant Perrier; le reste le fut par les soins du ministre du commerce. Les denrées achetées par l'administration de la guerre étaient cédées contre remboursement à la ville de Paris. Le bétail fut acquis exclusivement par l'administration du commerce. On mit à contribution toutes les ressources des environs de Paris et des grands marchés, surtout des ports de France. Parmi les pays étrangers, l'Angleterre offrit des ressources particulièrement précieuses (un crédit de vingt millions était ouvert à Perrier dans une banque de Londres). La Prusse achetait aussi à Londres, et la marine anglaise,

(1) Cette exposition ne fait guère que résumer le très documenté et très précis compte rendu contenu dans l'historique de la guerre de 1870-1871, que refait en ce moment entièrement l'état-major de l'armée dans la *Revue d'Histoire*.

en prévision d'une intervention possible, complétait ses approvisionnements de guerre. La place fut presque épuisée : à la fin des achats français, il s'était produit une hausse importante des denrées.

Les achats étaient terminés à la fin du mois d'août. Ils étaient presque tous rentrés le 4 septembre, après lequel, malheureusement, le ravitaillement ne continua pas : on croyait la place suffisamment approvisionnée.

On se fera une idée de l'œuvre considérable de la commission Clément-Duvernois par quelques chiffres.

La compagnie de l'Ouest seule transporta 15.000 wagons de denrées, dont 67.000 têtes de bétail.

Les magasins de la ville avaient recueilli :

170.000 quintaux de blé;
6.000 — de lard et de viande salée;
6.000 — de conserve;
113.000 — de sel;
32.000 — de pommes de terre;
41.000 — de riz,

provenant des achats de l'intendance et des cessions que fit ce service après l'investissement, et aussi des acquisitions propres du ministère du commerce.

La consommation totale de farine s'éleva, croit-on, à 852.000 quintaux, dont 515.000 provenant de l'intendance et de la mouture du blé de la ville, l'excédent provenant de la boulangerie civile. D'après les situations de magasins qu'on a pu reconstituer, l'intendance aurait cédé, en tout :

77.000 quintaux de blé;
210.000 — de farine;
47.000 — de sel;
18.000 — de riz,

et presque toutes les pommes de terre.

Elle aurait gardé pour son propre service, et avait en magasin, au 1er octobre :

70.000 quintaux de blé;
120.000 — de farine;
20.000 — de biscuit;
50.000 — de riz.

En supposant toutes choses normales, moutures, fabrication du pain, rations, cela représentait 36 millions de rations de vivres-pain, 80 millions de rations de riz pour 280.000 rationnaires pendant 120 jours (1er octobre-28 janvier), soit un nécessaire de 330 millions environ. Mais on sait à quel point les rations furent réduites et le pain chargé d'éléments étrangers. Grâce à ces artifices, toute la farine n'était pas encore consommée au moment de l'armistice.

Des magasins étaient créés, pour loger toutes ces marchandises, dans tous les grands locaux dont disposait la ville. Des moulins étaient organisés partout où l'on disposait de forces motrices (usine Cail). Des meules étaient achetées en quantité (300 paires à la Ferté-sous-Jouarre, qui rentrèrent dans Paris le dernier jour avant l'arrêt des chemins de fer de l'Est). L'octroi laissait passer en entrepôt toutes les marchandises que pouvait trouver et amener le commerce privé.

Malheureusement, au lieu de durer quarante-cinq jours, le siège dura quatre mois et demi, et l'insuffisance de provisions dut amener un rationnement rapide. La conservation du bétail donna lieu à de grands mécomptes. On eut d'abord beaucoup de peine à installer des parcs, en pleine ville, pour une aussi grande quantité d'animaux. L'agglomération fut cause d'épidémies (fièvre aphteuse) et de nombreux accidents, au point qu'il fallut procéder à des abats prématurés pour éviter les pertes de bétail, fabriquer des salaisons et des conserves et, malgré cela, recourir à la consommation de la viande de cheval.

La marine avait approvisionné elle-même les forts, qui devaient être occupés et servis par ses canonniers.

Les denrées destinées à la garnison étaient accumulées dans les manutentions et magasins militaires; l'effectif à nourrir s'élevait à 150.000 rationnaires de l'armée active, 110.000 de la garde nationale mobile et 20.000 de corps divers. Les précautions avaient été si bien prises de ce côté et les économies si sévères que, malgré de nombreux emprunts de l'autorité civile, les ressources étaient encore importantes à l'armistice, où l'on possédait en manutention 15.000 quintaux de blé et 5.000 de farine.

La *Revue d'Histoire*, en général bien sobre d'appréciations, résume comme il suit le rôle de l'intendance pendant cette période :

« Ainsi donc, l'intendance avait pu, sur les ressources accumulées par elle, nourrir cette nombreuse garnison, venir en aide à la population civile, en cédant, même après l'investissement, des quantités considérables de vivres à la ville et à l'Etat, et il lui restait encore près de 4 millions de rations de pain, 41 millions de rations de riz, etc. Cette constatation doit suffire pour montrer l'étendue et le haut mérite de l'œuvre accomplie par le sous-intendant Perrier et ses collaborateurs. »

Ces simples lignes, sorties d'une plume éminemment autorisée, consolent de bien des injustices (1).

Pendant l'armistice, les Allemands imposèrent au pays la nourriture de leur armée. Les cantonnements furent étendus, et chaque localité dut se charger de l'alimentation de ses occupants. Il était interdit aux agents français de faire aucune acquisition sur les territoires occupés. A l'aide de contributions de guerre, les officiers reçurent une indemnité de 15 francs par jour pour faire face au renchérissement de toutes les denrées, par suite de l'ouverture des communications avec Paris.

Le ravitaillement de la capitale affamée avait fait l'objet de dispositions spéciales à la convention d'armistice :

Aussitôt après la signature des présentes, et avant la prise de possession des forts, le commandement en chef des armées allemandes donnera toutes facilités aux commissaires que le gouvernement français enverra, tant dans les départements qu'à l'étranger, pour préparer le ravitaillement et faire approcher de la ville les marchandises qui y sont destinées. Après la remise des forts, et après le désarmement de l'enceinte et de la garnison, le ravitaillement de Paris s'opérera librement par la circulation sur les voies ferrée et fluviale.

Après les préliminaires de paix, la France dut nourrir les troupes d'occupation. Les officiers et employés perçurent l'indemnité en argent jusqu'à la fin de mars 1871; tous les sous-officiers ou hommes de troupe reçurent, à partir du 21 mars, un supplément journalier de 30 centimes. Le gouvernement français dut payer 1 fr. 75 pour chaque ration de vivres et 2 fr. 50 pour celle de fourrage.

On voit donc que, pendant cette mémorable campagne, si l'armée

(1) M. Jules Richard, critique militaire du *Figaro*, dans le beau livre qu'il a consacré, en collaboration avec Edouard Detaille, « à la gloire de l'armée française », s'exprimait ainsi en 1885 : « Le vrai héros de la défense de Paris fut le sous-intendant Perrier. »

française souffrit beaucoup, ce fut surtout du manque de préparation et du manque de méthode dans la conduite de ses convois. Elle fit son possible pour éviter les mêmes fautes avec les corps levés en hâte pour sauver au moins l'honneur de ses armes. Mais elle eut encore contre elle la rigueur d'une saison exceptionnellement froide, l'épuisement du pays, la fatigue et l'énervement de troupes improvisées et toujours défaites.

Du côté allemand, malgré la prévoyance dont l'autorité avait fait preuve, malgré le recours à toutes les ressources possibles de la mère-patrie et du pays occupé, l'alimentation ne se fit pas sans peine et les troupes eurent fréquemment à souffrir de dures privations. Les écrivains militaires d'outre-Rhin, le maréchal de Moltke en tête, n'en considèrent pas moins la campagne de 1870-71 comme une de celles où le service des subsistances fut le mieux assuré, où l'entretien de la vigueur et de la santé des hommes fut le mieux garanti. Il est certain, en effet, qu'en pareille matière, en présence de tant de difficultés, le succès n'est jamais sûr, et qu'il faut s'estimer heureux si l'alimentation est suffisamment assurée pour ne pas arrêter les mouvements des troupes, et si, en fin de campagne, on peut, avec la satisfaction du résultat obtenu, répéter la phrase fatidique qui clôt les liquidations des prestations en nature : « L'homme a vécu. »

II

Principes qui servent de base à l'organisation actuelle du service d'alimentation.

Enseignements tirés de l'étude des campagnes.

L'étude historique qui vient d'être faite montre que les deux procédés généraux d'alimentation des armées en campagne qui peuvent être définis par ces mots : 1° *Vivre sur le pays;* 2° *Vivre sur l'arrière*, ont été employés de tout temps, mais qu'il est bien rare qu'ils l'aient été simultanément.

Soit sous la pression de nécessités qui ne laissaient pas le choix des moyens (campagnes de la Révolution et de l'Empire), soit par application d'idées trop absolues, nées dans des circonstances toutes spéciales (guerres de sièges sous Louis XIV, guerres d'Algérie de 1830 à 1870) et généralisées à tort, on voit, aux différentes époques, l'un des deux procédés avoir toute la faveur au point d'être seul mis en œuvre.

Enfin les Allemands, en 1870, combinent les deux procédés et trouvent le moyen de faire vivre loin de leur base primitive d'opérations des armées plus nombreuses qu'on n'en avait encore vu. Instruite par ses revers, l'armée française essaie de mettre les mêmes principes en pratique. Elle y réussit dans la deuxième armée de la Loire, supérieurement dirigée.

Emploi simultané de l'exploitation locale et du ravitaillement par l'arrière. — De là on peut tirer un premier enseignement : c'est que l'emploi simultané des deux procédés s'imposera beaucoup plus impérieusement encore dans les guerres futures, où les effectifs à nourrir seront incomparablement plus élevés que ceux de la guerre de 1870. Attendre tout de l'exploitation locale serait s'exposer dans l'avenir, bien plus qu'on ne s'y est exposé dans le passé, à manquer bientôt du nécessaire; attendre tout de l'arrière serait se mettre à la merci d'un accident, d'une destruction de voie ferrée, d'un encombrement de routes, événements toujours à craindre à une époque où tous les ouvrages d'art sont minés et où le service du ravitaillement en munitions a des exigences plus rares, mais croissant autrement vite que celles des services administratifs.

Le développement des chemins de fer, leur organisation militaire en cas de guerre, l'étude approfondie qui en a été faite, la connaissance réelle que possède aujourd'hui l'état-major du maniement de cet admirable instrument de transport, sans doute aussi un peu l'excès de la préparation théorique à la guerre, l'abus des exercices sur la carte trop négligés autrefois, ont conduit certains esprits à une confiance peut-être exagérée dans les ravitaillements par l'arrière. Il y a danger à se laisser aller à cet optimisme. Toujours, le soldat aura commodité et avantage à prendre ce qu'il trouvera à sa portée dans les cantonnements qu'il occupe. Que penserait-on d'un voyageur qui refuserait de se pourvoir de rien dans les villes qu'il traverse ? Cette commodité deviendra une nécessité absolue dans les cas de retard par suite d'erreurs, d'ordres mal compris — ou même mal donnés, — par suite d'encombrements (il s'en produit dès le temps de paix), par suite des accidents de toute nature, et surtout des destructions de voie ferrée. Il faut donc hautement affirmer que la vie sur le pays sera encore mise en pratique fréquemment, tous les jours même pour certaines denrées.

Nous sommes donc en mesure de formuler un premier principe : c'est que l'emploi simultané des deux procédés d'alimentation, par l'avant et par l'arrière, permettra seul de faire vivre les armées, et qu'en conséquence il y aura lieu à la fois de tirer du pays occupé tout ce qu'il sera possible et d'organiser les arrivages de l'arrière de manière à leur faire donner tout ce qui sera nécessaire, comme si le premier procédé ne devait rien procurer.

Trains régimentaires et vivres du jour. — Un deuxième enseignement du passé, c'est que le soldat ne doit pas aller à la recherche de ses vivres : il faut qu'on les lui apporte. Mais il y a distinction entre le fait de *rassembler les denrées*, de créer les ressources, qui est la fonction propre de l'intendance, et le fait de les *distribuer*, qui est du devoir du commandement. Cette dernière opération, en effet, dépend absolument des mouvements des troupes. En laisser le soin à des convois qui ne soient pas immédiatement sous la main du chef, qui partent souvent de points éloignés, dont le départ et la marche peuvent dépendre de circonstances étrangères au corps qui opère, serait en compromettre à coup sûr l'arrivée en temps utile, exposer la troupe à manquer de vivres, ou l'obliger à attendre ses convois dans l'inaction. D'ailleurs, toutes les fois que les corps ont manqué de voitures leur appartenant en propre, il a fallu leur faire des distributions pour plusieurs jours, ce qui les obligeait à se charger de façon exagérée, ou à se faire suivre de voitures de réquisition.

Aussi bien que l'armée allemande, l'armée française en a fait l'expérience en 1870. Elle sera donc dorénavant pourvue de deux espèces de convois : les uns dépendant du service de l'intendance, ou *convois administratifs;* les autres, affectés aux troupes mêmes, aux petites unités, régiments ou bataillons, qu'ils ne quitteront que momentanément et pour se ravitailler, et dans les cantonnements de qui ils reviendront au plus tôt apporter les vivres journaliers : ce sont les *trains régimentaires.*

Après la distribution, ces trains régimentaires pourront se ravitailler au moyen des ressources locales, ou aller prendre contact avec des convois ou avec des organes des services de l'arrière, grâce auxquels ils se recompléteront.

De toute façon, ils seront exposés à ne pas suivre immédiatement les troupes, soit pour les nécessités mêmes du ravitaillement, soit pour des raisons tactiques, par exemple, pour éviter d'encombrer les routes quand le voisinage de l'ennemi rend possible un engagement. Il en résultera que, surtout dans ce dernier cas, les trains régimentaires pourront ne rejoindre que tard les cantonnements. Si les soldats doivent les attendre, ils ne mangeront que beaucoup trop tard; ou bien, harassés de fatigue, ils s'endormiront avant l'arrivée des voitures, et la préparation des repas se fera aux dépens de leur sommeil; ou encore, ils chercheront à se procurer des vivres par tous les moyens, même par la maraude. Dans tous les cas, le résultat sera fâcheux; il faut donc que le soldat ait les moyens de préparer son repas immédiatement, dès son arrivée au cantonnement; pour cela, il faut qu'il porte avec lui les vivres nécessaires distribués la veille au soir, ou le matin avant le départ.

Ce sont les *vivres du jour*, qui sont distribués chaque soir pour la journée du lendemain.

Mais dans ces vivres qu'on fait porter à l'homme on ne saurait comprendre la viande fraîche qui, débitée en petits morceaux, exposée dans l'étui-musette à la chaleur, à la poussière, risquerait fort d'être inconsommable à l'arrivée. Aussi a-t-on, pour transporter la viande, construit une voiture spéciale qui marche avec le train de combat, c'est-à-dire qui, à l'inverse des voitures du train régimentaire, ne s'écarte pas des troupes et arrive en même temps qu'elles au cantonnement : c'est la *voiture à viande*, chargée chaque soir, ou dans la nuit avant le départ, de la viande abattue nécessaire pour le repas du lendemain soir.

Ce transport a un autre avantage : grâce à lui, on n'est pas dans l'obligation de consommer la viande immédiatement après abat; on peut la laisser ressuer pendant un temps plus que suffisant pour l'attendrir.

Il ne faudrait pourtant pas pousser trop loin le principe de l'indépendance du rassemblement des vivres et de leur distribution. L'intendance ne peut se désintéresser des transports des denrées qu'elle a réunies, ni de leurs mouvements dans le voisinage immédiat des troupes à qui elles sont destinées. Tout le monde a intérêt à ce que les aliments soient suivis jusqu'au bout par le personnel le plus apte à régler leur emploi.

Réserve immédiate de vivres. — Un troisième principe, c'est qu'il importe de conserver, pour parer à toute éventualité et en particulier à l'impossibilité d'utiliser soit des ressources locales, soit des approvisionnements tirés de l'arrière, une réserve à la portée immédiate des troupes et qui ne sera consommée qu'au dernier moment, alors qu'on sera sûr que tout doit manquer.

Ce sont les *vivres de réserve*, ou vivres du sac, comme on les appelait alors que le soldat devait toujours les porter en entier sur lui. Cette réserve précieuse doit être surveillée, avec un soin incessant et rigoureux, par les chefs de tous ordres, qui sont responsables de sa conservation; c'est la ressource suprême, elle doit être intangible. Les Allemands l'appellent la « portion de fer ». Les soldats ne se rendent malheureusement pas toujours compte de la nécessité de sa conservation jusqu'au dernier moment et on les a vus souvent manger leurs vivres de réserve pour s'éviter d'attendre la distribution en retard, ou les jeter pour alléger leur sac, dans les moments de fatigue et de découragement.

On admet aujourd'hui que le soldat doit porter ainsi deux jours de vivres, et l'on essaie de le soulager d'une partie de leur poids en en chargeant un jour sur une des voitures du train de combat.

A côté de cette réserve intangible, à la disposition immédiate du soldat, toutes les grandes unités traînent à leur suite des approvisionnements, destinés à être consommés lorsque l'exploitation locale sera insuffisante et les arrivées de l'arrière compromises. Les trains régimentaires eux-mêmes renferment une certaine réserve. La principale est formée par les *convois administratifs*.

On étudiera plus loin en détail la composition et l'emploi de ces divers organes.

Nécessité d'une méthode. — Enfin, le quatrième et dernier principe à conclure est la nécessité d'une méthode. Il est indispensable que les différentes manières de faire soient connues de tout le monde; que les cas particuliers en soient prévus autant que possible; qu'on soit préparé, dès le temps de paix, à la mise en pratique des principes énumérés. Cela peut paraître évident. Il n'en était pourtant pas ainsi avant 1870, malheureusement, et c'est pour la guerre même, et poussée par une rapide et cruelle expérience, que l'armée française dut créer et adopter une manière régulière de procéder aux réquisitions, d'organiser ses convois, etc.

La réglementation du service des subsistances en campagne était alors sommaire; celle de la marche des convois et du ravitaillement n'existait pas. On agissait d'après l'inspiration du moment, les souvenirs du passé, les conseils de la tradition. Aujourd'hui cette lacune est comblée. L'intendance a ses méthodes, qui sont connues de ceux qui doivent en profiter aussi bien que de ceux qui doivent les appliquer. Le fonctionnement de son service n'est plus indépendant; il se lie aux mouvements des troupes, et le règlement fait connaître ce qu'il doit être dans chaque circonstance de guerre.

Pour complète qu'elle soit, cette réglementation ne doit pas être trop détaillée, ni trop absolue. « En temps de guerre, dit l'instruction sur l'alimentation en campagne, les conditions dans lesquelles se trouvent les hommes et les chevaux sont si variables qu'il n'est pas possible de poser des règles fermes, ni d'édicter des prescriptions formelles. » Mais il y a des principes et des procédés généraux qu'il faut posséder, quitte à les *adapter*, à en modifier l'application suivant les cas particuliers qui se présenteront, ce qui devra se faire, dit la même instruction, par la combinaison judicieuse des divers moyens auxquels on peut recourir. Ce sera le résultat de l'action commune du commandement et de l'intendance, action qui ne peut être féconde, et même exister, que si l'on est bien d'accord sur les principes.

Ces principes sont bien établis par les divers règlements, à l'élaboration desquels ont collaboré l'état-major et l'intendance. Leur connaissance se développe par l'instruction journalière des corps et des services, et se perfectionne chaque année par l'application aux grandes manœuvres.

Après avoir ainsi posé les grandes règles de l'alimentation, on va examiner comment on met en œuvre les deux procédés essentiels qu'elles indiquent, et tout d'abord quels en sont les *modes généraux*.

Exploitation locale.

Evaluation des ressources. — Les avis sont bien partagés sur ce que peut donner l'exploitation locale; les uns, convaincus peut-être par des recherches du temps de paix, espèrent beaucoup de ce procédé; les autres se montrent sceptiques.

Les premiers oublient que la guerre, en semant la crainte et en suspendant la vie commerciale et le trafic, amènera la disparition des denrées, que la mobilisation peut avoir lieu à une époque éloignée de la récolte et que les opérations peuvent avoir pour théâtre un pays déjà épuisé ou naturellement pauvre. Le scepticisme des seconds est tout aussi dangereux, attendu qu'ils considèrent comme insignifiantes, et qu'ils seront portés à négliger, des ressources qui seront souvent précieuses.

Les Allemands, après 1870, ont déclaré n'avoir tiré de notre pays, envahi cependant à une époque favorable, que le tiers de ce qui leur fut nécessaire. C'est encore un appoint appréciable. D'ailleurs, ils ont reconnu non seulement l'utilité du procédé, mais encore sa nécessité absolue.

Il faut remarquer que, par suite du développement des communications et des facilités données à l'échange des produits, les stocks de denrées alimentaires dans les petits centres sont moins considérables qu'autrefois, en raison de l'aisance avec laquelle on peut les renouveler au fur et à mesure des besoins. De même, à la campagne, on accumule moins de provisions dans les ménages et on se défait plus facilement du produit de ses récoltes.

Les ressources que l'on doit espérer rencontrer sont donc extrêmement variables, et on ne peut donner de chiffres certains à leur sujet. Il est bon, toutefois, de connaître quelques évaluations moyennes, admises aujourd'hui assez couramment, et qui peuvent servir de base raisonnable à des appréciations générales :

On admet qu'une troupe de 1.000 hommes et 250 chevaux peut vivre sans peine pendant un jour sur une zone de 2 à 3 kilomètres carrés dans un pays de richesse moyenne. Un corps d'armée de 48.000 hommes et 13.000 chevaux vivrait donc un jour dans une zone de 100 à 120 kilomètres carrés.

Dans une commune rurale moyennement riche, de 1.000 habitants, on peut trouver au maximum, c'est-à-dire au moment de la récolte :

1.500 quintaux de blé ou farine, 2.250 quintaux de pommes de terre ou légumes divers, 1.000 quintaux d'avoine, 7.500 de fourrages. Ces quantités diminuent à peu près de 1/12e à chaque mois qui suit la récolte. On trouve à peu près en toute saison 170 bêtes à cornes dans une telle agglomération.

On peut aussi essayer de déduire les approvisionnements existants du nombre d'habitants, en partant des chiffres suivants, qui représentent la consommation journalière moyenne en France :

440 grammes de blé, 360 de farine, 500 de pain, 500 grammes de pommes de terre, par habitant; 6 kilogrammes de paille, 4 de foin et 4 d'avoine, par cheval.

Des renseignements complémentaires se trouvent dans la plupart des aide-mémoire; mais il est prudent de ne pas trop s'y fier, et la première chose à faire, quand on voudra tirer parti des ressources d'une région vers laquelle on se dirige, ce sera d'avoir des renseignements. On consultera donc avant tout les statistiques tenues — plus ou moins bien — dans les mairies.

Les documents militaires pourront aussi être consultés, et, en temps de guerre, les états-majors font établir des descriptions sommaires des pays traversés, qui viendront faciliter les recherches des fonctionnaires de l'intendance. Ces notices renseignent notamment sur l'aspect du pays, les forêts, les productions du sol, les routes, les chemins de fer, les cours d'eau et, pour chaque localité, sur le nombre des habitants, chevaux, voitures, têtes de bétail, fours, moulins, sources, fontaines, etc.

Les renseignements généraux obtenus en consultant les statistiques permettent d'attribuer aux formations : corps d'armée, divisions, brigades et corps de troupe, des *zones d'exploitation*, de façon à éviter que les divers éléments de l'armée n'entravent réciproquement leur action; le plus souvent, la zone d'exploitation coïncidera avec la zone de cantonnement, surtout pendant les périodes de marche, car les équipages des corps de troupe ou des corps d'armée ne peuvent guère s'écarter de la route suivie. Il importera, au contraire, de déterminer à part ces zones d'exploitation dès que les troupes seront appelées à stationner dans une région, ne fût-ce que durant quelques jours.

L'emploi des ressources locales comporte plusieurs modalités :

Nourriture chez l'habitant. — Le procédé le plus simple d'utilisation des ressources d'un pays consiste à faire fournir par l'habitant la nourriture en même temps que le logement et le cantonnement.

Ce mode de subsistance procure aux hommes du repos en les dispensant du soin de préparer leurs aliments; il donne une bonne alimentation et permet l'utilisation de ressources très diverses (volailles, lapins, salaisons, etc.) qui, par leur éparpillement, échappent à la réquisition. Mais on lui reproche, d'autre part, d'être peu favorable à la discipline.

On a beaucoup usé de la nourriture chez l'habitant pendant les guerres du premier Empire; on en a même abusé. Aussi la réaction s'est-elle fait sentir dans les règlements ultérieurs qui, jusqu'en 1870, n'ont indiqué ce mode d'alimentation qu'à titre exceptionnel.

De nos jours, on reconnaît ses avantages, et on l'admet comme mode normal d'alimentation pour les isolés et les petits détachements (estafettes, postes de télégraphistes, etc.) et pour les troupes qui, par l'étendue de territoire qu'elles occupent et leur manque d'approvisionnements, sont souvent en présence de graves difficultés de ravitaillement. Tels sont les régiments et surtout les divisions de cavalerie. L'Allemagne fait usage de la nourriture (payée) chez l'habitant, même pendant les grandes manœuvres, pour habituer troupes et populations à cette pratique; elle n'a peut-être pas tort.

Le droit de prescrire la nourriture chez l'habitant appartient aux commandants des grandes unités; mais, pour les isolés et les petits détachements, l'ordre peut provenir de leur chef immédiat.

Dans les grandes villes, où, même en temps de guerre, le commerce accumule toujours quelques provisions, ce genre d'entretien est assez bien accepté. Il l'est moins bien dans les campagnes, où les denrées sont réparties chez les habitants mêmes, qui craignent davantage de ne pouvoir remplacer celles qu'ils feraient consommer. On peut en adoucir la charge en maintenant les distributions régulières de pain et même de viande.

Dans tous les cas, la composition des repas ne doit pas être laissée à l'arbitraire des hôtes obligés. Elle sera fixée, d'après les ressources du pays et autant que possible avec le concours des municipalités, de façon à représenter la valeur nutritive de la ration journalière tout en admettant les aliments les plus communs dans la région. Des affiches feront connaître les menus imposés, ainsi que le nombre de repas à fournir.

Voici, à titre d'exemple, la ration du soldat allemand nourri chez l'habitant, aux grandes manœuvres :

1.000 grammes de pain;
250 grammes de viande fraîche ou 150 grammes de lard;
125 grammes de riz ou de gruau, ou 1.500 grammes de pommes de terre, ou 250 grammes de légumes secs;
25 grammes de sel;
15 grammes de café en grains, torréfié.

En France, on admet, sans que ces chiffres aient rien de réglementaire, la composition suivante pour *un* repas d'homme de troupe :

400 grammes de pain;
100 grammes de viande cuite avec le bouillon, ou en ragoût;
1 plat de légumes assaisonnés;
1 quart de litre de vin ou de café.

Le remboursement des repas, lorsqu'il a lieu, se fait d'après un tarif uniforme, déterminé par le service de l'intendance. Le paiement se fait en bloc, à la municipalité, qui se charge de la répartition des sommes versées, de même qu'elle se charge de la répartition des soldats dans les familles.

Pour la nourriture des petits détachements, il n'est pas pris de mesures générales. Le chef du détachement ou l'isolé reçoit de son chef de corps des bons pour une demi-journée de nourriture au moyen desquels il se fait délivrer les repas par la municipalité, comme pour une réquisition ordinaire.

Dans quelle mesure la charge de la nourriture peut-elle être imposée aux habitants d'un pays ? Il faudra toujours tenir compte de la richesse moyenne, du degré d'épuisement de la contrée, des dernières récoltes, etc., et il est difficile de poser une règle fixe.

On estime en général que, dans une ville de 1.000 habitants, on peut faire vivre pendant un jour un effectif qui peut aller, en cas de nécessité absolue, à 6.000 hommes et 400 chevaux. Dans un pays agricole moyennement peuplé (60 à 70 habitants par kilomètre carré), on pourra toujours faire vivre les chevaux et, pour les hommes, on affectera par 1.000 hommes une zone de 3 à 4 kilomètres carrés. C'est, on le voit, de 4 à 6 hommes par habitant et pour un seul jour.

Le nombre de chevaux qu'on peut nourrir dans une région déterminée dépend beaucoup moins du chiffre de la population que de celui des chevaux qui s'y trouvent en tout temps et de l'éloignement plus ou moins grand de l'époque de la récolte. On ne pourra être fixé que sur les lieux, d'après les renseignements recueillis.

Il n'est, du reste, pas très prudent de confier la nourriture d'un ou plusieurs chevaux à un habitant, car rien ne pourrait prouver que les animaux ont bien reçu leur ration. Il est préférable de prescrire la réunion des fourrages et de charger les cavaliers eux-mêmes du soin de la distribution.

L'emploi de ce mode d'alimentation est encore essentiellement lié à la densité des troupes dans les cantonnements, et cette densité varie facilement du simple au double, suivant qu'on est loin ou près de l'ennemi.

Loin de l'ennemi, on cantonne en profondeur, dans un ordre qui est l'ordre de marche lui-même et sans s'écarter de la route, de façon que, au départ, toutes les unités puissent partir à peu près en même temps, sans perdre de temps ni faire de chemin inutile. Comme le corps d'armée occupe sur une route une vingtaine de kilomètres, la zone des cantonnements, limitée à 3 ou 4 kilomètres de chaque côté de cette route, occupe une superficie de 150 kilomètres carrés environ, soit 300 hommes par kilomètre carré, et, s'il y a 70 habitants par kilomètre carré, un peu plus de 4 hommes par habitant. On pourra donc prescrire la nourriture chez l'habitant (sauf pour le pain).

Si, au contraire, on est près de l'ennemi, on cantonne sur une profondeur moindre (environ 10 kilomètres) et la densité des troupes dans les cantonnements devient double. La nourriture chez l'habitant offre alors de plus grandes difficultés.

Il va sans dire que les corps d'armée en seconde ligne auront moins de facilité à employer ce mode de subsistance.

Préparation des repas à la diligence des municipalités. — Au lieu de faire nourrir les hommes directement par les habitants, on peut prescrire aux municipalités de faire préparer, dans un local spécial — halle, école, hôtel, etc. — un certain nombre de repas.

L'emploi de ce moyen est avantageux pour nourrir les officiers, qui vivent par tables, les détachements en exploration ou en avant-garde, et surtout les groupements qu'il y a inconvénient à laisser se séparer ou danger à mettre en contact direct avec les habitants, tels que les blessés ou malades, les prisonniers de guerre, etc.

Exploitation des ressources locales au profit des trains régimentaires. — L'emploi des procédés qui viennent d'être décrits suppose, outre certaines conditions de limitation de la densité des effectifs par rapport aux populations, la possibilité, quand il s'agit de fractions importantes, d'adresser les avis préalables aux municipalités assez longtemps à l'avance pour que les habitants puissent être informés, acquérir les denrées nécessaires et préparer les repas.

Il en serait de même si, sans charger la population de la cuisson des repas, on voulait prélever sur le pays les denrées destinées à une distribution immédiate aux troupes.

Lorsqu'on ne peut ainsi préparer les prestations avant l'arrivée aux cantonnements, il faut assurer la distribution journalière au moyen des trains régimentaires et procéder ensuite au recomplètement de ceux-ci par achats ou réquisitions pratiqués sur le pays.

Il est d'abord certaines denrées qui ne font pas partie du chargement des trains régimentaires et qu'il faut, en toute circonstance, acquérir dans les cantonnements. Ce sont celles qu'il n'est pas indispensable de distribuer immédiatement, que l'on trouve en général partout et qu'il est inutile — ou encombrant — de traîner dans tous les déplacements. Le foin, la paille (comestible ou de couchage), le combustible, les liquides, les légumes frais sont, en principe, toujours tirés entièrement du pays et distribués directement aux troupes.

La pratique de cette recherche est des plus simples. Elle est confiée aux corps eux-mêmes et exécutée par leurs officiers d'approvisionnement. La seule précaution à prendre est la délimitation exacte des zones dans lesquelles chacun doit opérer. En principe, ces zones sont les cantonnements eux-mêmes. S'ils sont insuffisants, il est procédé à une répartition par les soins du commandement, que l'intendance tâchera de renseigner le plus exactement possible.

Lorsque les hommes sont cantonnés ou logés, ils ont toujours droit au feu et à la lumière; mais, de plus, même si la nourriture n'est pas fournie par l'habitant, on imposera généralement à celui-ci de fournir la paille de couchage et le combustible pour les hommes qu'il abrite; on évite ainsi aux hommes des corvées, et aussi la tentation de s'emparer de ce qu'ils ont sous la main.

Une fois ces denrées prélevées, on recherche celles qui entrent dans le chargement des trains régimentaires et peuvent servir à recompléter cet organe : avoine, sucre et café, viande fraîche, salaisons, riz et légumes secs en sont les principales. Le pain ne sera pris qu'exceptionnellement, en cas de déficit, en raison de la nécessité de faire consommer en temps opportun les approvisionnements de cette denrée, qui ne se conserve pas indéfiniment, et aussi parce que les approvisionnements de pain n'existent généralement nulle part.

Exploitation des ressources locales par l'administration militaire. — L'administration peut exploiter le pays en grand, soit au profit des trains régimentaires, soit pour recompléter ses propres organes : troupeaux, convois, magasins.

Ce sont les sous-intendants militaires qui en sont chargés avec l'aide de leur personnel spécial des subsistances, des officiers d'approvisionnement des corps, et surtout avec l'aide de troupes armées d'un effectif suffisant pour assurer toutes les manutentions et inspirer le respect. Ils procèdent, comme nous le verrons plus loin, par achats ou réquisitions, le plus possible après un avis préalable aux municipalités.

Lorsque l'opération s'étend un peu loin, il est bon de donner aux sous-intendants des troupes de cavalerie qui peuvent rechercher les ressources dans la campagne et bien protéger les convois chargés. De son côté, la cavalerie de corps d'armée et la cavalerie d'exploration doivent largement contribuer aux reconnaissances administratives que fera l'intendance de ces formations, de façon à bien renseigner les corps d'armée qui les suivent et, au besoin, de préparer leur exploitation.

Procédés exceptionnels d'exploitation. — Ce terme désigne les coupes de bois et les récoltes sur pied.

Il est quelquefois difficile de se procurer du combustible et, bien qu'on n'y trouve généralement pas grand avantage, on est alors amené à opérer des *coupes de bois*. Elles seront demandées aux municipalités sous la forme ordinaire de réquisition; s'il s'agit de forêts domaniales, la réquisition est adressée à l'agent de l'administration des forêts présent sur les lieux, et la coupe exécutée avec l'aide de son personnel. Le bois ainsi obtenu est généralement peu sec et impropre à faire du feu.

Si on est contraint à consommer des *récoltes sur pied*, telles que fourrages verts, pommes de terre, avoine sur pied, on suppute les rendements d'accord avec la municipalité et on en déduit les surfaces à affecter aux divers éléments. On coupe ou on récolte au moyen de corvées ou avec le concours des habitants, en réquisitionnant les outils, mais toujours par zones bien réparties entre les grandes unités.

De pareilles opérations sont toujours délicates, longues; elles imposent des fatigues aux troupes et amènent du gaspillage si on n'y apporte pas de la méthode et si on ne fait pas observer la plus stricte discipline. Elles sont cependant fréquentes et rendent les plus grands services aux époques où, les récoltes étant sur le point de se faire, les approvisionnements du commerce sont extrêmement réduits.

C'est faute d'avoir su organiser avec ordre les récoltes sur pied que l'armée de Châlons, en dépit des prescriptions du maréchal de Mac-Mahon, restait privée de légumes au milieu des champs de pommes de terre de l'Aisne, dont seuls profitaient les maraudeurs.

Ravitaillement par l'arrière.

Le ravitaillement par l'arrière comprend d'abord le recours aux convois, c'est-à-dire aux réserves roulantes que l'armée traîne avec elle. Mais il est clair que ces convois sont vite épuisés et qu'il faut les recharger de nouveau. A cet effet, on échelonne en arrière de l'armée des magasins soigneusement tenus au complet, que l'on fait ensuite déverser sur l'armée par l'emploi de tous les moyens de transport disponibles. Les derniers ravitaillent directement les convois des corps de troupe, et le service sera d'autant moins compliqué qu'il y aura moins de magasins intermédiaires. Il en résulte tout un mouvement de trains ou de convois sur la route jalonnée par ces magasins, qui est la ligne de communications de l'armée.

Le transport par voitures nécessite, dès que les effectifs à pourvoir prennent de l'importance, une quantité considérable d'attelages, et l'organisation des convois est toujours une chose difficile. Le recrutement et la nourriture des équipages, l'entretien des routes défoncées par des charrois incessants, leur encombrement au moindre accident, les avaries en cours de route et même la ferrure des chevaux constituent autant d'obstacles à vaincre pour assurer les ravitaillements.

Les chemins de fer ont beaucoup simplifié le problème du ravitaillement par l'arrière; leur grande capacité de transport, la rapidité de marche des trains par rapport aux voitures sur routes ont permis de supprimer, tout le long des voies ferrées, ces magasins échelonnés autrefois nécessaires; de plus, en se contentant d'un seul magasin pour une formation importante, par exemple pour une armée ou un corps d'armée, on a pu le rejeter assez en arrière pour qu'il n'ait rien à craindre des incursions immédiates de l'ennemi.

Mais, dès qu'une armée devra faire usage des routes ordinaires, lorsqu'elle devra faire appel aux convois de voitures attelées, il lui sera impossible de vivre sur un seul magasin éloigné, et le premier soin de son chef, aussitôt qu'il s'éloignera de la voie ferrée, sera de prescrire la constitution de nouveaux magasins, à petite distance des troupes et, autant que possible, par exploitation des ressources de la région.

Concurremment avec les chemins de fer, on pourra employer les canaux ou voies fluviales, moyen de transport plus lent, mais d'un débit considérable.

Les voitures attelées ne sont pas les seules dont les armées puissent prévoir l'emploi sur les routes. Les voitures automobiles, dont le développement est actuellement en plein essor, sont appelées à rendre les plus précieux services au ravitaillement. Les grandes distances qu'elles parcourent en un jour (100 à 120 kilomètres au lieu de 35 que couvrent les voitures à chevaux) et les lourdes charges qu'elles peuvent porter (2.500 kilogrammes au lieu de 850) ont pour conséquence heureuse de permettre l'usage des routes dans des conditions d'intensité presque égales à celles des voies ferrées, au moins pendant quelque temps, et d'éviter la création de nouveaux magasins par l'augmentation considérable du rayon d'action des premiers magasins.

Malheureusement, le nombre de ces voitures est encore trop limité pour éviter complètement le recours aux convois ordinaires attelés.

Usage des voies ferrées. — L'emploi des chemins de fer offre une si grande commodité qu'il est universellement admis aujourd'hui qu'on devra recourir à eux aussi longtemps que possible et leur faire apporter les denrées jusqu'à l'extrême voisinage des troupes en opérations.

Une ligne unique de chemin de fer, exploitée en toute liberté, permet d'assurer les besoins d'une armée même très nombreuse. Il suffit, pour s'en persuader, de remarquer que, comme nous l'apprendrons plus loin, un jour de vivres pour un corps d'armée n'occupe qu'un train de vingt-deux wagons. Dix petits trains par jour suffiraient donc à transporter la nourriture de dix corps d'armée, soit de près de 500.000 hommes. Il ne faut pas oublier d'ailleurs que beaucoup d'autres trains peuvent être nécessités par d'autres transports, surtout par ceux de matériel et de munitions d'artillerie.

Le chemin de fer transsibérien, dont la longueur était formidable et l'exploitation primitive, suffit à satisfaire les besoins des armées russes pendant la guerre russo-japonaise. Il est vrai que les ressources trouvées sur place, en Mandchourie, n'étaient pas négligeables et que les opérations n'étaient pas particulièrement rapides.

L'utilisation intensive des chemins de fer consistera donc à pousser des trains de vivres jusqu'au contact des troupes, c'est-à-dire des trains régimentaires. Toutes les fois que les circonstances le permettront (proximité de la gare, liberté des voies de communication), les trains régimentaires iront se ravitailler directement à la voie ferrée; mais il faut bien reconnaître que ce ne sera pas là le cas général. Les convois administratifs devront, le plus souvent, intervenir, aller se charger eux-mêmes au chemin de fer et assurer ensuite le ravitaillement des voitures des corps.

Les avantages si évidents de l'emploi des chemins de fer ont leur contre-partie. Il ne faut pas oublier que, si les nations construisent, souvent dans un but purement militaire, des voies ferrées dont elles comptent se servir pour les besoins de la guerre, elles prennent, en même temps, toutes les précautions pour interdire leur emploi à l'ennemi. Même à grande distance de la frontière, chaque pont, chaque tunnel est muni d'un dispositif de mine. Donc, à moins de supposer que nous restions toujours à la même place ou que nous ne cessions de reculer, on doit admettre que les voies ferrées pourront être détruites, et on sait que leur réparation exigera toujours beaucoup de temps.

Il faut, par suite, disposer de convois attelés pour cette éventualité. Les uns sont organisés dès le temps de paix et on les mobilise avec les autres organes de l'avant; les autres, tirés de la réquisition locale, ne seront constitués que plus tard, quand le besoin s'en fera sentir.

Nécessité d'un ravitaillement automatique. — Le ravitaillement par l'arrière devant fonctionner concurremment avec l'exploitation du pays, une question se pose tout de suite :

Dans quel cas aura-t-on recours à l'exploitation locale ? Dans quel cas, à l'arrière ?

La réponse la plus logique serait celle-ci : on aura recours à l'arrière seulement lorsque le pays n'offrira que des ressources insuffisantes, et pour remplacer ce qu'on n'aura pu y trouver.

Malheureusement, ce serait aboutir à une impossibilité.

Comment savoir, en effet, assez à temps pour le demander à l'arrière et l'expédier par convoi jusqu'aux troupes, ce qui manquera, même approximativement, à un pays où l'on n'est pas encore, où la recherche et l'évaluation des ressources prendraient tout le temps que l'on passera dans les cantonnements ? Si l'on procédait à une demande journalière, on aboutirait certainement à des mécomptes et à des retards, c'est-à-dire que le service ne serait pas assuré.

On s'est donc décidé à procéder de façon tout opposée. Au lieu d'attendre la connaissance des besoins de l'avant, on envoie, sans demande, tous les jours, par chemin de fer ou par convois, un jour de vivres de l'arrière sur l'avant, des magasins aux troupes. Celles-ci prennent ce qui leur est nécessaire et renvoient le reste, qui peut leur revenir le lendemain, si besoin est.

Ce n'est pas très économique, mais c'est simple et c'est sûr. Ce sont là deux conditions de succès trop importantes à la guerre pour que toute autre considération ne leur soit pas sacrifiée. Exception sera faite seulement pour les denrées que l'on trouve habituellement sur le pays (foin, combustible), ou que les difficultés de conservation empêchent de préparer d'avance, régulièrement, avant que les besoins n'en soient connus (viande fraîche); on n'expédiera celles-ci que sur commande spéciale.

Cette opération quotidienne porte le nom de *ravitaillement quotidien.* On appelle *ravitaillement éventuel* la livraison aux troupes de toutes autres denrées que celles comprises dans le premier, livraison qui ne leur est faite que sur une demande de leur part.

Par qui est envoyé, sans ordres, ce jour de vivres ? Par quels intermédiaires passent les commandes exceptionnelles ? Que deviennent les denrées expédiées ? C'est ce qui sera examiné plus loin quand on pénétrera dans le fonctionnement de détail de l'alimentation.

La commodité d'un pareil système — habituellement dénommé *ravitaillement automatique* — est extrême, mais elle a aussi un danger. Si tout vient à point de l'arrière, à quoi bon se donner le mal d'exploiter le pays ? Telle est la réflexion que certains ne manqueront pas de se faire, et il est à craindre qu'on ne retombe dans les excès du passé, en négligeant tout à fait les ressources locales.

En agissant ainsi, on commettra souvent une grosse faute. D'abord on fera une opération peu habile qui consistera à faire venir de très loin, souvent à grands frais, des approvisionnements qu'on a sous la main; on se déshabituera d'exploiter le pays et, au moindre accroc dans le fonctionnement des services de l'arrière, on ne saura que faire. Enfin, on s'exposera, en cas d'abandon du pays, à laisser à l'ennemi des ressources précieuses.

Résumons ce qui précède :

L'expérience du passé nous apprend que les procédés de subsistance des armées se réduisent à deux, qui se désignent par ces formules : vivre sur le pays; vivre sur l'arrière. Mais elle nous apprend aussi qu'aucun de ces deux procédés appliqué seul n'est suffisant. Donc, nous les combinerons. Nous exploiterons les ressources des régions occupées par l'armée et, en même temps, nous organiserons des envois de l'arrière, comme si ces ressources devaient être nulles.

D'une part, l'exploitation des ressources consistera, soit à faire vivre les soldats chez l'habitant, soit à recueillir les denrées sur les voitures du train régimentaire ou sur les convois de l'intendance.

D'autre part, les envois de l'arrière se feront en utilisant aussi longtemps que possible les voies ferrées et en ne recourant aux convois automobiles ou attelés que faute de chemins de fer.

Mais, dans tous les cas, ces envois seront automatiques, au moins en ce qui concerne les denrées de première nécessité qu'on doit craindre de ne pouvoir trouver sur le pays.

Nous prendrons comme règle que les vivres doivent aller au soldat; dans ce but, on a constitué les trains régimentaires et les voitures à viande, qui apporteront à la troupe sa nourriture dans ses cantonnements mêmes. Les convois administratifs amèneront à leur tour à ces trains de quoi se ravitailler en vue des distributions suivantes.

Nous n'oublierons pas, enfin, qu'il convient de garder toujours, sur soi, une réserve de vivres à laquelle on ne touchera qu'à la dernière extrémité, à défaut de tout autre moyen de subsistance, et qu'on reconstituera aussitôt qu'elle aura été consommée ou seulement entamée.

Telle est la base de l'organisation que nous allons étudier. Telle est la *méthode*, acquise aujourd'hui, et dont nous allons un peu plus loin examiner le détail d'application.

CHAPITRE II

PERSONNELS DE L'INTENDANCE.

I

Les fonctionnaires de l'intendance.

Le personnel de direction du service d'alimentation aux armées comprend les intendants généraux, intendants militaires, sous-intendants militaires des trois classes et adjoints à l'intendance.

Les hauts fonctionnaires sont intendants d'armée ou intendants de corps d'armée. Les sous-intendants sont chargés des différentes sous-intendances aux divisions, aux quartiers généraux, aux formations de l'arrière. Les adjoints sont employés en sous-ordre dans les services très chargés, ou mis à la tête des services les moins importants (brigades isolées, d'infanterie ou de cavalerie, etc.).

Le détail de leur hiérarchie et de leurs devoirs sera donné plus loin; il n'y a lieu d'examiner ici que le mode général d'exercice de leurs fonctions.

Quelles que soient leurs fonctions, tous se trouvent, en campagne, en rapports étroits avec le commandement et les états-majors. Il importe de bien préciser en même temps le mode d'action des fonctionnaires de l'intendance et la nature de leurs relations avec le commandement.

La situation respective des autorités militaires et administratives est parfaitement définie par les lois, décrets et règlements.

La loi du 24 juillet 1873 avait, dans son article 17, posé le principe de la subordination de l'administration au commandement :

Outre les états-majors, le commandant du corps d'armée a, auprès de lui et sous ses ordres, les fonctionnaires et les agents chargés d'assurer la direction et la gestion des services administratifs et de santé.

La loi du 16 mars 1882, sur l'administration de l'armée, a réalisé l'application de ce principe, notamment par les dispositions suivantes :

Art. 9. — Le commandant du corps d'armée est, sous l'autorité supérieure du ministre, le chef responsable de l'administration dans son corps d'armée.

Les directeurs des services sont sous ses ordres immédiats; ils ne peuvent correspondre avec le ministre que par l'intermédiaire du général (1).

Art. 13. — Les chefs de services dans les divisions sont sous les ordres des généraux commandant ces divisions.

Ils reçoivent directement de leurs chefs hiérarchiques, à savoir les directeurs des services auprès du commandant du corps d'armée, les instructions relatives à la comptabilité, à l'exécution technique du service et aux détails d'ordre intérieur.

Au quartier général du *corps d'armée*, le directeur de l'intendance et les fonctionnaires sous ses ordres ne travaillent pas isolément; ils se tiennent en contact et en accord avec le chef d'état-major et les officiers d'état-major du corps d'armée; ensemble, ils échangent leurs vues sur la situation, ses conséquences, et les mesures qui en découlent. Ainsi — et seulement ainsi — le jeu des services pourra être constamment ajusté aux mouvements des troupes, que l'état-major aura préparés suivant l'ordre du général; et si plusieurs solutions peuvent être envisagées, aucune d'elles ne sera étudiée sans tenir compte des nécessités administratives et, en particulier, de celles de l'alimentation. Le général commandant le corps d'armée aura donc tous les éléments d'appréciation nécessaires pour choisir la solution définitive et donner ses ordres.

Dans la *division*, les relations du sous-intendant militaire avec le général commandant la division et son état-major ont un caractère analogue. Si l'alimentation est entièrement assurée par l'exploitation locale, le rôle du sous-intendant prendra une importance considérable. C'est lui qui devra renseigner le général sur les ressources respectives des différentes parties de la zone d'exploita-

(1) Les exceptions à la règle générale de la transmission de la correspondance administrative par le commandement, importantes en temps de paix, n'ont point d'intérêt en campagne.

tion fixée par l'ordre du corps d'armée, sur les facilités d'achat ou de réquisition des diverses denrées.

Même dans le cas où l'on vivra sur l'arrière, il faudra demander presque toujours aux ressources locales le foin, la paille, le combustible, les légumes, souvent le bétail; l'exploitation locale sera diminuée dans des proportions plus ou moins importantes; elle existera toujours et, par suite, le sous-intendant militaire aura toujours un rôle à jouer et des propositions à présenter au commandement. Il devra donc se tenir en contact et en accord permanent avec le chef d'état-major de la division; cette collaboration aboutira à des solutions cohérentes, adaptées aux besoins matériels des troupes en même temps qu'aux nécessités militaires, et entre lesquelles le général décidera définitivement.

Au quartier général d'*armée*, le commandant de l'armée est remplacé, pour tout ce qui concerne l'administration de l'armée, par le général directeur des étapes et des services. C'est donc auprès de ce dernier que sera placé un *intendant d'armée*. A ce degré supérieur de l'organisation administrative, comme aux échelons inférieurs, le rôle de ce haut fonctionnaire est celui d'un collaborateur du commandement, d'un « second », aux termes des règlements, tenu constamment au courant des projets militaires et s'ingéniant à combiner les ressources administratives dont il dispose pour assurer la réalisation de ces projets.

C'est ainsi que nous devons concevoir, par l'application des dispositions légales et réglementaires, cette union, cette action concordante du commandement et de l'administration, sans lesquelles les opérations militaires seraient fatalement vouées à l'insuccès : l'association intime, la confiance réciproque, les relations amicales de l'état-major et de l'intendance sont pour une armée une force morale considérable, une condition essentielle de la victoire, déclarent tous les auteurs militaires.

Mais il ne suffit pas que cette union soit inscrite implicitement dans la loi : il faut qu'elle soit « voulue » par tous, il faut qu'elle existe dans les esprits et dans les cœurs, et qu'elle commence à se manifester dès la vie de garnison, dans les multiples circonstances où l'état-major et l'intendance se trouvent en contact. Il faut absolument que les deux corps se connaissent et s'apprécient. Il faut que tous les officiers d'état-major sachent exactement jusqu'où doit s'étendre l'action du commandement en matière administrative et où elle doit s'arrêter; qu'ils « sentent » le moment où il est utile de faire appel au fonctionnaire de l'intendance, et de lui donner voix consultative dans les délibérations du commandement.

Il faut, d'autre part, que tous les fonctionnaires de l'intendance possèdent suffisamment la technique de leurs services, et particulièrement du service de l'alimentation, pour pouvoir, à toute heure, en toute circonstance, même dans le décor tragique de la bataille, apprécier rapidement et sûrement le meilleur emploi à faire des moyens d'action dont ils disposent pour correspondre aux intentions du commandement; il faut qu'à tout moment ils soient prêts à mettre à la disposition du chef militaire toute leur expérience, tout leur savoir, toute leur activité pour « saisir la situation par tous les côtés où elle est saisissable », pour « rendre possible ce qui paraît impossible », suivant le mot énergique et flatteur de von der Goltz.

Il faut encore, et enfin, pour que la collaboration soit féconde, que les officiers des deux catégories soient habitués à « penser de même », que leurs éducations soient parallèles, qu'ils parlent le même langage. Outre la communauté du vouloir, il doit y avoir entre eux une certaine communauté d'intelligence et de science. Bien des choses aujourd'hui concourent à cet heureux résultat.

Que le corps de l'intendance se persuade donc qu'il est de son devoir — devoir, d'ailleurs, de l'accomplissement duquel il retirera en général beaucoup d'agrément et d'avantages personnels — d'entretenir avec le commandement et l'état-major des relations continues, amicales, s'il est possible, et de saisir toutes les occasions de montrer sa véritable valeur, ainsi que l'estime et la confiance dont il est digne, en remplissant intégralement et de bonne grâce tout son rôle, chaque fois que les circonstances le permettront.

Mais ce ne sont là que les facteurs moraux de cette collaboration. Les règlements font avec précision le départ des attributions des droits et des devoirs de chacun. Ainsi seront évités les heurts et les froissements que la bonne volonté seule, même réciproque, ne suffit pas toujours à écarter.

L'intendance est appelée aussi à de fréquents contacts avec les autres services.

Elle doit les connaître tous. Elle doit avoir avec tous la même cordialité, la même franchise d'allures. Santé, artillerie, génie, ont tous, dans leur service, des points communs avec elle; tous auront, un jour ou l'autre, recours à elle. Qu'elle les accueille avec le désir de leur être agréable, de faciliter leur tâche. Elle trouvera des sentiments réciproques chez eux, et l'action commune y gagnera en puissance et en facilité.

Attributions respectives du commandement et de l'intendance : rôle du fonctionnaire de l'intendance comme conseiller technique du commandement. — Entrons maintenant dans quelques détails sur les rôles respectifs du commandement et de l'intendance, dans cette collaboration dont nous venons de mettre en évidence l'absolue nécessité.

L'article 5 du décret du 2 décembre 1913, sur le service en campagne, s'exprime ainsi :

Les officiers généraux ont le devoir de prévoir les besoins des troupes, de prescrire ou de provoquer les mesures nécessaires pour y satisfaire; ils donnent l'ordre de pourvoir et de distribuer et veillent à ce que chacun reçoive les allocations qui lui sont dues.

Les articles 167 et 168 du même règlement ajoutent :

Le commandement fixe les procédés d'alimentation et de ravitaillement à employer.

... Les fonctionnaires de l'intendance dirigent, sous l'autorité du commandement, le service du ravitaillement en vivres.

Ils proposent toutes les mesures à prendre en vue d'assurer l'alimentation.

Ils ont autorité, en ce qui concerne l'exécution du service de l'intendance, sur tout le personnel attaché d'une manière permanente ou temporaire à leur service.

L'instruction sur l'alimentation en campagne, après avoir répété ces indications, base de ses propres prescriptions, définit avec plus de précision le rôle des fonctionnaires de l'intendance :

Ils doivent se tenir en rapports constants avec les généraux et leurs chefs d'état-major, qui les renseignent sur les effectifs et les emplacements des troupes, ainsi que sur les besoins prévus.

Ils ont une entière initiative pour proposer au commandement toutes les mesures à prendre ou à prescrire pour assurer le service de l'alimentation et du ravitaillement en vivres de toute nature...

Ils veillent à ce que les approvisionnements dont ils sont chargés soient toujours au complet. Ils provoquent ou prescrivent, à cet effet, toutes mesures de détail pour l'exploitation des ressources locales ou le ravitaillement par l'arrière.

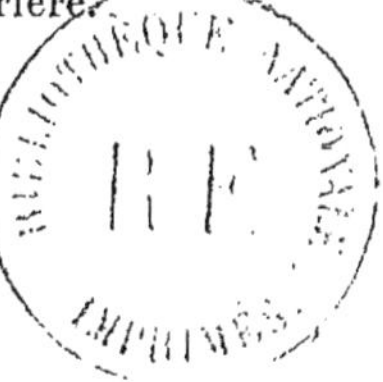

Plus loin, cette instruction dit encore :

> Les fonctionnaires doivent adresser au commandement des propositions s'appliquant notamment aux points ci-après : modes d'alimentation et de ravitaillement, constitution de magasins..., marche, stationnement et emploi des divers organes, etc.

Ainsi, le général donne l'ordre de pourvoir et de distribuer; il est le chef responsable et il a toute l'autorité corrélative à cette responsabilité. Cela ne signifie pas que les ordres relatifs aux services administratifs seront préparés sans intervention des fonctionnaires de l'intendance, mais que ces ordres, préparés de concert par l'état-major et l'intendance, seront donnés définitivement par le général; autrement dit, les fonctionnaires de l'intendance agiront comme conseillers techniques du commandement dans la phase de préparation des opérations, au moment de l'élaboration des ordres. Il en sera tout au moins ainsi pour toute décision devant réagir sur le fonctionnement des organes d'alimentation, prescrivant autre chose que de simples déplacements de ces organes.

En conséquence, à tous les échelons de la hiérarchie, le fonctionnaire de l'intendance, chef de service, doit intervenir, pour la préparation des ordres, auprès du service même de l'état-major. Il ne donnera pas les ordres; mais il apporte les renseignements administratifs qui serviront de base à la décision du chef : état et emplacement des approvisionnements, indications précises sur les ressources du pays, rendement que l'on peut demander aux personnels et aux matériels dont on dispose pour obtenir les produits de transformation (pain, viande distribuable, etc.). En un mot, il fait connaître, chaque jour, à chaque instant, les moyens d'action administratifs. Les renseignements sur la situation militaire apportés, d'autre part, par l'état-major, permettront de déterminer, soit exactement, soit avec une probabilité variable suivant les circonstances de guerre, quels seront les effectifs et les emplacements des troupes à ravitailler; l'état-major, par cela même, donne les indications nécessaires pour calculer les besoins et prévoir les points où ils se produiront. Ainsi, se trouvent précisés les deux éléments de la décision à prendre : d'une part, les besoins; d'autre part, les moyens d'action.

La décision, que le commandement exprimera sous forme d'ordres, *sera presque toujours proposée sous cette même forme.*

On devra donc rédiger, pour être proposés au général, des projets d'ordres en matière administrative, comme on lui propose, d'autre part, des projets d'ordres de marches ou de combats. Il est naturel que ces ordres administratifs soient rédigés par les fonctionnaires de l'intendance; pratiquement, il en sera presque toujours ainsi. Une entente préalable avec le bureau compétent de l'état-major permettra de lever tout de suite les difficultés de détail et amènera une concordance complète entre toutes les parties des ordres du général.

Le langage des ordres, sans posséder des règles spéciales de syntaxe ou de style, a pris, par l'usage, certaines formes reconnues les plus commodes, et qu'il faut apprendre à parler si on veut être bien compris, éviter la longueur et l'ambiguïté. La pratique, surtout, donnera au sous-intendant le ton exact à prendre pour rédiger une portion d'ordre pouvant s'insérer sans changement dans un ordre général. On trouvera un peu plus loin (2e partie, chapitre II) quelques notions indispensables sur le service d'état-major et la rédaction des ordres.

L'ensemble du travail de préparation une fois arrêté, les projets d'ordres sont présentés au général, qui examine, discute et fait procéder, s'il y a lieu, à des rectifications; il va sans dire qu'en cas de rectification importante dans la partie administrative des ordres le fonctionnaire de l'intendance devra être consulté à nouveau.

Rôle du fonctionnaire de l'intendance comme chef de service. — Enfin, la décision du général est prise : les ordres et les instructions sont donnés. Le rôle de l'état-major est terminé. Mais un rôle nouveau commence pour le fonctionnaire de l'intendance; il doit, maintenant, diriger les services dont il est chargé, de manière à assurer l'exécution des ordres du commandement. « Il arrête les dispositions techniques d'exécution, qu'il notifie aux personnels sous ses ordres. »

C'est là la partie essentielle de ses fonctions en campagne. Le fonctionnaire de l'intendance va, maintenant, développer le plan dont il a eu la vision au moment où il a proposé au commandement la rédaction des ordres d'alimentation et de ravitaillement. Le voici aux prises avec les réalités. Les ordres et instructions qu'il adresse, de sa propre autorité, cette fois, et sous son entière responsabilité, aux différents personnels dont il a la direction, constituent, dans leur ensemble, un programme d'exécution complet : ils doivent donc être précis, suffisamment détaillés, coordonnés entre eux et, par-dessus tout, réalisables.

Cela suppose d'abord une connaissance préalable et approfondie des efforts que l'on peut, en principe, demander aux divers personnels; du rendement des matériels de fabrication; de la durée des diverses opérations à effectuer; cela suppose, en outre, une connaissance actuelle et complète des effectifs dont dispose chaque organe administratif, de l'état de la fatigue du personnel, de son emplacement, de la distance qu'il doit parcourir avant de commencer le travail, des conditions d'installation, etc.

D'ailleurs, les ordres donnés, si bien étudiés qu'ils soient, ne pourront pas toujours être réalisés intégralement. A la guerre, l'imprévu est la règle; fréquemment, la situation militaire aura changé, ou bien un accident, une circonstance atmosphérique, un retard, auront empêché l'exécution de certaines mesures dans les conditions où elles avaient été prévues. Renseigné à chaque instant sur la marche des services, toujours prêt à réparer les erreurs, à modifier l'aiguillage, le fonctionnaire de l'intendance oriente et coordonne incessamment les efforts des personnels exécutants vers le but à atteindre, qui n'est autre que la satisfaction intégrale des besoins des troupes, quels que soient les points où le développement des opérations militaires les ait amenées. Et cela suppose, outre les connaissances dont il a été parlé plus haut, des qualités qui sont, à proprement parler, celles du chef : du *coup d'œil*, pour apprécier rapidement ce qui est possible et ce qui ne l'est pas; de la *décision*, pour choisir entre les diverses solutions; de la *précision* dans la rédaction des ordres et des instructions.

Le parfait intendant. — Toutes ces qualités doivent se retrouver, à un plus haut degré encore, dans l'homme chargé de l'administration de toute une armée; de même, il faut bien le dire, que dans tout homme à qui est confiée une haute fonction publique.

Il est amusant, et non sans intérêt, de reproduire ici les lignes par lesquelles Odier a essayé de définir le parfait intendant d'armée :

« Une forte éducation scientifique et littéraire, le travail, la vie politique, l'exercice des fonctions publiques, la pratique du métier, les inspirations du génie, voilà ce qui fait le général et l'administrateur d'une armée; quelques qualités spéciales distinguent encore ce dernier.

» L'homme circonspect dans les conseils, timide dans la délibération, constant dans ses résolutions et imperturbable dans l'exécution; ami du bien, calme à l'aspect du mal; voulant et ordonnant avec sagesse; discutant tranquillement; adoptant avec candeur toutes les bonnes idées, et, avec équité, en restituant la gloire à qui elle appartient; agissant selon sa conscience et ne redoutant jamais sa responsabilité; fier sans orgueil, ferme sans âpreté, obséquieux (1) sans bassesse; sachant employer le temps et les hommes, converser avec douceur et commander avec empire; se faire respecter de ses subordonnés, leur distribuer le travail, les faire agir sans les rebuter; voir tout d'un coup d'œil, expliquer tout d'un mot; esprit à ressources et jamais déconcerté par les événements de la guerre; un tel homme serait, sans contredit, un parfait intendant d'armée. »

Certes, ce sont là de rares vertus; et, si elles étaient indispensables pour parvenir aux plus hauts grades, leur énumération aurait de quoi décourager bien des ambitieux. Mais si leur réunion est exceptionnelle chez un seul homme, il est permis à chacun de chercher à acquérir, dans la limite de ses moyens, celles pour qui il se sent le mieux doué. S'il est un peu ridicule de donner ouvertement à son activité un but réservé aux hommes de génie, il est noble et profitable pour tous d'avoir un haut idéal, et de chercher à en réaliser, quand l'occasion se présente, ne fût-ce qu'une petite parcelle.

« La considération qu'il se serait acquise, continue Odier, en aurait bientôt fait ce que jamais la volonté des rois ou la lettre des lois ne purent obtenir, l'un des premiers personnages de l'armée. Mais, plus le général lui marquerait cette place, plus l'intendant s'attacherait à s'en éloigner. Qu'il eût beaucoup d'égards pour les généraux et pour les officiers, des manières obligeantes envers le moindre soldat ! ces devoirs de bienséance, de la part de l'intendant, dispenseraient les administrateurs qui sauraient l'imiter de

(1) Le terme paraîtrait excessif aujourd'hui. Odier voulait dire : plein de déférence et d'égards pour qui les mérite.

ces démonstrations serviles par lesquelles, en croyant conquérir les suffrages, on ne trouve que le mépris (1).

» Quoi qu'il en soit, avec un caractère noble, un esprit élevé, et des talents réels, l'intendant ne peut manquer de s'insinuer dans le cœur du général; de certains rapports d'esprit et de sentiment doivent bientôt s'établir entre eux ; et, comme le questeur et le général, chez les Romains, notre général et notre intendant seront dans de véritables rapports de parenté; ils seront au moins dans les rapports de la plus étroite amitié, comme Catinat et Bouchu (2)

» Enfin, quand cet heureux accord ne pourrait pas exister jusqu'à ce point entre le général et l'intendant, toujours faudra-t-il qu'une certaine confiance les unisse : jamais de tiers interposé entre le général et l'administrateur en chef (3).

» A ces conditions, un intendant peut entreprendre d'administrer une armée. »

La vérité est éternelle : on ne saurait mieux dire aujourd'hui.

Le cadre auxiliaire. — A la mobilisation, l'effectif de l'armée augmentera dans la proportion de 7 pour 1 environ. Les formations mobilisées, concentrées sur les théâtres d'opérations, auront emmené les personnels administratifs qui leur sont nécessaires. Dans les garnisons, outre les corps de l'armée territoriale, des dépôts s'organiseront pour fournir aux corps de troupe les moyens de réparer leurs pertes par des renforts incessants, et pour recevoir eux-mêmes les indisponibles et les convalescents. En même temps, tous les rouages du service du ravitaillement seront mis en œuvre pour donner aux armées et aux places fortes les moyens de subsister. C'est dire que, même après la période de concentration, les services administratifs du territoire deviendront beaucoup plus difficiles à assurer qu'en temps de paix, étant donné surtout que

---

(1) Dans les armées de l'Empire, le personnel subalterne de l'administration était civil et son caractère paraît avoir laissé a désirer.

(2) Bouchu, intendant de la généralité de Grenoble, fut adjoint à Catinat comme intendant de l'armée des Alpes pendant la campagne du Dauphiné et d'Italie (1692-93). Sa connaissance approfondie des ressources de la région, son habileté d'administrateur, rendirent de grands services aux troupes, et son caractère élevé lui avait valu la plus haute estime dans l'esprit et dans le cœur de Catinat.

(3) Le directeur des étapes et des services n'est pas un intermédiaire, étant chargé « de la direction d'ensemble » des services. Les organisations de nos jours sont un peu plus compliquées que du temps d'Odier.

cette extension considérable des service coïncidera avec une crise industrielle, commerciale et financière inséparable de l'état de guerre. L'intendance ne pourrait suffire à une tâche aussi complexe si ses moyens d'action n'étaient pas eux-mêmes notablement accrus.

Le personnel sera augmenté, comme celui des corps combattants, par l'appel d'éléments appartenant à la réserve de l'armée active, à l'armée territoriale et aux services auxiliaires; mais, en outre, dans les formations mobilisées, certaines catégories de personnels, complètement indépendants de l'intendance en temps de paix, seront appelées à coopérer à l'exécution des services dont elle assume la direction, et, en conséquence, recevront d'elle, dans la limite déterminée par les règlements, des ordres ou des instructions. Tels seront les officiers d'approvisionnement des corps de troupe et certains détachements du train des équipages.

Le personnel de complément appelé à renforcer, en cas de guerre, le cadre actif des fonctionnaires de l'intendance, est désigné, dans son ensemble, sous le nom de cadre auxiliaire.

La plupart des fonctionnaires du cadre actif font partie des formations mobilisées, quelques fonctionnaires du cadre auxiliaire y prendront également place; mais le cadre auxiliaire fournira surtout, pour ces formations, des attachés à l'intendance.

Tous les fonctionnaires du cadre actif et du cadre auxiliaire, y compris les adjoints à l'intendance, pouvent remplir en temps de guerre les fonctions de chef de service (décret du 22 avril 1891). Mais les attachés à l'intendance n'ont pas qualité de fonctionnaires et ne peuvent en avoir les attributions; ils sont employés en sous-ordre.

Leur nombre n'est pas fixé par la loi; actuellement, il existe à peu près 100 attachés de première classe et 50 attachés de deuxième classe.

Leur recrutement s'effectue, au concours, parmi les officiers de réserve des corps de troupe ou des services.

Les attachés ainsi choisis sont, pour la plupart, des jeunes gens intelligents et cultivés, possédant une certaine instruction militaire et l'habitude du cheval; mais la compétence technique ne leur vient que peu à peu, au cours des stages qu'ils accomplissent, surtout aux grandes manœuvres. Leur rôle consiste à aider les fonctionnaires de l'intendance, sous les ordres desquels ils sont placés, dans leurs relations avec les corps de troupe, les personnels d'exécution, les fournisseurs. Tantôt, ils sont employés comme porteurs d'ordres, intelligents, capables d'interpréter, au besoin, la pensée du chef; tantôt, ils sont chargés de missions spéciales et faciles, pour diriger ou surveiller des opérations que le fonctionnaire de l'intendance ne peut diriger lui-même; mais ils agissent toujours au nom de ce fonctionnaire et ne peuvent, en aucun cas, remplir les fonctions de chef de service.

II

Les personnels d'exécution.

Officiers d'administration. — Sous les ordres des fonctionnaires de l'intendance se trouvent les personnels d'exécution, appartenant soit au cadre actif, soit au cadre auxiliaire. Ce sont les officiers d'administration dont les effectifs sont actuellement les suivants :

Bureaux de l'intendance : 500 officiers du cadre actif, 710 officiers du cadre auxiliaire;

Subsistances : 425 officiers du cadre actif, 1.339 officiers du cadre auxiliaire;

Habillement : 105 officiers du cadre actif, 120 officiers du cadre auxiliaire.

Le recrutement des officiers d'administration du cadre auxiliaire a lieu par voie de concours entre officiers ou sous-officiers de réserve. Pour le service des subsistances, où la compétence technique est particulièrement utile, il faudrait surtout des personnes appartenant, dans la vie civile, au commerce d'alimentation proprement dit, boulangerie et boucherie. Malheureusement, ces commerçants, soit par insuffisance d'instruction, soit par timidité, ou à cause des exigences de leur commerce, ne se présentent pas volontiers au concours.

En attendant que la mise en application de la loi du 21 mars 1905 sur le recrutement de l'armée ait procuré un contingent régulier d'officiers de réserve ayant reçu pendant six mois une instruction spéciale, on pourra combler les incomplets par d'anciens sous-officiers d'administration, appartenant à la réserve ou à l'armée territoriale, et qui sont pourvus, à la mobilisation, d'une commission d'adjudant d'administration. Tout porte à croire qu'en campagne ces adjudants seront très utiles, pourvu qu'on ait sóin de les employer dans leur spécialité professionnelle.

Troupes d'administration. — Sous les ordres des officiers d'administration, le service est exécuté par des détachements fournis par les sections actives ou territoriales de commis et ouvriers militaires d'administration.

Ces détachements sont très nombreux, en raison du grand nombre d'organes administratifs à pourvoir. Aussi, le personnel des sections actives de l'intérieur doit-il passer, à la mobilisation, d'un effectif de 8.700 hommes à un effectif de guerre de 34.000 hommes; d'autre part, l'effectif total des sections territoriales atteint 19.000 hommes, ce qui fait en tout une augmentation de 44.000 hommes environ.

Les détachements d'ouvriers d'administration ont fréquemment besoin d'être renforcés par des *corvées* fournies par les corps de troupe, en vue de manutentions simples n'exigeant pas de connaissances professionnelles (chargement et déchargement de voitures, par exemple); ils sont même parfois secondés, surtout dans les organes producteurs de l'arrière, par des ouvriers civils, embauchés ou requis.

Les hommes appartenant au *service auxiliaire* sont surtout employés dans les centres de mobilisation ou dans les services de l'intérieur. Il y a bien des réserves à faire sur le rendement à attendre de cette catégorie de personnel qui, souvent, n'a fait aucun service militaire, dont la valeur professionnelle est inconnue et qui se trouve, par l'effet même de la sélection à rebours qu'il a subie, dans un état d'infériorité physique par rapport aux personnels appartenant ou ayant appartenu à l'armée active. Ce personnel sera certainement, mais lentement, amélioré par les hommes provenant du service auxiliaire institué par la loi du 21 mars 1905, qui auront tous fait deux, ou trois, années de service dans les établissements de l'intendance.

Officiers d'approvisionnement. — Le service des officiers d'approvisionnement est régi par l'instruction sur l'approvisionnement dans les corps et services du 23 janvier 1910.

Les officiers d'approvisionnement appartiennent à deux catégories distinctes :

1° Ceux des corps de troupe, qui sont des officiers de ces corps, remplissant leurs fonctions spéciales dès le temps de paix, dans l'infanterie et la cavalerie, et qui sont choisis, au contraire, parmi les officiers de réserve, dans l'artillerie. Ils dépendent, avant tout, de leur corps de troupe et agissent comme délégués du conseil d'administration pour le compte duquel ils gèrent. Mais ils sont soumis à la direction administrative et technique des fonctionnaires de l'intendance;

2° Ceux des quartiers généraux et services, qui sont pris parmi les officiers d'administration du service des subsistances, sauf dans les formations sanitaires où ces fonctions sont, naturellement, remplies par des officiers d'administration du service de santé. Ils gèrent, soit pour leur compte, soit pour le compte des gestionnaires des formations ou éléments auxquels ils appartiennent. Ils sont soumis, comme les officiers d'approvisionnement des corps de troupe, à la direction technique des sous-intendants; mais cette dépendance devient naturellement plus étroite lorsque les officiers d'approvisionnement se trouvent, d'autre part, en tant qu'officiers des subsistances, placés sous les ordres de ces fonctionnaires, chargés soit de la direction immédiate du service, soit de l'administration du quartier général.

Dans les deux catégories, les officiers d'approvisionnement ont pour mission essentielle de recueillir les denrées nécessaires à la subsistance de l'ensemble du corps, du détachement ou du service auquel ils appartiennent, soit en les recevant de l'intendance, *soit en les achetant eux-mêmes* — souvent par ces deux modes simultanément — et de répartir ces denrées, conformément aux tarifs, entre les parties prenantes collectives (unités administratives des corps de troupe, détachements) ou isolées (officiers sans troupe, officiers isolés, etc.).

Dans ce but, ils disposent d'un matériel roulant, constitué par des fourgons à deux chevaux, qui forment le *train régimentaire*, et par des voitures à viande, et sur lesquels est porté l'approvisionnement du corps, comme il sera exposé plus loin.

Leurs attributions se résument comme il suit :

1° Commandement du train régimentaire;
2° Distribution aux unités et aux isolés;
3° Exploitation des ressources locales;
4° Ravitaillement du train régimentaire et des voitures à viande;
5° Prise en charge et gestion des denrées et du matériel.

Comme chefs du train régimentaire et comme distributeurs, ils ne dépendent que de leurs chefs de corps ou de service.

Dans leur rôle de gérants en matières, pour leur compte ou pour celui d'un gestionnaire principal (conseil d'administration ou gestionnaire de la formation), ils doivent des comptes, éventuellement, aux autorités vis-à-vis desquelles ils sont gérants d'annexes et sont, dans tous les cas, soumis à la surveillance administrative des fonctionnaires de l'intendance.

Enfin, en ce qui concerne le ravitaillement des trains régimentaires, ils sont soumis à la direction des sous-intendants, qui leur donnent, dans la limite des ordres généraux du commandement, les instructions nécessaires sur la manière d'opérer ce ravitaillement, soit au moyen des envois de l'arrière, soit au moyen des ressources locales.

Il est à noter que l'exploitation des ressources locales sera fréquemment confiée à l'intendance, par exemple dans les périodes de stationnement ou lorsqu'un cantonnement est occupé par de nombreux corps de troupe. Dans ce cas, les officiers d'approvisionnement deviennent de simples auxiliaires de l'intendance, en opérant tantôt pour leurs corps, tantôt pour l'ensemble de la formation à laquelle ils appartiennent.

Lorsque les trains régimentaires sont rassemblés, pour suivre les colonnes ou aller se ravitailler, ils sont placés sous les ordres des officiers de gendarmerie : du prévôt, dans le corps d'armée, et du vaguemestre, dans la division. Les officiers d'approvisionnement sont donc, pendant toute la marche, sous l'autorité de ces officiers de gendarmerie.

Dans la troupe, les officiers d'approvisionnement sont désignés exclusivement pour ce service, à raison :

Dans l'infanterie, d'un lieutenant par régiment, corps ou détachement comprenant au moins un bataillon;

Dans la cavalerie, d'un lieutenant dans le régiment ou dans un détachement d'au moins deux escadrons;

Dans l'artillerie, d'un officier par formation (artillerie divisionnaire, artillerie de corps, etc.), ou par groupe isolé de trois batteries;

Dans les organes administratifs attelés, d'un lieutenant par compagnie du train des équipages.

Dans les détachements de moindre importance, le commandant remplit les fonctions d'officier d'approvisionnement; mais il a la faculté de confier le soin des détails (sous sa responsabilité) à un officier ou un sous-officier.

Dans les quartiers généraux ou services, les officiers d'approvisionnement peuvent remplir cumulativement d'autres fonctions.

Les officiers d'approvisionnement des armes non montées accomplissent en temps de paix un stage au train des équipages pour apprendre la conduite des voitures et les soins à donner aux chevaux. Tous suivent un petit cours technique fait par un sous-intendant militaire, qui les met au courant de leurs devoirs administratifs, leur apprend à connaître les propriétés et la qualité des denrées et leur fait faire quelques exercices pratiques.

Ils sont montés et tout au moins munis d'une bicyclette. Ils ont droit à une indemnité de gestion et de frais de bureau, variable avec l'importance de l'élément auquel ils appartiennent.

Ils disposent d'un personnel variable aussi suivant les formations, et qui comprend, outre des sous-officiers, des conducteurs, quelques ouvriers bouchers. Ils possèdent un matériel qui sera décrit plus loin.

Le nombre des voitures qui composent les trains régimentaires dépend de la nature et de l'importance du corps, et est déterminé par des *tableaux de chargement* qui font partie des documents de mobilisation.

Ainsi, dans chaque corps de troupe, détachement, ou service fonctionne un véritable petit service des subsistances ayant des ressources propres et pouvant à la rigueur, pendant un peu de temps, assurer de lui-même l'alimentation du corps. L'officier d'approvisionnement en est le chef, et de l'activité, de l'intelligence de ce chef dépendront le bien-être des troupes et le bon entretien des chevaux. C'est dire l'importance d'un rôle qui, peu brillant peut-être, est bien loin d'être sans mérite.

Brisé de fatigue, souvent énervé par la méconnaissance de son travail si pénible et des services qu'il rend, l'officier d'approvisionnement doit pouvoir compter sur l'aide morale aussi bien que matérielle de l'intendance, dont il est un des plus précieux collaborateurs. Le sous-intendant ne perdra aucune occasion de s'acquérir la confiance de ses officiers d'approvisionnement; il doit les voir fréquemment, au moins une fois par jour, les guider, les soutenir de ses conseils, de ses ressources, de son autorité. C'est par eux qu'il sera tenu au courant de la véritable situation des corps de troupes; c'est en les groupant, en dirigeant leurs efforts qu'il exercera son action la plus efficace.

La « direction technique et administrative » du sous-intendant se manifeste principalement par les actes suivants : notification des ressources locales reconnues et des prix-limites des achats; vérification des besoins réels des corps, de la situation et de l'état de conservation des approvisionnements du train régimentaire; instructions sur l'emploi des denrées et sur les détails d'exécution des ordres de ravitaillement, etc.

L'importance du service de l'officier d'approvisionnement est telle, dans certains cas, et particulièrement dans les régiments d'infanterie, qu'il est douteux qu'un seul officier puisse suffire à sa tâche. Les Allemands semblent l'avoir compris mieux que nous en affectant un officier d'approvisionnement à chaque bataillon d'infanterie. Notre dernier règlement donne à l'officier d'approvisionnement *un ou plusieurs adjoints* du grade d'adjudant, qui peuvent le suppléer.

Détachements du train des équipages. — Les convois divers de l'intendance sont attelés par le train des équipages. Les détachements de conducteurs concourent en outre au service général de l'unité attelée, en aidant aux opérations d'installation, de chargement et de déchargement des voitures, aux corvées diverses, à la garde du matériel et à la garde de police.

A ce double titre, les détachements du train sont à considérer comme personnel d'exécution du service des subsistances. Aux termes du décret du 10 octobre 1887, sur l'organisation du train des équipages, ils relèvent de leurs chefs hiérarchiques pour l'administration, la police et la discipline intérieures. Mais ces chefs reçoivent les ordres des sous-intendants militaires pour tout ce qui concerne la marche, le stationnement et les mouvements à effectuer, ainsi que pour les fractionnements d'unités en vue des ravitaillements ou transports divers. Pour la police et la discipline générale, ils relèvent également des sous-intendants chargés de la direction immédiate des formations qu'ils attellent. Il y a donc subordination complète du détachement au sous-intendant, et il ne pouvait en être autrement : laisser deux chefs indépendants l'un de l'autre, recevant des ordres par des voies différentes, c'était s'exposer à créer des conflits, à provoquer des retards; en un mot, donner de l'inertie à la formation. Le règlement a donc institué un chef unique, et comme l'organe est, avant tout, administratif, c'est le chef administratif qui a eu la prédominance. C'est lui qui transmettra au chef de détachement du train les ordres du commandement, en les accompagnant de tous les ordres personnels qu'il juge utile d'y ajouter.

Est-ce à dire qu'il va s'immiscer dans tous les détails du service et annihiler l'action des officiers du train ? Ce serait aussi maladroit qu'inutile. Après avoir prescrit toutes les mesures qui intéressent directement le fonctionnement du service administratif, après avoir donné des ordres d'ensemble applicables aux détachements du train et des ouvriers d'administration, le sous-intendant devra laisser toute latitude à l'officier du train. Entre autres rôles dans lesquels le commandant du détachement du train est pleinement responsable et, par suite, indépendant, il faut citer la direction des embarquements et débarquements, l'exécution des marches et la défense des convois.

Il est également bien spécifié, en particulier par l'instruction sur l'alimentation en campagne, que, pendant les marches, les commandants des détachements du train doivent déférer, dans la mesure possible, à toutes les demandes adressées par les officiers d'administration gestionnaires en vue de l'exécution de leur service propre.

Il est clair qu'en cas de conflit le sous-intendant militaire devrait imposer son autorité. Mais on peut compter sur le tact et le bon esprit des deux catégories d'officiers pour éviter toute cause d'intervention.

Le règlement sur le service en campagne (art. 159) prescrit de réunir en groupes commandés par des chefs, que désignera le commandant de corps d'armée, les éléments de parcs et convois qui sont appelés à suivre une même route ou à stationner dans une même région. Mais cette organisation n'est que momentanée, et elle cesse dès que ces éléments reçoivent des instructions en vue de leur entrée en action, ce qui leur rend leur autonomie et leur commandement normal.

Les convois administratifs peuvent se trouver englobés dans ces formations provisoires. Mais le sous-intendant conserve son autorité sur eux dans toutes les circonstances où leur action se rapporte au ravitaillement.

Cette question du commandement des convois est d'une pratique délicate; elle est pourtant nettement réglée par les règlements existants. Tout en ne méconnaissant pas la nécessité de marches bien ordonnées, ni les difficultés de transmissions d'ordres que crée la multiplicité des formations, il faut cependant avouer que l'autorité du sous-intendant sur les formations administratives s'impose. Responsable du *contenu* de ces organes, le fonctionnaire ne peut rester sans action possible sur le *contenant*, et assister, impuissant, à des mouvements ou même à des négligences capables de compromettre la conservation des denrées ou leur arrivée en temps opportun aux troupes.

Un peu de liaison donnée dès le temps de paix entre ces différents personnels sera d'autant plus utile que les grandes manœuvres elles-mêmes ne les réunissent *tous* que bien rarement.

Dans ce but, il est exécuté, à époques régulières, des exercices de ravitaillement groupant ensemble les officiers d'administration, les officiers d'approvisionnement et les officiers du train des équipages, sous la direction d'officiers d'état-major et de fonctionnaires de l'intendance. Les résultats les plus heureux doivent être attendus de cette pratique récente.

Enfin, parmi les personnels administratifs, il faut citer les agents des finances, qui appartiennent au service de la *trésorerie aux armées*. Chargés de transporter et de distribuer le numéraire, ils suivent, sous le nom de *payeurs*, les principales formations des armées : division, corps d'armée, armée. Leur action est à la base de la plupart des actes administratifs de tous les services. Ils ne sont placés sous aucune autre autorité que celle des commandants d'armée ou de leurs délégués; mais ils sont soumis, de la part des fonctionnaires de l'intendance, à certaines vérifications ayant pour but de tenir le commandement au courant de la situation financière de l'armée. (Voir 3e partie, ch. I.)

L'accroissement des personnels administratifs de tous ordres effraie certains esprits qui préfèreraient voir attribuer aux formations combattantes un plus grand nombre d'hommes valides (1). Il y a là une erreur dangereuse à suivre. On peut, avec quelque apparence de raison, traiter les services administratifs de « poids mort ». Mais la comparaison doit être prolongée. Le poids mort n'est pas le poids inutile. Si un cylindre de machine à vapeur développe une puissance de 50 chevaux, on ne pourra lui en faire développer 100 qu'en augmentant ses dimensions, et par suite son poids, sinon la machine éclatera et son travail sera réduit à néant. La force n'est jamais isolée; il lui faut la matière pour support. L'alimentation est le support de l'énergie militaire.

De la façon dont les personnels administratifs rempliront leur devoir dépendront le bon état et la puissance des combattants; restreindre l'action des premiers en leur refusant les ressources nécessaires, c'est diminuer les chances de succès de ceux-ci. La pléthore pourrait être dangereuse; mais l'organisation française est loin d'avoir dépassé le rapport d'équilibre qui doit exister entre les deux.

(1) Le rapport au Sénat sur le budget de la guerre, en 1911, donne la comparaison suivante entre les effectifs français et allemands entretenus sous les drapeaux en 1910 :

France : 554.196 hommes, dont 23.500 de troupes d'administration et services divers, — soit 4.24 p. 100 du contingent total;

Allemagne : 607.765 hommes, dont 13.925, — soit 2,29 p. 100 dans les services.

On en conclut à une supériorité de l'organisation allemande, qui réserve une plus grande proportion de son effectif pour les combattants, notamment pour l'infanterie.

Il ne faudrait peut-être pas trop se laisser aller au mirage des statistiques. et il est bien difficile de comparer exactement les chiffres de rubriques analogues dans des organisations différentes. De plus, il ne s'agit là nullement des *effectifs de guerre*. Enfin, en France, beaucoup de ces employés sont des hommes du service auxiliaire, inaptes au service armé.

III

Administrateurs et comptables.

L'existence et la hiérarchie des différents personnels qu'on vient d'énumérer ne sont pas arbitraires. Leurs fonctions sont différentes, et elles ne doivent point se confondre. Leur séparation est le principe même de toute l'organisation administrative de la France, civile ou militaire, en temps de paix ou en temps de guerre.

Peut-être n'est-il pas inutile d'exposer ici en quelques mots l'économie de cette organisation, dont la complication apparente sera ainsi dissipée.

Deux grandes catégories de fonctionnaires sont chargés d'assurer les acquisitions auxquelles se résument, en dernière analyse, les actes administratifs (un traitement, une solde, ne sont que des acquisitions de travail).

Les premiers sont chargés d'*apprécier l'opportunité* de cette acquisition (non en toute liberté d'ailleurs, mais suivant des règles qui font d'eux de simples délégués des ministres) et de *décider qu'elle sera faite*. Ils auront ensuite à procéder aux différentes opérations qui, avec des formes particulières, aboutiront à la livraison de la matière achetée. (Voir chapitre suivant.) Agissant ainsi, *ils engagent une dépense*, font d'un fournisseur un *créancier de l'Etat*. Si les formes prescrites ont été respectées, la créance est valable, l'Etat ne peut la renier, il est tenu de la payer. Les fonctionnaires dont les actes créent ainsi des droits envers l'Etat sont appelés des *administrateurs*. Ils certifient le montant et le bien-fondé de la dette de l'Etat, et la reconnaissent par la remise d'un titre qui en représente la valeur, et qu'on appelle un *mandat de paiement* (une *ordonnance* quand c'est le ministre lui-même qui agit). Aussi l'administrateur est-il également appelé *ordonnateur*.

Mais il n'est pas permis à l'administrateur de payer cette dette; il ne dispose pas des fonds du Trésor, il ne tient pas de caisse. Il lui est également impossible de recevoir les marchandises livrées : il ne tient point de magasin. De nouveaux fonctionnaires interviennent alors : ce sont les *comptables*. Les comptables sont, du reste, de deux sortes : les comptables de matières et les comptables de deniers.

Les *comptables de matières* reçoivent, emmagasinent, conservent — et parfois transforment — toutes les marchandises qui leur sont remises en vertu des actes des administrateurs. Ils sont responsables de la conservation de tout ce matériel, c'est-à-dire qu'ils doivent justifier qu'ils n'ont fait entrer dans leurs magasins, ou laissé sortir de ceux-ci, aucun objet sans ordres de l'administrateur, considéré alors comme un *directeur de service*, chargé de déterminer l'emploi des choses qu'il a acquises. L'ensemble des mouvements ainsi accomplis par le comptable de matières s'appelle sa « gestion », d'où le nom de *gestionnaire* qu'on lui donne souvent.

Les *comptables de deniers* sont les trésoriers généraux (dont les receveurs et percepteurs ne sont que les agents). Ce ne sont pas de simples gardiens des fonds du Trésor, uniquement des caissiers : ce sont des *payeurs*, c'est-à-dire qu'ils ont le devoir de payer les dettes *réelles* de l'Etat. Ils n'ont besoin d'aucune autorisation ou ordre, si la dette est réelle, certaine, c'est-à-dire prouvée par le mandat, accompagné de certaines justifications que doivent fournir l'ordonnateur et le créancier lui-même.

Mais ils sont responsables en tant que payeurs. Leur paiement ne les décharge, en tant que caissiers, que si la dette était réelle. Ils ont donc le droit, et le devoir, de s'assurer de la réalité de la dette, réalité qui doit résulter non seulement de l'engagement de la dépense par l'ordonnateur, mais du droit même de cet ordonnateur à procéder à l'engagement. L'Etat ne peut pas devoir au delà de ce qu'il a autorisé son administrateur à dépenser. Toute dette qui ne rentrerait pas dans ces limites ne serait pas une dette réelle *de l'Etat;* ce serait une dette de l'administrateur (1), et le *payeur* devrait refuser de l'éteindre.

Le payeur exerce ainsi sur l'administrateur un contrôle strict, sans autre sanction, d'ailleurs, que le refus de paiement.

Il y a donc entre ces deux fonctionnaires, non seulement indépendance complète, mais même une sorte d'antagonisme qui donne

(1) On a souvent discuté de la responsabilité pécuniaire des administrateurs. Extrêmement complexe et délicate, cette question apparaît, actuellement, comme à peu près insoluble. Il est toutefois à remarquer que seuls, en vertu des lois existantes, les administrateurs militaires sont responsables de leurs actes.

à l'Etat la garantie d'une surveillance, dont l'intérêt assure la rigueur, sur les dépenses publiques. Il n'est ainsi pas besoin de fonctionnaires spéciaux pour vérifier la légalité et les limites des actes administratifs.

Le comptable matières, le gestionnaire, n'est donc pas un administrateur. Il n'a, en aucun cas, à prendre l'initiative de véritables actes administratifs, à apprécier l'utilité d'une mesure, à engager les finances de l'Etat. Il dispose, en général, de quelques fonds, de petites sommes d'argent que lui *avance* le payeur et avec lesquelles il peut payer certaines faibles dépenses, dites d'exploitation, pour lesquelles il serait à la fois bien compliqué et peu utile d'exiger les formes habituellement imposées aux dépenses publiques. Mais encore ne peut-il recevoir cette avance, et exécuter ces dépenses, qu'avec l'ordre ou l'autorisation de l'administrateur, et doit-il en rendre compte, dans de brefs délais, au payeur, qui garde intact et complet son devoir de vérificateur; celui-ci s'exerce alors sur une dépense faite, payée, et non plus sur une dépense engagée. La faiblesse de la somme en jeu justifie, pour la facilité des reprises, cette exception à la règle. Mais le comptable est responsable, entièrement, des matières dont il a reçu la garde, et garantit pécuniairement toute sortie qui ne serait pas couverte par un ordre de l'administrateur.

Ce rapide coup d'œil d'ensemble a surtout pour but de faire voir l'origine et le rôle des catégories de personnels administratifs dont nous avons constaté l'existence aux armées, de bien faire ressortir la profonde différence qui sépare les administrateurs (directeurs ou chefs de services, intendants ou sous-intendants) des comptables des deniers publics (payeurs aux armées) et des comptables de matières et de deniers d'avances (officiers d'administration des subsistances, de l'habillement, ou officiers d'approvisionnements). Les officiers d'administration des bureaux de l'intendance, ainsi que les attachés à l'intendance, n'ont aucune part personnelle aux actes administratifs : ils sont, à des titres divers, des auxiliaires de la direction.

Les mêmes principes, les mêmes distinctions, des dénominations analogues se retrouvent d'ailleurs dans les autres services de l'armée : services de l'artillerie, du génie, de santé militaire.

Le passage à l'état de guerre change peu de chose aux droits et devoirs relatifs de ces divers ordres d'agents. Les formes se simplifient un peu. On étend les facilités de dépenses directes; on augmente les sommes dont peuvent disposer, par avances, les comptables matières, mais l'obligation de la justification — dans un délai un peu plus long toutefois — reste entière. Si des difficultés s'élèvent entre l'administrateur et le payeur, comme il importe avant tout que le service soit assuré, une autorité commune, le commandement, peut intervenir immédiatement, et régler d'office le conflit, sans suivre la procédure plus compliquée du temps de paix.

Le rôle du commandement en matière administrative est surtout, comme nous l'avons vu plus haut, de déterminer le but à atteindre. Il n'intervient pas normalement dans les opérations qui viennent d'être énumérées, — pas plus qu'en temps de paix le gouvernement du pays, le pouvoir exécutif. C'est lui qui donne l'*ordre de pourvoir*, base de toute opération administrative, et qui fournit les moyens d'exécution matérielle souvent nécessaires en campagne. Il est enfin le souverain maître, l'arbitre suprême, dont la volonté peut, provisoirement du moins, régler les conflits, remplacer la réglementation en défaut, ou supprimer les formalités usuelles dans les situations exceptionnelles de guerre.

CHAPITRE III

VOIES ET MOYENS DE L'INTENDANCE EN CAMPAGNE.

Les fonctionnaires de l'intendance n'ont pas toute liberté d'action aux armées. Ils ne peuvent oublier qu'ils agissent toujours pour le compte de l'Etat, qui leur impose certaines formes et certaines justifications. De là une limitation des voies et moyens dont ils disposent. Ceux-ci restent néanmoins plus larges, plus souples qu'en temps de paix, car deux éléments nouveaux viennent, en temps de guerre, compliquer les actes administratifs et la difficulté de trouver des denrées : l'urgence des premiers, la rareté des secondes.

I

Des approvisionnements.

Le premier moyen d'action dont dispose l'intendance est de puiser dans les approvisionnements qu'elle a constitués dès le temps de paix.

Une nation ne part pas aujourd'hui en guerre sans avoir réuni quelques avances de denrées de toute sorte, sans être certaine de trouver immédiatement ce qu'il lui faut pour nourrir les masses d'hommes qu'elle a subitement mobilisées, à une époque où l'arrêt du commerce, de l'industrie et des transports, non seulement augmentera de beaucoup le prix de tous les aliments, mais les rendra en général rares et difficiles à rassembler.

Deux questions se posent au sujet des approvisionnements de guerre : en vue de quels besoins précis doivent-ils être constitués ? et à quelle importance doivent-ils s'élever ?

La réponse à ces deux questions, tout au moins la réponse exacte, est d'ordre confidentiel. Le service de la mobilisation est chargé de déterminer emploi et quotité en vue des nécessités du passage au pied de guerre. Mais il est des principes généraux qui peuvent être connus et discutés ouvertement.

Il est clair d'abord que les approvisionnements dont l'existence s'impose avant tout seront, d'une part, ceux d'où l'on tirera les réserves dont doivent être immédiatement dotées les troupes, et qu'il serait matériellement impossible de réunir pendant la mobilisation; d'autre part, ceux sur lesquels vivront les innombrables réservistes et territoriaux appelés en quelques jours dans chaque centre de mobilisation. On ne saurait attendre qu'ils soient arrivés pour acheter leur nourriture. On devra également prévoir ce qui leur est nécessaire pour consommer en chemin de fer et à leur arrivée sur la base de concentration.

Le problème de la quotité ne se pose d'ailleurs pas pour ces approvisionnements. Leur importance se calculera par une simple multiplication dont les facteurs seront l'effectif, le taux et le nombre des rations.

Mais ce n'est pas tout. Il faut encore constituer des magasins bien pourvus pour remplacer ces réserves, si elles sont consommées, pour envoyer journellement des vivres aux armées, pour alimenter les places fortes.

Ces magasins, placés dans le voisinage immédiat de gares importantes, sur des lignes de chemins de fer aboutissant aux emplacements présumés des armées, portent en général le nom de *stations-magasins*.

S'il est évident que ces magasins doivent toujours posséder un avance qu'on pourrait qualifier de « sûreté », le chiffre total de leur richesse est sujet à des appréciations fort différentes. Ce sont eux, du reste, qui représentent la plus grosse part des approvisionnements, qui absorbent la majeure partie des crédits affectés à c[e] effet.

Certes, la prudence est plus satisfaite par d'abondantes réserv[es] tenues sur le sol national à la disposition des armées en campagn[e]. Malheureusement, cette satisfaction est fort onéreuse. Une fois c[es] approvisionnements acquis, à grands frais, l'Etat perd chaque ann[ée] l'intérêt de la somme qu'ils représentent, ainsi que le loyer et l'amo[r]tissement des locaux dans lesquels ils sont conservés. A cette c[...]

pense il faut ajouter les frais de garde et de manutention et les risques d'avaries; on doit, enfin, pour assurer l'écoulement des denrées qui ont atteint le terme de leur conservation, les expédier des endroits où elles sont conservées sur les garnisons disséminées dans toute l'étendue du territoire où elles doivent être consommées; de là une nouvelle charge pour le budget, au chapitre des transports.

Aussi voit-on, particulièrement dans les périodes d'accalmie, où toutes les pensées sont orientées vers la paix, les commissions du budget chercher à réduire les dépenses en diminuant l'importance des réserves entretenues. C'est ainsi qu'en 1901 le rapporteur du budget de la guerre s'exprimait dans les termes suivants :

« Les approvisionnements de toutes sortes pourraient être réduits de tout ce que la mise en activité, dès les premiers jours de la guerre, de tous les moyens de production du pays aura été reconnue susceptible de donner comme fabrication intensive en un délai très court.

» Il suffira de garder en magasin les stocks nécessaires pour assurer l'entrée en campagne et la vie des armées pendant un certain nombre de jours qu'il appartiendra au conseil supérieur de la guerre de fixer. Pour tout le reste, on peut faire l'économie annuelle de la dépense d'entretien. »

Comment peut-on réaliser cette conception ?

D'abord en s'emparant, dès la mise en campagne des armées, par voie d'achat ou de réquisition, et d'une façon méthodique, organisée à l'avance, d'une grande partie des denrées que possède le pays. Si l'existence de ces denrées est reconnue dès le temps de paix, si les moyens de les acquérir rapidement et de les transporter sont assurés d'avance, si la destination des stocks reconnus certains est prévue en détail, le pays peut être considéré comme un immense magasin dans les divers compartiments duquel on puisera successivement, au fur et à mesure des besoins.

De plus, pour les denrées qui ne se trouvent pas en quantité suffisante dans le commerce courant, telles que le pain de guerre, la conserve de viande, le foin pressé, on organisera, dès le début de la mobilisation, une production intensive dans des usines, louées ou requises à cet effet, et dans lesquelles on fera affluer les ressources de toute sorte, en personnel et en denrées, nécessaires pour pousser au maximum leur production.

Telle est la solution qui a prévalu en France. A l'heure actuelle, ces deux opérations sont prévues et préparées dans leurs moindres détails par le service spécial du *ravitaillement*, service organisé et dirigé par l'intendance militaire, avec le concours de l'administration civile (1).

Grâce à la mise en pratique de cette méthode, on a pu diminuer considérablement la valeur des approvisionnements entretenus. De 90 millions de francs, cette valeur est tombée à 37 millions. Ce dernier chiffre n'a d'ailleurs rien de fixe, soumis qu'il est aux variations des effectifs, des prix de denrées, des plans de mobilisation, etc.

A cet avantage il existe forcément une contre-partie :

D'abord les ressources du ravitaillement national ne sont qu'une probabilité, non une certitude. De nombreux essais permettent de penser que ce service fonctionnera normalement; mais des accidents peuvent se produire, surtout dans les centres de fabrication intensive, et réduire de beaucoup les résultats attendus. Puis, il est clair qu'en supprimant des masses importantes d'approvisionnements, on a réduit d'autant la *richesse en denrées* du pays. Si on les avait conservées, le pays posséderait, outre ce qu'il peut mettre à la disposition du ravitaillement, les 50 millions de denrées dont il s'est dépourvu : 400.000 boîtes de conserves de viande, dans les magasins de la guerre, représentent un troupeau supplémentaire de 1.200 bêtes à cornes dans le pays; 100.000 rations de pain de guerre valent plus de 60.000 kilogrammes de farine, etc.

L'organisation actuelle de nos approvisionnements, réduits ainsi au strict minimum, peut se résumer en ces quelques mots :

D'une part, conservés dans les lieux de mobilisation, les approvisionnements destinés à être enlevés tout de suite, soit pour une consommation sur place, soit pour être emportés par les troupes, de l'équipement desquelles ils font pour ainsi dire partie;

D'autre part, groupés dans un nombre restreint de *stations-magasins*, les approvisionnements destinés à fournir, dès le début de la guerre, aux armées en campagne, tout ce que ne pourra leur donner l'exploitation locale;

Enfin, disséminés dans le pays tout entier, où la statistique en est soigneusement tenue, où les procédés de fabrication, de réunion et

(1) Voir 2e partie, chapitre VI.

d'expédition sont prévus en détail, toutes les ressources nationales, prêtes à venir successivement recompléter les stations-magasins à mesure qu'elles se vident et maintenir leur richesse à la même hauteur.

II

Différents modes d'acquisition.

Tous les marchés de l'Etat sont régis par le décret du 18 novembre 1882 qui, sauf pour quelques cas strictement limités, impose l'obligation de l'appel à la plus large concurrence, par recours à l'adjudication publique. Ce décret cesse d'être applicable aux marchés de la guerre, dès l'ordre de mobilisation.

« En temps de paix, disait l'intendant Odier, la première loi est l'économie; en campagne, cette loi n'est plus que la dernière. Malgré toutes les prodigalités imaginables, on est toujours riche après la victoire, tandis que les épargnes et la parcimonie ne servent, après la défaite, qu'à satisfaire la cupidité du vainqueur. »

Il y a dans ces paroles un grand fonds de vérité; et ce qu'il faut avant tout, en campagne, c'est se procurer le nécessaire en temps voulu, quitte à le payer un peu cher; le commerce, d'ailleurs, n'a pas de nationalité et vient toujours là où il y a de l'argent à gagner; on peut donc espérer trouver des vendeurs partout.

Les formalités et les longueurs de l'adjudication sont, de plus, incompatibles avec l'imprévu des opérations de guerre, aussi bien qu'avec la nécessité de tenir les projets secrets, et l'on aura le plus fréquemment recours aux achats amiables purs et simples.

Les fonctionnaires de l'intendance, ne possédant pas de fonds, ne peuvent faire des achats directs eux-mêmes. Leurs actes de dépense personnels s'engagent plutôt par des marchés, qu'ils règlent au moyen de mandats sur les caisses du Trésor. Ils ont évidemment une très grande latitude dans l'exécution de leur rôle de pourvoyeurs, ils peuvent et doivent faire état de la plus grande initiative, mais cependant leurs pouvoirs ne sont pas illimités, et ils doivent être couverts :

1° Par l'ordre de pourvoir, émané soit d'un officier général, soit d'un haut fonctionnaire de l'intendance, soit d'une disposition permanente de ces autorités;

2° Par le respect des limites des crédits qui leur ont été délégués;

3° Enfin par l'obéissance aux formes que leur imposent les règlements d'après lesquels ils agissent.

Mais nécessité n'a pas de loi, et ces restrictions sont, somme toute, assez relatives.

Si délicat que cela soit à dire, nous estimons qu'en toute circonstance de guerre le premier devoir, l'impérieuse obligation de l'intendance *est de pourvoir*. A tout prix, elle doit assurer la subsistance de l'armée. Si les ordres manquent, elle doit prendre l'initiative : l'absence de crédits même ne doit pas l'arrêter. Quant aux formes, il faut les respecter, évidemment, mais jamais aux dépens de la distribution qu'attend le troupier affamé.

On ne saurait trop citer et donner en exemple l'admirable conduite de l'intendant Friant, intendant du 3e corps d'armée en 1870.

« J'étais à Marseille occupé à faire l'inspection des corps de troupe — dit-il devant la commission d'enquête de l'Assemblée nationale. — Le 17 juillet, j'ai reçu ma nomination qui m'attachait au 3e corps. Je dois vous avouer que je fus inquiet de la situation qui m'était faite... Je conclus de mon inspection que nous devions avoir de très faibles approvisionnements, et aussitôt je demandai à mon collègue de Metz, par un télégramme, si on distribuait du sucre, du café, du riz, du vin ou de l'eau-de-vie; enfin, si ce qu'on appelle les vivres de campagne était donné à l'armée et s'il y en avait en magasin. Mon collègue me répondit qu'on n'en distribuait pas et qu'il n'y en avait pas. *Immédiatement, je me suis adressé au commerce de Marseille.* J'ai acheté 5 millions de rations de café, 1.500 quintaux de riz, 200 quintaux de sucre, et j'ai écrit *à un de mes parents*, à Nancy, pour qu'il voulût bien constituer les équipages à la suite de l'armée et me trouver 700 voitures pour le 3e corps.

» Le 18, je suis parti, *emportant avec moi une partie des denrées* que j'avais achetées dans d'assez bonnes conditions... et je suis arrivé à Metz. J'y trouvai quelques fonctionnaires de l'intendance..., mais le personnel exécutant n'existait pas du tout : les moyens de transport, le train, les ouvriers d'administration faisaient absolument défaut...

» *A Metz, j'appris que le maréchal Bazaine commandait le 3e corps* et que j'étais son intendant. Je n'avais pas, je le répète, de moyens de transport. J'envoyai mon sous-intendant à Verdun faire des réquisitions et il m'est revenu avec mes 700 voitures. Je n'avais personne pour les conduire : je ne pouvais m'adresser qu'aux paysans...

» On s'est mis en route, immédiatement, vers le 23 juillet, à l'effectif de 53.000 hommes. J'avais appris qu'en Lorraine nous n'avions que de petits fours pour faire le pain, et il était par conséquent nécessaire de partir avec quelques jours de biscuit et de farine. Je me suis adressé à l'intendant de Metz, mais sa réponse a été négative; malgré mes plus vives instances, je n'ai rien obtenu. Je me suis adressé alors au plus grand meunier du pays, à M. Bouchotte, et j'ai traité avec lui de toutes les farines dont j'avais besoin, 5.000 quintaux, et de 10.000 quintaux d'avoine avec divers, afin de subvenir à l'insuffisance des ressources que présentait le pays...

» *Je n'ai jamais reçu d'ordres de qui que ce soit...* »

Ce que l'intendant Friant ne disait pas, dans sa déposition, c'est que ses approvisionnements ont constitué le principal appoint sur lequel le 3e corps a vécu pendant l'investissement de Metz. Dans le tableau des ressources alimentaires, dressé à l'occasion du conseil de guerre du 10 octobre, dont il a été parlé plus haut, si on fait abstraction des ressources de la place de Metz pour ne considérer que celles de l'armée du Rhin, on constate que sur 5.150.000 rations de toute nature, possédées par l'armée, 2.700.000, c'est-à-dire plus de la moitié, appartenaient au 3e corps. Le café, le riz et le sucre, achetés à Marseille, y étaient encore particulièrement abondants, et vinrent presque doubler les ressources générales au moment de la péréquation des vivres.

Ainsi donc, cet homme, qui ne connaissait même pas le nom de son général, n'hésite pas un seul instant, au reçu d'une dépêche, à assumer une formidable responsabilité. En vingt-quatre heures, à 1.000 kilomètres de son corps d'armée qui n'existait pas encore, dans une ville qu'il doit quitter le lendemain, il achète sur sa garantie personnelle, sans ordres, sans crédits, sans fortune, 5 millions de rations. En quatre jours il organise l'administration de son corps d'armée, improvisant des gestionnaires avec des officiers de troupe, des ouvriers avec des fantassins, des convois avec des paysans; il achète tout ce qu'il trouve et où il le trouve; il arrive à faire vivre 53.000 hommes et, par le secours de ses approvisionnements, à prolonger la résistance d'une armée investie... On ne saurait trop admirer son effort; mais qu'eût-il obtenu s'il avait respecté les exigences de la comptabilité publique, que son métier était pourtant d'imposer aux autres ?

Les circonstances ne réclament pas toujours autant d'énergie et de décision; mais il est permis de s'inspirer des grandes actions, sinon de les égaler, et de se rappeler que le devoir actif de la production passe avant celui, plus facile et moins riche en responsabilités, du contrôle.

Les moyens normaux d'approvisionnement que les règlements mettent, en temps de guerre, à la disposition de l'administration militaire, sont énumérés ci-dessous.

1° Achats.

Achats par marchés. — L'achat par marché implique un contrat préalable. Les marchés passés en temps de guerre seront généralement de la forme « de gré à gré », sans appel solennel à la concurrence. Ce mode d'achat comporte une certaine sécurité qui résulte de l'engagement pris par un fournisseur; mais il suppose qu'on a trouvé un négociant consentant à s'engager, ce qui ne se pourra guère, de bonne foi, qu'en dehors de la zone même d'opérations des troupes, c'est-à-dire à l'arrière, région plus sûre, où le commerce trouve encore une liberté d'action suffisante.

Achats sur simple facture. — Le marché s'accomplit en deux actes : engagement, fourniture, qui sont en général séparés par un certain laps de temps. L'achat sur simple facture se conclut et s'exécute en même temps : donnant, donnant. En temps de paix, il est limité à 1.500 francs; cette limite n'existe plus en temps de guerre.

L'achat ne peut être fait que par une autorité disposant d'avances, officier d'approvisionnement ou gestionnaire, et ayant reçu l'ordre d'effectuer tels ou tels achats, ou commandant d'unités payant avec les fonds de l'ordinaire.

Parfois on recourt aux municipalités. On leur demande de centraliser les fournitures, d'en opérer la livraison et d'en recevoir le prix en bloc. Cette manière d'opérer est obligatoire à l'étranger, où les relations avec les particuliers sont toujours délicates.

Achats à commission. — L'achat à commission est exécuté par un intermédiaire, qui achète en son nom, mais pour le compte de l'Etat, et à la probité duquel on s'en rapporte pour assurer l'économie de l'opération. Ce procédé, qui ne peut évidemment être mis en œuvre que par des hommes sûrs, d'une honnêteté éprouvée, d'un patriotisme certain, s'adapte très bien à certaines éventualités de la guerre, surtout aux expéditions lointaines, qui exigent absolument la recherche — même préalable — des denrées dans le pays où l'on va porter la guerre, à condition qu'il soit suffisamment riche. Le vendeur n'a pas connaissance du véritable acheteur, ce qui lui permet d'éviter la rigueur des lois qui interdisent la vente à l'ennemi, ou de passer outre aux engagements de neutralité de son gouvernement.

En 1854 en Crimée, en 1860 en Chine, les armées alliées se procurèrent ainsi leur bétail et leurs fourrages.

Les grandes maisons adonnées au commerce extérieur, qui ont des comptoirs et des représentants dans plusieurs pays, peuvent rendre d'importants services dans cet ordre d'achats.

Le commissionnaire est rémunéré en général à un taux convenu par chaque quintal de la denrée achetée. Il opère en vertu d'un ordre écrit qui lui est donné par l'autorité qui l'emploie, par exemple l'intendant de l'armée. Il reçoit des avances en argent, dont la quotité n'est pas limitée, tient un compte courant avec le Trésor et un carnet d'achats. Ses opérations sont contrôlées par les mercuriales, les déclarations d'autorités civiles et par tous autres renseignements.

Les commissionnaires sont des mandataires responsables dans les conditions fixées par le Code civil et le Code de commerce, et sont par conséquent justiciables des tribunaux ordinaires.

Achats à caisse ouverte. — Enfin, on peut employer les achats à caisse ouverte, c'est-à-dire à prix fixé d'avance et largement rémunérateur, lorsque les denrées sont disséminées et que les intermédiaires font défaut. On informe les populations qu'on recevra et paiera comptant, au prix indiqué, les denrées dont on a besoin.

Ce procédé est le meilleur dont on dispose. Peu pratiqué en 1870, il est aujourd'hui réglementaire et prévu même comme mode normal dans les opérations du ravitaillement en territoire national. C'est lui qui donne aux armées les résultats les plus rapides. C'est grâce à lui que l'intendant Baratier pouvait, en quarante-huit heures, approvisionner, tant bien que mal, sa division en formation au camp de Châlons. C'est lui qui fournit en abondance à la IIe armée allemande l'avoine qui, en dépit des réquisitions, lui manquait absolument, en pleine Beauce, en novembre 1870.

Les colonnes de conquête de la Tunisie en firent également un grand usage, surtout pour se procurer de l'orge.

On lira un peu plus loin les ingénieuses variantes que l'esprit fertile du fameux entrepreneur Ouvrard sut apporter à la simplicité de ce moyen d'acquisition.

Le seul inconvénient de l'achat à caisse ouverte est d'exiger une grande provision de numéraire. Au besoin, on se la procurera en frappant le pays d'une contribution en argent.

Les tarifs des achats à caisse ouverte, aussi bien que ceux des achats sur simple facture, sont établis par les soins de l'intendance, qui se basera autant que possible sur les cours et mercuriales établis avant l'arrivée des troupes.

2° Réquisitions.

Le mode d'acquisition à l'amiable peut fort bien, en campagne, ne pas donner de résultats : en territoire ennemi, on peut s'attendre à rencontrer des résistances fondées soit sur le patriotisme, soit sur la crainte de la répression qui frappe tout commerce avec l'ennemi; en territoire national, les détenteurs de denrées peuvent n'être pas les véritables propriétaires et, par suite, n'avoir pas le droit de vendre; les prétentions peuvent être exagérées; la population civile peut craindre le manque de denrées; enfin, dans tous les cas, l'argent peut faire défaut dans les caisses de l'armée pour un temps plus ou moins long. Et, cependant, il faut avant tout que cette armée vive, et pour cela qu'elle ait un moyen de s'approprier les approvisionnements ou objets qui lui sont nécessaires et que, pour une raison ou pour une autre, elle ne peut acheter; ce moyen, c'est la réquisition.

La réquisition, qui est la main-mise sur les biens mobiliers de l'habitant d'une région militairement occupée, est une atteinte formelle au droit de propriété et à la liberté des citoyens, que les lois de la guerre prétendent cependant s'efforcer de respecter. Elle est un acte de contrainte exercé sur les habitants pour obtenir d'eux soit des objets nécessaires à l'armée, soit des services personnels. Elle est justifiée par la nécessité impérieuse de faire vivre l'armée.

On a voulu la considérer comme un reste du droit de pillage. Cette conception est fort exagérée. Le grand danger du pillage, sa caractéristique même, était l'absence de limitation (1). Toutes les nations civilisées tiennent aujourd'hui à honneur de ne pas laisser dégénérer en destruction cette expropriation et de la réglementer le plus possible afin d'en éviter les excès, matériels ou moraux.

On a réservé le nom de *réquisition* à la prise de possession des objets, des prestations en nature ou à l'obligation de fournir des services personnels. La réquisition de prestations en argent, soumise à des règles spéciales, porte plutôt le nom de *contribution*.

En territoire national, la réquisition est admise non seulement en temps de guerre, mais aussi en temps de paix, aux époques de grands rassemblements de troupes (grandes manœuvres, mesures d'ordre, etc.). Les limites et les conditions d'exécution en sont soigneusement fixées. En France, elles sont régies par la loi du 3 juillet 1877, le décret du 2 août 1877, et d'autres plus récents et de moindre importance.

On admet qu'en territoire ennemi on appliquera, autant que possible, les règles établies pour le territoire national. Ce ne sera pas toujours très facile, à cause des différences de mœurs ou d'organisation politique, et il y aura d'ailleurs quelques restrictions à apporter à cette formule, comme nous le verrons un peu plus loin.

On a beaucoup dit que c'était l'armée allemande qui, en 1870, avait appris l'art des réquisitions à l'armée française. Ce n'est pas absolument exact. Depuis longtemps, la réquisition avait été pratiquée en France. Il existe des rudiments de réglementation du droit et des moyens de requérir, qui remontent à François Ier, Henri IV et Louis XIV. La Révolution, dont les armées ne possédaient pour ainsi dire pas de ressources régulières, se procurait

(1) Dans son *Histoire de Charles XII*, Voltaire donne, comme preuve de l'admirable discipline des troupes de ce roi, qu'elles « ne pillaient pas les villes prises d'assaut avant d'en avoir reçu la permission, qu'elles allaient même au pillage avec ordre, et le quittaient au premier signal ».

par des réquisitions énergiques, à l'intérieur du pays, à peu près tout ce qui lui était nécessaire pour nourrir, habiller, équiper ses troupes. Napoléon fit un fréquent usage de la réquisition. Mais, pendant le cours du XIXe siècle, les idées s'étaient tournées plutôt vers le respect de la propriété et des citoyens, et la réquisition n'était plus considérée — même dans les règlements militaires — que comme un moyen extrême et subsidiaire de se procurer des denrées. La législation en était confuse, ancienne, mal connue; la pratique en était à peu près nulle. Les troupes n'osaient pas requérir.

Devant la nécessité, et aussi devant l'exemple des Allemands, les idées changèrent rapidement et la réquisition fut mise en pratique, mais avec difficulté encore, faute d'une réglementation.

Après la guerre, on se rendit compte de cette lacune et une loi fut édictée réglant soigneusement les droits et les devoirs de l'armée et les rapports de ses chefs avec les municipalités. Les principes que cette loi avait posés pour la France devaient s'étendre, en cas d'occupation, aux pays étrangers. Leur discussion présente quelque intérêt.

Principes de la pratique des réquisitions. — Le droit de réquisition résulte, en territoire national, de la loi elle-même : il a comme contre-poids — ainsi que toute expropriation légale — le droit à indemnité. A l'étranger, la réquisition est exercée en vertu de la *souveraineté de fait* que crée l'occupation. Elle constitue une violence, mais elle est admise comme nécessaire à l'existence de l'armée. Elle n'ouvre alors aucun droit à indemnité; de plus, elle subit une restriction : on ne peut exiger des habitants des services qui les feraient coopérer aux opérations de guerre contre leur propre armée.

L'article 52 du règlement international de La Haye — adopté par l'armée française — admet la réquisition, mais lui impose de s'exercer seulement pour les besoins de l'armée, et de tenir compte des ressources du pays.

C'est le décret de 1877 qui énumère les objets qui peuvent être requis; mais il n'est pas limitatif, et tout ce qui est nécessaire à l'armée peut être requis, c'est-à-dire non seulement des denrées ou objets mobiliers, mais encore des services : services de guides, de conducteurs d'attelages, d'ouvriers, soins aux malades, etc.; ou bien la jouissance temporaire d'immeubles pour le logement, le canton nement, pour l'installation des services de l'armée, pour des fabrications : mouture, boulangerie, etc.

Cependant, le décret du 2 août 1877 prescrit que les denrées *disponibles* peuvent seules être réquisitionnées et que l'on ne doit pas considérer comme disponibles :

Les vivres destinés à l'alimentation d'une famille pendant trois jours;

Les grains ou denrées alimentaires pour la consommation, pendant huit jours, d'un établissement agricole, industriel ou autre;

Les fourrages qui se trouvent chez un cultivateur et qui représentent la consommation de ses bestiaux pendant quinze jours.

La fourniture du logement ou du cantonnement doit être aussi effectuée d'après des états de ressources dressés dès le temps de paix.

Enfin, des formalités sont imposées dans certains cas, par exemple l'établissement d'états d'estimation préalables, en vue de réquisition d'outils, matériaux, machines, bateaux, chevaux, voitures.

Les autorités qui requièrent des guides, des conducteurs, des chevaux pour accompagner les troupes doivent pourvoir à leur nourriture.

Ces limitations n'existent pas forcément dans toutes les législations. Il en résulte qu'une commune peut être frappée de réquisitions excédant ses capacités, à charge par elle de se procurer à titre onéreux ce qui n'existe pas chez ses habitants.

Le *droit de réquisition* est ouvert par le décret de mobilisation générale et dure jusqu'au moment où l'armée est remise sur le pied de paix. En dehors de ce cas, il peut être ouvert par un arrêté du ministre de la guerre qui détermine la période et les régions pour lesquelles le droit de réquisition est ouvert.

Ce droit appartient à l'autorité militaire, c'est-à-dire aux généraux commandant les grandes formations. Ceux-ci peuvent le déléguer aux fonctionnaires de l'intendance (et, par eux, aux gestionnaires), aux chefs de corps (et, par ceux-ci, aux officiers d'approvisionnement), aux commandants de détachements. Cette délégation est constatée par la remise d'un *carnet d'ordres de réquisition*, portant le visa du général ou de son chef d'état-major. Exceptionnellement, tout chef de troupe, même non pourvu de carnet d'ordres, peut exercer la réquisition de lui-même, sous sa responsabilité; il en rendra compte au commandant de corps d'armée.

Les corps de troupe ne doivent procéder par réquisition que pour la satisfaction de leurs besoins urgents et journaliers. C'est aux fonctionnaires de l'intendance que les généraux confient le soin de requérir les approvisionnements généraux nécessaires à l'ensemble des corps et des services (art. 184 du règlement sur le service en campagne).

La réquisition est pratiquée par la remise de l'ordre de réquisition, détaillé et signé, à la *municipalité* de la commune occupée. C'est à elle qu'incombent le droit et le devoir de répartir la charge entre les habitants. Ce n'est qu'en cas d'abstention complète de tous les pouvoirs municipaux que l'on peut s'adresser directement aux habitants et faire entre eux une répartition d'office. Enfin, si ceux-ci même refusent absolument de se conformer à l'ordre de réquisition, il est passé outre à leur consentement et il est procédé à une exécution militaire de l'ordre.

Il doit toujours être délivré un *reçu* détaillé des prestations requises. Le règlement de La Haye en fait une obligation à l'étranger. Il demande même de payer immédiatement la valeur de la réquisition, autant que possible.

La remise de l'ordre de réquisition et du reçu constitue la forme juridique indispensable à la réquisition régulière. L'ordre engage la responsabilité de l'autorité qui requiert, en même temps qu'il prouve le droit à requérir. Il dégage la personne à qui il est adressé; il prouve — en pays ennemi — qu'elle n'a obéi qu'à la force et ne peut être poursuivie pour vente de denrées à l'ennemi. Le reçu servira de titre pour obtenir, s'il y a lieu, le paiement de ce qui a été pris et, en tout cas, reste pour constater ce qui a été fait. Ces deux pièces sont donc absolument nécessaires, même lorsque la réquisition est exécutée de bonne volonté, même lorsqu'elle est payée séance tenante.

Des sanctions énergiques sont prévues à ces prescriptions.

Tout militaire qui excède son droit, c'est-à-dire opère une réquisition sans remettre un ordre écrit, ou qui abuse de son droit, c'est-à-dire requiert au delà de ce que la loi lui accorde ou refuse de délivrer le reçu, est déféré au conseil de guerre, et s'expose aux peines prononcées contre le pillage à main armée.

Les maires ou les habitants qui refusent d'obtempérer aux ordres réguliers de réquisition, ou qui dissimulent les denrées, sont passibles d'amendes. Tout habitant qui abandonne un service pour lequel il a été requis est également poursuivi, et devant la juridiction militaire.

Les indemnités ouvertes à la suite de réquisitions en territoire national (sauf pour le logement et le cantonnement, qui ne donnent droit à indemnité qu'à partir du 4e jour, dans un même mois) sont réglées de la façon suivante :

Une commission départementale, où l'élément civil a la majorité, nommée par le ministre de la guerre, évalue les indemnités demandées par chaque habitant. Un fonctionnaire de l'intendance est chargé par le ministre de régler ces indemnités, sur le vu des reçus de réquisition, auxquels il fait application des prix de la commission. Si ses offres ne sont pas acceptées, l'affaire est portée devant la justice civile.

Une commission centrale fonctionne au ministère de la guerre, pour diriger les commissions départementales et assurer la régularité des liquidations.

Le principe de l'indemnité payée par l'Etat se justifie par le désir de reporter les frais d'entretien de l'armée sur la nation tout entière. Mais cette répartition de charge publique ne va pas jusqu'à indemniser les citoyens qui ont souffert des circonstances de la lutte, qui ont éprouvé des dommages dus aux faits de guerre eux-mêmes, tels que privation de jouissance, démolition, dégradation, destruction complète ou partielle, mise en état de défense militaire pendant le combat, etc., que ces dommages proviennent d'ailleurs de l'ennemi ou de l'armée nationale. L'Etat peut accorder de ce chef des secours, mais il ne se reconnaît pas responsable de l'intégrité de la perte subie. Ainsi, après la guerre de 1870, les particuliers ou les communes réclamaient à l'Etat plus de 800 millions; 200 seulement furent payés.

Le paiement de la réquisition en pays ennemi — qui n'est autre chose que l'attribution immédiate de l'indemnité — a le grand avantage de rassurer les populations et de faciliter les réquisitions futures; mais il n'est pas d'une exécution bien facile, à cause du manque fréquent d'argent. On peut remédier à cette difficulté en frappant d'abord le pays d'une contribution de guerre. Celle-ci est surtout supportée par les villes et peut servir à payer les réquisitions dont souffrent plutôt les campagnes. Mais cela n'est pas toujours possible, ni même exact, pour bien des raisons.

Le reçu de réquisition ne constitue pas, aux yeux du droit international, un titre envers l'occupant, qui n'est tenu d'aucune indemnité; mais il n'est cependant pas une pièce sans intérêt. Si le sort des armes cesse d'être favorable à l'occupant, le traité de paix peut lui imposer la restitution intégrale de la valeur de toutes ses réquisitions. S'il reste, au contraire, définitivement vainqueur, l'Etat vaincu peut rembourser une partie de la dépense. Après 1870, l'Etat français a payé 245 millions d'indemnité pour denrées et objets requis par l'armée allemande et 15 millions pour réquisitions françaises. Enfin, ce reçu, personnel, ouvre à son titulaire un droit contre la commune qui lui a imposé la livraison des objets requis et lui permet de faire répartir entre tous les habitants de cette commune la charge dont il a supporté, en fait, beaucoup plus que sa quote-part.

Valeur comparative des réquisitions et des achats. — La réquisition peut paraître, au premier abord, un procédé plus simple et plus avantageux que l'achat; il n'en est rien cependant : elle effraie le possesseur, fait disparaître la denrée, exige un travail de recherches et, par suite, une perte de temps. Aussi, même en pays ennemi, est-il préférable de payer comptant, sauf à lever des contributions en argent. S'il est possible de payer séance tenante les denrées résultant de la réquisition, on change le caractère de ce dernier acte, on le rend plus supportable. La force n'apparaît que pour obliger la denrée à se montrer. Il y a toujours privation de propriété, mais il y a compensation certaine et immédiate.

Le règlement sur le service en campagne recommande d'ailleurs expressément de ne recourir à la réquisition qu'à défaut de tous autres moyens, tels que les achats directs ou les conventions amiables.

La réquisition est la ressource suprême lorsque l'on manque d'argent : elle est presque indispensable aux détachements un peu éloignés auxquels il ne sera pas toujours possible de faire parvenir des denrées. Elle s'impose absolument, même en territoire national, pour certaines choses indispensables à l'armée et qu'il est impossible d'acheter : chevaux et voitures, chemins de fer, casernement des troupes. Sa réglementation et une certaine pratique que l'on en prend accidentellement pendant les manœuvres d'automne en rendront l'exécution relativement facile en campagne, et l'on doit compter sur elle comme sur un puissant auxiliaire des autres moyens d'approvisionnement.

Exécution des réquisitions. — Les réquisitions sont exécutées d'abord dans les cantonnements occupés par les troupes, et sans autre précaution que le partage de la localité entre les différents corps, par les soins du commandant d'armes.

Mais, quand les ressources manquent, ce qui est le cas dans les périodes d'occupation un peu longues, il faut opérer au dehors, dans des régions parfois un peu éloignées, où l'on n'est pas toujours à l'abri d'un coup de main de l'ennemi. Il y a alors lieu d'organiser les réquisitions comme une petite expédition militaire, confiée, en général, à la cavalerie.

Souvent même il faut s'emparer de localités occupées par l'ennemi et les conserver pendant le temps nécessaire au rassemblement des denrées. C'est ainsi que furent dirigées les petites opérations de l'armée française investie sous Metz (combats de Lauvallier, Vany, Peltre, Ladonchamps, etc.) du 22 au 27 septembre 1870, terminées par l'incendie général, ordonné par le prince Frédéric-Charles, de tous les approvisionnements et localités placés sur le périmètre de la ligne d'investissement.

Un exemple intéressant d'organisation de réquisitions sur un territoire étendu se trouve dans les dispositions prises par l'armée allemande assiégeant Paris (sud de la Seine, IIIe armée) à la fin de septembre et au commencement d'octobre 1870.

Les corps d'armée d'investissement occupaient les environs immédiats de Paris. En arrière d'eux, trois divisions de cavalerie, les IIe, V^e^ et VIe, renforcées de quelques bataillons d'infanterie, surveillaient le pays et exécutaient des réquisitions destinées à alimenter les magasins de Versailles et Corbeil. Leurs incursions furent fréquemment arrêtées ou tout au moins retardées par les francs-tireurs ou les troupes régulières (garde nationale mobile).

La carte ci-jointe montre la répartition du territoire entre ces divisions (1). Les zones de division pouvaient elles-mêmes être partagées entre les brigades (exemple : V^e^ division). Marchant par petits paquets de la force d'un ou deux escadrons, et accompagnés de fonctionnaires de l'intendance, les cavaliers occupaient les vil-

(1) Toute la rive gauche de la Seine était divisée en trois secteurs par deux lignes partant de Versailles et de Sceaux pour aboutir à Chartres.
La IVe division opérait plus au sud, avec les corps d'armée détachés contre l'armée de la Loire.

lages, appelant à eux l'infanterie lorsqu'ils rencontraient une résistance — chèrement payée en général, — rassemblaient le plus de denrées possibles, les chargeaient sur des voitures requises sur place, formaient des convois qu'ils conduisaient et escortaient à leurs cantonnements, et de là jusqu'aux magasins. Les ordres généraux recommandaient de toujours agir avec régularité, c'est-à-dire de s'adresser aux autorités civiles et de toujours donner quittance. Le personnel administratif de ces divisions était considérablement renforcé.

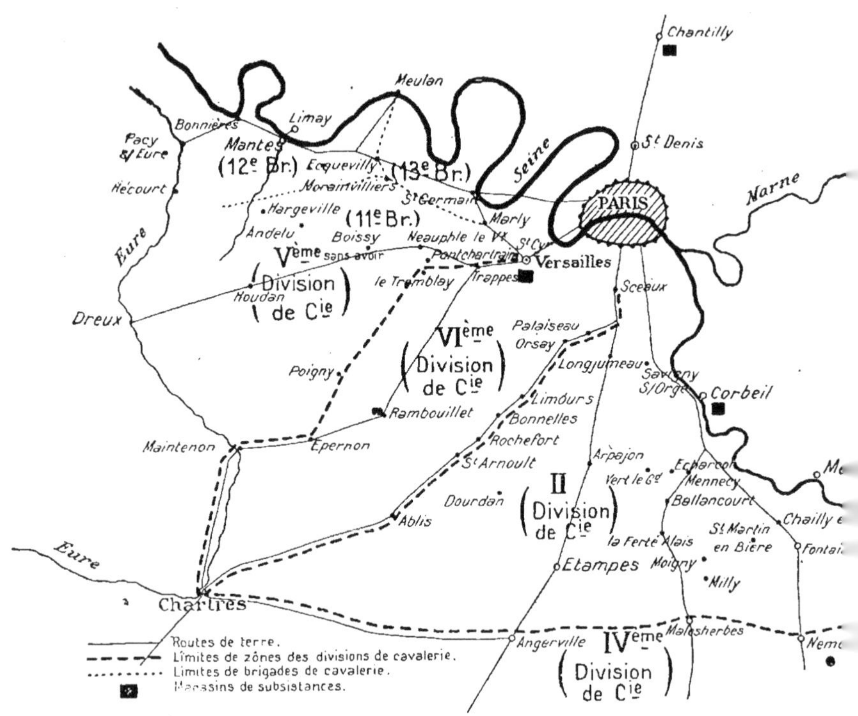

Siège de Paris. — Zones de réquisitions de la IIIe armée allemande (rive gauche de la Seine).

Voici quelques détails conservés par les historiques (1).

La IIe division réquisitionne à La Ferté-Alais, Ballancourt (petit

(1) D'après la *Revue d'Histoire* de l'état-major de l'armée.

combat), à Fontainebleau, Melun, Chailly-en-Bière, Mennecy, Milly, Moigny, Dourdan, Arpajon, Vert-le-Grand, Echarcon, etc.

En un jour, le 1er régiment de hussards réquisitionna, entre Savigny-sur-Orge et La Ferté-Alais, non sans avoir essuyé quelques coups de fusil, 379 sacs d'avoine, 88 vaches, 364 moutons, 100 bottes de foin, 29 sacs de farine, qui furent conduits le lendemain au magasin de Corbeil, et 150 sacs d'avoine que le régiment garda pour lui.

Le 1er cuirassiers réunit une assez grande quantité de bétail à Dourdan.

Le 2e uhlans, après quelques escarmouches, ramena à Corbeil, de Chailly et Saint-Martin-en-Bière, 1.000 moutons, 40 bœufs et 22 charrettes d'avoine.

La VIe division de cavalerie opérait de même dans le secteur Paris - Chartres, au profit du magasin de Versailles. Des rencontres assez importantes avaient lieu autour de Rambouillet, Epernon, Maintenon, avec les mobiles de l'Eure-et-Loir et du Lot-et-Garonne. Les réquisitions dans cette région étaient assez importantes pour justifier la création d'un magasin annexe à la gare de Rambouillet.

Limours, Bonnelles, Rochefort, Saint-Arnoult, avec moins de résistance, fournissaient des ressources importantes en bétail et en avoine.

La Ve division était partagée en trois zones de réquisition affectées aux trois brigades qui la composaient. Les difficultés que soulevèrent les mouvements des francs-tireurs et, plus tard, des mobiles, autour de Mantes, obligèrent à des opérations de quelque amplitude. C'est ainsi que des détachements de la 13e brigade durent venir réquisitionner jusqu'à Andelu et Hargeville, où les francs-tireurs auraient enlevé leur convoi de retour. Après la prise de Mantes (1er octobre), la région fut soumise à la réquisition. Un important convoi de voitures vides était affecté au détachement d'opérations, qu'accompagnaient six fonctionnaires de l'intendance. On franchit même la Seine pour recueillir des denrées à Limay; on alla jusqu'à Pacy-sur-Eure, Hécourt, Vernon. Les corps français repoussés au delà d'Evreux, on redescendit sur Houdan, Boissy-sans-Avoir, Neauphle-le-Vieux, Pontchartrain. Tous les approvisionnements ainsi réunis étaient dirigés sur Saint-Cyr.

3° Prises sur l'ennemi.

Les prises sur l'ennemi peuvent assurer à une armée la possession de denrées, d'armes, de chevaux, etc., dont l'emploi lui sera fort utile.

On distingue deux catégories de prises : celles qui résultent du gain d'une bataille, d'une action générale, et celles qui sont opérées par des détachements isolés, des corps de partisans. Les unes et les autres ne peuvent porter que sur des objets appartenant à l'armée ennemie et non sur les biens des particuliers. Elles deviennent toutes deux propriété de l'Etat, et rentrent dans les magasins, caisses ou dépôts de l'armée. La réception en est constatée par un procès-verbal d'un sous-intendant militaire, en présence d'officiers délégués par le commandement.

Autrefois, les prises de la seconde catégorie restaient la propriété des détachements qui les avaient conquises, en vertu de l'article 109 de l'ancien règlement sur le service en campagne. Cet article a été purement et simplement aboli par le décret du 26 juin 1901, à la suite de l'expédition de Chine.

Il ne faudrait cependant pas voir dans ce droit, qui s'est conservé d'ailleurs dans la plupart des autres armées européennes, un vestige des habitudes de pillage de jadis. Le droit international moderne admet fort bien les prises, lorsqu'elles ne s'appliquent pas à la propriété privée, et les lois françaises les ont conservées dans la guerre maritime. La capture d'un navire de commerce n'est pas un acte particulièrement héroïque de la part d'un navire de guerre et n'occasionne pas à l'équipage de risques comparables à ceux d'un combat. Cet équipage a pourtant droit à une part de la prise.

La question est fort discutable d'ailleurs. Aujourd'hui que les armées disposent de droits réguliers de réquisitions diverses, la prise a moins d'importance pour elles qu'autrefois, et la crainte des abus, si faciles à naître, surtout dans des guerres extra-européennes, suffit peut-être à justifier l'abrogation de la prise dans la guerre continentale. En guerre maritime, c'est une autre affaire. Bien que s'adressant à des biens particuliers, le droit de prise est conservé, comme étant peut-être le principal moyen d'action sur l'ennemi, dont il faut absolument empêcher le commerce. Il est établi, autour des nations belligérantes, comme un blocus à surveillance intermittente. Les navires qui veulent tenter le négoce avec une de ces nations savent à quoi ils s'exposent de la part de la marine adverse, tout comme un fournisseur qui voudrait tenter de faire parvenir des vivres à une armée investie, ou même à une population civile assiégée, sait que le risque de saisie s'attache à son entreprise.

L'acquisition des prises donne lieu à quelques formalités.

Le décret précité dit que le produit des prises est acquis intégrálement au Trésor.

S'il s'agit d'une prise en numéraire, l'argent est versé dans les coffres du payeur de l'armée, qui en fait recette justifiée par un extrait du procès-verbal de prise.

Lorsque la prise consiste en denrées, bestiaux, armes, et tous objets pouvant entrer dans les approvisionnements fixes ou mobiles de l'Etat, leur valeur est estimée, et il est fait de la somme ainsi obtenue un versement fictif à la caisse du payeur, qui en donne récépissé et en fait inscription d'ordre à sa comptabilité.

Enfin les objets inutiles à l'armée sont vendus par l'autorité militaire avec le concours des payeurs agissant en qualité de receveurs des domaines, et le produit de la vente est encaissé par le payeur. Le sous-intendant dresse procès-verbal de cette opération.

4° Contributions de guerre.

En temps de paix, toutes les ressources pécuniaires dont dispose l'administration militaire proviennent du Trésor et sont mises à sa disposition par la loi des finances. Il en est encore de même en temps de guerre et on indiquera plus loin comment a été organisé, dans ce but, le service de la trésorerie aux armées, et comment les finances publiques assurent les envois de fonds.

Mais, en pays ennemi, de nouvelles ressources peuvent contribuer à faire vivre l'armée. Ce sont les *contributions en argent* imposées aux habitants de ce pays. Il ne saurait être question de les demander aux nationaux, comme des réquisitions.

La contribution a existé de tout temps. Dans la guerre ancienne, elle était souvent une rançon du pillage et de l'incendie. Le premier Empire en a fait un grand usage et elles lui ont permis de défrayer largement les dépenses considérables de ses guerres; sans elles, la

France n'aurait pu suffire à entretenir des armées qui opéraient sur toute l'Europe. Les Allemands, en 1870, ont frappé la France de nombreuses contributions en argent dont le total s'est élevé environ à 375 millions de francs. Ces contributions ont pris parfois le caractère d'une sanction, soit d'une amende pour retard dans le versement d'impôts ou d'autres contributions, soit d'une punition pour faits de guerre ayant nui à l'armée occupante et imputables à la population civile (contribution de 10 millions imposée aux départements lorrains après la destruction du pont de Fontenoy), soit d'une compensation pour d'autres dépenses que la guerre avait occasionnées à l'Allemagne (1 million par département occupé pour dédommager les Allemands expulsés de France et les propriétaires des navires de commerce capturés par la flotte française).

La levée d'argent est admise par le règlement de La Haye, sous la double forme de perception des impôts et de contribution proprement dite. La première est justifiée en droit par la souveraineté de l'occupant et elle a comme contre-partie l'obligation de pourvoir aux frais d'administration du territoire occupé; elle est un acte de la substitution complète de l'occupant au gouvernement légal, dans ses droits et dans ses devoirs. Les Allemands ont ainsi perçu plus de 60 millions en 1870. La seconde a le caractère d'une réquisition et doit être limitée aux besoins de l'armée — limite bien élastique, car on ne dit pas : besoins des troupes occupantes — ou de l'administration du territoire. La contribution ne doit jamais être une peine collective à raison de faits *individuels*.

Elle doit toujours être ordonnée par écrit et seulement par le général en chef ou par les commandants d'armée.

Cette précaution a pour but d'éviter les abus. La contribution n'ayant d'ailleurs pas le caractère d'urgence d'une réquisition, il est inutile d'autoriser un simple chef de corps à en faire usage.

Les contributions sont générales ou locales, c'est-à-dire qu'elles frappent des étendues de terrain plus ou moins grandes, une commune, un département, plusieurs départements. Les villes, centres d'affaires et de mouvements d'argent, sont naturellement plus désignées pour souffrir des contributions que les campagnes, sur lesquelles se portera plutôt la charge des réquisitions en nature.

De toute façon, l'ordre de contribution est adressé à l'unité administrative — la commune, par exemple — et il doit lui être délivré un reçu des sommes versées. Le gouvernement du pays, s'il désire répartir sur toute la nation les charges de la guerre, pourra rembourser tout ou partie des contributions levées par un ennemi vainqueur. Après 1870, le gouvernement français a remboursé intégralement les contributions fournies par la province, et en grande partie celle de la ville de Paris (140 millions payés à cette dernière pour 200 millions levés; en tout, 250 millions remboursés).

La perception des contributions est un peu moins simple que celle des réquisitions. Elle est effectuée par les soins de l'intendance.

On prend autant que possible pour base l'assiette des impôts en vigueur (1), dit le règlement de La Haye. Mais c'est là surtout une question de *répartition*. Ce qui intéresse l'armée occupante, c'est le total à percevoir.

Ce total ne peut guère être déterminé à l'avance. Il dépend des ressources de la localité frappée. Les chiffres par tête d'habitant imposés par les Allemands en 1870 ont varié de 12 francs dans les campagnes à 50, 60 et 75 francs dans les villes. Dans divers documents émanés de leurs commandants de territoire, on trouve cette phrase : « On peut prendré pour règle 25 francs par tête. » Le rôle

---

(1) Exemple : Ordonnance du 22 octobre 1870, rendue par le grand-duc de Mecklembourg, gouverneur de Reims :

« Considérant que la perception des contributions, impôts et droits de toute nature, a été interrompue, en France, dès le début de la guerre, et que leur rentrée, d'après les lois françaises, est devenue inexécutable par le refus constant des employés supérieurs français chargés du service régulier, avons ordonné et ordonnons ce qui suit :

» Art. 1er. — A dater du 1er septembre, la perception fixée par les lois françaises des contributions directes et indirectes, quelle qu'en soit la nature ou la désignation, est et demeure suspendue dans les parties de la France occupées par les armées allemandes et soumises à nos ordres.

» Art. 2. — Tous ces divers droits seront remplacés, à dater dudit jour, par une seule et unique contribution directe.

» Art. 3. — Ladite contribution est composée : 1° de la somme fixée, pour l'an 1870, par les conseils d'arrondissement, dans les états généraux de sous-répartition des contributions directes entre les communes, où la quote-part de chaque commune est prévue; 2° de la somme du produit des droits d'enregistrement et de timbre, ainsi que des contributions indirectes, non compris le revenu du tabac, du sel et de la poudre.

» Art. 4. — La somme fixée pour chaque commune sera répartie entre les contribuables par le maire et par le conseil municipal.

» Art. 5. — Les maires des communes auront à percevoir, au commencement de chaque mois, un douzième, qui sera versé aux maires des chefs-lieux de canton, en sorte que le produit mensuel pourra être déposé par ceux-ci à la caisse générale établie dans chaque département jusqu'au 10 du mois, dernier délai, sous peine de poursuites militaires.

» Art. 6. — Les communes sont responsables de la rentrée des contributions réparties à la caisse générale.

» Art. 7. — Le maire de chaque commune jouit d'une remise de 3 p. 100. Au maire de chaque chef-lieu de canton il sera accordé une remise de 1 p. 100 pour frais d'encaissement et de versement... »

des contributions, si on peut le saisir, donne les renseignements les plus précis sur la fortune du pays.

Le règlement français sur le service des armées en campagne est extrêmement bref au sujet des contributions. L'article unique qui s'y rapporte (art. 185) est ainsi conçu :

> Dans certaines circonstances, il peut être nécessaire, en *pays ennemi*, de remplacer la *réquisition* des prestations en *nature* par des *contributions en argent.*
>
> Ces contributions font toujours l'objet d'un ordre écrit. Elles ne peuvent être prescrites que par le commandant en chef ou par les commandants d'armée.
>
> Pour toute contribution, un reçu doit être délivré aux contribuables.

En dépit de ce texte bien formel, il est permis de penser que la conception, soutenue par les juristes, de la contribution comme remplacement d'une prestation en nature, comme moyen d'égaliser et de répandre sur un plus grand nombre de citoyens la charge de l'entretien de l'armée occupante, est un peu surannée, et que d'autres considérations dirigeront les contributions de guerre de demain.

La guerre est, en effet, devenue un acte horriblement dispendieux. Elle exigera, de la part des pays belligérants, un effort financier formidable. Peu de pays, on peut le dire, sont certains de trouver du jour au lendemain les ressources suffisantes pour faire face à une mobilisation. Plus que jamais l'argent est le nerf de la guerre, et le premier pays occupé devra largement et immédiatement coopérer aux dépenses de son adversaire plus heureux, surtout s'il est riche et si cet adversaire est pauvre. Il est à penser que les contributions prendront une importance toute spéciale, et que les grandes villes, ou les centres riches, pourront devenir, bien que ne présentant aucun intérêt stratégique, des objectifs secondaires de guerre en vue d'une levée d'argent, destinée bien plus aux dépenses générales de la guerre, même à l'intérieur, qu'à la satisfaction immédiate des besoins des troupes en campagne.

III

Exécution des services en campagne.

Pour l'exécution des services, le sous-intendant dispose, en temps de paix, tantôt d'officiers d'administration *gestionnaires*, tantôt d'*entrepreneurs*. Ces deux catégories de personnels seront-elles indifféremment employées en campagne ? Bien loin de là. L'entreprise doit être exclue absolument des armées, tout au moins dans la zone d'opérations des troupes.

Les raisons en sont multiples. L'expérience d'abord a montré de façon presque constante que l'entrepreneur ne tenait pas ses engagements. Les exemples classiques en sont nombreux. Tous les grands capitaines et les grands administrateurs ont durement apprécié les entrepreneurs, à qui ils ne s'étaient adressés d'ailleurs que poussés par la nécessité, c'est-à-dire par le manque d'argent. Frédéric II, Napoléon Ier, les intendants Odier, Friant et bien d'autres ont dénoncé avec énergie tous les insuccès, tous les abus, tous les vols dont les entrepreneurs s'étaient rendus coupables. C'est sans aucun doute à l'indignation qu'avaient soulevée leurs actes qu'il faut attribuer la sévérité toute spéciale dont fit preuve à leur égard le Code pénal, par l'établissement des fameux articles 430 à 433 sur les délits des fournisseurs militaires.

Pour ne parler que des faits contemporains, on cite les résultats désastreux de l'entreprise pour l'approvisionnement de l'armée russe en 1877, la fuite de l'entrepreneur de fourniture de la viande fraîche au 1er corps d'armée le soir de Frœschwiller, la disparition de celui de l'armée de Mac-Mahon à la veille de Sedan, l'inaction de celui de l'armée de Bazaine, sous Metz, qui se bornait à livrer aux corps investis leurs propres chevaux, etc.

L'armée française avait conservé l'entreprise pour le service de la viande fraîche à la suite du succès mémorable de cette entreprise pendant la campagne de 1859. Mais cette réussite était due à des causes très particulières, qui ne devaient pas se renouveler : l'entrepreneur n'avait éprouvé aucune difficulté à livrer son bétail, qui provenait de Suisse, les communications ayant toujours été libres par le Nord. Si cette partie du Piémont avait été occupée par les troupes autrichiennes, il est bien peu probable que le service eût pu être assuré.

Par son essence même, le contrat d'entreprise en campagne comporte beaucoup de chances d'inexécution. Il consiste, en effet, à assurer un paiement fixe, parfaitement défini, en échange d'un service impossible à définir exactement. Déjà, dès le temps de paix, alors que le service à fournir est exposé dans des cahiers des charges longuement détaillés, les entrepreneurs sont à l'affût de la moindre obscurité, recherchent avidement les ambiguïtés ou les interprétations douteuses, comme justifications à leurs retards et à leurs malfaçons. Que sera-ce donc en campagne, au milieu des troupes dont les mouvements changeront chaque jour les conditions du service, au milieu des événements de guerre qui seront des prétextes toujours prêts pour invoquer la si commode excuse de la force majeure ?

Bien d'autres considérations d'ordre pratique interviennent :

Les aléas de l'affaire sont trop grands. — Si les circonstances de la campagne sont favorables à l'entrepreneur, celui-ci réalisera des bénéfices exagérés. En revanche, il est exposé à perdre beaucoup dans le cas contraire. Il en résulte une tendance nette à l'abstention de la part des entrepreneurs honnêtes, scrupuleux et soucieux des engagements pris. On sera pratiquement réduit à choisir parmi les hommes aventureux, mais peu sûrs, qui offrent toujours leur concours, n'ayant ni fortune ni réputation à risquer.

Les moyens d'action sont limités et incertains. — L'entrepreneur demande toujours qu'on augmente les siens, en particulier qu'on mette des troupes à sa disposition pour protéger ses convois, pour exécuter ses manutentions quand il ne trouve pas assez d'ouvriers, etc. L'abus est vite arrivé. L'entrepreneur ne peut résister à la tentation de négliger tout ou partie de son service quand il a acquis la conviction que, poussée par la nécessité, la troupe se résoudra à l'exécuter elle-même. Et bien des questions se posent sur les limites du concours qu'on peut accorder à l'entrepreneur. Lui déléguera-t-on, par exemple, le droit de réquisition, ou l'exercera-t-on à son profit ? Se privera-t-on des ressources locales pour lui assurer la fourniture du minimum garanti par son marché ?

Les mouvements imprévus justifient l'inexécution du contrat. — Tout au moins, ils sont constamment invoqués pour la justifier. Ou bien l'entrepreneur demandera à connaître ces mouvements d'avance, ce qui est inadmissible, car on ne peut lui livrer ainsi le secret des opérations.

Le zèle de l'entrepreneur disparaît aussitôt que les difficultés naissent. — Il n'est pas de bonne volonté qui tienne devant une perte d'argent et il est superflu de compter sur les efforts dévoués d'un commerçant qui perd.

Enfin la présence au milieu des troupes des agents civils de l'entreprise facilite l'espionnage de l'ennemi et entretient au sein même de l'armée un foyer d'indiscipline.

La conclusion s'impose : seuls des agents administratifs militaires, sur lesquels le commandement a plein pouvoir, peuvent assurer un service aussi pénible et aléatoire, parce qu'ils n'en espèrent pas une rémunération qui mette leur intérêt personnel en lutte avec celui de l'armée; parce qu'ils n'ont pas de motifs de ne pas se conformer aux ordres donnés; parce qu'animés de l'esprit de discipline et de devoir ils feront les efforts nécessaires pour se tirer d'une situation grave; parce que, enfin, on pourra leur confier la partie du secret des opérations qu'il leur est indispensable de connaître pour agir en conformité des vues générales du commandement.

Aussi les idées suivantes ont-elles prévalu dans nos nouveaux règlements : utiliser les aptitudes commerciales des fournisseurs pour constituer les approvisionnements à l'arrière, mais bannir l'entreprise des services de première ligne et laisser à l'armée seule le soin d'utiliser les ressources locales, afin de permettre à l'autorité militaire de régler les réquisitions comme elle l'entend.

Déjà l'instruction ministérielle du 30 août 1885 sur l'alimentation en campagne repoussait implicitement le système de l'entreprise (sauf pour le service de la viande fraîche). Nos règlements actuels — instruction sur l'alimentation en campagne et instruction sur le ravitaillement en viande fraîche — l'ont définitivement et complètement écartée, même pour la fourniture de la viande.

Exclure l'entreprise ne veut pas dire cependant que l'on se passera de fournisseurs; ni commerçants ni consommateurs ne peuvent se dispenser d'en employer. On aura des *livranciers* producteurs ou négociants; mais les négociants n'auront ni à distribuer ni à transporter les denrées, c'est-à-dire ne seront chargés d'aucun service à exécuter au milieu des troupes.

Les services organisés à l'arrière des armées pourront, dans certains cas particuliers, utiliser l'entreprise; par exemple, pour la fourniture à la ration dans les gîtes d'étapes. L'entreprise agira alors sur place, en station, en dehors des mouvements des troupes, et dispensera l'administration d'organiser des gestions qui exigent des installations spéciales et un nombreux personnel pour répondre à des besoins qui souvent ne sont que passagers.

Il ne faudrait cependant pas condamner entièrement les entrepreneurs : tous ne se sont pas enrichis indûment, et quelques-uns ont rendu d'éminents services.

C'est d'abord par eux que s'est établie dans les armées la première discipline des subsistances.

Au XVe et au XVIe siècle, époques des premières armées permanentes, les capitaines, ayant reçu la solde convenue, devaient pourvoir à tous les besoins de leurs compagnies : nourriture, équipement, armes, etc. Lorsque les troupes ne recevaient pas ce qui leur était dû, elles le prenaient de force sur le pays traversé. On chercha donc à régler ces prises, à les faire payer, et à côté des armées on fit marcher des fournisseurs dont la mission était de rassembler des denrées, afin d'en rendre la vente aux soldats possible et pas trop onéreuse. C'étaient les *vivandiers*.

Le premier, *Henri II*, en 1557, organisa la surveillance des vivandiers — qui n'était pas inutile — en les plaçant sous la direction de *commissaires généraux des vivres*. Et un peu plus tard, en 1575, il passait les premiers marchés avec de véritables entrepreneurs, qu'on dénomma *munitionnaires*, qui achetaient pour leur propre compte, et remettaient les denrées aux troupes. Ils étaient considérés comme des fonctionnaires et rendaient des comptes au gouvernement.

Les grands ministres qui suivirent, *Sully*, *Richelieu*, *Mazarin*, *Louvois*, etc., conservèrent cette institution, mais transformèrent les entrepreneurs en agents directs du roi. Ce fut, du reste, une règle pendant bien longtemps : dans les périodes de gouvernement fort et de bonnes finances, la régie directe remplaçait l'entreprise. L'entrepreneur reparaissait dès que l'autorité royale faiblissait et surtout dès que le Trésor public manquait d'argent. Les entrepreneurs furent surtout de grands bailleurs de fonds.

Quelques-uns furent même de grands financiers.

Parmi ceux-ci on peut citer le fameux *Pâris*, frère de Pâris-Duverney, le grand liquidateur de la faillite de Law. Employé d'abord comme commis munitionnaire auprès de l'armée d'Italie (1701-1703), Antoine Pâris sut inspirer confiance à de riches personnages qui lui prêtèrent l'argent nécessaire pour prendre l'entreprise des subsistances des armées opérant dans les Flandres (1704-1711). Il y accomplit ses fonctions non seulement avec habileté, mais « avec humanité ». Il se distingua aussi dans l'organisation du service sanitaire, et rentra en France — où de hautes destinées financières l'attendaient — entouré de l'estime et de la reconnaissance de tous.

A cette même époque appartiennent les souvenirs de *Jacquier*, le munitionnaire de Turenne, et de *Fargès* qui, en Franche-Comté, pendant le terrible hiver 1709-1710, où « Madame de Maintenon était réduite à manger du pain d'avoine », sut nourrir les troupes au moyen d'achats de blé faits chez l'ennemi même.

Pendant le XVIIIe siècle les fonctions d'entrepreneur s'étaient régularisées, et il s'était créé de grandes compagnies financières, complètement organisées (un peu à la façon de notre ancienne compagnie des Lits militaires) et dont l'action s'étendait sur toutes les provinces du royaume, aussi bien qu'aux armées en campagne. Le directeur, ou « associé délégué à l'armée », jouissait de certaines prérogatives et d'honneurs militaires : on l'appelait le *général des vivres*. Dans la première moitié du siècle, *Dupré d'Aulnay* fut un remarquable directeur général des subsistances et écrivit un livre fort curieux sur ce service.

Un entrepreneur encore plus célèbre, mais dont les titres n'étaient pas toujours très édifiants, fut le célèbre Ouvrard, véritable génie financier, dont la vie ne fut qu'un long roman d'aventures de tout genre. Tantôt placé dans la plus haute faveur des gouvernements, tantôt en prison, tantôt à la tête d'immenses richesses, tantôt en faillite, il prit part à tous les événements de la Révolution et de l'Empire. Munitionnaire général de la marine en 1797, il gagne 15 millions au seul approvisionnement de la flotte espagnole alliée à la nôtre. Devenu ensuite fournisseur des armées, il put se livrer à des opérations telles que, en 1804, le Consulat lui devait encore 68 millions, et qu'il pouvait prendre pour 400 millions d'engagements divers. Après des vicissitudes nombreuses (grand ami de Barras en l'an III, en 1812 il est en prison, et fait une faillite dont il finit d'ailleurs par désintéresser tous les créanciers; en 1814 il est entrepreneur des alliés, en 1815 munitionnaire de Napoléon à Waterloo) on le retrouve, sous la Restauration, dans l'affaire de la guerre d'Espagne.

Lorsque, en 1823, l'expédition d'Espagne fut décidée, l'armée du duc d'Angoulême était incapable de franchir la frontière, faute de vivres et de fourrages, disait-on. Le gouvernement décida alors, malgré la vive opposition du corps de l'intendance, nouvellement créé, de confier le service des subsistances de cette armée à Ouvrard, qui, d'ailleurs, était en état de suspension de paiements, et ne put traiter que sous le nom d'un de ses neveux. Malgré cette situation, on consentit à lui payer chaque mois, d'avance, les onze douzièmes de son dû probable, et à lui laisser prendre, à un prix convenu, toutes les denrées appartenant aux territoires militaires de Toulouse et de Bordeaux. Sa seule arrivée à l'armée rendit, paraît-il, la confiance aux troupes. Il la justifia d'ailleurs en ne laissant pas l'armée manquer de vivres de toute la campagne. Dans les régions pauvres que l'on traversait, et où, de plus, les habitants cachaient soigneusement leurs denrées, Ouvrard sut faire apparaître d'abondantes ressources par un singulier procédé d'achat à caisse ouverte qu'il est impossible de ne pas citer. A Tolosa, il fit savoir qu'il achèterait argent comptant tout ce qui lui serait apporté le lendemain : toutes les denrées achetées avant 8 heures du matin seraient payées dix fois leur valeur; avant 9 heures, neuf fois, et ainsi de suite en diminuant d'un dixième par heure. En même temps, à titre de préparatifs, plusieurs millions en pièces d'or étaient exposés publiquement sur des tables. Le lendemain et les jours suivants, l'affluence des paysans était telle et les denrées si abondantes que, une fois les primes exorbitantes payées, il restait encore assez de marchandises pour obliger ceux qui les avaient amenées à les vendre au-dessous du cours, pour ne pas les remporter. L'opération procura un énorme approvisionnement, et se solda par une économie; depuis, Ouvrard trouva toujours à acheter dans le pays ce qui lui était nécessaire et n'eut pas besoin de constituer de magasins.

Néanmoins, les choses se terminèrent mal pour lui. On reprocha vivement au gouvernement les concessions onéreuses faites dans le marché, et à lui certaines exactions et défauts de paiements en Espagne. Il y eut interpellations à la Chambre des députés, enquêtes, procès devant toutes les juridictions successives, commerciale, civile, criminelle, et même la Chambre des pairs. L'opinion publique se passionna, de nombreux écrits furent publiés sur « l'affaire Ouvrard », « l'affaire des marchés d'Espagne » et même « l'affaire » tout court. L'instance dura cinq ans, qu'Ouvrard passa en prison préventive, sans aboutir d'ailleurs à des preuves nettes ou des sanctions.

Même au cours du XIXe siècle, où l'on eut fréquemment recours à leurs services, les entrepreneurs avaient sur les comptables de l'armée la supériorité de l'habitude des achats et de moyens d'action plus étendus. Aujourd'hui, l'administration militaire, dégagée d'une partie des soucis du contrôle, se tourne plus volontiers et plus facilement qu'autrefois vers la production, et son éducation, mieux spécialisée, lui permettra sans peine de se passer d'acheteurs civils.

CHAPITRE IV

NOURRITURE DES TROUPES EN CAMPAGNE.

I

De la ration.

Rien, *a priori*, ne semble devoir être plus souple que l'alimentation des troupes en campagne. La diversité des pays que l'on est appelé à exploiter amènera des changements correspondants des produits alimentaires qu'ils peuvent fournir. Mais, en raison même de la variété des vivres que l'on sera obligé de consommer, il a été nécessaire de mettre le plus grand ordre dans les allocations, de les limiter pour éviter les abus, de les définir avec précision, afin de pouvoir les désigner facilement, et de représenter toujours par les mêmes termes une même nature et une même quantité de denrées.

Cette nécessité a donné naissance à l'idée de *ration*.

La ration est la quantité d'une denrée déterminée qui est allouée à un homme pour un jour. Dire, par exemple, que la ration de pain est de 750 grammes, c'est dire qu'un homme doit recevoir 750 grammes de pain par jour.

L'ensemble des rations de toutes les denrées qui constituent la nourriture d'un soldat pendant une journée est sa *ration journalière*, qu'on désigne quelquefois aussi sous le nom de : *un jour de vivres*.

Une étude approfondie des phénomènes de la nutrition et du travail chez l'homme et chez les animaux a conduit les physiologistes à déterminer sur des bases scientifiques la valeur de la ration de chaque denrée, puis la nature et la qualité des denrées qui doivent entrer dans la ration journalière.

On a ainsi établi deux rations-types du soldat en campagne (ration normale et ration forte de guerre), et les approvisionnements destinés à une distribution immédiate sont constitués par un certain nombre de ces rations entières. On les a formées naturellement de denrées faciles à trouver et à conserver, d'une préparation simple, d'une valeur nutritive suffisante sous un petit volume. On a dû tenir compte aussi des habitudes alimentaires de l'agriculteur et de l'ouvrier français, qui forment la grande masse de l'armée.

Mais certaines de ces denrées peuvent manquer à un moment donné. La ration de chacune d'elles peut alors être remplacée par une autre ration d'une autre denrée, considérée comme équivalente en éléments assimilables, de telle sorte que la valeur nutritive de la ration totale reste la même. C'est ce que l'on appelle *opérer une substitution*. C'est ainsi que la ration normale de viande, qui est de 400 grammes de bœuf, os compris, peut être remplacée par 150 grammes de saucisses ou 240 de porc salé. C'est la substitution qui donne à l'alimentation militaire la souplesse indispensable tout en lui conservant une valeur à peu près uniforme et soigneusement calculée d'avance.

Le mot *ration* s'applique plus spécialement aux individus, mais le terme *jour de vivres* convient également aux unités grandes ou petites. C'est ainsi qu'on dira : envoyer un jour de vivres à un corps d'armée, ou lui envoyer 45.000 rations (ou : rations complètes, ou encore : *rations carrées*, expressions à éviter d'ailleurs, car on n'est jamais bien certain de leur sens).

Les denrées de consommation nécessaires à l'homme sont désignées par le nom générique de *vivres*, alors que celles que l'on destine aux animaux sont désignées par le mot *fourrages*.

La nature et les propriétés des vivres et des fourrages forment une branche étendue et essentielle des connaissances techniques nécessaires aux personnels de l'intendance. Il n'y a pas lieu de s'en occuper ici, où les rations ne sont guère intéressantes que par leur *quantité*. Toutefois, quelques indications générales sur la valeur nutritive des éléments ne seront sans doute pas inutiles à rappeler.

On sait que tous les aliments que peut assimiler l'homme sont formés d'un ou plusieurs des groupements chimiques suivants, que l'on appelle des *principes* :

Matières albuminoïdes, ou *protéiques*, dont les types sont l'albumine ou blanc d'œuf, la chair des animaux. Elles sont composées de carbone, d'hydrogène, d'oxygène et d'*azote*, d'où le nom, qu'on leur donne aussi quelquefois, d'aliments *quaternaires*, ou *azotés;*

Matières grasses, formées des graisses et des huiles et renfermant du carbone, de l'hydrogène, de l'oxygène;

Matières hydrocarbonées, ou *amylacées*, renfermant les mêmes corps simples, mais où l'hydrogène et l'oxygène sont unis dans les proportions qui forment l'eau, de telle sorte que ces matières sont toujours formées d'une combinaison d'eau et de carbone. On dit que ce sont des *hydrates de carbone;* tels sont les sucres, les amidons, l'alcool, etc.;

Matières minérales, sels minéraux divers qui se trouvent dans tous les organismes vivants : chlorures, phosphates, etc.

Tous ces principes, qui se retrouvent dans le corps humain, sont nécessaires à la nutrition, mais leurs rôles y sont variables.

Les albuminoïdes concourent seuls à la reconstitution de nos tissus; les graisses seules servent à renouveler les graisses de ces tissus. Enfin, tous, par la chaleur que dégage leur combustion dans notre organisme, grâce à l'oxygène de la respiration, entretiennent la chaleur vitale et nous fournissent l'énergie musculaire nécessaire à notre travail.

La *ration* est dès lors la somme des différents principes nécessaires pendant vingt-quatre heures pour réparer les pertes de tissus que subit l'organisme et pour lui fournir l'énergie nécessaire au travail journalier.

Cette énergie est évaluée, suivant les règles habituelles de la physique, en unités de chaleur, ou *calories.*

Si on fait brûler 1 gramme de graisse, par exemple, dans un calorimètre, on peut recueillir dans l'instrument une certaine quantité de chaleur (9 calories environ). Les expériences longuement suivies et répétées du physiologiste américain *Atwater* ont montré que l'ingestion de 1 gramme de graisse produisait dans le corps humain la même quantité de chaleur, 9 calories, que l'on a pu recueillir soit à l'état même de chaleur, soit sous forme d'une quantité équivalente de travail mécanique.

La *valeur énergétique* d'un aliment est donc représentée par la quantité de chaleur que cet aliment peut dégager soit dans le corps humain, soit par combustion directe dans un calorimètre.

(En réalité, une partie des aliments n'est pas digérée, n'est pas utilisée pour cette production de chaleur. Le résultat trouvé dans le calorimètre doit donc toujours être diminué d'une certaine quantité qui a été déterminée.)

La chaleur dégagée de façon utile, dans l'organisme, par 1 gramme de matière protéique, quelle que soit sa nature ou sa provenance, viande, caséine, gluten, etc., est toujours sensiblement la même, 3,68 calories (1). De même, 1 gramme de graisse développe 8,45 calories, et 1 gramme d'hydrate de carbone, 3,88 calories. D'autre part, l'analyse chimique a fait ressortir la composition en principes nutritifs de chacun des aliments ordinaires. Il est donc facile d'établir la valeur énergétique d'une nourriture, en multipliant le poids de chaque principe ingéré par la quantité de chaleur dégagée par l'unité de poids de ce principe, qu'on pourrait appeler le *potentiel énergétique* de ce principe.

100 grammes de pain bis, par exemple, renferment 5 gr. 4 de matières azotées, 1 gr. 8 de graisses, 47 grammes de matières amylacées, plus de l'eau et des sels minéraux. Leur valeur énergétique sera donc $5,4 \times 3,68 + 1,8 \times 8,45 + 47 \times 3,88 = 218$ calories.

Ceci posé, l'expérience a fait connaître que la quantité de calories nécessaires à la vie journalière d'un homme au repos était, en moyenne, d'environ 2.400, et que la meilleure utilisation des éléments ingérés se produisait lorsqu'il existait entre les principes azotés et les non azotés un rapport voisin de 1 à 5. (L'aliment azoté est toujours indispensable pour réparer les tissus, et pas seulement par la chaleur qu'il développe.)

Toute ration journalière de simple entretien de l'existence devra donc être constituée suivant cette règle.

Lorsqu'on exige de l'homme un travail un peu fort, non exagéré, mais allant jusqu'à la fatigue, il faut lui fournir un supplément d'alimentation correspondant à environ 1.400 calories (dont 30 p. 100 seulement d'ailleurs sont transformées en travail utile).

Le type de la ration d'entretien peut dès lors être établi de la façon suivante :

Albuminoïdes.	105 gr. × 3,68 =	386 calories.
Graisses.	65 gr. × 8,65 =	549 calories.
Hydrates de carbone.	420 gr. × 3,88 =	1.629 calories.
	Total.	2.564 calories.

(1) Il ne peut être question dans cette appréciation, aussi bien que dans celles qui suivent, que de résultats moyens.

Un type de ration de travail s'obtiendra par la combinaison suivante :

Albuminoïdes. . . . . 143 gr.
Graisses. . . . . 88 gr.
Hydrates de carbone. . . 623 gr., correspondant à 3.725 calories.

Dans les pays très froids, et pour des travaux excessifs, on est arrivé à des rations ayant la composition suivante, tout à fait exceptionnelle :

Albuminoïdes. . . . . 190 gr.
Graisses. . . . . 132 gr.
Hydrates de carbone. . . 810 gr., correspondant à 5.280 calories.

Tels sont les principes sur lesquels doit s'appuyer la constitution d'une ration de travail. Nous verrons plus loin si ces principes ont été respectés lors de l'établissement de la ration de campagne du soldat français.

II

Allocations.

1° Vivres.

Indépendamment des vivres que les commandants d'unités pourront acheter, comme en temps de paix, sur les fonds de l'ordinaire, et qui ne sont pas tarifés, tout homme de troupe a droit, en campagne, à une *ration journalière de vivres* fournie à titre gratuit et en nature.

Cette ration se compose :

De *pain* et de *viande* déjà fournis en temps de paix soit en nature soit sous forme d'indemnité;

Des *vivres de campagne* dont l'achat, en temps de paix, incombe en grande partie aux ordinaires, et qui comprennent :

Des *petits vivres :* légumes secs (c'est-à-dire haricots) ou riz, sel, sucre, café;

Du *lard* (lard gras pour la cuisson des aliments, soupes et rôtis, qui a remplacé le saindoux, et qu'il ne faut pas confondre avec les salaisons de porc quelquefois appelées *lard salé*, et qui ont, du reste, disparu des vivres de campagne pour n'être employées qu'à titre exceptionnel de substitution);

Du *potage salé* (quand on distribue de la viande de conserve, le lard est inutile. On fait alors usage du potage salé — anciens « potage condensé », « potage aux haricots » — pour faire la soupe et un plat de légumes rapidement préparé).

Eventuellement, à la ration de vivres peut s'ajouter une ration de liquides (vin, ou bière, ou cidre, ou eau-de-vie).

La quantité de ces vivres allouée pour une journée n'est pas constante. Elle diffère suivant les circonstances, auxquelles correspondent deux types de quotité.

Le type *ration normale de campagne* est appliqué dans les stationnements de quelque durée et dans les périodes n'imposant pas aux troupes de grandes fatigues. On fait usage de la *ration forte* dans les périodes actives d'opérations imposant aux troupes des fatigues exceptionnelles, ou par les froids rigoureux.

Le passage de l'une à l'autre ration est prescrit par le commandement, dans des conditions qui seront détaillées plus loin (2e partie).

Le taux de ces deux rations est le suivant, en kilogrammes :

VIVRES-PAIN.

Pain ordinaire, ration uniforme		0,750
Pain biscuité, ration uniforme		0,700
Pain de guerre, ration uniforme		0,600

VIVRES-VIANDE.

Viande fraîche	ration normale	0,400
	ration forte	0,500
Conserve de viande	ration normale	0,200
	ration forte	0,300

VIVRES DE CAMPAGNE. — Petits vivres.

Légumes secs ou riz	ration normale	0,060
	ration forte	0,100
Sel, ration uniforme		0,020
Sucre	ration normale	0,021
	ration forte	0,032
Café torréfié	ration normale	0,016
	ration forte	0,024
Lard, ration uniforme		0,030
Potage salé, ration uniforme		0,050

Les rations éventuelles de liquides sont aux taux uniformes suivants :

Eau-de-vie. . .	1/16 de litre.
Vin. . .	1/4 de litre.
Bière ou cidre. .	1/2 litre.

La ration de pain subit en réalité une réduction de poids correspondant à la dessiccation résultant de la durée de conservation; cette réduction est de 3,5 p. 100 à partir du 6e jour de fabrication, mais elle ne diminue pas la valeur alimentaire.

La ration de viande fraîche est établie pour de la viande ressuée et dépecée; si on la distribue moins de douze heures après l'abat, on force le poids de 3 p. 100 afin de tenir compte de l'insuffisance de ressuage. On accorde une bonification égale lorsque la viande est livrée par quartiers, afin de tenir compte du déchet résultant du dépècement imposé aux unités.

Les officiers ont droit, à titre gratuit, à des rations de même composition que celles de la troupe, mais dont le nombre varie avec le grade : une et demie pour les lieutenants, deux pour les capitaines, trois pour les officiers supérieurs, quatre pour les généraux de brigade, etc., jusqu'à seize pour le général en chef (1). Lorsqu'on calcule le nombre de rations à attribuer à une troupe, on compte, en bloc, deux rations par officier.

Appliquons à ces taux les considérations exposées ci-dessus pour le calcul de la valeur énergétique des rations de campagne.

Le tableau suivant donne les résultats obtenus pour la ration normale. L'analyse des aliments en principes porte sur des moyennes. Les chiffres de tous les auteurs sont d'ailleurs loin d'être concordants, et il serait singulièrement exagéré de considérer les résultats à une calorie près.

---

(1) Ces chiffres élevés se justifient par la nécessité, pour les généraux, d'assurer la nourriture des officiers et visiteurs divers qui viennent, pour le service, à leurs quartiers généraux et se trouvent dans l'impossibilité de percevoir eux-mêmes des denrées, pour lesquelles d'ailleurs ils ne disposeraient d'aucun moyen de préparation.

Cette largesse ne s'étend pas jusqu'au tabac — dont chacun est sans doute supposé porter sur soi sa ration.

ALIMENTS (1).	POIDS.	ALBUMINOIDES.	GRAISSES.	HYDRATES DE CARBONE.
	gr.	gr.	gr.	gr.
Pain ordinaire de troupe	750	70	9,50	397
Viande fraîche (non désossée)...............	400	60,92	62	»
Riz.....................	60	5,13	1,17	44.90
Sucre..................	21	»	»	21
Café (2)................	16	»	»	»
Lard...................	30	0,54	13,43	»
Vivres d'ordinaire, considérés comme équivalents à 0,500 grammes de pommes de terre...	»	10,25	0,60	103,45
TOTAUX..................		146,84	86,70	566,35
Multiplication par les coefficients d'Atwater : 3,68 — 8,45 — 3,88.....		540	732	2200
TOTAL GÉNÉRAL..........		3.472 calories.		

(1) Tous les aliments comportent un déchet formé surtout d'eau, de sels minéraux, d'un peu de cellulose, etc.
(2) Principes excitants seulement.

Cette ration normale représente donc bien une ration de travail moyen, tant comme nombre de calories que comme rapport des quantités des trois principes.

Lorsqu'on pourra porter la quantité de légumes d'ordinaire à 1 kilogramme, la valeur de cette ration s'augmentera de 103,45 × 3,88, soit 400 calories.

Le remplacement du riz par des haricots (60 gr. = 12,45 + 0,92 + 37 + déchet) ne modifie pas sensiblement la puissance énergétique de la ration.

La ration forte ne diffère de celle-ci que par les quantités. Il est donc inutile de reproduire le tableau qui se formerait du précédent par simples proportions. Le résultat final est : 165 grammes d'albuminoïdes, 103 grammes de graisses, 607 grammes d'hydrates de carbone, représentant 3.835 calories (et 4.235 avec 1 kilogramme de pommes de terre).

La ration forte correspond donc assez sensiblement au travail et aux fatigues d'une campagne.

Vivres de réserve. — On a fait ressortir plus haut la nécessité pour le soldat d'avoir toujours avec lui, ou auprès de lui, dans son sac ou son paquetage, ou sur une voiture spéciale le suivant partout, une certaine avance de vivres pour le cas où toute ressource des convois régimentaires ou administratifs viendrait à faire défaut.

La quantité et la nature des vivres ainsi emportés par chaque soldat varient suivant qu'il appartient à la cavalerie ou aux autres armes. (Voir 2e partie, chap. I.) Mais l'unité de chaque aliment au moyen de laquelle se comptent les vivres de réserve est une certaine quantité de cette denrée, qu'on appelle le *taux des vivres de réserve*. La ration de réserve de pain de guerre, par exemple, ou la ration de pain de guerre au taux de vivres de réserve, est de 300 grammes. La ration de réserve est comme un troisième type de quotité d'allocation journalière.

Le taux de réserve est alors, pour les denrées qui suivent :

Pain de guerre (1/2 ration ordinaire)........	300	grammes.
Viande de conserve (1 ration forte)..........	300	—
Potage salé (1 ration)........................	50	—
Café en tablettes (une ration forte et demie)..	36	—
Sucre (2 rations fortes et demie)............	80	—

On y joint toujours une ration d'eau-de-vie, un seizième de litre.

C'est là ce qui constitue toute la nourriture de l'homme, le jour où il mange ses vivres de réserve.

On admet aujourd'hui que, en dehors de quelques cas accidentels et localisés à une ou deux unités, le manque général de vivres risquera surtout de se produire au cours des longues batailles prévues pour les guerres de demain, et pendant les opérations, poursuites ou retraites, qui les suivront immédiatement.

La consommation des vivres de réserve a donc beaucoup de chances de coïncider avec une période de fatigues exceptionnelles.

Il semblerait donc logique que leur ration fût constituée de façon à représenter une grande puissance énergétique.

Evaluons donc cette dernière pour la ration de vivres de réserve :

ALIMENTS.	POIDS.	ALBUMINOÏDES.	GRAISSES.	HYDRATES DE CARBONE.
	gr.	gr.	gr.	gr.
Pain de guerre.........	300	31,08	0,30	230,07
Viande de conserve....	300	82,80	26,17	»
Potage salé............	50	8,27	10,32	22,66
Café....... ..(mémoire)	»	»	»	»
Sucre..................	80	»	»	80
TOTAUX..................		122,15	36,79	332,73
Produits par les coefficients.........		450	309	1291
TOTAL GÉNÉRAL..........		2.050 calories.		

La ration de réserve est donc très inférieure à la simple ration d'entretien de l'homme au repos !

L'eau-de-vie qui la complète renferme 22 gr. 22 d'alcool pur. L'alcool brûle avec un dégagement de chaleur supérieur à celui des autres matières hydrocarbonées, et son potentiel énergétique est 7,184. La ration d'eau-de-vie apporte donc 160 calories à ce total infime.

Les motifs qui ont présidé à l'élaboration de la ration de réserve ne sont pas très nets, mais il est permis de craindre que la considération d'allègement de la charge du soldat et de celle du cheval ne l'aient emporté sur les nécessités alimentaires, pourtant certaines.

On compte évidemment sur l'activité nerveuse que procurera une forte dose de café, jointe à l'alcool. Mais ce ne sera jamais là qu'une excitation passagère, qui ne résistera pas à une fatigue prolongée (1).

Les aliments qui composent cette ration sont tout prêts à être consommés, et n'exigent qu'une préparation des plus simples. La présence du potage salé a été discutée, précisément à cause de la

(1) Le taux du sucre, 80 grammes, se justifie ainsi : une ration forte et demie, 48 grammes, pour sucrer la ration forte et demie de café correspondante; plus une ration forte, 32 grammes, à titre alimentaire. Mais cette ration supplémentaire n'apporte que 124 calories, et ne saurait remplacer 300 grammes de pain de guerre.

Les Japonais ont fait un grand usage du sucre pendant la guerre de Mandchourie, pour atténuer les effets du froid. Pendant la nuit, les sentinelles isolées recevaient, paraît-il, quelques morceaux de sucre à titre d'aliment thermogène, et aussi « pour se tenir éveillées en les grignotant ».

préparation qu'il exige. Il ne faut pas oublier, toutefois, qu'elle ne demande que de l'eau et du feu, comme celle du café, et qu'elle est à peu près aussi rapide que cette dernière. Partout où l'on pourra faire du café, on pourra également faire une soupe à la purée, aliment cher aux Français, et qui, suivant l'expression populaire, « tient bien le corps ».

Il existe d'autres types de rations, pour les *vivres de chemin de fer*, ou les *vivres de débarquement*, utilisés pendant les transports de concentration des armées, et pendant les deux jours qui suivent ces transports. Leur connaissance n'a guère d'intérêt que pour la prévision et la constitution des approvisionnements de mobilisation. Il en sera question plus loin (2e partie, chapitre X).

2° Fourrages.

L'instruction sur l'alimentation en campagne divise les chevaux, sous le rapport des allocations, en trois classes, suivant le service qu'ils font et aussi suivant leur taille. Encore plus que pour les vivres, le taux de la ration n'a rien d'absolu et varie suivant les ressources de la région traversée.

En principe, cette ration comprend du foin, de la paille, de l'avoine. Sa valeur moyenne, lorsqu'on calcule des approvisionnements en bloc, pour une grande unité, est de 3 kilos de foin, 2 de paille, 5,500 d'avoine. La ration des chevaux des fonctionnaires de l'intendance (3e catégorie) est de 2 k. 500 de foin, 2 de paille, 5 d'avoine. Elle paraît assez singulièrement fixée. Ces chevaux ne sont pas, en général, de petite taille, et on s'accorde à leur reconnaître l'obligation d'un travail considérable en campagne. Chose curieuse, leur ration du temps de paix est très supérieure.

Mais, bien que ces dispositions ne soient pas implicitement abrogées, une circulaire du 25 juillet 1912 a créé aux divers corps de troupe et officiers l'obligation d'appliquer aux rations de fourrages les taux d'un tarif du 12 octobre 1887, en attendant l'époque où un dernier tarif, du 4 août 1894, pourra être appliqué à tous les chevaux de l'armée.

Le tarif de 1887 accorde, pour le temps de guerre, des rations par catégorie sensiblement différentes de celles qu'on trouve au tarif de l'instruction sur l'alimentation en campagne (dit : tarif de

1887 modifié). En particulier, il n'accorde pas de paille, et la ration de foin est supérieure. Au moins la nourriture des chevaux d'officiers, basée sur leur arme d'origine, y est-elle rationnelle, la taille de l'animal en étant ainsi le facteur principal.

Le tarif de 1894 ne comprend aussi, pour la ration de campagne, que de l'avoine et du foin. Mais il présente une particularité intéressante : il admet deux espèces de rations d'avoine : la ration *minima*, portée par les convois ou les trains, et qu'on distribue lorsqu'on est obligé de prendre toute l'avoine sur ces convois, et la ration *normale*, perçue sur l'ordre du commandement lorsque les ressources locales en fourniront la possibilité. Les catégories sont au nombre de quatre pour les chevaux (plus une pour les mulets). Les rations de foin y varient de 3 à 4 kilos, et les rations d'avoine de 5 kilos à 5 k. 900 (rations minima), de 5 k. 350 à 6 k. 650 (rations normales).

Les motifs qui font attribuer à un même cheval des rations assez différentes, au hasard de l'application de tel ou tel tarif, sans que le travail de l'animal intervienne, sont assez complexes. Le tarif de 1894, que des raisons budgétaires empêchent de faire entrer complètement dans la pratique, paraît être le plus logique et le mieux étudié de tous.

Des tarifs de substitutions très larges permettent de faire varier l'alimentation des chevaux suivant la nature des ressources que présentent les pays occupés.

Le seigle, le blé (qui, très nourrissant, n'est pas sans inconvénients pour la santé générale des chevaux), le maïs, le sarrazin, les fèveroles, les gerbes non battues, les carottes; le trèfle, le sainfoin, la luzerne, la paille, sont les denrées ordinaires par lesquelles on peut remplacer, en proportion variable, l'avoine et le foin, qui forment le fond de la nourriture du cheval.

Il est alloué aux officiers autant de rations de fourrages qu'ils détiennent de chevaux, jusqu'à concurrence du nombre prévu par les tableaux d'effectifs de guerre.

Il est établi pour les chevaux aussi une *ration de réserve*. Elle est composée uniquement d'avoine aux taux uniformes de 2 kilos par cheval dans la cavalerie (y compris les éléments des divisions de cavalerie), et 5 k. 500 pour les autres armes. La ration de 2 kilos ne représente évidemment qu'un repas. Une ration diminuée est également donnée aux animaux pendant les transports en chemin de fer.

3° Combustibles. — Paille de couchage.

L'instruction sur l'alimentation en campagne prévoit également des taux de rations de combustibles et de paille de couchage.

Quand les troupes sont logées ou cantonnées, elles ont droit au feu et à la chandelle, aux termes de la loi du 3 juillet 1877; il faut entendre par là que l'habitant doit assurer, outre l'éclairage commun, la fourniture du combustible pour la cuisson des aliments. Si la fourniture du combustible est demandée à la municipalité, il y aura lieu d'appliquer les taux réglementaires; il en sera de même si on veut alléger la charge des habitants en achetant le combustible.

La paille de couchage, généralement fournie à titre gracieux, peut être allouée par le commandement et achetée dans des circonstances analogues.

De toute façon, les troupes bivouaquées ont droit (en plus d'une ration de liquides) à une ration de combustible pour la cuisson des aliments, à une seconde ration pour le chauffage (en hiver) et à une demi-ration de paille de couchage.

4° Tabac.

« N'oubliez jamais, recommandait le général de Brack à ses cavaliers, d'emporter un bonnet de coton et une bonne pipe. La pipe attache le cavalier à son service et le lui rend moins pénible. Elle endort, elle use l'inutilité du temps et de la pensée, et retient l'homme au bivouac, près de son cheval. »

La fourniture des pipes n'est pas prévue, mais celle du tabac l'est soigneusement, et les manufactures de l'Etat en expédieront aux stations-magasins des quantités calculées sur le taux journalier de 20 grammes de tabac caporal par officier (quel que soit le grade) et 15 grammes de tabac de cantine par homme (pas tout à fait même, car il n'est perçu qu'un paquet de 100 grammes pour sept rations).

La distribution du tabac est faite, comme celle des denrées, par les officiers d'administration des subsistances, avec l'intermédiaire des officiers d'approvisionnement.

5° Modifications des allocations.

Substitutions. — Pour les vivres comme pour les fourrages, on usera largement en campagne des substitutions, tant pour se plier aux nécessités des cultures locales que pour varier l'alimentation.

Le droit de prescrire des substitutions, accordé à tous les généraux de division, est étendu, quand on tire les ressources du pays, à tout officier chef de corps ou de détachement. Les bases d'après lesquelles sont opérées ces substitutions sont données par les instructions ministérielles sur l'alimentation en campagne et sur le service de l'approvisionnement. On les trouve dans tous les aide-mémoire. Elles ne sont, d'ailleurs, ni obligatoires ni limitatives.

C'est ainsi que l'on peut remplacer la ration forte de viande de bœuf (0 kgr. 500) par :

0 kgr. 500 de veau, mouton, porc, lapin, *cheval;*
0 kgr. 300 de lard;
0 kgr. 250 de fromage sec (Gruyère, Hollande, etc.),
Etc.

Pour les chevaux, la ration d'avoine pourra être remplacée par un poids égal de maïs, d'orge, de seigle; la ration complète de fourrages par 12 kgr. de gerbes de céréales non battues, etc.

Suppléments extraordinaires. — Déjà chargés de prononcer le passage de la ration normale à la ration forte, les généraux commandant les armées et, à charge d'en rendre compte, les généraux commandant les corps d'armée ou des troupes opérant isolément, peuvent encore ordonner la distribution de suppléments extraordinaires de rations s'ajoutant, soit à la ration forte, soit à la ration normale.

Le caractère accidentel de ces suppléments est consacré par ce fait qu'ils ne peuvent être alloués que pour un seul jour, sauf à être renouvelés.

Les officiers y ont droit comme les hommes de troupe, proportionnellement au nombre de rations qui leur sont allouées.

On peut allouer ainsi des rations de liquides (1/4 de litre de vin, 1/2 litre de bière ou de cidre, 1/16 d'eau-de-vie). On peut allouer aussi, par exemple : 1/3 de la ration de pain, 1/5 de la ration de viande, 1/2, 1/3 ou 1/4 de la ration forte ou normale, en sus de la ration du jour.

Chaque nuit passée au bivouac ouvre, *ipso facto*, le droit à une ration de liquide.

Bien que d'une valeur alibile à peu près nulle, les liquides sont précieux par le « coup de fouet » que leur alcool donne à l'organisme. Ils provoquent pendant quelques instants une force, factice peut-être, mais qui n'en est pas moins utile en augmentant l'effort possible. Ils aident également à supporter les privations et facilitent le maintien en bonne santé des troupes soumises au froid ou à l'humidité. Le vin trouvé en France a pour ainsi dire sauvé les corps allemands qui faisaient le siège de Metz, en 1870, dans des conditions climatériques et hygiéniques déplorables.

L'armée investie elle-même ne trouva quelque réconfort que dans le vin et l'eau-de-vie, qui durèrent jusqu'au dernier moment. On donnait aux hommes, à défaut de vivres, une petite indemnité en argent, avec laquelle ils pouvaient s'acheter un peu de vin en ville.

Les ordres qui accordent des changements de rations ou des suppléments doivent préciser les corps ou détachements auxquels ils s'appliquent. Ils sont toujours notifiés aux fonctionnaires de l'intendance, qui en tiennent enregistrement; car, modifiant les droits des corps aux perceptions en nature, ils forment une des bases de la vérification de la comptabilité en campagne. (Voir 3e partie.)

Les suppléments ne s'appliquent pas seulement aux hommes, mais aussi aux chevaux dont la ration d'avoine est insuffisante pour les périodes de grandes fatigues. Dans les marches forcées de cavalerie, si on demande, par exemple, aux chevaux 75 kilomètres dans un jour, il faudra forcer à 8 ou 10 kilogrammes leur ration d'avoine.

« Pour les chevaux, comme pour les hommes, a dit le général Lewal, il faut poser une règle : marche forcée, ration doublée. Ils peuvent marcher avec moins, mais ils dépérissent promptement, et les effectifs diminuent. »

Indemnité représentative. — On peut encore subvenir aux besoins des hommes de troupes en leur allouant une indemnité en argent, au moyen de laquelle ils se procurent des vivres. Cela suppose que les ressources locales sont abondantes et que l'indemnité n'est allouée qu'à des effectifs restreints. Ce procédé de subsistance n'a pour lui que sa commodité. Le titulaire de l'indemnité peut être tenté d'opérer des substitutions fâcheuses, par exemple, de remplacer le solide par le liquide; d'autre part, il peut être exposé à des exigences qui l'empêchent de s'alimenter convenablement. Aussi devra-t-on, de préférence, donner aux hommes des bons de demi-journée de nourriture et, de toute façon, réserver l'allocation de l'indemnité représentative à des isolés (plantons, télégraphistes, vélocipédistes, etc.).

Le montant de l'indemnité représentative est fixé par le général commandant l'armée, sur la proposition de l'intendant d'armée, en prenant pour base le prix, dans la région traversée, des denrées composant la ration forte ou normale, suivant le cas.

L'indemnité elle-même est accordée par l'ordre du commandant de l'armée ou des autres généraux commandant des divisions ou des troupes opérant isolément, à charge par ceux-ci d'en rendre compte à l'autorité supérieure.

Elle peut être allouée aux officiers, et se calcule alors d'après le nombre de rations auquel ils ont droit.

Prestations à titre remboursable. — La distribution à titre gratuit est la règle en campagne. Mais l'administration de la guerre fournit aux unités aussi bien qu'aux isolés qui en font la demande, et dans les limites du possible, des denrées destinées à améliorer les ordinaires ou les tables d'officiers, lorsque les pays traversés ne présentent pas suffisamment de ressources. Ces perceptions supplémentaires sont payées, par les soins des sous-intendants, à un tarif arrêté par le commandant de l'armée, sur la proposition de l'intendant d'armée.

Tous les moyens possibles sont, en somme, donnés au commandement pour assurer aux troupes et aux chevaux une nourriture abondante et réconfortante, sous la réserve que l'intendance saura en trouver les éléments.

Les tableaux ci-après résument la composition des différentes rations pour l'homme et le cheval.

RATIONS DU SOLDAT.

DENRÉES			RATION de VIVRES de réserve	RATION FORTE	RATION NORMALE
Pain		Pain ordinaire	»	0k,750	0k,750
		ou pain biscuité	»	0 700	0 700
		ou pain de guerre	0k,300	0 600	0 600
Vivres-viande.		Viande fraîche	»	0 500	0 400
		ou viande de conserve assaisonnée	0 300	0 300	0 200
Vivres de campagne.	Petits vivres	Légumes secs ou riz	»	0 100	0 060
		Sel		0 020	0 020
		Sucre	0 080	0 032	0 021
		Café torréfié en tablettes	0 036	»	»
		Café torréfié en grains ou en tablettes	»	0 024	0 016
		ou café vert	»	0 0285	0 019
		Lard (lorsqu'il est distribué de la viande fraîche)	»	0 030	0 030
		Potage salé (chaque fois qu'on distribue de la viande de conserve)	0 050	0 050	0 050
		Eau-de-vie	0l,0625	»	»
	A tout homme bivouaqué ou à titre exceptionnel	Vin	»	0l,25	0l,25
		ou bière	»	0 50	0 50
		ou eau-de-vie	»	0 0625	0 0625

Une ration complète de vivres de réserve, pour un homme, non compris l'eau-de-vie, pèse donc 0 kgr. 766. Une ration forte complète, avec pain biscuité, viande de conserve et potage salé (au lieu de lard), et non compris les liquides, pèse 1 kgr. 226. La ration forte sans viande, avec lard, sans liquide, pèse 0 kgr. 906, et la viande fraîche correspondante 0 kgr. 500.

L'ensemble des petits vivres et du lard pèse 0 kgr. 182.

Ces chiffres sont intéressants à noter pour le calcul du poids des vivres nécessaires aux grandes unités.

RATIONS DES CHEVAUX ET MULETS (RÉSUMÉES)

Tarif du 12 octobre 1887 modifié.

(*Instruction sur l'alimentation en campagne.*)

CATÉGORIES.	FOIN.	PAILLE.	AVOINE.
1re. — Cuirassiers et batteries d'artillerie des divisions de cavalerie	3k,5	2k,25	5k,75
Officiers généraux	2 75	2 »	5 75
2e. — Artillerie de campagne et de forteresse	2 50	2 »	5 75
Dragons, train des équipages, service d'état-major et officiers brevetés, gendarmerie	2 50	2 »	5 50
3e. — Sapeurs-conducteurs du génie	2 50	2 »	5 25
Chasseurs, hussards, infanterie. Chevaux d'officiers, y compris ceux des fonctionnaires de l'intendance et des officiers d'administration	2 50	2 »	5 »
4e. — Mulets	2 50	2 »	4 50

Tarif du 12 octobre 1887 modifié.

(*Circulaire du 25 juillet 1912.*)

CATÉGORIES.	FOIN.	PAILLE.	AVOINE.
1re. — Cuirassiers, artillerie, génie, train des équipages, officiers d'état-major	4k,5	»	5k,75
2e. — Dragons, gendarmerie, infanterie	3 5	»	5 50
3e. — Chasseurs, hussards	3 5	»	5 »
4e. — Mulets	3 5	»	5 »

A l'exception des officiers des états-majors, les chevaux d'officiers perçoivent la ration de l'arme de laquelle ils proviennent, ou dans laquelle ils seraient normalement classés par la commission de remonte.

DEUXIÈME PARTIE

ORGANISATION ET FONCTIONNEMENT DE L'ADMINISTRATION AUX ARMÉES.

CHAPITRE Ier

FORMATIONS ADMINISTRATIVES DES SERVICES DE L'AVANT.

Les divers organes d'alimentation dont dispose une armée ne sont pas affectés séparément aux deux modes dont on a reconnu la coexistence nécessaire ; *exploitation du pays* et *ravitaillement par l'arrière;* ils fonctionnent indifféremment pour l'usage de ces deux procédés. On n'a pas des organes spéciaux pour puiser à l'une ou l'autre source.

Aussi, ces organes sont-ils généralement classés suivant leur position dans l'armée. On distingue les organes de l'*avant* et les organes de l'*arrière*.

I

Distinction de l'avant et de l'arrière. — Corrélation du commandement et de l'administration.

Lorsqu'une armée se met en mouvement, se porte au-devant de l'ennemi, se déplace en tous sens sur son *théâtre d'opérations*, elle ne reste pas « en l'air »; elle ne cesse pas d'être reliée à la patrie, à la région même où elle s'est formée et où se trouvent encore tant d'hommes et de choses nécessaires à son existence et à son action. Elle reste en relations avec ce qu'on appelle sa *base d'opérations*, par toute une série de routes de terre, de fer ou d'eau, qu'on appelle ses *lignes de communication.*

Ces lignes de communication ont une vie propre; elles jouent un rôle des plus actifs dans les opérations militaires. Elles sont le siège de mouvements très importants, réglés par des autorités particulières, éparses sur toute leur longueur.

Tout le territoire qui s'étend autour des lignes de communication depuis la région du territoire national où s'est formée l'armée et qu'on appelle *zone de l'intérieur* porte le nom de *zone de l'arrière.* Cette zone s'arrête aux cantonnements des corps d'armée, et le territoire qu'occupent ceux-ci s'appelle la *zone de l'avant.*

La limite entre la zone de l'arrière et celle de l'intérieur a une grande importance politique. Elle est fixée par un décret au début de la campagne. Elle peut être déplacée et reportée de plus en plus loin, à mesure que les armées s'éloignent. En deçà de cette limite, dans la zone de l'intérieur, le pouvoir reste entre les mains du ministre de la guerre, comme en temps de paix; au delà, dans les zones de l'arrière et de l'avant, dont l'ensemble constitue la *zone des armées*, toute l'autorité est exercée par le commandant des armées. La limite entre les zones de l'arrière et de l'avant se déplace chaque jour, suivant la marche des troupes.

La zone des armées est divisée en longues bandes affectées respectivement à chacune des armées en opérations. La zone de l'avant de chaque armée est elle-même divisée en autant de commandements qu'il y a de corps d'armée, alors que la zone de l'arrière reste indivise sous l'autorité du commandant de l'armée, secondé par son directeur des étapes et des services, et prend le nom de *zone des étapes* de cette armée.

La zone de l'arrière d'un groupe d'armées est placée sous l'autorité supérieure d'un *directeur de l'arrière* (1).

La division du territoire, son partage entre les diverses autorités, peuvent donc se représenter par le schéma suivant :

---

(1) Les zones d'étapes des différentes armées ne s'étendent pas forcément jusqu'à la zone de l'intérieur. Ce sont là détails d'organisation qui seront repris plus loin.

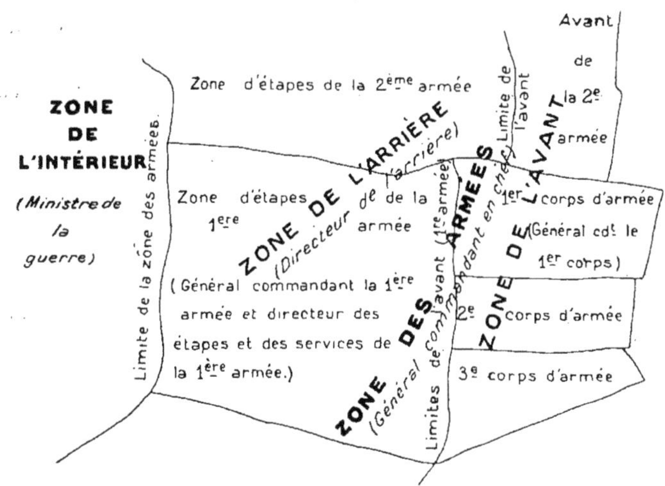

L'organisation du commandement dans ces différentes régions, examinée d'abord seulement en ce qui touche à l'avant, est la suivante :

Le groupe d'armées, qui opère isolément, sur un théâtre d'opérations donné, est commandé par le *général commandant en chef les armées*. L'armée est commandée par le *général commandant l'armée*.

L'état-major d'un groupe d'armées porte le nom d'*état-major général;* son chef, officier général, est le *major général des armées*, et il est assisté d'*aides-majors généraux* qui sont également des officiers généraux.

L'état-major d'une armée est l'*état-major d'armée;* son chef, officier général, est le *chef d'état-major d'armée*.

Le corps d'armée est commandé par un *général commandant le corps d'armée*, assisté d'un *état-major de corps d'armée*, avec un *chef d'état-major*, qui est un colonel, ou, exceptionnellement, un général de brigade.

Un état-major analogue se trouve auprès du *directeur des étapes et des services d'une armée*, qui a d'ailleurs rang de commandant de corps d'armée.

La division d'infanterie ou de cavalerie est commandée par un *général commandant la division*. Elle possède un *état-major* assez restreint, avec un *chef d'état-major*, du grade de chef de bataillon ou d'escadron.

Outre les états-majors, les généraux énumérés ci-dessus ont auprès d'eux les différents chefs des services de leurs unités avec leurs bureaux, et un personnel troupe spécial : secrétaires, conducteurs de fourgons, estafettes, escortes, etc. Joints aux chevaux et au matériel correspondant, ces personnels forment un groupe indépendant qu'on appelle le *quartier général* de l'unité au chef de laquelle il est attribué.

Le quartier général d'un groupe d'armées s'appelle le *grand quartier général des armées.*

Tous les quartiers généraux renferment des fonctionnaires de l'intendance.

Les généraux commandant les brigades d'infanterie ou de cavalerie n'ont pas d'état-major proprement dit, et encore moins de quartier général. L'ensemble du général, de son ou ses officiers d'état-major (qu'on avait appelés jusqu'à ces derniers temps officiers d'ordonnance), de ses secrétaires, forme ce qu'on appelle l'*état-major de la brigade*, au même titre que le colonel d'un régiment et le personnel non encadré dans les bataillons forment l'état-major du régiment.

Toutefois, le général commandant l'artillerie d'un corps d'armée est accompagné d'un *état-major de l'artillerie du corps d'armée*, composé, en général, d'un chef d'escadron, *chef d'état-major de l'artillerie du corps d'armée*, d'un capitaine adjoint, d'un officier d'ordonnance s'il y a lieu, d'un officier d'administration, de secrétaires.

Il existe de même un *état-major du génie du corps d'armée.*

L'administration des armées est organisée parallèlement à leur commandement. Il ne peut pas en être autrement, puisque chaque commandant de troupes est chef responsable de l'administration de son unité. Toutefois, l'administration d'ensemble ne s'étend pas au *groupe d'armées :* elle est centralisée *par armée.*

Chaque commandant d'armée reçoit, au moment de la création des armées, une *commission temporaire* du Président de la République, chef des forces militaires de la France, aux termes de notre constitution. Il reçoit également une *délégation des pouvoirs administratifs* que le ministre de la guerre tient en propre de la loi du 16 mars 1882. Il assure la satisfaction de tous les besoins de cette armée au moyen de crédits délégués en bloc à l'intendant de l'armée, et par l'intermédiaire des différents *services.*

Le général commandant l'armée — on l'a déjà dit — est assisté, dans l'administration de son armée, par un général de division qui relève directement de lui dans les mêmes conditions que les commandants de corps d'armée, et qui exerce, dit la loi, « la haute surveillance et la direction d'ensemble » de tous les services de l'armée. Cet officier général prend le titre de *directeur des étapes et des services de l'armée.* Il est responsable vis-à-vis du commandant de l'armée. Il a autorité sur les chefs supérieurs du service de l'armée. Ceux-ci exercent, sous cette autorité, la surveillance et l'inspection technique des services dans les corps d'armée.

Les services de l'avant sont donc, comme en temps de paix, *organisés par corps d'armée;* mais, à la mobilisation, ils s'augmentent du personnel spécial nécessaire à l'armée, de sorte que, finalement, dans cette dernière unité, les services se trouvent tous divisés en deux échelons : un échelon de l'avant, opérant au milieu des troupes, et laissé à la disposition immédiate des commandants de corps d'armée, et un échelon de l'arrière, ou échelon des étapes, constituant un seul et unique faisceau pour toute l'armée, et placé plus spécialement sous la direction spéciale du directeur des étapes et des services. Ce dernier ne se désintéressera cependant pas des échelons de l'avant, mais son intervention y sera moins fréquente. Pour les services de l'avant de l'artillerie, du génie et de la télégraphie, il n'interviendra même nullement (1).

Au-dessous du directeur des étapes et des services se trouvent les chefs de services. Ceux-ci peuvent exercer leur action directrice sur les deux échelons de leur service; ils portent alors le titre de *chefs supérieurs du service.* C'est le cas des services de l'intendance et de santé. Ceux dont l'autorité ne s'étend qu'aux échelons de l'arrière sont simplement *chefs des services des étapes* lorsqu'ils n'ont point qualité d'ordonnateurs ou lorsqu'ils sont sous les ordres d'un chef supérieur (1re catégorie : chef du service de la télégraphie des étapes; 2e catégorie : chef du service de l'intendance des étapes,

---

(1) La haute surveillance des services de l'artillerie et du génie de l'avant est exercée directement par le commandant de l'armée. Le service de la télégraphie militaire de première ligne fonctionne sous l'autorité directe du chef d'état-major de l'armée.

Le décret portant organisation des services de l'arrière aux armées (25 mars 1908) dispose (art. 17) que le directeur des étapes et des services doit maintenir la liaison entre les services des étapes et les services qui marchent avec les troupes d'opérations, et qu'il adresse aux directeurs et chefs de services des corps d'armée les instructions techniques concernant leurs services.

chef du service de santé des étapes); lorsqu'ils sont ordonnateurs et n'ont pas d'intermédiaires entre eux et le D. E. S. (1), ils sont *directeurs des services des étapes* (exemple : directeur de l'artillerie ou du génie des étapes. Les chefs supérieurs sont en même temps directeurs de l'intendance ou du service de santé des étapes).

Les échelons de l'avant sont généralement divisés aussi dans le corps d'armée et fonctionnent séparément dans chaque division, sous l'autorité du *directeur du service dans le corps d'armée* (ou *chef du service* s'il n'est point ordonnateur).

On peut enfin organiser un service, avec un chef spécial, dans les unités inférieures destinées à opérer isolément.

Cette organisation d'ensemble ne doit jamais être perdue de vue dans l'étude des détails qui va suivre. Elle peut se représenter par le tableau suivant :

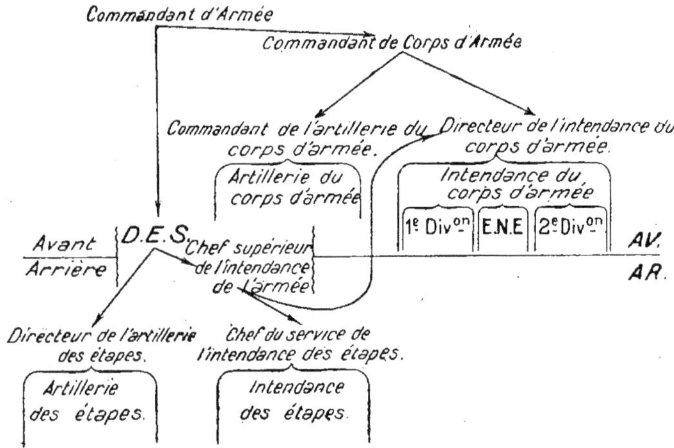

Tableau schématique de l'organisation des services d'une armée.
(Type intendance et type artillerie.)

Le *directeur de l'arrière*, sans intervenir dans l'administration directe de chaque armée, exerce une action de coordination des services de ces armées, répartissant entre elles les approvisionnements dont il dispose, affectant à leurs transports telle ou telle ligne de chemins de fer, etc. (V. chap. III). Il assume la haute direction des services dans la partie de la zone de l'arrière que l'éloignement des armées fait soustraire à l'autorité des D. E. S. (V. tableau de la page 248).

(1) D. E. S. : abréviation usuelle pour désigner le directeur (ou la direction) des étapes et des services.

Organes. — Pour assurer leur fonctionnement, les services disposent de ce qu'on appelle des *organes.*

Les organes sont des unités administratives d'importance variable, des *formations* spéciales, comprenant un *personnel*, un *matériel* et, en général, des denrées, des approvisionnements — ce qu'on appelle des *ressources* — et auxquelles un but déterminé est assigné. Un parc de bétail, par exemple, est un organe de l'intendance, formé d'un personnel de bouchers, de matériel d'abat et d'un certain nombre d'animaux de boucherie. Une ambulance est un organe du service de santé, etc. On va étudier les organes du service de l'intendance, en commençant par ceux de l'avant.

Pour se rendre un compte exact du fonctionnement de ces divers organes, et de celui de l'ensemble du service, il faut d'abord bien connaître tous les éléments qui les composent, les personnels, avec leur hiérarchie et leurs attributions, les matériels et les ressources qui les accompagnent.

Il faut donc procéder à une énumération, qui, vu la complexité et la multiplicité des services de l'intendance, ne laissera pas d'être un peu longue.

Elle paraîtra peut-être parfois un peu fastidieuse... Ce défaut est bien difficile à éviter, si on veut être complet, d'abord. De plus, il est impossible de séparer absolument ces diverses rubriques : une énumération de personnels, par exemple, ne sera claire que si on caractérise tout de suite chaque autorité par ses fonctions principales, ce qui ne saurait dispenser de revenir plus tard sur les attributions détaillées, réglementaires, dont la connaissance est indispensable à ceux qui doivent les appliquer. De là, des empiétements, des renvois fréquents, et des redites inévitables. Les inconvénients de celles-ci sont, du reste, atténués par l'avantage de la répétition qui grave mieux les faits dans l'esprit.

Si imparfait qu'en soit donc l'exposé, ce n'est qu'à la fin de cette longue série de détails, parfois arides, et au milieu desquels on peut perdre accidentellement la liaison des idées, qu'on pourra atteindre enfin le but de cette seconde partie, qui est la vision sûre et nette du fonctionnement d'ensemble du service de l'alimentation dans les armées en campagne.

Nous procéderons en examinant successivement pour *l'avant* et pour *l'arrière* des armées quels sont les personnels qui interviennent dans l'administration; quels organes ils ont à commander, de quelles ressources ils disposent; enfin, quelles sont leurs fonctions détaillées, les limites de leurs pouvoirs et de leurs devoirs.

Ces énumérations seront accompagnées parfois de considérations sur le rôle de tel ou tel organe et les meilleures conditions de son emploi, points sur lesquels il sera, en général, revenu dans d'autres chapitres, desquels doit ressortir plus particulièrement le fonctionnement des services d'alimentation ou du ravitaillement.

En ce qui concerne *l'arrière*, il y aura lieu, en outre, de s'étendre un peu longuement sur l'organisation générale, parce que le milieu dans lequel l'intendance vient se placer et agir est généralement moins bien connu que l'avant, c'est-à-dire les formations de troupes dans lesquelles ont vécu la plupart des militaires.

II

Personnels et organes de l'avant du service de l'intendance d'une armée.

1° Armée.

L'intendant de l'armée est du grade d'intendant général ou d'intendant militaire. Il est assisté d'un faible personnel, seulement d'un sous-intendant, son adjoint personnel, d'un officier d'administration des bureaux et de quelques commis. C'est ce petit groupe qui forme ce qu'on appelle proprement l'*intendance de l'armée* et qui s'occupe aussi bien des affaires de l'arrière que de celles de l'avant. En revanche, un certain personnel est affecté spécialement aux affaires de l'arrière. Nous le retrouverons plus loin.

2° Corps d'armée.

A la tête des organes du corps d'armée se trouve l'*intendant du corps d'armée*. Celui-ci n'est autre que le directeur du service de l'intendance du corps d'armée en temps de paix.

Il a auprès de lui un sous-intendant de 1re classe et deux fonctionnaires du cadre auxiliaire, plus trois ou quatre officiers d'administration des bureaux, et des commis aux écritures. Tout ce personnel constitue l'*intendance du corps d'armée* ou *direction de l'intendance du corps d'armée*.

Le sous-intendant du cadre actif est appelé à seconder et, au besoin, à suppléer l'intendant. Il est chargé, en outre, de l'administration et de l'alimentation du quartier général du corps d'armée et de celles d'une partie des éléments non endivisionnés (cavalerie (1), artillerie et génie de corps et, s'il y a lieu, troupes d'infanterie ne faisant pas partie des divisions — brigade indépendante, bataillons de chasseurs à pied — et train de combat du corps d'armée, de composition variable, mais constitué en général par l'équipage de pont, une ou plusieurs ambulances, avec des groupes de brancardiers, quelques sections de munitions). On le nomme *sous-intendant du quartier général*, et l'ensemble des éléments qu'il est chargé d'administrer porte le nom de *premier groupe des éléments non endivisionnés*.

Ce premier groupe n'est, du reste, pas constitué de façon permanente : il peut varier de composition suivant les ordres du commandant de corps d'armée.

Un officier d'administration des subsistances est officier d'approvisionnement du quartier général et en commande le train régimentaire.

L'intendant du corps d'armée dispose, pour concourir à l'alimentation du corps d'armée, des organes suivants :

Un *troupeau de bétail*, formant une gestion confiée à un officier d'administration qui a sous ses ordres une centaine d'hommes, gradés ou ouvriers d'administration.

Un *convoi administratif*, divisé en deux sections (représentant chacune un jour de vivres pour tout le corps d'armée) et dont chaque section forme une gestion séparée, confiée à un officier d'administration des subsistances;

Le troupeau de bétail est sous la direction et le commandement d'un *sous-intendant du troupeau de bétail*, chargé d'assurer la fourniture de la viande fraîche au corps d'armée.

Le convoi est sous la direction et le commandement d'un sous-

(1) La cavalerie du corps d'armée a été fixée à un régiment par la loi des cadres de 1912, sauf pour les 6e et 7e corps d'armée, qui ont conservé une brigade.

intendant chargé aussi de l'administration du reste des éléments non endivisionnés du corps d'armée (*parcs et convois*, ou *deuxième groupe des E. N. E.*) (1). Il porte le titre de *sous-intendant des parcs et convois.*

Enfin une *réserve de commis et ouvriers d'administration de corps d'armée*, à l'effectif d'une trentaine d'hommes, est à la disposition de l'intendant du corps d'armée. Elle marche avec la première section du convoi administratif.

Divisions encadrées. — Auprès du général commandant la division se trouve un sous-intendant chef du service de l'intendance dans la division et qui fait partie du quartier général de la division.

Il est secondé par un adjoint à l'intendance du cadre auxiliaire ou un attaché.

Il dispose :

D'un personnel de bureau : un officier d'administration du cadre actif, un du cadre auxiliaire et des commis (*sous-intendance de la division*);

D'un groupement de personnel spécial, qu'on appelle un *service des subsistances* ou *groupe d'exploitation.*

Le groupe d'exploitation est chargé d'aider les corps de troupe à pratiquer l'exploitation de leurs cantonnements, et au besoin d'assurer l'exploitation du pays occupé par toute la division en vue des besoins communs.

Ce groupe est commandé par un officier d'administration des subsistances militaires. Cet officier est, de plus, gestionnaire des subsistances pour toute la division, c'est-à-dire qu'il prend en charge, pour en rendre compte, toutes les denrées achetées ou acquises de façon quelconque, par lui ou par d'autres, dans la division. Il dispose d'une vingtaine d'hommes, dont deux sous-officiers.

Le service d'approvisionnement du quartier général est confié à un officier d'administration du cadre auxiliaire.

Eléments non endivisionnés. — Les E.N.E. forment comme une unité administrative, dont les moyens d'action sont les mêmes que ceux de la division.

---

(1) Abréviation usuelle pour désigner les éléments non endivisionnés.

Le groupe d'exploitation des E.N.E. est sous les ordres du sous-intendant des parcs et convois; mais, si les circonstances l'exigent, l'intendant du corps d'armée peut prescrire son passage en tout ou en partie, à la disposition du sous-intendant du quartier général.

3° Divisions isolées.

Les formations isolées possèdent une organisation administrative voisine de celle des formations de même importance encadrées.

Division de cavalerie. — Il existe, au quartier général d'une division de cavalerie, un sous-intendant assisté d'un adjoint ou attaché du cadre auxiliaire et qui dispose :

D'un personnel de bureau (2 officiers d'administration et des commis) formant avec lui la *sous-intendance de la division;*

D'un service des subsistances analogue à celui de la division encadrée.

Un officier d'administration des subsistances remplit les fonctions d'officier d'approvisionnement du quartier général de la division.

Il peut être constitué, avec les régiments de cavalerie de corps d'armée, des brigades ou divisions provisoires de cavalerie, dont les services administratifs sont organisés d'une façon analogue à ceux de la division indépendante, par prélèvement sur les personnels disponibles.

La division de cavalerie n'a pas de convoi administratif propre.

Division d'infanterie isolée ou détachement des trois armes. — La division d'infanterie isolée, active ou de réserve, possède une sous-intendance organisée comme celle de la division encadrée. Comme moyens d'action, le sous-intendant dispose d'un service des subsistances, d'un troupeau de bétail, et, en général, d'un convoi administratif, portant deux jours de vivres pour la division, le tout formant une gestion unique. Eventuellement, c'est-à-dire pour une division entièrement isolée, ne faisant pas partie d'une armée, on adjoindra à ces éléments deux autres sections de CV.AD. (1)

(1) Abréviation usuelle pour désigner le convoi administratif.

ainsi qu'une ou deux sections de *boulangerie de campagne*, formant une gestion distincte. (La boulangerie de campagne est un organe qui n'appartient pas normalement aux corps d'armée et dont la place et l'emploi seront indiqués plus loin.)

Cet excès de ressources dans la division isolée se justifie par ce fait que son isolement même la prive des approvisionnements attribués au corps d'armée, et, le cas échéant, des ressources supplémentaires que l'armée peut mettre à la disposition du corps d'armée, ou employer à son ravitaillement, et que nous étudierons plus tard.

Les brigades d'infanterie sont dotées d'un personnel et de ressources constituées sur ce même type lorsqu'elles opèrent isolément, avec une mission déterminée. On leur adjoint alors, en général, des troupes des autres armes, et elles prennent le nom de *brigades mixtes*, ou de *détachements des trois armes.*

La brigade d'infanterie peut encore être isolée dans le corps d'armée, être jointe à cette unité sans faire partie d'aucune division. Elle est alors purement et simplement rattachée aux E. N. E., ainsi qu'il a été dit plus haut, et n'a pas d'organes administratifs propres.

Groupe de divisions de réserve. — Les divisions de réserve, groupées en dehors des corps d'armée, peuvent former de grandes unités auxquelles on donne une organisation administrative d'ensemble, dirigée par un sous-intendant, et des organes d'alimentation propre, parc de bétail, CV.AD., et boulangerie de campagne.

4° Quartiers généraux des grandes formations.

Le quartier général de corps d'armée est administré par le sous-intendant adjoint à l'intendant de corps d'armée, mais les quartiers généraux des plus grandes formations renferment un personnel administratif qui leur est exclusivement attribué.

Grand quartier général des armées. — On y trouve un sous-intendant, avec un officier d'administration des bureaux et deux des subsistances, officiers d'approvisionnement du grand quartier général.

Pour ne plus revenir sur cette formation, disons tout de suite qu'elle possède un train régimentaire et que tous les militaires y portent deux jours de vivres de réserve. Il n'y a pas d'autres approvisionnements d'avance. L'effectif est assez élevé, mais tout ce personnel séjournera en général dans des villes ou des villages de quelque importance, où les ressources ne manqueront pas.

Des voitures automobiles en assez grand nombre y facilitent d'ailleurs la recherche des denrées, ainsi que le ravitaillement éventuel de l'unité à l'arrière.

Quartier général d'armée. — Le quartier général d'armée est divisé en deux échelons, qui peuvent d'ailleurs, éventuellement, marcher ensemble et cantonner dans les mêmes localités.

Le premier échelon comprend l'état-major de l'armée, ainsi que les troupes et services particuliers qui lui sont affectés. Un officier d'administration des subsistances est officier d'approvisionnement de ce premier échelon.

Le deuxième échelon est, à proprement parler, la direction des étapes et des services. Il a à sa tête le *directeur des étapes et des services*, assisté d'un état-major. Les chefs supérieurs de services de l'armée et les directeurs ou chefs des services des étapes comptent à ce dernier échelon, y compris l'intendant de l'armée, avec son personnel, sur lequel on reviendra à propos des services de l'arrière. Un autre officier d'administration des subsistances est officier d'approvisionnement de ce second groupe.

Ces deux échelons sont administrés par un même sous-intendant militaire qui remplit, en outre, les fonctions d'adjoint à l'intendant de l'armée et qui compte au second échelon.

Chaque échelon dispose d'un train régimentaire avec 2 jours de vivres, et tout le personnel possède 2 jours de vivres de réserve. On vivra autant que possible sur le pays, dont on n'occupera guère que des centres importants.

Cette division du quartier général d'armée est justifiée par l'importance des effectifs qui le constituent, et qu'il est difficile de mouvoir d'un bloc, d'installer et de faire vivre dans une même localité. Ces états-majors, ces bureaux des services d'armée, occupent un personnel nombreux que viennent alourdir encore les convois et les troupes d'escorte.

L'administration à distance du premier groupe, qui comprend beaucoup d'isolés, sera grandement facilitée par les relations fréquentes et rapides que des voitures automobiles établiront entre les deux échelons.

5° Eléments d'armée.

Une armée comprend, outre des corps d'armée (éventuellement des divisions isolées) et des divisions de cavalerie, certains éléments de première ligne — en tête desquels il faut compter l'artillerie lourde — qui doivent venir prendre part aux combats et se mélanger aux corps d'armée.

Normalement, l'administration de ces éléments, qui n'ont point de commandement spécial ni d'administration particulière, est assurée par les soins du D. E. S., qui provoquera de la part du commandant de l'armée, et sur la proposition de l'intendant d'armée, toutes mesures nécessaires à leur alimentation, leur ravitaillement, etc. Le plus simple sera, en général, de les rattacher à d'autres unités, au quartier général de l'armée, par exemple, lorsque leurs cantonnements et leurs mouvements le permettront. Dès que ces éléments seront parvenus au milieu des troupes d'opération, le général commandant l'armée ordonnera leur rattachement à un corps d'armée, où ils compteront aux E. N. E., ou à une division.

Ces troupes disposent de trains régimentaires.

Pas plus que le quartier général, elles ne possèdent de convoi administratif propre. Mais il est ajouté des vivres pour elles, comme pour le quartier général, au convoi administratif du corps d'armée auquel on les rattache.

Ces éléments d'armée comprennent exactement : le quartier général, l'artillerie lourde (batteries et sections de munitions), les services aéronautique et télégraphique, l'équipage de ponts.

La présence d'un sous-intendant au quartier général fait que ce groupement est souvent considéré comme séparé des éléments d'armée et qu'on lui accorde un ravitaillement propre.

Dire qu'on rattache les éléments d'armée à une autre formation, pour l'administration, ne veut pas dire que cette formation est chargée de leur fournir des vivres sur ses propres ressources. On comprend toujours les vivres nécessaires aux éléments d'armée dans les expéditions de l'arrière. Mais on les envoie au même lieu que ceux qui sont destinés à la formation principale, et c'est le sous-intendant de cette dernière qui s'occupe des éléments rattachés pour tous leurs actes administratifs.

III

Matériels et ressources des organes de l'avant.

L'intendance a ses ressources propres, qui ont été sommairement indiquées dans ce qui précède et dont l'importance va être précisée. Mais ce ne sont pas les seules dont disposent les troupes. On a vu plus haut (première partie) qu'il n'était pas possible à l'intendance d'assurer les distributions *journalières* et que les corps de troupe devaient être constamment munis de quelques avances de vivres. Bien qu'elles soient à la disposition immédiate du commandement, l'intendance ne peut se désintéresser de ces avances, sur lesquelles elle doit exercer une surveillance constante, afin de savoir si elles sont au complet et disponibles, ou non, et s'il y a lieu d'avoir recours à ses propres approvisionnements.

Pour ces motifs, nous examinerons d'abord quelles sont les ressources que les troupes portent elles-mêmes ou emmènent à leur suite dans leurs cantonnements.

1° Ressources des corps de troupe.

a) — Vivres de réserve.

Ces vivres, portés en partie dans le sac de l'homme ou sur le paquetage du cheval et en partie sur des voitures marchant à la suite immédiate des troupes, ne doivent être consommés que lorsque l'ordre en est donné, ou, avec l'autorisation du chef de corps, lorsque tout autre mode d'alimentation fait défaut.

Ils comprennent :

1° Pour les régiments de cavalerie et tous les éléments des divisions de cavalerie :

1 jour de pain de guerre, au taux des vivres de réserve, soit 300 grammes en six galettes;

3 jours de sucre et de café en tablettes, au taux des vivres de réserve, soit 240 et 108 grammes;

1 jour de viande de conserve et de potage salé, au taux des vivres de réserve, soit 300 et 50 grammes.

(En tout : 998 grammes, et 1 kgr. 150 en tenant compte du poids des récipients.)

Plus 1 jour d'eau-de-vie, et 2 kilogrammes d'avoine par cheval.

2° Pour *tous* les autres éléments de l'armée, deux rations de vivres de réserve — c'est-à-dire deux rations de pain de guerre, de viande de conserve, de sucre et café, de potage salé, au taux des vivres de réserve, — mais une ration seulement d'eau-de-vie, et, pour les chevaux, une ration d'avoine.

Le port des vivres de réserve augmenterait donc de 1 kg. 532 la charge moyenne du fantassin; chaque homme porte ses vivres de réserve et rien que les siens, la viande de conserve étant mise en boîtes individuelles de 300 grammes et le potage condensé en paquets de 50 grammes.

Pour diminuer autant que possible — suivant des idées qu'on met lentement en application depuis quelque temps déjà — la charge du soldat, il a été créé une voiture spéciale par compagnie, dite *voiture à vivres et à bagages*, sur laquelle on charge une partie des effets que l'homme portait jusqu'à présent dans son sac, et la moitié de ses vivres de réserve, plus l'eau-de-vie.

Cette voiture marche au train de combat de la compagnie.

Le *train de combat* est un groupe de voitures qui marche toujours avec la formation à laquelle il est affecté, et la suit partout, même au combat; il est destiné à lui fournir les munitions et le matériel nécessaires sur le champ de bataille. Il en reste néanmoins toujours à une petite distance.

Le train de combat d'un régiment d'infanterie comprend une cinquantaine de véhicules : voitures médicales, d'outils, de munitions, d'une part; voiture à viande, voitures à vivres et à bagages, cuisines roulantes, s'il y a lieu, de l'autre. Ces voitures sont réparties suivant les nécessités tactiques entre les diverses unités du régiment. Mais, en principe, elles restent toujours séparées en deux échelons (T.C.1 et T.C.2), le second pouvant être franchement séparé de son corps.

Dans les autres armes, le train de combat, moins important, ne subit pas cette division en deux échelons.

Les grandes unités peuvent se former un train de combat. Celui du corps d'armée comprend un échelon de sections de munitions, des ambulances et, éventuellement, d'autres éléments, tels que : parc du génie, équipage de pont, etc.; il marche habituellement à la queue des troupes, devant l'arrière-garde.

L'avoine est portée soit sur le paquetage du cheval qui doit la consommer, soit sur la voiture qu'il traîne. Quant à l'eau-de-vie, elle n'est évidemment pas répartie. Elle doit donc être portée à proximité immédiate des troupes; elle est placée sur une des voitures du train de combat, à défaut de voiture à vivres et à bagages.

b) — *Vivres du jour.*

L'homme reçoit en général, chaque soir, de son officier d'approvisionnement, les vivres qu'il consommera aux deux repas du lendemain, et qui comprennent les éléments d'une ration forte ou d'une ration normale.

Les vivres supplémentaires, pris aux frais de l'ordinaire, ne sont en général achetés qu'au moment de la préparation des repas.

Par exception, la viande, une fois cuite, est distribuée, aussitôt, pour le repas chaud du soir et le repas froid du lendemain matin. Pour qu'il puisse en être ainsi, il faut qu'elle se trouve au cantonnement dès l'arrivée de la troupe; aussi la distribue-t-on, à l'état cru et en quartiers, dès la veille au soir, ou dès le matin, et lui fait-on suivre, sur un véhicule spécial, qu'on appelle *voiture à viande*, le train de combat. La viande destinée au chargement de ces voitures est livrée abattue, en principe, par le service de l'intendance, exceptionnellement par les soins des officiers d'approvisionnement, qui achètent alors le bétail sur le pays.

La voiture à viande peut porter 1.000 rations fortes de viande, c'est-à-dire ce qui est nécessaire à un bataillon.

Les petites unités n'en possèdent point, et portent leur viande sur une de leurs voitures du train de combat.

Dans chaque corps ou élément comportant des voitures à viande, l'officier d'approvisionnement dispose d'une *série régimentaire* d'outils de boucher, qui prend place dans le coffre d'avant de la voiture, sous le siège du cocher. Cette série régimentaire comporte tout l'outillage nécessaire à l'abat et au découpage d'une bête.

Cette dotation en outils de boucher n'est nullement proportionnée aux effectifs et, par suite, au service à assurer. Dans certains éléments — et c'est le cas des régiments d'infanterie — elle est insuffisante pour assurer le chargement total des trois voitures à viande. Ce point est étudié en détail plus loin (chap. IX).

Les vivres destinés au cheval consistent exclusivement en une ration d'avoine que le cheval porte sur lui ou traîne sur la voiture à laquelle il est attelé.

La cavalerie, comme on va le dire, simplifie le chargement des chevaux par un autre mode de répartition des vivres de la consommation journalière.

Ainsi donc, chaque matin, au départ du cantonnement et indépendamment des vivres du sac, l'homme possède sur lui :

Une ration de pain biscuité........................ 700 gr.
Une demi-ration de viande fraîche, cuite et froide, 100 à 150 —
Une ration de légumes secs, pour faire cuire le soir.... 100 —
Une ration de sel, pour le soir..................... 20 —
Une ration de sucre et café. (Distribuée la veille au soir, elle a été consommée le matin même, avant le départ. Une partie du café fait peut être ajoutée à l'eau du bidon. Une partie peut aussi être conservée en nature pour fournir une boisson chaude, à la grand'halte.)

De plus, une voiture à viande, suivant les troupes au train de combat, porte, pour chaque homme, une ration de viande fraîche, encore en quartiers, destinée à être cuite à l'arrivée au gîte, et consommée le soir même et le lendemain matin. On joindra à cette viande le lard destiné à sa cuisson et à la préparation des légumes le soir même.

Enfin, les chevaux portent, ou traînent, outre leur avoine de réserve, une ration d'avoine pour toute la journée.

L'ensemble de ces denrées constitue les *vivres du jour*.

Cuisines roulantes. — Les cuisines roulantes sont des organes nouveaux dont on s'efforce de doter actuellement toutes les armées européennes.

En principe, une cuisine roulante est affectée à chaque compagnie ou unité correspondante. Elle se compose d'une voiture, traînée par un ou deux chevaux, portant un foyer avec des marmites, et un garde-manger. Ce foyer peut, tout en faisant route, préparer des aliments chauds tels que la soupe et le café, des ragoûts, et les servir, dès l'arrivée à l'étape — tout comme aux grandes haltes — aux troupes, à qui elles évitent ainsi la fatigue de la préparation des repas.

Le type de ces voitures n'est pas encore définitivement établi en France pas plus que la manière de s'en servir. Il semble tout indiqué qu'elles suivent le train de combat, pour être toujours à proximité des troupes, même au courant d'une bataille. Le gros obstacle à la réalisation de ces nouveaux organes consiste dans le surcroît d'attelages qui leur sera nécessaire, et que la réquisition nationale, si chargée déjà, ne donnera peut-être qu'à grand'peine.

On trouvera plus loin (ch. IX) quelques détails sur ces voitures.

Cas de la cavalerie. — Pour éviter de trop charger le cheval de selle, la cavalerie ne reçoit pas de vivres pour toute la journée du lendemain. Les denrées sont distribuées, chaque jour, pour la soirée et pour la matinée du lendemain. Le cavalier emporte donc seulement avec lui ce qui n'a pas été consommé au repas de la veille au soir et avant le départ, c'est-à-dire tout au plus un repas froid. Les chevaux portent une demi-ration d'avoine du jour, à moins qu'ils ne l'aient consommée avant le départ, auquel cas ils n'ont plus rien à manger avant l'arrivée au gîte.

La préparation de chaque repas du soir est donc subordonnée à l'arrivée du train régimentaire, à moins qu'on ne trouve très rapidement, dans les cantonnements, tout ce qui est nécessaire (ce sera particulièrement rare pour le pain). Nous venons de dire que seuls les régiments de cavalerie des corps d'armée possédaient des voitures à viande.

Pour que les chevaux ne souffrent pas trop de l'attente, on leur fait manger, dès l'arrivée au cantonnement, les 2 kilogrammes d'avoine de réserve, portés dans le paquetage. On prélève ensuite une quantité égale d'avoine sur la distribution du soir, pour reconstituer les vivres de réserve.

c) — *Vivres régimentaires.*

Les trains régimentaires (1) comprennent, en principe, un nombre de voitures suffisant pour porter un chargement capable d'assurer simultanément la reconstitution d'une ration de vivres de ré-

(1) Les trains régimentaires se désignent par l'abréviation T. R.

serve, et la distribution des vivres du jour. Dans les *divisions de cavalerie*, ce chargement est réduit à *un jour*, le sucre et le café s'y trouvant néanmoins au taux de la ration de réserve.

Toutes les formations de campagne possèdent des vivres régimentaires, sauf les convois administratifs des corps d'armée ou de l'armée (chap. IV) et les réserves de commis et ouvriers d'administration qui accompagnent les uns et les autres.

On admet que ces unités pourront facilement vivre sur les pays occupés ou, à défaut, sur le convoi administratif. Quelques états-majors ou détachements peuvent se trouver dans le même cas : ils sont alors rattachés par les soins du commandement, journellement ou à titre permanent, à une autre formation chargée d'assurer leur alimentation.

L'approvisionnement des trains régimentaires, qui porte le nom de *vivres régimentaires*, est donc le suivant :

1° Pour tous les éléments du corps d'armée, à l'exception des CV.AD. et des réserves de C.O.A. (1) :

Pain, en général biscuité	2 jours.
Sel	2 —
Lard	2 —
Riz, légumes secs, à la ration forte (1 jour de chaque)	2 —
Conserve (avec potage) à la ration forte	1 —
Café (une ration forte plus une ration de réserve)	2 —
Sucre (une ration forte plus une ration de réserve)	2 —
Eau-de-vie	1 —
Avoine	2 —

2° Pour tous les éléments des divisions de cavalerie :

Pain biscuité	1 jour.
Sel	1 —
Conserve (avec potage), à la ration forte	1 —
Café, à la ration de réserve	1 —
Sucre, à la ration de réserve	1 —
Eau-de-vie	1 —
Avoine	1 —

Il s'agit là du chargement complet, ou chargement de départ. Aussitôt que le service a commencé à fonctionner, une section se vide entre les mains des hommes, son approvisionnement devient

(1) Abréviation usuelle pour représenter les commis et ouvriers d'administration.

vivres du jour, et le train régimentaire ne doit plus compter que pour un jour de vivres.

Il est clair, d'autre part, que si l'alimentation est réduite, s'il est opéré des substitutions, les trains régimentaires ne pourront pas conserver des chargements autres que ceux qu'ils doivent distribuer. De même, s'il est attribué des suppléments, il sera difficile aux T. R. de s'en charger d'avance : la capacité de leurs voitures ne le permettrait pas.

Enfin, les pertes en personnel et en chevaux survenues au cours de la campagne ne doivent pas entraîner l'abandon ni la consommation immédiate des denrées qui se trouveraient ainsi en excédent; on s'efforcera de les conserver en vue de distributions ultérieures.

Bref, en dépit des tableaux réglementaires, le chargement des T. R. variera constamment, et ce n'est que par de fréquents comptes rendus que le sous-intendant pourra être tenu au courant des approvisionnements exacts des corps.

Le *lard*, qui sert surtout à accommoder la viande fraîche, doit être à la portée des cuisiniers aussitôt après l'arrivée à l'étape. Il ne devra donc pas rester sur le train régimentaire, et, comme il ne peut, pas plus que la viande fraîche, être porté par l'homme lui-même, on le chargera en général sur la voiture à viande.

Le nombre de voitures du train régimentaire est variable suivant l'importance de l'unité qu'il dessert, et fixé par des instructions en général confidentielles. Il suffit, pour se rendre compte de l'importance et de l'encombrement de cet organe, de rappeler que la dotation *moyenne* (pour 2 jours de vivres) est : dans l'infanterie, de 1 voiture par compagnie; dans la cavalerie, de 3 par escadron; dans l'artillerie, de 3 par batterie; dans le génie, de 2 par compagnie.

Le nombre de ces voitures est strictement limité : il est indispensable de réagir contre la tendance des corps d'augmenter leurs moyens de transport — par la réquisition, par exemple — ce qui peut allonger les colonnes, créer de l'encombrement et du désordre.

Les voitures des T. R. ne sont évidemment pas constamment pleines. Chaque soir (sauf le cas, rare, où l'on trouve sur le pays des ressources entièrement suffisantes), la distribution est faite par prélèvement sur une partie des voitures, et constitue les vivres du jour du lendemain. Les voitures ainsi vidées devront aller se ravitailler le lendemain, et, ce jour-là, ne rejoindront leur formation que très tard. Pendant ce temps les voitures restantes seront mises à contribution pour la distribution, et se ravitailleront elles-mêmes le jour suivant, et ainsi de suite.

Aussi, pour régulariser cette alternance, en vue d'éviter des déplacements inutiles, le train régimentaire est-il fractionné en trois sections :

La *section de distribution*, comprenant des voitures pleines, qui suivent les troupes, à distance plus ou moins grande, mais qui les rejoignent toujours assez tôt pour assurer la distribution à faire le jour même pour le lendemain;

La *section de ravitaillement*, qui comprend les voitures vidées la veille, et envoyées au ravitaillement, après lequel elles rejoindront leurs corps généralement très tard, peut-être seulement le lendemain, jour où elles deviendront section de distribution

La *section de réserve*, formée des voitures qui portent les denrées n'entrant pas dans la distribution journalière : supplément de sucre et café formant la différence entre le taux de réserve et la ration forte, viande de conserve et potage salé, eau-de-vie. On y joint le tabac destiné à la distribution du jour. La section de réserve marche généralement avec la section de distribution.

Dans certains éléments d'effectif peu important, ce sont des fourgons à bagages qui servent en même temps de fourgons à vivres.

Dans les organes administratifs, le service des subsistances (division ou E. N. E.) possède pour tout train régimentaire un fourgon à vivres et à bagages qui sert aussi à transporter le matériel d'exploitation.

Il est clair que la division en trois sections n'est pas applicable aux T. R. formés d'un aussi petit nombre de voitures. Il en est de même dans les divisions de cavalerie, dont les T. R. ne portent qu'un jour de vivres.

Les officiers d'approvisionnement sont munis de *petits outillages à distribution*, comprenant une balance romaine oscillante (portée : 30 kgr.), quelques outils pour l'ouverture ou la fermeture des caisses clouées ou vissées et des boîtes de conserves, et pour la réparation des sacs, enfin, quelques mesures usuelles. Il y a un de ces matériels par bataillon d'infanterie, escadron de cavalerie ou groupe d'artillerie.

Cet outillage est peu encombrant (il ne pèse pas 5 kgr.). A son défaut, les distributions seront faites au moyen des ustensiles réglementaires de campement, dont les contenances exactes en diverses denrées sont données dans tous les aide-mémoire, et dans l'instruction sur l'approvisionnement. C'est ainsi que la gamelle individuelle d'infanterie contient 1.200 grammes de riz, 1.120 de sel, 1.220 de sucre, 1 litre 1/4 de liquide, etc.

Enfin, il n'est peut-être pas inutile de rappeler que les voitures de bagages se groupent et marchent en général avec la section de réserve des T. R. Dans les quartiers généraux des grandes formations, toutefois, le convoi des bagages est distinct du train régimentaire.

d) — Distribution journalière.

La distribution consiste dans la remise, par les officiers d'approvisionnement, aux unités administratives et aux parties prenantes isolées, des denrées constituant la ration journalière.

Résumons, en quelques mots, ce qui a été exposé, à différentes occasions, au sujet des distributions.

Grâce à l'adoption du principe des vivres du jour, la préparation des repas dès l'arrivée à l'étape n'est subordonnée qu'à la distribution de la viande, qui est précisément portée par la voiture à viande au train de combat, et du combustible généralement fourni par l'habitant. Comme cela a été déjà dit, il sera bon de charger aussi le lard sur cette voiture et de le distribuer en même temps que la viande. Il faudra toujours que la viande qui doit être cuite dès l'arrivée à l'étape ait été distribuée depuis la veille, tout au moins le matin même, et ait suivi les troupes toute la journée au train de combat.

La viande est distribuée chaque soir pour le repas du soir et celui du lendemain matin, qui est formé d'une demi-ration de viande froide conservée dans la gamelle ou l'étui-musette.

Les liquides, quand il en est alloué, le foin, la paille, sont également distribués pour le soir et la matinée du lendemain jusqu'au départ.

Le pain, les petits vivres et l'avoine sont distribués chaque jour pour la journée du lendemain; en général, ils seront prélevés sur le train régimentaire.

Dans la cavalerie, les denrées sont distribuées chaque jour pour la soirée et pour la matinée du lendemain.

Les régiments de cavalerie de corps, outre leurs trains régimentaires portant deux jours de vivres, disposent de voitures à viande. Au contraire, les divisions de cavalerie n'ont de trains régimentaires que pour le transport d'un jour de vivres et pas de voiture à viande.

2° Ressources et matériels des organes administratifs.

a) — Groupes d'exploitation.

Les groupes d'exploitation des divisions d'infanterie ou des éléments non endivisionnés ne possèdent pas de ressources propres autres que celles qu'ils doivent recueillir sur le pays, et qu'ils peuvent, exceptionnellement, conserver parfois avec eux.

Chacun de ces services est doté d'une unique voiture, fourgon à vivres et à bagages, sur laquelle on charge, en outre, les matériels suivants :

Deux *séries de marche*, comprenant des outils divers : limes, marteaux, tenailles, vilebrequin, scie à main, arrache-clous, burins, hachettes; une balance à légumes et une série de poids; des mesures en fer-blanc : décalitre, entonnoirs; mains à ensacher, etc.; en somme, un matériel assez complet pour l'exploitation locale et les ravitaillements;

Deux *petits outillages à distribution*, et quatre *cantines à comptabilité*.

b) — Troupeau de bétail de corps d'armée. [*Ancien parc de bétail* (1).]

(Abréviation : T. B. C. A.)

Cet organe étant chargé de la fourniture journalière de la viande fraîche au corps d'armée possède tous les matériels nécessaires à

(1) Pendant que ce volume était sous presse, l'appellation de *parcs de bétail*, récente pourtant, s'est transformée en celle de *troupeaux de bétail*, « afin d'éviter toute confusion, et de réserver la dénomination de *parc* aux parcs d'artillerie et du génie ».

Il est assez peu question dans ce livre des parcs d'artillerie et du génie l'abat du bétail, c'est-à-dire 15 *séries d'outils de boucher*, et à la conservation et à la garde de ce bétail, c'est-à-dire des *collections pour le marquage du bétail* (boutons d'oreille ou peinture à l'ocre). Il possède, en outre, une tente-boucherie, pour les abats en plein air.

Pour transporter la viande abattue, il est affecté au parc de bétail une *section automobile de ravitaillement en viande fraîche*, c'est-à-dire une quinzaine de voitures à grande capacité, aménagées de façon à transporter chacune 1.800 à 2.000 kilogrammes de viande en quartiers. Cette section, sur laquelle il sera revenu plus loin (chap. IX), forme une unité de transport, commandée et encadrée par un personnel spécial, mais à la disposition du sous-intendant qui règle ses mouvements d'après les ordres du corps d'armée.

Le sous-intendant du parc de bétail, obligé à de fréquents déplacements, reçoit une voiture automobile.

La quantité de bétail qui forme un parc n'est pas déterminée : elle est fixée par le commandement. Elle est d'ailleurs essentiellement variable et dépend des envois de l'arrière et des ressources locales, En fait, le parc de bétail est surtout un organe d'abat et de transport de viande, auquel on envoie presque au jour le jour, soit de l'arrière, par chemin de fer ou voie de terre, soit de l'avant, par exploitation locale des divisions, le bétail nécessaire à son fonctionnement; celui-ci étant abattu sensiblement à l'endroit où il a été livré, de façon à éviter le plus possible les marches aux animaux.

Des avances de bétail pourront néanmoins lui être constituées si les circonstances l'exigent.

Il pourra même arriver que le parc de bétail soit scindé en plusieurs *groupements de bétail*, placés chacun sous la direction d'un des sous-intendants de corps d'armée (divisionnaire ou des E. N. E.) et ayant à remplir la même mission pour une partie du corps d'armée.

L'importance d'un parc de bétail se calcule à raison d'un animal (poids moyen) pour 400 rations. Un jour de viande sur pied pour un corps d'armée de 48.000 rationnaires comporterait donc 120 bêtes.

(non plus que des *parcs* d'aviation ou des *parcs* automobiles...) pour craindre que la redoutable confusion ne se produise. Aussi n'avons-nous pas cru devoir faire remplacer partout le mot « parc » par le mot « troupeau », ce qui eût occasionné un travail de typographie hors de proportion avec les inconvénients pouvant résulter du *statu quo*. Nous avons simplement rappelé de temps en temps le terme réglementaire, afin qu'il soit bien connu du lecteur.

c) — *Convoi administratif de corps d'armée.*

(Abréviation : CV. AD.)

Le convoi administratif d'un corps d'armée se divise en deux sections, comprenant chacune 1 jour de vivres, à la ration forte, pour tous les éléments entrant dans la composition du corps d'armée, avec, toutefois, comme dans les T. R., un excédent de sucre et café.

L'approvisionnement total des vivres du convoi est, par suite, le suivant :

2 jours de pain biscuité, 2 jours de conserve et potage salé, 2 jours de lard, 2 jours de sel;

1 jour de légumes secs et 1 jour de riz;

2 jours de sucre et café (une ration forte et une ration de réserve);

2 jours d'avoine.

Il n'y a pas d'eau-de-vie au convoi administratif. Elle se trouve facilement en tout pays, il n'est pas utile d'en posséder d'approvisionnements en dehors de la proximité immédiate des troupes.

Pour éviter que le pain ne devienne trop sec, ou ne moisisse, il n'est chargé qu'au moment où on suppose que le convoi va entrer en action comme organe de ravitaillement, c'est-à-dire quand les trains régimentaires ne pourront plus aller journellement jusqu'au chemin de fer.

Lorsque le CV.AD. ne porte pas de pain biscuité, il est chargé, à titre de précaution, de pain de guerre, prélevé sur un convoi de l'arrière, comme il sera exposé plus loin, convoi qui ne peut fournir d'ailleurs qu'un jour et demi de pain de guerre.

La division isolée (active ou de réserve) est également dotée d'un convoi administratif de deux jours de vivres.

Les divisions de cavalerie n'ont jusqu'à présent pas été pourvues de convoi administratif, mais des approvisionnements spéciaux sont constitués et répartis entre les armées, afin de recompléter les CV. AD. des corps d'armée qui auraient dû fournir des ressources à des divisions de cavalerie manquant de vivres.

Les éléments d'armée, définis plus haut, sont pourvus de vivres du convoi administratif, chargés sur le CV.AD. du corps d'armée auquel ils sont rattachés. Ces vivres s'ajoutent à ceux qu'on vient d'énumérer.

Le convoi est un organe très important et aussi très encombrant. Pour un corps d'armée, il comprend (troupes d'administration et une compagnie du train) : 14 officiers, 622 hommes, 818 chevaux, 328 voitures. Le personnel administratif est, *par section*, de 2 officiers d'administration, dont un gestionnaire, 2 adjudants et une trentaine d'ouvriers ou commis.

Les voitures comprennent : des fourgons à deux chevaux (53 pour une section), des chariots de parc à trois chevaux (19 par section), des voitures de réquisition à deux chevaux (88 par section), des fourragères (une) et des forges (deux). Les vivres sont, dans chaque section, répartis, autant que possible, en groupes de voitures renfermant les approvisionnements nécessaires à une division ou à chaque groupe des E. N. E., de façon à accélérer les ravitaillements. Le convoi entier occupe, sur route, une longueur de trois kilomètres.

On reparlera plus loin (3e partie, chap. III, § IV) du chargement du convoi administratif.

Le matériel technique porté par le convoi est très restreint; il comprend, par section, un petit outillage à distribution, deux séries de marche, cinq cantines à comptabilité, dix petits prélarts.

La mission du convoi administratif, ainsi que le cela sera exposé plus loin, est double : il joue à la fois le rôle d'une réserve de deux jours que le corps d'armée emmène avec lui, et celui d'un organe transporteur, chargé d'amener aux trains régimentaires, lorsque ceux-ci ne peuvent pas aller se ravitailler à la voie ferrée, d'abord son propre chargement, puis les denrées que ses deux sections iront successivement prendre à la dernière gare du chemin de fer.

Tous ces approvisionnements, dits *de première ligne*, sont constitués dès le temps de paix dans les lieux de mobilisation des troupes qui doivent les prendre sur elles, ou atteler les voitures sur lesquelles ils seront chargés. Vivres de réserve, régimentaires ou de convoi sont donc emportés complets du centre de mobilisation.

Exception est faite pour le pain du convoi, comme il a été dit plus haut.

CHAPITRE II

FONCTIONNEMENT DES SERVICES ADMINISTRATIFS DE L'AVANT.

Nous laisserons ici de côté les fonctions purement administratives : administration des quartiers généraux et des officiers sans troupe, ordonnancement des dépenses, surveillance administrative des corps de troupe et des services et même la direction des services secondaires tels que l'habillement, pour ne considérer que ce qui se rapporte au service d'alimentation. Nous examinerons plus loin le fonctionnement des autres branches des services administratifs.

Mais, avant d'entrer dans le vif de la question, il paraît indispensable de donner quelques notions sur le fonctionnement des organes avec lesquels les fonctionnaires de l'intendance sont appelés à avoir des relations constantes : les quartiers généraux et les états-majors. Nous prenons comme type ce qui se passe à l'avant; mais il est clair qu'on trouve les mêmes règles et les mêmes modes d'opération à la direction des étapes et des services.

I

Relations des fonctionnaires de l'intendance avec les états-majors. — Des ordres.

Service du quartier général (abréviation : Q. G.) (Instruction du 20 février 1900). — Le service journalier (marches, distributions, etc.) doit être réglé dans un quartier général comme dans un corps de troupe.

Ce soin est confié à un officier appartenant à l'état-major faisant partie de ce quartier général, et qui prend le titre de *commandant du quartier général.*

Cet officier assure, sous les ordres directs du chef d'état-major, l'installation, le service et la garde du quartier général. Il n'a nullement à intervenir dans les questions d'administration. Il est chargé du cantonnement; il précède la colonne, accompagné d'officiers, sous-officiers ou agents, détachés auprès de lui par les différents services, et il fait la répartition du cantonnement; en particulier, il installe lui-même les bureaux et le personnel de l'état-major, où il fait établir et afficher un état des adresses des chefs de service et de l'emplacement de leurs bureaux. En principe, tout le quartier général cantonne dans la même localité. Il peut y avoir exception quand le quartier général est, comme celui d'une armée, fractionné en deux échelons.

Le représentant du service de l'intendance aura pour mission d'installer les bureaux de l'intendance autant que possible à proximité immédiate de ceux de l'état-major.

Le commandant du quartier général règle les distributions de fourrages pour les chevaux des officiers et fait assister les ordonnances à des appels journaliers. Il s'occupe également du service vétérinaire et de la ferrure des chevaux du quartier général. Il fixe les heures et lieux de rassemblement du train régimentaire du quartier général et lui fait prendre place dans la colonne des T. R. au point initial fixé.

Ajoutons enfin, sans parler de ses attributions concernant la police et la sécurité du cantonnement, que le commandant du quartier général installe et place en subsistance dans le détachement du train qui assure le service du quartier général ou dans un corps voisin, les hommes isolés qui doivent séjourner au quartier général; qu'il tient les états, nominatifs pour les officiers, numériques pour la troupe, de tout le personnel attaché au quartier général, ainsi que les contrôles des chevaux, des voitures et du matériel.

L'officier d'approvisionnement du quartier général dépend du commandant du quartier général pour la partie de son service qui intéresse l'ordre et la discipline : heures des distributions, des rassemblements des voitures, etc.; pour la partie technique et administrative de son service, cet officier d'approvisionnement relève du sous-intendant chargé de l'administration du quartier général.

Organisation et fonctionnement des états-majors. — Le rôle d'un état-major en campagne, dit l'instruction du 20 février 1900, est :

1° De préparer pour le général les éléments de ses décisions;

2° De traduire ces décisions sous forme d'instructions et d'ordres;

3° De compléter les instructions et les ordres par toute mesure de détail nécessaire que le général n'aurait pas arrêtée lui-même;

4° D'assurer la transmission des instructions et des ordres et, le cas échéant, d'en contrôler l'exécution.

Ce rôle comporte un service extérieur de missions confiées spécialement par le commandement aux officiers d'état-major dans le but, par exemple, de faire des reconnaissances, de porter des ordres ou de guider les troupes, et un service de bureaux, entre lesquels sont répartis les officiers.

Les bureaux se partagent les affaires à traiter, qui se rapportent en général aux objets suivants : personnel et matériel; renseignements et affaires politiques; mouvements et opérations.

Dans les états-majors d'armée et de corps d'armée, ce groupement correspond à une division effective en trois bureaux. A ces bureaux doit être ajoutée une « section du courrier », bureau chargé exclusivement de la réception et de l'expédition de toutes les pièces (c'est son chef qui est, de plus, commandant du quartier général). L'état-major de division, ne comportant pas un nombreux personnel, n'est pas réparti en bureaux. L'état-major de la direction des étapes et des services comprend deux bureaux :

1° Personnel, matériel, renseignements, organisation du territoire;

2° Opérations et mouvements.

Les fonctions des 2e et 3e bureaux de l'état-major de corps d'armée sont définies par leur titre qui les résume : celles du 1er bureau comportent une coordination générale de l'action des services et la tenue à jour de situations sur les effectifs et les approvisionnements, dans le but de pouvoir faire connaître à tout instant, au général, les besoins et les ressources des troupes et de préparer, avec le concours des chefs de service compétents, toutes les mesures utiles pour la satisfaction de ces besoins et l'emploi de ces ressources.

Intervention des fonctionnaires de l'intendance. — C'est donc au 1er bureau de l'état-major qu'auront affaire, en particulier, les fonctionnaires de l'intendance. C'est là qu'ils apporteront leurs propositions en vue des ordres concernant leur service.

Sur quoi doivent porter ces ordres ? Il est utile, pour préciser ce point, de faire la distinction entre le *fonctionnement d'un service*, qui comprend toutes les mesures d'ordre intérieur capables de faire rendre à ce service son maximum de production, et les *opérations du service*, qui consistent à utiliser la production au mieux des intérêts de l'armée.

Sur le fonctionnement de son service, le directeur ou le chef de service a toute autorité et toute initiative, sauf à en répondre vis-à-vis du général dont il est le subordonné direct. Il prend donc toutes les mesures qu'il juge utiles et les notifie aux fonctionnaires en sous-ordre ou aux agents d'exécution sans qu'il y ait lieu de faire insérer ces dispositions dans les ordres du commandement.

Au contraire, en ce qui concerne les opérations du service, l'intervention de l'état-major est nécessaire, puisqu'il entre dans sa mission d'ajuster le jeu des services aux mouvements, aux besoins des troupes, suivant le degré d'urgence et les projets du général. Les directeurs et chefs de services ne peuvent donc ordonner des opérations telles que déplacement des organes, distributions, ravitaillements, parce que ces opérations ainsi prescrites risqueraient de ne pas cadrer avec les mouvements des troupes; mais il ne leur est nullement interdit de les proposer, et ils doivent même le faire, pour que des décisions ne soient pas prises sans tenir compte des nécessités de la production et du bon emploi de leurs ressources, qu'ils sont seuls à bien connaître.

C'est le développement de cette théorie qui a conduit certains officiers d'état-major à réclamer, au 1er bureau de l'état-major du corps d'armée, la présence d'un représentant de chacun des grands services et, en particulier, d'un fonctionnaire de l'intendance. Jusqu'à ces derniers temps, un sous-intendant faisait partie, à ce titre, de l'état-major général de l'armée.

Cette proposition n'a rien d'absurde et peut parfaitement se soutenir. Mais on peut aussi se demander s'il est bien nécessaire de distraire, pour l'élaboration des ordres, un sous-intendant du cadre actif de l'effectif déjà si restreint de la direction de l'intendance. Régler les opérations du service est une besogne à coup sûr très importante, qui nécessite une connaissance complète de la situation et qui exige de la décision et de l'expérience, mais qui demande peu de temps et qui, en fait, devra être rapidement accomplie. N'est-il pas suffisant, comme cela se pratique actuellement, qu'un représentant de l'intendance — au besoin le directeur ou le chef de service lui-même — vienne journellement prendre connaissance de la situation, et présenter ses propositions au moment voulu, pour consacrer ensuite tous ses instants à la tâche autrement plus absorbante de sa direction, qui exigera d'ailleurs souvent sa présence hors du siège du quartier général ?

Comment ne pas voir aussi les graves inconvénients qui résulteraient de la présence auprès du général, d'un conseiller technique autre que le chef de service ? Ce dernier pourrait-il lui-même mettre en pratique l'initiative qui est son devoir, et conserverait-il l'influence à laquelle lui donne droit sa responsabilité ? On verrait rapidement naître là aussi la vieille querelle des états-majors et des officiers d'ordonnance. Le bien du service ne pourrait qu'y perdre.

Mode d'action du commandement et des chefs de service. Ordres. — Le rôle du chef est d'abord de prendre une décision, puis de la notifier aux intéressés et, enfin, d'en assurer ou surveiller l'exécution.

Les décisions du commandement, dit le règlement sur le service en campagne, sont notifiées aux subordonnés sous la forme d'ordres. ... Les ordres prennent le nom *d'instructions* lorsque l'autorité qui ordonne se borne à faire connaître ses intentions et à fixer le but à atteindre sans prescrire, d'une manière formelle, les conditions d'exécution.

Il résulte de là que l'ordre proprement dit doit comporter une précision absolue dans le but à atteindre et dans les moyens à employer; l'instruction laisse au subordonné une part plus grande d'initiative.

On emploie même parfois une troisième expression, quoiqu'elle ne soit pas consacrée par les textes réglementaires; c'est celle de *directive;* moins précise encore que l'instruction, la directive oriente le subordonné sur les intentions du commandement supérieur et lui indique l'idée générale qui doit régler son action. La directive s'applique surtout aux conceptions stratégiques.

A un autre point de vue, les ordres (et aussi les instructions) sont *généraux* ou *particuliers*, suivant qu'ils s'appliquent à la totalité ou seulement à une fraction des troupes placées sous l'autorité de celui qui les donne.

Enfin, parmi les ordres généraux ou particuliers émanant du commandement, il est une catégorie spéciale qui s'applique aux mouvements, combats, etc., et qui porte le nom d'*ordres d'opérations*. Les autres prendront le nom de leur objet particulier, et seront des *ordres d'alimentation*, *ordres de ravitaillement*, etc., si leur importance justifie une émission spéciale.

En campagne, on règle généralement chaque soir la conduite à tenir pour toute la journée du lendemain. De là la nécessité d'un ordre *journalier*. Ceci n'empêche point un second, un troisième ordres d'être donnés au cours de la journée même d'opérations, si les événements l'exigent. Mais ces derniers auront rarement le caractère général de l'ordre initial, et s'appliqueront plutôt à des points spéciaux ou à des unités particulières.

Les ordres seront d'autant plus précis que la formation à laquelle ils s'adressent sera moins importante. Les commandants de groupes d'armées et même d'armées ne pourront que rarement bien déterminer l'action des corps d'armée : ils leur donneront surtout des *missions*, des *objectifs*. Mais il est des circonstances où le commandant de l'armée, par exemple, est obligé d'intervenir d'un peu plus près dans l'exécution : engagement de la bataille, mouvements compliqués sur des routes se croisant, etc. Il est aussi certains points de détails qui doivent être fixés journellement par l'ordre de l'armée : centres et heures des ravitaillements, limites de la zone de l'avant, etc.

Dans le corps d'armée et dans la division, il y aura toujours au moins un ordre journalier. Ces ordres sont rédigés aussitôt que sont parvenus aux généraux les ordres et renseignements de l'autorité immédiatement supérieure.

L'ordre d'opérations a un caractère général. Il comporte habituellement deux parties : la première réservée aux troupes (renseignements sur l'ennemi, but à atteindre, dispositions relatives aux marches, cantonnements, etc.), la deuxième consacrée aux opérations des différents services, et en particulier à celles de l'intendance. On ne porte à la connaissance des troupes que les opérations des services qui peuvent les intéresser. Pour les autres, s'il y en a, on établira des ordres particuliers.

Ce cas se présentera d'ailleurs rarement. La règle sera d'établir un ordre unique et complet.

On doit, lorsque l'ordre d'opérations tout entier ne pourra être expédié de bonne heure, faire un *ordre préparatoire* donnant sommairement, sur les opérations du lendemain, les indications nécessaires pour que la mise en marche des troupes puisse être immédiatement réglée. Celles-ci peuvent donc se reposer en attendant l'ordre définitif, puisqu'il leur suffit de connaître l'heure de leur départ.

Les ordres qui concernent les services administratifs et surtout le service d'alimentation, qu'ils soient ou non incorporés dans l'ordre général d'opérations, sont des ordres de mouvement et de cantonnement des organes administratifs et des trains régimentaires, des ordres de ravitaillement et des ordres d'alimentation.

Les premiers indiquent chaque jour la place, dans les colonnes, des organes administratifs : convois, troupeaux de bétail, et leur cantonnement.

Pour ce qui concerne les trains régimentaires, si on est loin de l'ennemi, les sections de distribution et de réserve avec les voitures à bagages doivent marcher derrière les éléments auxquels elles appartiennent; l'allongement qui en résulte pour la colonne n'est pas particulièrement gênant, puisqu'on ne doit pas entrer en ligne, et les troupes ont, dès leur arrivée, tout ce qui peut leur être nécessaire. Si on est près de l'ennemi, les trains régimentaires, formés en une ou plusieurs colonnes, sont rejetés derrière les troupes, de façon que la section pleine puisse pénétrer le soir dans les cantonnements pour distribuer. Les sections vides emploient généralement le temps de la marche à aller se ravitailler aux gares voisines affectées au corps d'armée.

Les ordres de ravitaillement font connaître tout ce qui concerne le ravitaillement des trains réginentaires : formation des colonnes, heure et lieu de ravitaillement; par contre, les dispositions relatives au recomplètement des convois, du parc de bétail, lorsqu'elles n'intéressent que l'intendance, peuvent faire l'objet d'ordres particuliers.

Enfin, les ordres d'alimentation indiquent le mode journalier de subsistance et d'alimentation.

Il y a intérêt à donner, de temps à autre, des instructions destinées à régler les mesures à prendre pour l'alimentation pendant une certaine période sans avoir besoin de répéter chaque jour les mêmes prescriptions. Les distributions des vivres du jour, de la viande fraîche portée par les voitures à viande, l'exploitation locale plus ou moins intensive, le mode d'acquisition du foin, de la paille, du combustible, seront visés dans ces instructions.

Par contre, les zones d'exploitation, les distributions extraordinaires, le passage d'une ration à l'autre, seront fixés, quand il y aura lieu, dans les ordres journaliers.

Les fonctionnaires de l'intendance reçoivent notification des ordres donnés par les généraux de la façon suivante :

L'intendant de l'armée, les intendants de corps d'armée, les sous-intendants des divisions, par les généraux sous les ordres desquels ils sont placés (1);

Les sous-intendants du quartier général, des parcs et convois, et du troupeau de bétail, par l'intendant du corps d'armée.

Les fonctionnaires de l'intendance adressent, eux aussi, des ordres ou des instructions aux fonctionnaires ou officiers placés sous leur autorité. Ces ordres sont adressés directement aux subordonnés directs; ils sont envoyés aux subordonnés techniques par l'intermédiaire des généraux dont relèvent ces derniers. Rappelons, toutefois, que les articles 9 et 13 de la loi du 16 mars 1882 autorisent les intendants de corps d'armée à correspondre directement avec les sous-intendants divisionnaires. Ceux-ci rendent compte à leur général des ordres techniques urgents ainsi reçus et auxquels ils donnent immédiatement satisfaction (ces ordres étant censés émanés du général commandant le corps d'armée).

Les ordres sont, en principe, donnés par écrit. Seuls les ordres d'exécution pure, intéressant les petites unités, peuvent être verbaux. Ils doivent être tous enregistrés.

Les ordres reçus sont également enregistrés par l'autorité à laquelle ils sont adressés. Les fonctionnaires de l'intendance, notamment, tiennent un *carnet de campagne* sur lequel ils inscrivent, au jour le jour, le résumé des ordres *et avis* reçus, la date et l'heure de la réception, les mesures prises en vue de l'exécution et les incidents intéressants survenus.

Tout envoi d'un ordre écrit comporte un accusé de réception, qui peut être donné sous la forme sommaire d'un émargement indiquant l'heure de la remise de l'ordre.

(1) L'intendant de l'armée reçoit notification des ordres concernant son service par l'intermédiaire du directeur des étapes et des services.

II

Droits et devoirs des diverses autorités.

Nous allons, maintenant, examiner la part que prennent, dans le service général d'alimentation, les organes de commandement et d'administration des principales formations de l'avant. Qu'il s'agisse de dispositions à prescrire par les généraux ou de mesures à prendre par les fonctionnaires de l'intendance, ces derniers auront à intervenir, dans les deux cas, soit en qualité de directeurs de service, soit en qualité de conseillers techniques du commandement, devant prendre l'initiative de toutes les propositions susceptibles d'intéresser leur service (1).

1° Armées.

Action du commandant en chef. — Nous avons déjà dit que le groupe d'armées ne comportait aucune centralisation administrative des services de l'avant; c'est une masse bien trop considérable et répartie sur un espace trop étendu.

Les armées marchent concentrées; mais chacune disposera d'une zone de marche assez large, au moins jusqu'au moment de la bataille où la convergence des armées devra être réalisée. Il appartient au général en chef de déterminer ces zones de marche, qui se confondront avec les zones d'exploitation, sans qu'il en résulte d'inconvénients, puisque l'exploitation journalière ne peut se faire efficacement qu'à proximité immédiate des routes de marche ou des cantonnements occupés. Il déterminera de même les zones d'exploitation pendant les stationnements. (Voir l'ordre général du prince Frédéric-Charles autour de Metz, 1re partie, chap. Ier.)

Le commandant en chef pourra avoir à prescrire des mesures

(1) Dans ce qui suit, le lecteur est prié de remplacer les mots *parc de bétail* par *troupeau de bétail*. (Voir page 190, note (1).)

spéciales en vue de l'alimentation des divisions de cavalerie, quand ces divisions seront sous son autorité directe.

L'action du commandant en chef sur les services administratifs de l'avant est pour ainsi dire nulle; c'est ce qui explique qu'il n'y ait au grand quartier général qu'un fonctionnaire de l'intendance, spécialisé dans l'administration du grand quartier général.

Il est d'ailleurs peut-être regrettable que les grands services ne soient plus représentés, auprès du général commandant en chef, par un de leurs hauts fonctionnaires. Il semble qu'il y ait à remplir, sur les différentes armées, une inspection et une surveillance supérieures, dont reste seul chargé le directeur de l'arrière, qui, d'abord, peut difficilement se déplacer, et qui ne pourrait que gagner à être assisté d'un personnel technique ayant l'expérience et l'autorité suffisantes pour le représenter. L'administration d'une armée, par exemple, peut fléchir à un moment donné : il importe de pouvoir se rendre compte des causes de cette faiblesse et des mesures à prendre pour rétablir le bon fonctionnement du service en souffrance. Il n'existe aucun organe technique de coordination des administrations des différentes armées.

Action du commandant d'armée. — Le général commandant d'armée détermine, pour chaque corps d'armée, les zones de marche et d'exploitation. Cette répartition du pays au point de vue de ses ressources offre déjà, en ce qui concerne la zone affectée à l'armée, beaucoup d'intérêt.

L'armée marche, en général, concentrée et échelonnée en profondeur, sans règle absolue dans la disposition de ses corps d'armée. Le front de marche pourra avoir, par exemple, 40 kilomètres loin de l'ennemi, et 20 kilomètres près de l'ennemi pour une armée de quatre corps d'armée, et ces corps d'armée seront disposés en carré ou en losange; l'étendue du front de marche, dans laquelle il ne se rencontrera, en général, pas plus de trois routes dans la direction du mouvement, implique que, souvent, deux corps d'armée marcheront l'un derrière l'autre sur la même route. Ces conditions montrent quelle importance il y a à bien connaître les ressources que chaque zone est susceptible de fournir. A cet égard, les renseignements des statistiques seront utilement complétés par un véritable service de renseignements administratifs, confié tout naturellement aux fonctionnaires attachés aux divisions de cavalerie placées sous l'autorité du commandant de l'armée et opérant en avant du front de marche de cette armée.

Le général commandant d'armée fixe journellement, à l'ordre de l'armée, les points et les heures où les organes de corps d'armée, convois ou trains régimentaires, devront se ravitailler, soit directement auprès des voies ferrées, soit, au cas où il est impossible d'utiliser les chemins de fer, auprès des convois de l'armée ou du service des étapes, comme il sera exposé plus loin.

Il détermine également la limite qui sépare la zone de l'avant de la zone de l'arrière dans son armée.

Il prescrit, en cas de besoin, soit le rattachement administratif des éléments d'armée à un corps d'armée, soit l'affectation aux corps d'armée d'une partie des réserves d'armée appartenant normalement au service des étapes, et qui seront énumérées plus loin. Inversement, il peut placer temporairement certains éléments des corps d'armée — même des troupes — sous les ordres du directeur des étapes et des services.

Enfin, ce sont les généraux commandants d'armées qui, en principe, fixent le passage d'une ration à l'autre, en modifient les tarifs ou allouent les suppléments de rations, prescrivent les substitutions jugées utiles et accordent, en remplacement de vivres, l'indemnité représentative, dont ils fixent le montant.

Toutefois, les droits concernant les rations, les substitutions, les suppléments et l'allocation de l'indemnité, sont exercés également par les généraux commandant les corps d'armée et même les divisions (pour les substitutions et l'indemnité représentative), mais à charge d'en rendre compte.

Quant au mode d'alimentation, c'est-à-dire au recours aux ressources locales ou aux convois, ce n'est que par exception que les ordres de l'armée auront à en faire mention. Il n'y a aucun avantage à régler aux échelons supérieurs, ce qui peut être laissé à l'initiative des commandants de corps d'armée et même des généraux de division. De même, le général commandant l'armée n'intervient pour régler les mouvements des trains régimentaires ou convois administratifs de corps d'armée que lorsque les circonstances l'exigent (traversée par ces éléments de zones de marche affectées à des corps d'armée voisins, engagements, etc.).

D'une manière générale, c'est à lui qu'incombe le soin de régler toute difficulté qui sort de la compétence de ses subordonnés immédiats, en particulier celles qui s'appliquent à plusieurs de ses corps d'armée; c'est lui qui prend toute mesure d'ordre général.

Action du directeur des étapes et des services. — L'intervention du directeur des étapes et des services s'exerce surtout à l'arrière.

En ce qui concerne l'avant, on ne peut guère que répéter, avec les règlements, que le D. E. S. exerce « la haute surveillance et la direction d'ensemble » des services de l'armée, dont il est responsable vis-à-vis du commandant de l'armée. Il adresse aux directeurs et chefs de services des *corps d'armée* les instructions techniques concernant leurs services; en particulier, il fixe, par délégation du commandant de l'armée, le nombre de jours de bétail à entretenir dans les parcs de bétail d'armée et même dans ceux de corps d'armée, — ce qui est peut-être une mesure de centralisation excessive. Il reçoit les propositions, demandes et comptes rendus des chefs supérieurs des services intéressant les services de l'avant. Les mutations dans le personnel administratif de l'armée que voudrait prononcer l'intendant d'armée lui sont soumises, et c'est lui qui les transmet ou en rend compte au commandant de l'armée. Enfin — et ce n'est pas là la moindre part de son rôle — il reçoit directement des corps d'armée les demandes des denrées que ne fournit pas le train quotidien; il fait connaître l'heure et le lieu des ravitaillements éventuels qui donnent satisfaction à ces demandes.

Le commandant d'armée réglera d'ailleurs, par ses ordres particuliers, les attributions que le règlement aurait laissées obscures.

Rôle de l'intendant d'armée. — L'intendant de l'armée a pour mission d'étudier et de proposer au D. E. S. toutes décisions, instructions ou ordres intéressant dans son ensemble le service de l'intendance, tant à l'arrière qu'à l'avant. Il exerce, de plus, la surveillance et l'inspection technique des services dans les corps d'armée.

Son rôle est surtout important à l'arrière, où nous le retrouverons plus loin, chargé comme directeur de l'intendance des étapes, de maintenir à hauteur les approvisionnements de l'armée, et d'en créer au besoin de nouveaux.

Il peut recevoir délégation du D. E. S. pour traiter lui-même certaines affaires. Il adresse alors directement ses ordres et instructions, au nom de cet officier général.

C'est lui qui reçoit la délégation des crédits et qui en fait la répartition entre les différents ordonnateurs suivant les ordres du directeur des étapes et des services.

Il pourra se faire renseigner par les sous-intendants des divisions de cavalerie et, au besoin, adresser des instructions à ces fonctionnaires pour préparer l'acquisition des denrées nécessaires à l'armée.

Il interviendra, comme conseiller technique, par ses propositions des mesures intéressant l'administration ou l'alimentation de toute l'armée et qui se traduisent par des ordres du général commandant l'armée ou du D. E. S.

2° Corps d'armée.

Action du commandant de corps d'armée. — Pour le corps d'armée, les prescriptions relatives à l'alimentation sont insérées dans l'ordre général du corps d'armée, ou font l'objet d'ordres particuliers ou d'instructions particulières.

Les points principaux pouvant être visés dans ces ordres sont les suivants :

Zones d'exploitation réservées aux divisions, aux E. N. E., au service de l'intendance. Elles peuvent se confondre avec les zones de cantonnements; mais il faut toujours les indiquer, même quand le ravitaillement doit avoir lieu par l'arrière, parce qu'il y a certaines denrées qu'il faut toujours se procurer sur place (foin, paille, combustibles).

Modalités de l'exploitation locale, c'est-à-dire autorités chargées de cette exploitation (corps de troupe ou intendance), emploi de la nourriture chez l'habitant ou par les municipalités, prix et composition des repas, etc., et, s'il y a lieu, concours à prêter par la cavalerie du corps d'armée.

Place dans les colonnes, marche et cantonnement des différents organes du service des subsistances : convoi administratif et parc de bétail; s'il y a lieu, c'est-à-dire si on les groupe pour l'ensemble du corps d'armée, place et marche des trains régimentaires. Ces indications se trouvent dans l'ordre général concernant tous les éléments du corps d'armée.

Ravitaillement des trains régimentaires; indication des gares où il s'opérera, quand il a lieu directement aux voies ferrées; points de contact avec le convoi administratif, si celui-ci intervient; indication des heures où ces ravitaillements auront lieu.

L'ordre de corps d'armée doit indiquer le *point de première destination* où seront envoyées, par le sous-intendant du parc de bétail, les sections de ravitaillement en viande fraîche, chargées, et l'heure à partir de laquelle on pourra les y trouver.

Toutes ces indications sont essentielles, elles intéressent tout le monde et figurent, à ce titre, dans l'ordre général.

Il en est de même des ordres d'alimentation proprement dits.

Dans le corps d'armée, on laissera à ces ordres un caractère assez général, puisqu'il appartiendra aux généraux de division de prescrire les mesures directement applicables par les corps de troupe et services. Pour ce qui concerne les éléments non endivisionnés, les précisions seront données, tantôt au moyen d'un petit ordre supplémentaire, tantôt par l'insertion d'un paragraphe spécial dans l'ordre général.

Le commandant de corps d'armée se bornera donc à prescrire, par exemple, la nourriture chez l'habitant, puisque son intervention est nécessaire quand ce mode d'alimentation doit être appliqué par des effectifs importants. Pour le reste, il donnera des instructions générales, telles que : s'efforcer de tirer le plus possible de l'exploitation locale, ou ménager ces ressources en vue d'opérations ultérieures; accroître ou diminuer l'importance des troupeaux, les grouper ou les séparer, etc.

Par contre, il y a toute une série de prescriptions qui n'intéressent que les services mêmes auxquels elles s'appliquent et qui peuvent faire l'objet d'ordres particuliers : ravitaillement du convoi administratif, soit à une gare de chemin de fer, soit au point de contact avec les convois de l'arrière; recomplètement par l'arrière ou sur le pays du parc de bétail; fonctionnement de la boulangerie de campagne lorsqu'il en est attaché une au corps d'armée. Mais il est aussi simple de régler tous ces points par une insertion à la deuxième partie de l'ordre général (1).

Enfin, il faudra insérer aux ordres généraux les décisions qui, telles que les allocations supplémentaires de vivres, passages d'une ration à une autre, substitutions, créent des droits pour tous et

---

(1) Nous donnons plus loin (chap. V, § II, *in fine*) un exemple d'ordre général de corps d'armée, 2ᵉ partie.

doivent, par conséquent, être notifiées à tous les corps de troupe et services.

Rôle de l'intendant du corps d'armée. — L'intendant du corps d'armée dirige le service de l'alimentation sous l'autorité du général commandant le corps d'armée et d'après les instructions techniques de l'intendant de l'armée.

Il exerce son action, soit en proposant au général commandant le corps d'armée les mesures relatives à l'alimentation, soit en arrêtant les dispositions techniques d'exécution qu'il notifie directement aux sous-intendants du corps d'armée. Il devra donc d'abord faire toutes les propositions qu'il juge utiles, visant les points à régler par le général, et les soumettre, directement ou par l'intermédiaire d'un fonctionnaire en sous-ordre, au commandement, c'est-à-dire, en pratique, au 1er bureau de l'état-major.

Il devra, en particulier, étudier et proposer le mode d'alimentation à employer en cas de défaut du ravitaillement par l'arrière, et, en période normale, faire des propositions sur la marche et le cantonnement des organes appartenant au corps d'armée (convoi et parc de bétail), lorsqu'il y trouvera un intérêt au point de vue de l'emploi qu'il compte en faire.

Il propose toutes mesures relatives à l'alimentation des E. N. E., et, éventuellement, des éléments d'armée qui leur seraient joints : rattachement aux divisions de tel ou tel groupe des E. N. E., emploi et répartition des ressources qui appartiennent normalement au second groupe, etc.

Il suit de très près la situation du parc de bétail, et, d'après son état, propose au commandement d'employer à l'alimentation de la viande fraîche ou de la viande conservée. Il transmet d'urgence au sous-intendant de ce parc, souvent fort éloigné, — trop éloigné, — les décisions concernant son déplacement avec les circonstances de livraison de la viande fraîche aux troupes, qui ont dû faire l'objet de ses propres propositions.

Enfin, il doit tenir l'intendant de l'armée au courant de la situation de ses approvisionnements et le renseigner sur les ressources que renferment les régions occupées par son corps d'armée, tant en vue de l'exploitation locale, qu'en vue de la réunion de ces ressources en magasin.

En un mot, il doit être l'inspirateur de toutes les mesures administratives prises par le commandant de corps d'armée et insérées à l'ordre.

Mais cela ne suffit pas; il devrait pouvoir en contrôler l'exécution.

Bien qu'aucun règlement ne lui accorde ce pouvoir, il y a tout intérêt à ce que l'intendant du corps d'armée exerce les fonctions d'inspecteur administratif du corps d'armée. Par des visites fréquentes aux corps de troupe, aux centres de ravitaillement, aux organes administratifs, il peut, *mieux que personne*, se rendre compte du plus ou moins bon fonctionnement de l'alimentation, et proposer au général les mesures à prendre pour l'améliorer lorsqu'il sera défectueux. L'expérience des grandes manœuvres semble prouver qu'une telle intervention serait loin d'être inutile, et tout porte à croire que le général qui saurait déléguer à l'intendant les pouvoirs convenables, — agissant d'ailleurs ainsi en conformité absolue avec la loi et les règlements, — obtiendrait de très heureux résultats, et que le bien-être de ses troupes s'en ressentirait vivement. On n'est réellement bien administré que par les personnels administratifs.

Rôle des sous-intendants aux éléments non endivisionnés. — Ainsi qu'on l'a rapidement indiqué à propos des personnels, les E. N. E. ont été divisés, pour l'alimentation, en deux groupes.

Le premier groupe comprend la cavalerie : 700 hommes (1) — c'est-à-dire 700 rationnaires, y compris les officiers pour deux rations — et 630 chevaux; le quartier général, l'artillerie et le génie de corps : 3.000 hommes, 2.300 chevaux; le train de combat (avec équipage de pont) : 1.900 hommes, 1.400 chevaux. Souvent, une troupe d'infanterie isolée : 4.000 hommes, 300 chevaux, par exemple.

Le sous-intendant du quartier général assure l'alimentation de ce groupe, sous l'autorité et d'après les instructions de l'intendant du

(1) Ces effectifs, ainsi que la plupart de ceux qu'on trouvera dans ce cours, même lorsqu'ils se rapportent à des organes purement administratifs, ne doivent être considérés que comme *approximatifs* et destinés seulement à donner une idée de la grandeur et de l'importance numérique des formations. Les chiffres exacts ne présentent, d'abord, pas d'intérêt réel dans une exposition d'ensemble; ils sont parfois confidentiels et leur publication serait une indiscrétion au moins inutile; enfin, ils peuvent varier d'un corps d'armée à un autre, et ils sont exposés à changer dans un même corps d'armée. Les tableaux d'effectifs sont, pour ainsi dire, en état de remaniement perpétuel.

Il n'y aura donc pas lieu de s'étonner si on trouve des contradictions entre les données qui suivent et celles des documents officiels.

corps d'armée. Si c'est nécessaire, par suite de l'ordre de marche et de la disposition des cantonnements, il peut être mis à sa disposition une fraction du groupe d'exploitation des E. N. E. et une partie du matériel. Il donnera alors directement des ordres à cet organe.

Le second groupe est formé des *parcs et convois* : les parcs d'artillerie (2e échelon) et du génie, les formations sanitaires, le convoi administratif, le dépôt de remonte mobile; en tout, environ 1.900 hommes, 2.150 chevaux. Le sous-intendant des parcs et convois, disposant de tout ou partie du groupe d'exploitation des E. N. E., assure l'alimentation de ce groupe.

Le parc de bétail reste en dehors de ces groupements.

Les deux sous-intendants font à l'intendant du corps d'armée toutes propositions nécessaires pour l'alimentation de leurs groupes respectifs.

Leurs zones d'action sont nettement définies. Le premier opère dans les cantonnements qui se trouvent en général encastrés au milieu de ceux des divisions; le second, entre la limite arrière de la région d'occupation des divisions et la limite avant de la zone des étapes. Ce dernier adresse à l'intendant du corps d'armée des comptes rendus sur les ressources que présente cette fraction de territoire et sur la possibilité d'y réunir des denrées.

Le détail du rôle de ces deux fonctionnaires est le même que celui des sous-intendants de division, qui est exposé ci-dessous.

Lorsque des troupes non endivisionnées sont cantonnées au milieu des troupes divisionnaires, on chargera de l'alimentation des premières le sous-intendant de cette division. Ce rattachement sera très fréquent, pour l'artillerie de corps surtout, marchant et cantonnant presque toujours avec la division d'avant-garde.

Ces rattachements d'éléments non endivisionnés à des divisions constituent une mesure sans grandes conséquences, les divisions n'ayant point d'approvisionnements propres, et les denrées étant envoyées de l'arrière pour tout le corps d'armée, ou recherchées sur place. Une telle prescription ne peut guère avoir d'influence que sur la fixation du centre de distribution de viande fraîche.

Le sous-intendant des parcs et convois sera amené, en outre, par son rôle spécial de chef du convoi administratif, à intervenir dans l'exécution de tout ce qui concerne les mouvements de ce convoi, son ravitaillement et son emploi.

Rôle du sous-intendant du parc de bétail. — Ce sous-intendant est absolument confiné dans son rôle de fournisseur de viande fraîche. Il prend toutes les dispositions nécessaires pour abattre dans de bonnes conditions de service et d'hygiène le bétail qui lui est remis — et pour s'en procurer dans le pays lorsqu'il en manque. Il fait charger la viande abattue sur les automobiles de la section de ravitaillement en viande fraîche, et envoie celle-ci, aux heures et par les chemins convenables, au point de première destination fixé à l'ordre du corps d'armée, et que lui fait connaître chaque jour l'intendant (ce qui exige absolument que ces deux fonctionnaires soient reliés par télégraphe).

En ces points de première destination, la section se disloque, et chaque fraction attend du général de division (du commandant de corps d'armée pour les E. N. E.) la connaissance des points et de l'heure où elle doit apporter la viande aux corps. Ce n'est généralement que le soir, après la distribution de viande, que les voitures à viande des corps peuvent venir en ces points de livraison, qui sont aussi voisins que possible des cantonnements.

La section automobile rejoint ensuite le parc de bétail.

La position normale de celui-ci est à une petite distance en arrière du corps d'armée. Il est donc amené à se déplacer, et à se rapprocher des troupes lorsque la distance qui le sépare d'elles est supérieure à la moitié du trajet que peuvent accomplir les sections en une après-midi.

Les nouveaux points d'installation sont indiqués par le commandement, sur la proposition de l'intendant, et le transfert du parc sera d'autant plus facile qu'il renfermera moins de bétail vivant au moment de l'accomplir.

3° Divisions.

Action des généraux de division. — L'ordre de la division visera les mêmes points que l'ordre du corps d'armée, dont il répètera les parties utiles.

On y trouvera, notamment, les dispositions relatives à la marche des trains régimentaires et du groupe d'exploitation, leur place dans la colonne, leur cantonnement; l'indication des heures et lieux où s'effectueront les ravitaillements; la répartition entre les corps, s'il y a lieu, de la zone d'exploitation affectée à la division.

Mais l'ordre de la division peut prévoir, avec plus de détails que celui du corps d'armée, le mode d'alimentation et les conditions de l'exploitation locale, c'est-à-dire par qui elle sera faite, en quels points opèrera le groupe d'exploitation. Il visera également les dispositions relatives au service des vivres-viande, en indiquant le point de livraison aux troupes de la viande abattue par le parc de bétail. Cette dernière prescription fera le plus souvent l'objet d'un ordre spécial, notifié à la fois aux corps, qui le communiqueront à leurs officiers d'approvisionnement, et à la section automobile de viande fraîche que l'on sait devoir trouver au point de première destination, fixé à l'ordre du corps d'armée.

Rôle du sous-intendant divisionnaire. — Le sous-intendant divisionnaire suit de près tout le service d'alimentation, le dirige et le surveille dans les moindres détails. Il reçoit notification de l'ordre par les soins de l'état-major et il adresse ses ordres à l'officier d'administration du groupe d'exploitation, ainsi, s'il y a lieu, que ses instructions techniques aux officiers d'approvisionnement. Il rend compte au général de division des instructions reçues directement de l'intendant de corps d'armée.

Il a le devoir de présenter ses propositions sur tous les points qui intéressent son service et doivent faire l'objet d'un paragraphe de l'ordre et, en particulier, sur tous ceux qui se rapportent à l'alimentation. Ces prescriptions seront très brèves.

Ce qui concerne les distributions est prévu en temps normal par les règlements et répété en général dans les ordres initiaux sur l'alimentation; les vivres du jour sont distribués régulièrement chaque soir, et le prélèvement sur les trains régimentaires s'imposera le plus souvent. La viande fraîche doit être apportée chaque jour du parc de bétail par les autos, et ce n'est qu'exceptionnellement que le sous-intendant divisionnaire aura à prendre des mesures spéciales pour assurer cette fourniture.

Les attributions du sous-intendant comme chef de service, en matière d'alimentation, se rapportent à trois chefs principaux, d'importance très inégale : ravitaillement des trains régimentaires, exploitation locale en général, éventuellement direction d'un groupement de bétail et du service des vivres-viande.

Ravitaillement des trains régimentaires. — Il s'effectue soit à une gare de chemin de fer, dite *gare de ravitaillement*, soit à un *centre de ravitaillement;* dans tous les cas, on se conforme aux prescriptions du règlement sur le service des armées en campagne, ainsi conçues (art. 173) :

Chaque corps ou quartier général est représenté au ravitaillement de son train régimentaire par son officier d'approvisionnement.

Un officier du service d'état-major et un fonctionnaire de l'intendance assistent, autant que possible, au ravitaillement des trains régimentaires. Ils ont pour mission de s'assurer de la qualité des denrées, d'entendre les réclamations des corps et d'y faire droit, s'il y a lieu. L'officier d'état-major préside aux opérations du ravitaillement et assure l'exécution des ordres du commandement.

Nous verrons plus loin (chap. III, § III) que, lorsque le ravitaillement s'effectue à une gare de ravitaillement, on y trouve un commissaire militaire de gare qui remplit les fonctions de commandant d'armes dans la gare; le plus souvent, le vaguemestre de la division amènera la colonne des trains régimentaires; quand les trains de tout le corps d'armée sont réunis, ils sont dirigés par le prévôt du corps d'armée; ces officiers complètent la liste des autorités qui peuvent avoir une action sur les opérations du ravitaillement, action bien partagée pour être toujours réellement utile.

Le ravitaillement gagnerait sûrement en ordre et en rapidité à être dirigé par un seul chef qui semble assez logiquement devoir être le sous-intendant, opérant, si l'on veut, par délégation spéciale du commandement.

Il est question, d'ailleurs, de confier la présidence de l'opération à un lieutenant-colonel de troupes. Il ne semble pas que l'importance des mouvements à accomplir justifie une pareille immobilisation de cadres « combattants ».

En attendant, l'officier d'état-major reste le représentant du commandement au ravitaillement.

Il pourra donc être amené à prescrire, au nom du général, des mesures d'ordre ou de discipline, dont la plus importante est la détermination de l'ordre dans lequel les grandes unités : divisions ou E.N.E., seront servies, lorsque l'ordre de ravitaillement ne l'a pas fixé lui-même d'avance.

Le sous-intendant a, pour sa formation, la direction technique du ravitaillement. Il doit servir de guide et d'arbitre dans les relations entre les officiers d'approvisionnement et le personnel administratif envoyé par les gestionnaires de l'arrière, comme nous le verrons plus loin, pour faire les distributions. Il prend connaissance des bons apportés par les officiers d'approvisionnement (bons de *réapprovisionnement*), des quantités de denrées amenées par le train de vivres, s'assurent qu'elles sont suffisantes et de bonne qualité. *C'est lui qui tranche les contestations au sujet de cette qualité*, qui répartit entre les corps les excédents qu'il ne serait pas possible de remporter, ainsi que les déficits constatés; enfin, il a le devoir de chercher à remplacer au plus tôt les vivres avariés ou manquants.

S'il ne croit pas pouvoir le faire au moyen des ressources locales, il rend compte d'urgence à l'intendant du corps d'armée, qui prescrit, s'il y a lieu, avec l'agrément du général, le recours au convoi administratif, et donne ou provoque les ordres nécessaires à ce convoi.

Le sous-intendant assiste à la remise aux unités de sa division de la viande fraîche apportée par les soins du sous-intendant du parc de bétail aux points fixés par les ordres.

C'est au ravitaillement que le sous-intendant aura l'occasion la plus fréquente de réunir les officiers d'approvisionnement, de recevoir d'eux, et de leur donner, les renseignements utiles : d'une part, ressources des cantonnements occupés la veille (en vue de leur exploitation future par le sous-intendant des parcs et convois), besoins probables des corps, demandes de ravitaillements éventuels; de l'autre, ressources des cantonnements du soir, prix-limites à partir desquels on devra recourir à la réquisition, mesures prises en vue de l'exploitation locale, état des approvisionnements, questions de comptabilité à résoudre, etc., etc.

Exploitation locale. — L'instruction sur l'alimentation en campagne a prévu l'exploitation des ressources locales par le service de l'intendance, en principe dans les localités offrant des ressources abondantes ou dans celles comprises dans la zone d'exploitation et non occupées par la troupe.

Le ou les points sur lesquels le sous-intendant devra diriger ou fractionner son groupe d'exploitation seront déterminés en même temps que les cantonnements. Ce groupe, ainsi que le sous-intendant lui-même, devront précéder les troupes et marcher, par exemple, avec le *campement*, réunion du personnel chargé de reconnaître et de préparer un cantonnement ou un bivouac. Quand le cantonnement est prévu à l'avance, le campement marche, en général, avec l'avant-garde; quand les cantonnements sont seulement donnés en cours de route, les campements partent sans attendre d'ordres, aussitôt que les points à occuper sont fixés.

N'eût-il pas reçu d'ordres en vue de l'exploitation directe par le groupe administratif de certaines localités, le sous-intendant ne doit pas hésiter à devancer, de sa propre initiative, les troupes dans la zone des cantonnements, de façon à se rendre compte des ressources et de ce qui manquera aux différents corps de troupes, afin de pouvoir venir en aide aux officiers d'approvisionnement et à agir comme régulateur, en faisant parvenir aux uns ce qu'ils n'ont pu trouver dans leurs campements et que les autres trouvent ailleurs en abondance.

Au besoin, le sous-intendant s'écartera des cantonnements tout en restant dans la zone d'exploitation, pour trouver ce qui manque dans les localités occupées. On conçoit, en effet, que, soit par suite de nécessités tactiques, soit faute de renseignements précis, les cantonnements ne sont pas toujours répartis de la façon la plus avantageuse pour le ravitaillement.

L'idéal sera donc que le sous-intendant, arrivé au plus tôt dans la zone d'exploitation, se soit rendu compte aussi exactement que possible des ressources qu'offrent ses différents points, les ait comparées aux besoins des corps qui occupent ces points et ait pris des mesures pour parer à ceux de ces besoins qui ne pourraient être immédiatement satisfaits.

Les sous-intendants de division font connaître au sous-intendant des parcs et convois les ressources que pourront lui fournir les zones affectées aux divisions, après l'exploitation par ces dernières.

Il va sans dire qu'il sera impossible que le sous-intendant aille lui-même dans toutes les localités attribuées à la division; mais il répartira dans les principales d'entre elles le personnel d'officiers dont il dispose : officier du groupe d'exploitation, officier d'approvisionnement du quartier général, au besoin même un officier des bureaux ou des sous-officiers, s'il en a qui possèdent des moyens de transport, tels qu'une bicyclette ou une voiture requises.

L'ordre d'urgence des acquisitions à faire sur le pays est le suivant : en premier lieu, le combustible, puisqu'il faut que les hommes fassent la soupe en arrivant; mais il en faut relativement peu et on pourra en imposer la fourniture aux habitants chez qui on cantonne.

Le foin et la paille devront être trouvés assez tôt pour le repas du soir des chevaux et le couchage des hommes. Le foin pourra être difficile à trouver à certaines époques de l'année et dans certaines régions.

Les légumes verts et les liquides ne sont, en général, pas expédiés de l'arrière; les officiers d'approvisionnement et, au besoin, les commandants d'unités administratives pourvoiront à leur fourniture. Pour l'eau-de-vie et le vin, toutefois, il sera fréquemment procédé à des achats d'ensemble par l'intendance. Les légumes, ne l'oublions pas, sont payés par les ordinaires.

Pour les petits vivres et l'avoine, on disposera de tout le temps qui s'écoulera jusqu'au départ du train régimentaire, c'est-à-dire de la soirée, de la nuit et, souvent, d'une partie de la matinée du lendemain ; l'acquisition de l'avoine seule offre de l'intérêt, surtout pour les troupes à cheval, car elle leur permettra de ménager leurs attelages, en leur évitant des voyages aux gares ou centres de ravitaillement pour en ramener une denrée particulièrement lourde.

Enfin, le pain ne pourra être trouvé dans les cantonnements que si des mesures ont été prises pour sa fabrication, dix à douze heures au moins avant l'arrivée des troupes; encore, ce pain ne sera-t-il pas consommable ni même transportable au moment de leur départ. On reviendra sur ce sujet à propos du service des vivres-pain (chap. VIII).

Les sous-intendants de division ont la mission permanente de rechercher, dans les régions qu'ils occupent, du bétail destiné au parc de corps d'armée. Ils signaleront par télégramme à leur collègue de ce parc le nombre et l'emplacement des animaux découverts. Ils feront, si possible, réunir ceux-ci en un ou deux points où il sera plus facile d'en prendre livraison.

C'est surtout dans les courtes périodes de stationnement, quand on donne aux troupes un ou deux jours de repos, que le sous-intendant pourra intervenir heureusement dans l'exploitation locale et se servir d'elle pour faire recompléter, ou, comme on dit quelquefois, « aligner », les divers approvisionnements de la division.

Il devra, dans la direction journalière de l'exploitation locale, constamment réagir contre la tendance des officiers d'approvisionnement à ne pas rechercher des denrées et à attendre tout de l'arrière.

Direction éventuelle d'un groupement de bétail. — Lorsque, temporairement, le parc de bétail est subdivisé en plusieurs groupements, le sous-intendant divisionnaire peut être amené à avoir la direction d'un de ces groupements et à assurer le ravitaillement en viande fraîche de sa division et même d'autres éléments rattachés

Il opère alors exactement comme le sous-intendant du parc de bétail pour tout le corps d'armée, et il dispose des mêmes moyens d'action (personnel, matériel, autos à viande), proportionnellement à l'effectif à alimenter.

Divisions de cavalerie. — *Rôle du sous-intendant.* — La plupart du temps, les divisions de cavalerie seront rattachées aux armées. C'est donc aux D. E. S. de ces armées qu'elles devront adresser leurs demandes de remplacement de vivres et exposer leurs besoins, qui seront parfois très urgents et difficiles à satisfaire.

Les vivres de réserve sont réduits à un seul jour, au taux spécial de la cavalerie; le train régimentaire ne comporte qu'un jour de vivres dans ces divisions, qui ne sont d'ailleurs pas dotées de voitures à viande.

Les divisions ou brigades provisoires, s'il en est formé par la réunion de deux ou trois régiments de cavalerie de corps, pourront, au contraire, conserver leurs deux jours de vivres des trains régimentaires, ainsi que leurs voitures à viande.

La quantité de viande nécessaire à une division de cavalerie ne représente guère que 17 à 18 quintaux. Il sera relativement facile de la trouver sur le pays, mais, vu la nécessité d'abattre de bonne heure en un point qui peut être éloigné des cantonnements du soir, il serait tout à fait désirable que chaque division de cavalerie fût dotée d'une section automobile de ravitaillement en viande fraîche, qui se réduirait, d'ailleurs, à 2 ou 3 voitures, et qui irait rapidement porter, chaque soir, auprès de chaque corps, la viande abattue la veille, qui serait cuite immédiatement. Ce serait le mode idéal de ravitaillement en viande fraîche, malheureusement difficile à appliquer aux grandes masses.

Des essais, faits aux grandes manœuvres, ont montré tous les avantages de cette manière de faire, qui ne tardera pas sans doute à être réalisée.

D'autre part, les divisions de cavalerie opérant souvent à grande distance de l'armée, dans une région peu sûre, dans laquelle elles vont à la découverte de l'ennemi, ne peuvent guère compter sur le ravitaillement par le chemin de fer; d'ailleurs, les voitures manqueront souvent pour aller aux gares de ravitaillement. Il faudra donc vivre sur le pays.

La division de cavalerie en exploration — en dehors des éléments qu'elle détache en avant et qui constituent la *découverte* — reste groupée dans les marches et cantonne dans une zone restreinte. Les hommes trouveront facilement des vivres; mais les fourrages, et surtout l'avoine, pourront faire défaut (c'est environ 260 quintaux d'avoine qu'il faudra chaque jour pour six régiments et l'artillerie). Si le pays ne donne rien, on demandera des denrées au commandant du corps d'armée le plus voisin. Mais il n'est pas certain que ce dernier, à l'avant-garde de l'armée lui-même, aura toujours assez de ressources disponibles pour pouvoir se priver d'une notable partie de celles-ci. La quantité d'avoine nécessaire à une division de cavalerie représente plus du tiers de la consommation journalière d'un corps d'armée.

On ne peut songer à prélever les denrées demandées sur les trains régimentaires : ce serait souverainement imprudent, et irréalisable pratiquement à cause de leur dispersion. C'est donc le convoi administratif qui sera chargé de ce ravitaillement. Mais ce convoi est loin, à une demi-journée de marche à peu près des dernières troupes , il peut être dangereux de le détourner de sa route. Le recours au corps d'armée voisin ne donnera pas un subside bien rapide, et la cavalerie fera bien de compter surtout sur elle-même.

« J'ai fait huit campagnes sous l'Empire, dit le général de Brack, et toujours aux avant-postes; je n'ai pas aperçu, pendant tout ce temps, un seul commissaire des guerres, je n'ai pas touché une seule ration des magasins de l'armée.

» Et, cependant, jamais l'administration militaire n'avait été remise en mains plus intègres et plus habiles. »

De nos jours, la facilité des transports adoucira certainement ces rigueurs. Mais, dans la division de cavalerie, encore plus que dans les autres formations, le sous-intendant devra faire preuve d'initiative et diriger très activement l'exploitation locale; dans la plupart des cas, il devra agir sans ordres, suivant les circonstances; l'ordre d'alimentation sera très simple ou même inutile, puisqu'on n'a pas le choix des moyens et qu'il faudra à peu près chaque jour vivre sur le pays.

On tâchera d'user, dans la plus large mesure, de la nourriture chez l'habitant. Le recours à ce mode d'alimentation sera du reste limité par la nécessité de le préparer un peu d'avance. Il sera surtout pratique pour les séjours de faible durée, en pays occupé par exemple.

Le sous-intendant de la division de cavalerie doit se considérer, de plus comme chargé en permanence d'une mission d'exploration administrative; il déterminera aussi complètement que possible les ressources des régions traversées, et fera parvenir à l'intendant de l'armée tous les renseignements qu'il aura recueillis.

Il est à prévoir que, souvent, la nourriture des chevaux des divisions de cavalerie présentera des difficultés, comme elle en a offert, surtout aux Allemands, en 1870. On comprend très bien que, pour ne pas alourdir la cavalerie d'exploration, on ne lui ait pas attribué de convois de voitures attelées. Mais il n'en est pas moins du plus grand intérêt de pouvoir venir au secours des divisions de cavalerie en leur envoyant rapidement, ne fût-ce que de temps en temps, un ou deux jours de vivres. Les camions automobiles conviennent admirablement pour ce rôle, et on a naturellement songé à en former des convois spéciaux aux divisions de cavalerie. Lorsque l'idée a été émise pour la première fois, elle a obtenu un assez faible succès. Il semble que les préventions sur son compte se soient bien affaiblies, et que l'on ait compris qu'on n'alourdit pas une formation en la dotant d'un organe qui marche plus vite et plus longtemps qu'elle. Les convois automobiles des divisions de cavalerie — qui, du reste, ne sont pas des convois administratifs, c'est-à-dire ne portent pas en permanence une réserve — sont aujourd'hui admis, en principe, et on commence à s'occuper de leur réalisation progressive. Seuls, en effet, ils peuvent apporter, avec quelque régularité, un jour de vivres depuis la gare de ravitaillement la plus proche — qui sera bien souvent distante de 50 kilomètres de la cavalerie — et revenir dans la même journée. Des essais, tentés aux grandes manœuvres, ont déjà donné des résultats très favorables.

Si, comme il est probable, d'autres convois automobiles sont réalisés avant ceux des divisions d'exploration, il n'est pas bien difficile de prévoir qu'ils recevront fréquemment pour mission accidentelle de ravitailler la cavalerie qui, loin des ressources de l'arrière et occupant des pays parfois épuisés, peut être tirée de situations très difficiles par l'envoi, en quelques heures, d'une quinzaine de camions, chargés d'avoine et de pain.

III

Considérations générales.

Telle est, à l'heure actuelle, l'organisation réglementaire des formations administratives de l'avant.

Elle n'a pas toujours été la même. Les modifications qu'on lui a apportées successivement ne sont d'ailleurs pas le résultat de l'expérience. Conclusion de réflexions et d'études plutôt théoriques, elles provoquent des discussions et ne s'imposent pas, Il est bon de se rendre compte tout au moins de l'évolution subie par les idées.

La division d'infanterie a toujours été l'unité administrative par excellence, comme elle était l'unité de bataille. Elle emmenait d'abord avec elle tous les organes nécessaires à son existence.

Son sous-intendant disposait d'un groupe d'exploitation, d'un troupeau, d'un convoi administratif, renfermant quatre jours de vivres, et auquel se ravitaillaient journellement les trains régimentaires. C'était, on le voit, un service administratif presque complet. Il n'y manquait qu'une boulangerie roulante de campagne qui, pour la commodité de son emploi, restait sous les ordres de l'intendant du corps d'armée.

Vers 1895, prit corps l'idée du ravitaillement journalier des trains régimentaires à la voie ferrée. Il en résultait que le convoi administratif de la division restait, la plupart du temps, inoccupé, et, dès lors, encombrait inutilement la marche et les cantonnements de cette unité. Il fut donc rejeté en queue du corps d'armée, avec la boulangerie, et laissé sous la direction de l'intendant du corps d'armée. Il y constituait, non plus une ressource normale, mais une simple réserve roulante, ne rentrant en jeu que lorsqu'on devait ne plus disposer des chemins de fer.

Dix ans plus tard, les idées changeaient de nouveau. La confiance dans le fonctionnement régulier des chemins de fer augmentait encore, et l'on en concluait la possibilité de diminuer les réserves attribuées au corps d'armée. On a admis d'abord que les boulangeries de campagne pouvaient être retirées aux corps d'armée et groupées par armée, de façon à constituer un centre unique de fabrication de pain, quelque chose comme une partie de station-magasin mobile. Puis, la moitié des convois administratifs, soit deux jours de vivres, étaient groupés en un seul organe à la disposition du commandant de l'armée. On dégageait ainsi l'arrière des corps d'armée, à qui on donnait plus de légèreté. Si on les prive ainsi d'une partie de leurs ressources, on se donne en revanche la possibilité de faire parvenir à quelques-uns d'entre eux les approvisionnements dont les autres n'auraient pas besoin, car il paraît certain que tous les corps d'armée formant une armée ne se trouveront pas dans la même situation vis-à-vis du chemin de fer, ni dans des régions présentant les mêmes ressources : leurs besoins seront donc différents et le commandant de l'armée pourra jouer entre eux le rôle de régulateur.

Des dispositions analogues étaient prises en ce qui concerne d'autres services, et il en résultait la constitution de réserves d'armée importantes, justifiant le développement donné aux services de l'arrière et la création d'un chef spécial ayant la haute main sur tous les services de l'armée, le directeur des étapes et des services.

Cette organisation offre évidemment plus de souplesse que l'ancienne. Mais la centralisation excessive ne va pas sans dangers et, pour constituer des masses de ressources d'un maniement relativement commode à l'arrière, il ne faut pas oublier que les hommes qui mangent sont *à l'avant*.

On a songé cependant à aller plus loin, et, donnant comme raison la nécessité de trouver du personnel pour diriger les nouvelles formations de l'arrière, s'appuyant sur le rôle de moins en moins individuel que la division paraît appelée à jouer dans les armées composées d'un grand nombre de corps d'armée et groupées elles-mêmes, on en est venu à considérer comme possible la disparition du service de l'intendance dans la division, et le passage de toutes ses attributions et de tous ses devoirs à l'intendance du corps d'armée.

C'était là, croyons-nous, une voie dangereuse. Les forces humaines ont des limites, et il est impossible à un seul homme de conduire tous les détails de l'alimentation d'un groupe aussi important et surtout occupant une aussi grande étendue de terrain qu'un corps d'armée. *L'action de l'intendance est essentiellement une action de présence, nécessitant de nombreux déplacements.* Il n'y a qu'une bonne manière de seconder l'intendant du corps d'armée, c'est de se partager le travail, non pas par catégorie de fonctions s'appliquant à tout le corps d'armée, mais par grandes unités, en conservant dans chacune la totalité des fonctions. Il est regrettable, certainement, que la création de nouveaux organes par amoindrissement des anciens oblige à l'emploi d'un plus nombreux personnel — si toutefois cette nécessité est bien démontrée. — Mais c'est là un fait fréquent qui ne doit pas obliger à des changements plus préjudiciables encore. Lorsque l'on fait descendre de quatre à trois le nombre des bataillons d'un régiment, on est bien amené à un nouveau groupement des hommes et des officiers ainsi rendus disponibles, et à la création forcée de nouveaux colonels et généraux, à moins qu'on ne trouve ces derniers par la suppression d'emplois devenus inutiles; lorsqu'on a réduit d'un tiers l'importance matérielle de la batterie d'artillerie, il a bien fallu commander ce tiers extrait des anciens cadres et lui en donner de nouveaux, etc.

Quoi qu'on dise, le sous-intendant de division est et restera l'âme de l'alimentation en campagne. Il faut auprès du général, à portée des troupes, un fonctionnaire à qui l'on puisse toujours recourir, dont la seule présence soit une garantie et soulage le général de tout souci d'alimentation. Son rôle matériel est diminué depuis qu'il ne commande plus un convoi administratif, comme le rôle matériel de son général depuis qu'il ne commande plus que douze bataillons : qu'importe ? La nécessité de l'un et de l'autre est restée la même.

La disparition du sous-intendant de division repose sur une confiance entière dans le rendement des chemins de fer, et sur l'inutilité absolue de l'exploitation à l'avant. C'est là, bien probablement, une double illusion et des plus dangereuses. Les guerres européennes ont fait ressortir toujours des défaillances pour le premier et la nécessité de la seconde. Les ravitaillements au chemin de fer ne vont d'ailleurs pas sans d'assez nombreux incidents de détail, exigeant l'intervention d'un fonctionnaire — auquel, du reste, bien d'autres occupations administratives que l'alimentation sont dévolues.

Croyons-en ceux qui ont fait la guerre; l'expérience de leurs campagnes vaut bien les raisonnements devant la carte. Les paroles que l'intendant Baratier prononçait, il y a vingt-cinq ans, sont toujours vraies :

« ... Il est des circonstances où l'action de l'intendant du corps d'armée peut se faire sentir, et d'autres où des événements imprévus justifient des dérogations aux règles tracées. Le sous-intendant de division rendra compte à son général de ses besoins et des obstacles qu'il rencontre : il sollicitera son assistance pour légitimer les mesures extraordinaires qu'il sera nécessaire de prendre. »

Cela ne sera évidemment possible que si les trois éléments de cet acte, à savoir : les besoins qui se produisent, le sous-intendant qui veut essayer de les satisfaire, et le général qui lui en donne les moyens, sont réunis à proximité les uns des autres. Ce n'est pas sur toute l'étendue du corps d'armée qu'il en pourra être ainsi.

« De toutes les fonctions administratives aux armées — dit encore cet éminent fonctionnaire — celle du sous-intendant militaire de division exige le plus de zèle, d'activité, de prévoyance, de dévouement au bien public. C'est la fonction la plus pénible. Celui qui la remplit bien conquiert toujours l'estime de ceux qui l'entourent et obtient tous les concours utiles. »

Dans un volume anonyme édité en 1867, et dont l'auteur était le général Trochu, on lit :

« Pendant la campagne d'Italie, nos divisions ont souvent manqué de pain dans l'une des contrées qui en produisent le plus. Le biscuit manquant également, on remplaçait l'un et l'autre par la farine de maïs, qu'apprécient les paysans indigènes, que repoussaient nos soldats. Les comptables, étroitement réduits au rôle de distributeurs, n'avaient acheté quoi que ce soit de leur vie. Ils distribuaient au bivouac, avec la viande qui suivait les colonnes et ne faisait jamais défaut, le pain, le biscuit ou la polenta qu'avaient apportés les voitures envoyées par l'intendant général du corps d'armée, quand elles avaient pu arriver, le pain presque toujours avarié, le biscuit quelquefois.

» A ce sujet, nous avons eu des jours difficiles, quelquefois, devant l'ennemi, des jours d'angoisse. C'est que nous avions perdu de vue ce grand principe consacré par tant d'années de guerre, que « la division est, dans une armée, la grande unité administrative, » comme elle est la grande unité de combat; qu'il faut qu'elle ait en » elle-même, dans les contrées qui ne sont pas dépourvues de res- » sources, tous les moyens de vivre par elle-même, comme elle a » tous les moyens d'attaquer et de se défendre; que faire dépendre » sa subsistance, dans un pays couvert de riches villages et rem- » pli d'abondantes réserves, des envois faits par l'administration du » corps d'armée auquel elle appartient et qui est on ne sait où, c'est » manquer à toutes les règles de l'expérience et du bon sens; c'est » abandonner au hasard les plus grands intérêts de la guerre. Si » les officiers comptables des divisions avaient l'habitude des » transactions; s'ils étaient en rapports continuels avec les produc- » teurs ou détenteurs, opérant l'argent à la main, disposant par » conséquent d'avances toujours suffisantes pour entretenir autour » d'eux, par des traités et sous-traités, un courant permanent » d'achats et d'apports; les divisions qui souffrent *et dont l'action* » *est compromise* vivraient partout largement et économiquement. » L'intendance divisionnaire, sous la délégation du commandement, » dirigerait ces opérations et les contrôlerait. »

Tout ce programme d'action, que l'organisation actuelle a réalisé, est lui-même cité par le général Trochu et extrait d'un rapport officiel sur les opérations de l'armée d'Italie.

Ces lignes ne sont pas d'hier; mais, si la situation s'est bien modifiée depuis qu'elles ont été écrites, leur enseignement ne doit néanmoins pas être entièrement rejeté. Les moyens de transport sont bien améliorés; les relations avec le quartier général du corps d'armée sont plus faciles, et la division n'est sans doute plus la principale unité de combat. Mais elle n'en reste pas moins la principale unité administrative, le corps d'armée étant d'un trop nombreux effectif et trop dispersé pour permettre l'action immédiate de l'intendance. D'ailleurs, si on a perfectionné les armes, si on a changé la tactique et la stratégie, on n'a pas changé les aliments ni la manière de les manger; on a même donné à la division les moyens d'action qu'elle n'avait pas à cette époque. Enfin, n'oublions pas que si l'on avait perdu de vue, en 1859, ce principe d'une certaine indépendance de la division, c'est *parce qu'on comptait sur les chemins de fer* (voir chap. Ier, *Historique de la guerre d'Italie*), et que tous ces inconvénients se sont produits pendant la période où les chemins de fer, détruits par les Autrichiens, ne fonctionnaient pas. Les mêmes difficultés se reproduiraient demain, si on retirait à la division les moyens de s'alimenter elle-même en cas de besoin. Et quelle singulière conception du ravitaillement que celle qui consisterait à traverser une campagne fertile, des villes pleines de denrées, en s'interdisant d'y toucher, et à rassembler toutes ces ressources seulement après le passage des troupes pour les expédier alors en avant sur des convois ou des trains qui peuvent ne pas arriver !

IV

Coup d'œil synthétique.

On peut dès maintenant se faire une idée complète de la marche de l'alimentation et du ravitaillement *à l'avant* d'une armée, c'est-à-dire au milieu des troupes combattantes, et avec l'aide des organes qu'elles ont immédiatement — ou presque — à leur portée.

En voici une rapide esquisse :

Parti de bonne heure pour son étape journalière, après avoir avalé un « quart » de café chaud, le soldat porte sur lui les vivres destinés à sa nourriture de la journée : un morceau de viande froide, enfermé dans sa gamelle, suspendue avec la musette, sera consommé à la grand'halte ou peu à peu pendant la route, suivant les caprices de l'appétit; une ration complète de pain l'accompagne. Comme boisson, de l'eau dans le bidon, coupée de café, de cognac, de vin. A la grand'halte, les habiles confectionnent rapidement un café chaud, un « rata » rapide ou « frichti » avec quelques pommes de terre, dont chacun a mis une ou deux dans sa poche. Le cheval, lui, parti avec une « botte » de foin dans la panse, porte ou traîne son avoine, et à cette grand'halte, en consomme une partie.

Pour le repas du soir, qui sera préparé à l'étape seulement, l'homme tirera encore de sa précieuse musette le reste de son pain, son riz ou ses haricots, du sel. Derrière son bataillon, une voiture suit, chargée de viande fraîche et de lard. Aussitôt après l'arrivée au gîte, les cuisiniers cherchent un emplacement convenable, allument des feux, le plus souvent en plein air, commencent à faire bouillir de l'eau dans leurs ustensiles de campement, répartis sur toutes les épaules de l'escouade, cependant que les caporaux d'ordinaire vont à la recherche des légumes frais, pommes de terre, choux, carottes, se rendent à la distribution de la viande qui arrive sur la voiture du bataillon et rassemblent les légumes secs que chaque homme a portés.

On n'oublie pas les animaux. L'avoine de leur bissac leur est distribuée, après le pansage et l'abreuvoir.

La soupe faite, la viande cuite — et même mangée — le travail d'alimentation n'est pas terminé. Il faut songer au lendemain : « commander, c'est prévoir ». Les hommes reçoivent d'abord le reliquat de la viande, qui, refroidie, servira pour la prochaine étape.

Cependant, les trains régimentaires sont arrivés. L'officier d'approvisionnement réunit les fourriers et leur distribue tout ce qui est nécessaire pour vivre encore un jour : pain, petits vivres, avoine. Puis il se met à la recherche du foin que les chevaux rumineront toute la nuit; de la paille dans laquelle les hommes se coucheront; de l'eau-de-vie, qui les réchauffera s'ils doivent passer la nuit dehors.

Plus tard, enfin, arrivera la seconde section des trains régimentaires, vidée la veille, et qui vient du ravitaillement où elle a reçu de l'intendance tout ce qu'elle distribuera elle-même le lendemain.

Peut-être même cette seconde section ne rejoindra-t-elle pas son corps, et devra-t-elle passer la nuit dans un autre cantonnement, d'où elle sera dirigée le lendemain sur le nouveau gîte du régiment.

Pendant la matinée, l'intendance a organisé un ou plusieurs abattoirs de campagne. Bœufs ou vaches sont sacrifiés, dépecés et chargés sur les voitures automobiles de viande fraîche. Celles-ci font à leur tour, et rapidement, la route, et arrivent à proximité des troupes attendre que les voitures à viande des régiments viennent renouveler leur chargement.

Tout est donc prêt dès le soir pour repartir le lendemain matin dans les mêmes conditions que la veille.

Le chemin de fer est-il arrêté, les convois sont-ils épuisés ? En attendant que les envois de l'arrière aient pu reprendre, chaque division devra se tirer d'affaire toute seule. On lui assignera un terrain d'achats et de réquisitions. Le sous-intendant, accompagné de son gestionnaire, des officiers d'approvisionnement *et d'une troupe armée*, indispensable pour leur prêter main-forte, recueillir et ramener les denrées, se mettra à la recherche de ce que le pays peut donner. Guidé par les statistiques et ses propres renseignements, il fouillera les fermes, visitera les moulins, les épiceries, les entrepôts. Il lancera des appels publics de denrées en faisant entrevoir l'espoir du paiement large et comptant, la crainte de la réquisition; il forcera les municipalités à faire préparer des repas par les habitants. Il installera des officiers d'administration dans les boulangeries et les boucheries, leur fera envoyer le personnel militaire ou civil nécessaire à la marche des fours, à l'abat des animaux. Il s'occupera enfin d'organiser des convois de circonstance avec les quelques voitures restées dans le pays, afin de pousser le résultat de ses investigations jusqu'aux corps de troupe, si ceux-ci ont pu continuer leur marche en avant, chose assez improbable dans de pareilles circonstances, qui provoqueront bien en général un jour ou deux d'arrêt.

Enfin, si tout manque, ou si des déficits se produisent, le soldat a des en-cas.

Si la viande fraîche n'arrive pas, il trouvera de la viande de conserve dans le train régimentaire. Si le chemin de fer a fait défaut, et laissé vides les trains régimentaires, des convois de l'intendance sont là, à une demi-journée en arrière, tout prêts à suppléer les envois par voie ferrée pendant quarante-huit heures. Ces trains régimentaires eux-mêmes restent-ils en route ? Au train de combat, tout de suite derrière sa compagnie, le troupier trouvera un jour de vivres de réserve — pain de guerre, conserve, sucre et café — simple et toute prête pitance qui, sous un faible volume, doit lui assurer la force de résistance d'un jour. Si, enfin, ces dernières voitures ne savent où ne peuvent rejoindre les troupes, il reste au soldat la ressource suprême, la « portion de fer », le dernier jour de vivres de réserve, qu'il porte dans son sac dès le début de la campagne, sans avoir jamais eu le droit de déposer ce fardeau précieux, si lourd pendant la marche, si léger quand il faudra y trouver un repas...

Tels sont les procédés réglementaires d'alimentation et de ravitaillement à l'avant; ils sont simples, ils sont sûrs; ils exigent un minimum d'intervention étrangère à l'homme. Ce sont là conditions de réussite à la guerre.

Si le mode de nourriture de l'humanité ne change guère, il n'en est pas de même du mode d'approvisionnement : ce dernier se modifie; il suit les progrès de l'industrie et les nouvelles lois de répartition, de transport, de vente et d'achat qu'a créées le commerce moderne. La farine est toujours la base du pain. Mais nos minoteries mécaniques ne ressemblent guère aux meules à bras de Pompéi, et plus n'est besoin d'aller à la halle pour y acheter du blé : un ordre télégraphique à Marseille, à Odessa ou à Liverpool y suffit. Tout s'est transformé, industrialisé.

Il est bien difficile de demander pareil progrès à la guerre, pareilles méthodes à des troupes, c'est-à-dire à des hommes réduits uniquement à leurs propres forces, de chacun desquels on ne peut exiger que des actes dont tous soient capables, ce qui exclut tout ce qui n'est pas absolument simple et presque instinctif.

Mais, de là à déclarer immuables nos procédés de ravitaillement, il y a loin.

On a bien doté les troupes d'armes perfectionnées, et dont le maniement effraierait sans doute les grognards de Napoléon Ier. Pourquoi n'essaierait-on pas de diminuer la tâche de chacun, d'augmenter le rendement des organes, par l'emploi de machines relativement simples et d'un maniement au moins aussi commode et certes moins délicat que celui du canon à tir rapide ou de la télégraphie sans fil ? Là comme ailleurs, l'esprit industrieux doit s'exercer et peut amener des changements profonds. Déjà, quelques indices de transformation et d'amélioration se font sentir. Nous indiquerons plus loin ce qui a été fait dans cet ordre d'idées.

Le soldat, lui, ne se doute guère de tout le travail qu'exige l'arrivée régulière de sa nourriture journalière. Elle lui semble tellement due, il lui est si naturel de l'exiger, que, si elle manque, il lui apparaît impossible que ce ne soit pas par suite d'une inconcevable négligence. Il n'a pas idée des difficultés qui naissent du groupement d'abord, puis de la répartition de ces quintaux, de ces tonnes de victuailles diverses. Il ne s'inquiète guère de l'œuvre combinée de tous ceux qui ont consacré leur temps à ce problème : pour lui, il n'y a qu'un responsable, c'est « On », l'éternel « On », toujours coupable sans doute, puisqu'il ne se justifie jamais...

Nous avons montré que les choses n'étaient pas si simples, qu'il fallait un grand concours de volontés et d'intelligences pour que la soupe fût prête à l'heure : généraux, états-majors, intendance, officiers, troupe, doivent prendre leur part du labeur commun. Nous avons montré suivant quelle hiérarchie, suivant quelle répartition des fonctions et des responsabilités, les provisions de l'armée s'émiettaient depuis le chemin de fer, qui les apportait, jusqu'au consommateur, qui les dévorait.

Il reste à voir maintenant comment les vivres arrivent jusqu'à ces gares où les trains régimentaires, ou bien les convois administratifs, vont les prendre — car, enfin, le chemin de fer ne les produit pas ! Ici, le problème inverse se pose : il s'agit d'aller recueillir des denrées éparses un peu partout et de les amener au point où elles seront embarquées, en quantité juste convenable, ni trop ni trop peu, sans pertes, sans gaspillages.

Pendant longtemps, nous le savons, on a chargé le commerce de ce soin. De grands entrepreneurs se faisaient les agents de cette concentration et livraient les vivres par grandes masses aux armées. Aujourd'hui, l'administration se passe d'intermédiaires et assume la charge tout entière, non seulement du transport et de la remise aux armées, mais encore de la réunion, de l'achat ou même de la fabrication des denrées. Nous allons donc nous trouver en présence d'une organisation compliquée — d'une complication peut-être excessive — et dans laquelle interviendront successivement, et même ce qui est plus grave, simultanément, des personnels nombreux et d'ordre différent. Leur action s'exerce dans tout le pays, mais les éléments militaires fonctionnent surtout à l'arrière immédiat des armées. Aussi est-ce à l'étude de l'organisation du service de l'arrière qu'il convient de passer maintenant.

CHAPITRE III

ORGANISATION GÉNÉRALE DES SERVICES DE L'ARRIÈRE.

I

Objet et divisions des services de l'arrière.

Les services de l'arrière ont pour objet, aux termes du règlement sur le service en campagne (art. 18), « d'assurer la continuité des relations et des échanges entre les armées de campagne et le territoire national ».

Les soins qui incombent à ces services sont, notamment :

De faire parvenir aux armées tous les ravitaillements nécessaires;

De ramener en arrière les malades et les blessés, les prisonniers, le matériel inutile, etc.;

D'assurer et de régler les transports sur les voies de communication de toute nature, de réparer ces voies, de les établir et de les garder;

De pourvoir au logement et aux besoins des hommes et des chevaux qui circulent ou séjournent en arrière des armées;

D'emmagasiner, de maintenir en bon état et de renouveler les denrées et le matériel tirés du territoire national ou obtenus sur place pour faire face aux besoins des armées;

D'assurer la répartition et l'emploi des troupes d'étapes, le service d'ordre et de police de l'arrière;

D'administrer le territoire ennemi occupé, jusqu'à ce qu'il ait été pourvu à cette fonction par la création de commandements territoriaux particuliers.

Dès le XVIIe siècle, on fut amené, au commencement de chaque campagne, à constituer dans un certain nombre de places fortes des approvisionnements de toute nature; ces places furent d'abord choisies dans la région même où l'armée se constituait et elles formaient la *base d'opérations* de cette armée.

Une fois rassemblée, celle-ci s'avançait en partant de cette base d'où elle tirait tous ses ravitaillements; la route ou le faisceau de routes parcourus par les convois constituaient la *ligne de communication*.

Une des préoccupations les plus pressantes du commandant de l'armée était de préserver des atteintes de l'ennemi sa ligne de communication et sa base d'opérations, cette dernière étant, d'ailleurs, mieux en état de résister. Aussi, lorsque la ligne de communication s'allongeait, était-on obligé d'organiser des bases successives d'opérations.

Dans la guerre moderne, on continue à rassembler, à concentrer les armées sur une *base de concentration* qui, au point de vue stratégique, joue bien le rôle de l'ancienne base d'opérations, mais qui n'a qu'une existence temporaire; simple lieu de rassemblement, elle n'est pas forcément organisée pour fournir à l'armée sa subsistance, que celle-ci tirera d'une *base de ravitaillement*, en général plus profondément placée à l'intérieur du pays.

D'autre part, un nouvel élément est entré en jeu; c'est le chemin de fer qui s'est substitué aux convois sur route et qui a augmenté d'une façon incomparable la rapidité et la capacité des moyens de transport dont peuvent disposer les armées.

Il en est résulté que les lignes de communication étant désormais, pour leur plus grande partie, constituées par des voies ferrées, peuvent s'allonger sans gêne bien sensible pour leur fonctionnement, et que la sécurité de la base de ravitaillement peut être assurée par son éloignement du théâtre de la guerre. On peut même dire que c'est maintenant le pays entier qui constitue la base de ravitaillement, et c'est ce qui explique que les règlements actuels n'en fassent pas mention (quoique, à vrai dire, les stations-magasins où sont emmagasinées, manutentionnées et fabriquées les denrées nécessaires à l'armée soient bien les éléments d'une base de ravitaillement). Et, de fait, les lignes de communication ne s'arrêtent pas elles-mêmes à cette base. Elles se prolongent, en se ramifiant, vers l'intérieur du pays.

Mais, si les lignes de communication peuvent s'allonger presque indéfiniment sans diminution sensible de la capacité des transports, cet allongement augmente d'autre part leur vulnérabilité déjà plus grande que celle des lignes routières; la destruction d'un ouvrage d'art important suffira pour en interdire l'emploi pendant longtemps. Aussi, faut-il prévoir la nécessité de suppléer aux communications sur chemins de fer par des convois sur routes, et cela surtout dans le voisinage immédiat des troupes; d'autant plus que le mouvement de ces troupes ne saurait, sans inconvénient, être étroitement lié à la configuration du réseau des chemins de fer, dont les nécessités stratégiques peuvent les écarter, au moins momentanément.

Les lignes de communication comporteront donc souvent deux parties : l'une constituée par des voies ferrées et l'autre par des lignes d'étapes routières. Elles peuvent également comprendre des voies navigables. Les unes et les autres sont jalonnées par des organes d'exécution, instruments de transport ou de production, dont l'action assure les relations entre l'armée et l'intérieur, et le mouvement dans les deux sens des matériels et personnels nécessaires.

Ces organes sont — sauf les moyens de transport par voie ferrée — groupés *par armée*, sous un même commandement : celui du directeur des étapes et des services, représentant le commandant de l'armée. On comprend, toutefois, que le commandant en chef d'un groupe d'armée ne se désintéresse pas de ce qui se passe à l'arrière de ses forces. Il continue à exercer une haute direction sur tous ces services de l'arrière; il interviendra notamment pour répartir le territoire, pour prendre les mesures intéressant deux ou plusieurs armées. Sa fonction réglementaire est de « relier et coordonner entre eux les services de l'arrière des armées obéissant à son commandement ». Il ne l'exercera d'ailleurs pas lui-même, et la confiera à un officier général appelé *directeur de l'arrière*, auquel il ne donnera que des instructions d'ensemble.

Cette coordination a surtout lieu de s'exercer sur la portion des lignes de communication qui est à la fois la plus importante et la plus difficile à répartir entre les armées, c'est-à-dire les voies ferrées. Pour en prendre un exemple typique, les différentes armées russes qui opéraient en Mandchourie ne disposaient que d'une seule ligne de chemin de fer : le Transsibérien; il était impossible de l'attribuer à telle ou telle armée, et le commandant en chef devait en garder la direction pour l'utiliser au mieux des intérêts de tous.

Quoique plus nombreuses, et à cause de leur organisation, les voies ferrées françaises doivent être traitées de même. Un réseau de chemins de fer n'a pas, en effet, la souplesse d'un réseau de routes. Celles-ci sont libres : la circulation s'y fait pour ainsi dire sans règles. N'importe quelles voitures peuvent s'y avancer, revenir, changer de direction, s'y arrêter, elles n'obéissent qu'à celui qui les possède, et nullement à celui qui possède la route. Il n'en est pas de même des chemins de fer. Voies, trains, locomotives, dépôts de charbon, arrêt, vitesse, sont pour ainsi dire solidaires, sur un même réseau, et il est nécessaire que toutes les lignes de ce réseau, fussent-elles affectées à des armées différentes, restent sous une direction commune.

Inversement, on peut être amené à créer des lignes de communication formées de tronçons de divers réseaux. Il faut donc que tous les réseaux soient à la disposition d'une autorité unique.

Enfin, les réseaux affectés à l'armée française ne posséderaient pas un nombre de grandes lignes suffisant pour doter chaque armée d'une ligne de communication propre. Il y aura certainement, un jour ou l'autre, des parties de lignes communes à plusieurs armées. Il est donc impossible d'en laisser la direction à un commandant d'armée, Même conclusion aux faits, fréquents aussi, du dédoublement d'une ligne, ou de la création d'une nouvelle ligne.

Tous ces motifs concourent à faire mettre toutes les lignes de communication constituées en voies ferrées, sous le commandement d'une autorité unique, sur un même théâtre d'opérations.

Au début de la guerre de 1870, les Allemands avaient organisé leurs chemins de fer par armées; ils ont dû rapidement renoncer à cette décentralisation.

Dans la *zone de l'intérieur*, définie plus haut (chap. Ier, I), la direction des chemins de fer appartient au ministre de la guerre. Dans la *zone des armées*, elle appartient au commandant en chef des armées. La délimitation de ces deux pouvoirs ne suit pas exactement celle des deux zones. Il est clair qu'elle doit être faite, non pas d'après des limites territoriales, mais d'après les nécessités de l'exploitation des réseaux; elle aura donc lieu en certaines grandes gares, voisines néanmoins de la séparation des zones, et dont la série forme ce qu'on appelle *ligne de démarcation.*

On crée ainsi deux réseaux : le *réseau de l'intérieur* et le *réseau des armées*. La continuité du service entre les deux est assurée par les relations constantes que doivent conserver ensemble le ministre et le directeur de l'arrière.

Au delà des gares de démarcation, tout le service est réglé par le directeur de l'arrière du groupe des armées. Celui-ci confie, du reste, la direction spéciale des transports par voie ferrée à un officier général ou supérieur qui a le titre de *directeur des chemins de fer*, exerce ses attributions sur tout le réseau des armées et est assisté d'un ingénieur des chemins de fer, d'un personnel militaire et d'un personnel technique.

Le service qu'il dirige prend le nom de *service des chemins de fer;* il comprend « tout ce qui est relatif à l'organisation, l'entretien, l'exploitation, la construction et la destruction des voies ferrées ». Ces attributions, d'ailleurs, sont limitatives. On voit, en particulier, que le directeur des chemins de fer n'intervient nullement dans l'emploi des approvisionnements constitués le long des voies ferrées. Ce dernier point, en effet, est affaire administrative et non de transport pur : il est alors du ressort des D. E. S. de chaque armée.

Tout service qui ne rentre pas dans les cinq attributions ci-dessus énumérées rentre dans le *service des étapes*, lequel est dirigé, dans les zones affectées à chaque armée, par le directeur des étapes et des services.

Ainsi, les services de l'arrière des armées se divisent en deux sections bien distinctes, bien que confondues territorialement, et soumises toutes deux à la direction d'ensemble du directeur de l'arrière et l'autorité supérieure du commandant en chef :

D'une part, le service des chemins de fer, agent purement transporteur, unique pour toutes les armées réunies sous un même commandement, sur un même théâtre d'opérations; de l'autre, le service des étapes, réparti entre les armées, agent producteur et expéditeur, chargé de rechercher, déterminer et désigner les matériels et les personnels que le premier devra transporter, chargé aussi d'assurer lui-même les transports en dehors de la voie ferrée, et enfin de maintenir l'ordre et la sécurité dans toute la zone de l'arrière. Le premier service se superpose au second, sans en troubler en rien les divisions.

Nous étudierons successivement l'organisation et le fonctionnement de ces deux services.

Le réseau des voies navigables est utilisé, en principe, comme le réseau des chemins de fer et pour des raisons analogues. Il y a cependant des exceptions dont il sera question plus loin.

Lorsqu'une armée opère isolément, tous ces services sont confondus sous une même direction, celle du D. E. S. de l'armée, qui prend alors le titre de *directeur de l'arrière de l'armée.*

II

Service des chemins de fer.

Les lois du 3 juillet 1877 et du 28 décembre 1888 ont donné au ministre de la guerre la faculté de requérir le personnel et le matériel des compagnies de chemins de fer et d'en régler l'emploi indifféremment sur un réseau ou sur l'autre.

Cette main-mise de l'autorité militaire sur les chemins de fer ne s'effectue pas sans préparation. Toute une série de décrets et instructions, dont nous allons voir les principales dispositions, en règlent les conditions. De plus, dès le temps de paix, sont constitués et fonctionnent, dans des limites restreintes il est vrai, mais suffisantes pour leur faire connaître leurs devoirs et leurs moyens d'action, les organes qui, dès la mobilisation, doivent se substituer aux directions des réseaux en temps de paix, c'est-à-dire les *commissions de réseaux.*

Il ne suffisait pas de requérir personnel et matériel : il fallait constituer, avec le tout, un organisme unique, obéissant à l'action de l'autorité militaire et, par conséquent, centralisé et quelque peu militaire lui-même, mais restant cependant assez semblable à celui du temps de paix pour n'introduire dans le fonctionnement du service aucun bouleversement et pour utiliser chaque personnalité, chaque agent technique, suivant sa compétence.

On a résolu ce problème en juxtaposant, aux agents de direction et aux principaux agents d'exécution des compagnies, un personnel militaire tiré, pour les organes de direction, du 4e bureau de l'état-major de l'armée, et pour les organes d'exécution, d'une catégorie d'officiers de réserve ou de territoriale affectés au service des chemins de fer et des étapes, et recevant, dès le temps de paix, une instruction spéciale.

On constitue ainsi des commissions composées essentiellement de deux membres, l'un technique et l'autre militaire, dont l'association a pour but de concilier les exigences propres du service militaire avec celles du transport par chemins de fer, en subordonnant, au besoin, les unes aux autres suivant les circonstances.

L'autorité militaire dispose donc d'abord du personnel des compagnies dont les lignes sont attribuées aux armées, et elle a pour premier intermédiaire entre elle et ce personnel des *commissions de réseaux*, constituées à raison d'une par réseau de compagnie et comprenant un officier d'état-major commissaire militaire, et un haut fonctionnaire des chemins de fer, commissaire technique. En temps de paix, ces commissions participent à la préparation des opérations de la mobilisation, et elles instruisent toutes les affaires auxquelles donne lieu le service militaire des chemins de fer.

Les commissions de réseau disposent, éventuellement : de *sous-commissions de réseau*, correspondant à peu près aux inspections générales de l'exploitation du temps de paix, de *commissions de gare* et, enfin, du personnel des compagnies.

Elles disposent encore d'organes dont nous verrons plus tard le but et qui ont les attributions d'une sous-commission de réseau dans toute la partie du réseau des armées qui est en contact immédiat avec les armées ou avec les services des étapes de ces armées : ce sont les *commissions régulatrices*.

Sous-commissions de réseau, commissions régulatrices, commissions de gare, sont de même toutes formées d'un membre militaire et d'un membre technique.

Les commissions de gare sont placées dans les gares qui offrent quelque importance au point de vue militaire : gares de rassemblement, stations-magasins, stations de transition, gares régulatrices, etc. (On verra plus loin leur énumération et leur raison d'être.) Ce sont des organes d'exécution dans lesquels le membre technique, qui est, en principe, le chef de gare, reste responsable du mouvement des trains, tandis que le commissaire militaire, qui a les pouvoirs d'un commandant d'armes, est chargé de faire respecter les consignes militaires et civiles *dans la gare*. Il exerce aussi, dans la garnison, et à défaut de titulaires, les fonctions de commandant d'armes, et la suppléance du sous-intendant militaire.

A la mobilisation, et pendant la concentration des armées, tous ces organes se mettent à fonctionner, sous l'autorité du ministre de la guerre, et assurent tous les transports de mobilisation ou de concentration, chaque élément transporté suivant la ou les lignes de transport affectées par le ministre à son armée.

Quand ce dernier le jugera nécessaire — vraisemblablement lorsque la concentration sera terminée, ou tout au moins lorsque les armées seront assez concentrées pour pouvoir commencer à se porter en avant, — il fixera les gares de démarcation, séparera le réseau de l'intérieur de celui des armées et remettra ce dernier à la direction du commandant en chef.

Tous les organes situés au delà de la ligne de démarcation passent alors sous les ordres du directeur des chemins de fer, les organes en deçà restant sous les ordres du ministre. Si un réseau du temps de paix se trouve ainsi scindé, il sera créé une seconde commission de réseau pour le service aux armées.

Exploitation militaire des chemins de fer. — Au début des opérations, il est avantageux de maintenir à sa place le personnel des compagnies; mais il est certains cas où celui-ci devient insuffisant. Si, par exemple, on veut exploiter des voies ferrées en territoire ennemi, il faudra un accroissement de personnel, et ce personnel complémentaire ne saurait être pris dans la zone des armées. Si certaines parties du réseau utilisé pour les armées sont exposées aux atteintes de l'ennemi, il deviendra indispensable d'employer un personnel militaire ou militarisé; et enfin, si des réparations ou des destructions d'ouvrages d'art doivent être entreprises, les compagnies ne pourront fournir ni matériel ni personnel exercé, car elles font faire habituellement ces travaux par entreprise.

On a donc prévu une exploitation militaire dans les parties du réseau des armées voisines des troupes, et cette exploitation, qui commence en certains points appelés *stations de transition*, est assurée par des *sections de chemins de fer de campagne*, formées avec du personnel des compagnies de chemins de fer militarisé (sans assimilation) et organisé à la façon de celui des compagnies, de façon à assurer entièrement le service sur une certaine longueur de voies; et des *compagnies de sapeurs de chemins de fer* (du génie) surtout dressées et outillées pour la construction et la réparation des voies.

Tout ce personnel militaire ou militarisé est placé sous les ordres d'une *commission de chemins de fer de campagne* ayant, au delà des stations de transition, les attributions d'une commission de réseau, et formée comme elle d'un commissaire militaire et d'un membre technique. Elle dépend immédiatement du directeur des chemins de fer, et fait exécuter ses ordres par des commissions de gare.

Les deux personnels militaires ont des fonctions bien distinctes. Les compagnies de sapeurs de chemins de fer ont pour mission d'*assurer la continuité du rail*, même sous le feu de l'ennemi. Elles sont chargées des réparations, constructions et destructions des voies ferrées, et de leur exploitation dans la zone qu'elles occupent, et qui s'étend depuis l'extrême avant jusqu'à une gare dite *de jonction*.

Entre la station de transition et la gare de jonction, le service est exécuté par les sections de chemins de fer de campagne. Leur intervention s'impose chaque fois que le titulaire de l'exploitation du temps de paix est en défaut : en pays ennemi, par exemple. Leur service est organisé sur les bases normales : voie, traction, exploitation. Ces sections, dont chacune peut exploiter 200 kilomètres de voie, sont appelées au fur et à mesure des besoins.

A la direction des chemins de fer se trouve un sous-intendant. Son rôle consiste à administrer les personnels de la direction et à ordonnancer les dépenses du service, soit à titre d'avance, au nom des agents spéciaux, soit au profit des titulaires de marchés passés par la direction.

Enfin, dans les stations de transition, il existe un officier d'administration du service de l'habillement, comptable transitaire. Sa raison d'être se trouve dans la nécessité de distinguer administrativement les transports effectués en deçà de la station de transition de ceux effectués au delà, nécessité qui sera justifiée plus loin (3ᵉ partie, chap. III).

III

Service des étapes.

1° Directeur des étapes et des services.

Le service des étapes embrasse l'ensemble des services de l'arrière qui ne rentrent pas dans le service des chemins de fer.

Il a pour objet principal d'assurer les ravitaillements et les évacuations des armées et de maintenir l'ordre et la sécurité dans la zone de l'arrière. Il est organisé par armée.

L'ensemble du service des étapes comprend tous les services particuliers de l'armée : artillerie, génie, télégraphie, intendance, santé, prévôté, vétérinaire, trésorerie et postes. Les chefs ou directeurs de ces services sont chargés, chacun dans sa sphère, dans sa spécialité, d'assurer la satisfaction des besoins de l'armée.

Leur action est régularisée, coordonnée, par celle du chef commun, qui est le directeur des étapes et des services.

C'est lui qui fait connaître les besoins à satisfaire, décide l'ordre dans lequel ils seront satisfaits, provoque l'intensité ou le ralentissement des productions, déplace tous les organes de fabrication ou de réserve, répartit les personnels, dirige les convois; il donne même des *instructions techniques*. Pas un kilogramme de matériel ne parvient à l'armée sans son autorisation, — bien plus, sans son ordre exprès.

L'entier fonctionnement des services est entre ses mains. Il tient tous les directeurs en tutelle.

Par la création de la direction des étapes et des services, l'état-major a assumé une lourde charge, une grave responsabilité. L'initiative des chefs de service — les plus compétents, les seuls qui sachent réellement ce que peuvent donner les ressources dont ils disposent — cette initiative va se borner à des propositions. Ecoutera-t-on ces propositions ? Les attendra-t-on même toujours ? Cela dépendra sans doute des circonstances, et surtout des hommes. Mais le chef de service pourra toujours se mettre à l'abri derrière les ordres reçus, et la responsabilité des mécomptes retombera sur le chef suprême et son entourage immédiat.

Nous allons examiner avec quelques détails — surtout en ce qui touche l'intendance — l'organisation réglementaire qui résulte de cette conception.

L'autorité du directeur des étapes et des services est complète dans toute la zone des étapes. Il relève directement du commandant de l'armée, dans les mêmes conditions, et avec le même rang, que les commandants de corps d'armée. Il est tenu au courant des opérations projetées et reçoit l'ordre de l'armée.

Il doit avant tout régler *les ravitaillements et les évacuations.*

Les ressources dont il dispose pour assurer le ravitaillement de son armée sont d'abord les *réserves* ou *organes d'armée*, constituées, comme on le dira plus loin (chap. IV), par le groupement de formations mobilisées par chaque corps d'armée, puis les réserves et personnels qui peuvent se trouver à la disposition du directeur de l'arrière et que celui-ci répartit entre les armées, enfin les divers organes fixes ou semi-mobiles dont sont jalonnées les lignes de communications — et que l'on va énumérer — même si ces organes se trouvent dans la zone de l'intérieur.

Il reçoit toutes les demandes des corps d'armée et y donne satisfaction à l'aide des ressources dont il dispose. Il fait exécuter, sans demande spéciale, le ravitaillement quotidien, d'après les ordres journaliers du commandant de l'armée.

Pour assurer le transport des denrées jusqu'à l'avant, il fait jouer successivement le service des chemins de fer, auquel il adresse des demandes de transport par voie ferrée, en faisant connaître l'ordre d'urgence de ces transports, et le service des convois sur routes, qu'il organise et dirige lui-même, en se servant soit des convois normalement attribués à l'armée (*convois administratifs d'armée, convois auxiliaires, convois automobiles*), soit de ceux qu'il fait former par réquisition dans la zone des étapes (*convois éventuels*). Parfois, il dispose d'un réseau plus ou moins étendu de voies navigables.

Les mêmes moyens lui permettent d'assurer les évacuations.

Si ses disponibilités en denrées, matériels, moyens de transport, deviennent insuffisantes pour les ravitaillements ou les évacuations de l'armée, il adressera au directeur de l'arrière les demandes nécessaires, et ce dernier y satisfera dans la mesure des ressources restées à sa propre disposition. A défaut de celles-ci, le directeur de l'arrière devra, à son tour, recourir au ministre de la guerre, maître des approvisionnements et de la production de l'intérieur.

Les fonctions du D. E. S. comprennent, en outre, le *commandement territorial* de l'arrière.

En territoire ennemi, le D. E. S. est chargé de la direction provisoire de l'administration civile, jusqu'à ce qu'il y ait été pourvu par des mesures spéciales. Les limites de cette action sont définies par le directeur de l'arrière. Elle cesse lorsqu'il est créé des *commandements territoriaux particuliers.*

En territoire national, le D. E. S. n'exerce, dans la zone des étapes, qu'une partie du commandement territorial militaire.

La zone de l'arrière, les zones d'étapes, sont délimitées, autant que possible, de façon à comprendre, en deçà de la frontière, les commandements territoriaux normaux, régions de corps d'armée ou subdivisions. Les officiers généraux investis, à la mobilisation, de ces commandements territoriaux, se trouvent sous l'autorité immédiate du commandant en chef. Il faut une décision spéciale de ce dernier pour les subordonner au directeur de l'arrière, qui, sans cela, borne son action, dans ces territoires, à la direction du service des chemins de fer et aux instructions à donner pour assurer les mouvements de personnel et de matériel à destination de l'armée ou en provenant. C'est dans ces mêmes limites que le directeur de l'arrière peut déléguer son autorité aux D. E. S. des différentes zones d'étapes.

C'est ainsi que, dans sa zone, le D. E. S. exerce et délègue le droit de réquisition, prend toutes mesures de police et de répression nécessaires, assure la surveillance — et, au besoin, l'entretien — des voies de communication, exploite le territoire, donne des instructions aux autorités territoriales au sujet des mouvements.

Quant au personnel, le directeur des étapes et des services a, vis-à-vis de lui, tous les pouvoirs d'un commandant de corps d'armée en ce qui concerne le commandement, l'administration, l'avancement et les punitions. Mais il n'exerce aucun pouvoir judiciaire, tout le personnel des étapes restant justiciable du conseil de guerre du quartier général de l'armée.

Des troupes spéciales, appartenant surtout à l'infanterie territoriale, sont affectées à la garde des divers organes qui occupent l'arrière des armées, et y constituent, en outre, un personnel précieux pour assurer l'exécution des services. On les appelle des *troupes d'étapes*.

Enfin, en vue des nécessités spéciales de la défense des lignes de communication, des effectifs d'une importance relative — un régiment, une brigade — peuvent être détachés des troupes de première ligne et placés sous les ordres du D. E. S., qui règle leurs mouvements et leur assigne la mission la plus utile.

2° Organes des lignes de communication.

En supposant affectée à une armée une ligne unique de communication, on trouverait sur cette ligne la série d'organes qui suit, et dont chacun coopère, par son personnel et ses approvisionnements, à l'œuvre du D. E. S., c'est-à-dire au ravitaillement de l'armée et à l'évacuation des éléments devenus inutiles.

En partant de l'intérieur du pays, et en suivant la ligne de communication, on trouve successivement les organes ci-dessous (1) :

Gares de rassemblement. — Dans chacune des régions de corps d'armée où se sont mobilisés les corps et services ayant concouru à la formation de l'armée, une gare est désignée comme point de réunion des expéditions en provenance de toute cette région — originaires des dépôts laissés sur ce territoire ou envoyés par des particuliers — à destination des corps de troupe en campagne, et qu'on désigne sous le nom abrégé de *colis des corps*. Inversement, à la gare de rassemblement seront disloqués tous les envois faits de l'armée sur des points de l'intérieur. C'est comme un « point initial » pour les transports de matériel et de personnel. Situées en général dans la zone de l'intérieur, les gares de rassemblement restent sous l'autorité de leur commandant de corps d'armée; le service du chemin de fer y est réglé par une commission de gare, sous la direction du ministre. Un officier d'administration du service de l'habillement y centralise toutes les expéditions, prépare les ordres de transport, etc. Il reçoit quelques fonds d'avance pour

(1) Voir le croquis schématique de l'organisation territoriale d'un théâtre d'opérations, page 248.

régler certaines menues dépenses, soldes et gratifications à ses ouvriers militaires, conditionnement de colis, etc. Il agit comme gérant d'annexe du magasin d'habillement de la région.

Stations halte-repas (abréviation : S. H. R.). — Dans les stations de ce nom, établies non seulement sur les lignes de communication, mais aussi sur les lignes de transports pour la concentration, les troupes qui passent trouvent de l'eau et des boissons chaudes pour s'abreuver, elles et leurs chevaux. Un petit approvisionnement de viande de conserve permet de donner, exceptionnellement, à des malades, au personnel des chemins de fer, des repas sommaires. Chaque station est gérée par un officier d'administration du service des subsistances.

Stations-magasins (abréviation : S. M.). — La station-magasin est définie par le règlement : « un entrepôt des approvisionnements destinés aux armées ». Placée en une gare de chemin de fer importante, affectée à une armée, elle manutentionne les envois pour des effectifs variant en général de un à trois corps d'armée.

Tous ces envois, munitions d'artillerie, outils du génie, matériel de santé, denrées de l'alimentation, sont réunis, groupés, conservés à la S. M. et de là expédiés sur l'armée. C'est donc avant tout un organe d'*expédition*, placé sous la direction d'une commission de S. M., dont le commissaire militaire est commandant d'armes et transmet aux représentants des différents services les commandes du D. E. S.

En ce qui concerne le service de l'intendance, la S. M. est aussi un organe de *production* de première importance. Aussi, dès le temps de paix, renferme-t-elle des denrées en abondance et des matériels suffisants pour la fabrication du pain, la torréfaction du café, etc., le tout réuni dans des bâtiments spéciaux, voisins de la station proprement dite, et sillonnés eux-mêmes de voies ferrées. A mesure que ces denrées s'épuisent, elle en reçoit d'autres de l'intérieur, plus ou moins prêtes à la consommation, suivant un plan soigneusement prévu.

L'affectation des S. M. aux armées est préparée dès le temps de paix, mais peut être modifiée, au cours des opérations, par les ordres du directeur de l'arrière. Toutes sont, par leur éloignement de la frontière, soustraites aux entreprises de l'ennemi. Il peut d'ailleurs être créé, pendant la campagne, de nouvelles S. M., suivant les instructions du directeur de l'arrière.

Le personnel qui occupe une S. M. est très nombreux et comprend, avec des représentants de tous les services, des troupes d'infanterie chargées de l'ordre et des corvées, et de nombreux ouvriers d'administration.

Il ne faut pas oublier que le terme station-magasin, dans son sens propre, désigne l'organe de chemin de fer, la « station ». Dans le langage courant de l'intendance, il désigne surtout le « magasin » et représente l'ensemble des constructions, des fours, des approvisionnements qui ont été créés en vue du fonctionnement de la station en temps de guerre. Le service de l'intendance est d'ailleurs le seul qui ait des établissements permanents aux stations destinées à devenir S. M.

Gare régulatrice (abréviation : G. R.). — Après avoir franchi les stations-magasins, la ligne de communication de chaque armée s'étend, sur des longueurs plus ou moins grandes, jusqu'au voisinage de l'avant; mais, dans cette dernière partie, elle ne présente pas la même fixité que du côté de l'intérieur, car il faudra que ses extrémités puissent se déplacer et se plier aux mouvements des troupes.

On distingue donc, dans la voie ferrée qui constitue la ligne de communication, deux tronçons, l'un fixe, l'autre variable — ce dernier, voisin de l'armée, est plutôt formé d'un faisceau de lignes — tous deux réunis en une gare spéciale, bien outillée, aussi rapprochée des troupes que le permettront et sa sécurité et les ressources en chemin de fer, afin de bien adapter les mouvements des trains aux évolutions des corps d'armée et même, parfois, des divisions; c'est la *gare régulatrice*, ainsi appelée parce que son existence va permettre de *régulariser* les transports.

Il est clair, en effet, qu'un train parti de la S. M. ne peut aller directement et sans arrêt jusqu'à un corps d'armée dont il peut être distant de 3 ou 400 kilomètres. Chargé l'avant-veille au moins du jour où il serait utilisé, il ne trouverait sans doute plus son corps d'armée à l'endroit désigné quand il y arriverait. Il est de toute nécessité qu'un nouvel organe arrête les ravitaillements et les relance sur leur destination définitive à un moment tel que cette destination n'ait pas le temps de changer avant leur arrivée, ce qui exige que cet organe soit assez peu éloigné des points de ravitaillement. On admet qu'une G. R. ne doit pas se trouver à plus de 100 kilomètres des troupes.

Il en est de la composition des ravitaillements à fournir comme de leur point d'aboutissement : elle est sujette à trop de variations journalières pour n'être pas modifiée pendant le long trajet qui commence à la S. M. Cette opération devra encore se faire dans le voisinage relatif des troupes; on la fera à la G. R. L'existence de cette gare évitera aussi le refoulement jusqu'à la S. M. des denrées non distribuées. Elle les arrêtera au retour et les fera distribuer le lendemain, en diminuant d'autant l'expédition de la S. M. La G. R. jouera donc aussi le rôle d'entrepôt : on pourrait presque dire qu'*elle transforme en commerce de demi-gros le commerce de gros de la S. M.* C'est elle qui, demandant à cette dernière des approvisionnements en bloc, au poids, des trains « par rames de denrées » comme on dit, en enlèvera ou en ajoutera, les répartira suivant les besoins du jour entre les corps d'armée ou même, si c'est possible, entre les divisions, formera les trains « par rames d'unités », et, n'ayant pas de magasins fixes, conservera toujours, pour ce travail, des magasins sur roues d'importance juste suffisante pour former volant et éviter les demandes urgentes à l'arrière. La G. R. est donc essentiellement un organe de *préparation de distribution*. C'est à elle qu'incombe le soin de faire parvenir à chaque unité le train renfermant son ravitaillement quotidien, après l'avoir, au préalable, constitué à sa composition exacte au moyen des denrées envoyées en bloc par la S. M., et de celles qu'elle a gardées des jours précédents.

Ce qui vient d'être dit des denrées est également vrai pour les munitions d'artillerie, les outils du génie, les matériels de toute nature.

Aussi tous les services sont-ils représentés à la G. R. en vue des nombreuses manutentions qu'exigera ce nouveau groupement des denrées et matériels et aussi en vue de la création et de l'entretien d'un léger approvisionnement de sûreté, conservé à petite distance des troupes, pour parer aux retards et mécomptes divers.

Tous les mouvements de trains sont réglés, *à l'intérieur de la gare*, par une *commission de gare régulatrice*, composée d'un officier et du chef de gare. Le commissaire militaire exerce les fonctions de commandant d'armes, fixe les consignes intérieures, règle les heures de formation et de repliement des trains, etc.

La gare régulatrice est le siège de cet organe très important du service des chemins de fer que nous avons déjà appelé la *commission régulatrice* — et qu'il faut bien se garder de confondre avec la précédente.

La commission régulatrice a pour mission de régler le service des chemins de fer sur toute la ligne de communication affectée à l'armée à laquelle elle est adjointe (elle peut même diriger les mouvements relatifs à deux armées, si celles-ci ont la même ligne de communication). Elle dépend, par conséquent, non du D. E. S. de l'armée, mais du directeur des chemins de fer du groupe d'armées dont fait partie cette armée.

De plus, le commissaire militaire, qu'on appelle quelquefois le *commissaire régulateur*, est, dans la gare régulatrice, pour l'ensemble du service de ravitaillement ou d'évacuation, le représentant du D. E. S., au nom de qui il prescrit toutes mesures de constitution d'approvisionnements, d'expéditions, de renvois, etc. Il dépend donc à la fois de deux autorités, dont l'une aura certainement souvent à demander des choses que l'autre pourra être amenée à lui refuser.

Le personnel du service des étapes est très nombreux à la G. R. Il comprend, outre les chefs des services et le personnel des manutentions, tout celui qui est nécessaire pour les distributions, et que les trains de ravitaillement emmènent aux gares de ravitaillement. Le service d'ordre et les corvées sont assurés par des troupes d'étapes fortes de un à deux bataillons et un escadron de cavalerie.

La G. R. doit être changée et remplacée par une autre station plus avancée dès que sa distance aux troupes atteint 100 à 120 kilomètres. Elle n'est donc qu'un organe mi-fixe.

Gares de ravitaillement (abréviation : G. Rav.). — On appelle ainsi les points de contact entre les chemins de fer et les équipages des armées, c'est-à-dire les stations de chemins de fer où sont déchargés les trains de denrées et chargés les équipages militaires, trains régimentaires ou convois administratifs.

Les G. Rav. doivent être aussi multipliées que possible, afin d'opérer simultanément le plus grand nombre possible de ravitaillements. Une par division, une pour les E. N. E., une pour les éléments d'armée, telle devrait être la règle. Mais cette règle sera rarement applicable : on ne trouvera pas souvent dans le voisinage des troupes, c'est-à-dire sur un espace relativement restreint, trois stàtions par corps d'armée possédant des moyens de débarquement (1). On sera fréquemment obligé de ravitailler consécutivement deux grandes unités dans la même gare. Parfois même ne pourra-t-on disposer que d'une gare par corps d'armée. Le ravitaillement sera alors extrêmement long.

Les G. Rav. servent en même temps de *gares d'évacuation*. Le train quotidien ne revient jamais à vide. Il ramène toujours des hommes blessés ou malades, des denrées inutilisées, du matériel sans emploi, choses et gens dont la véritable destination est déterminée à la G. R.

Les G. Rav. se déplacent évidemment avec les formations qu'elles desservent et sont fixées chaque jour par l'ordre de l'armée.

Organes des routes d'étapes. — Si la voie ferrée est interrompue dans la direction de marche de l'armée, la ligne de communication sera prolongée par une route d'étapes dont le point de jonction avec le chemin de fer s'appellera *gare origine d'étapes* (abréviation G. O. E.).

Celle-ci sera le point de contact du service des chemins de fer et des convois dont dispose le D. E. S. dans la zone des étapes, qu'on appelle « équipages du service des étapes », et qui transporteront denrées ou munitions jusqu'aux équipages militaires des corps d'armée, avec lesquels un nouveau contact se prend au point appelé *tête d'étapes* (T. E.).

Organe fixe jusqu'à ce que l'on puisse revenir à l'emploi unique du chemin de fer, la G. O. E. joue un rôle analogue à celui de la G. R., dont elle absorbera en grande partie le personnel. Elle devra procéder à une manutention importante des approvisionnements reçus, les décharger des trains et en constituer des convois sur roues. S'il n'y avait qu'une G. O. E., c'est-à-dire une seule route d'étapes pour toute l'armée, la G. R. ne serait plus guère qu'un organe de passage et le vrai entrepôt se transporterait à la G. O. E.

Les routes d'étapes sont jalonnées, d'étape en étape, par les *gîtes d'étapes* (Gî. E.), dont le plus rapproché des troupes n'est autre

(1) Voir 3e partie, chap. III, I.

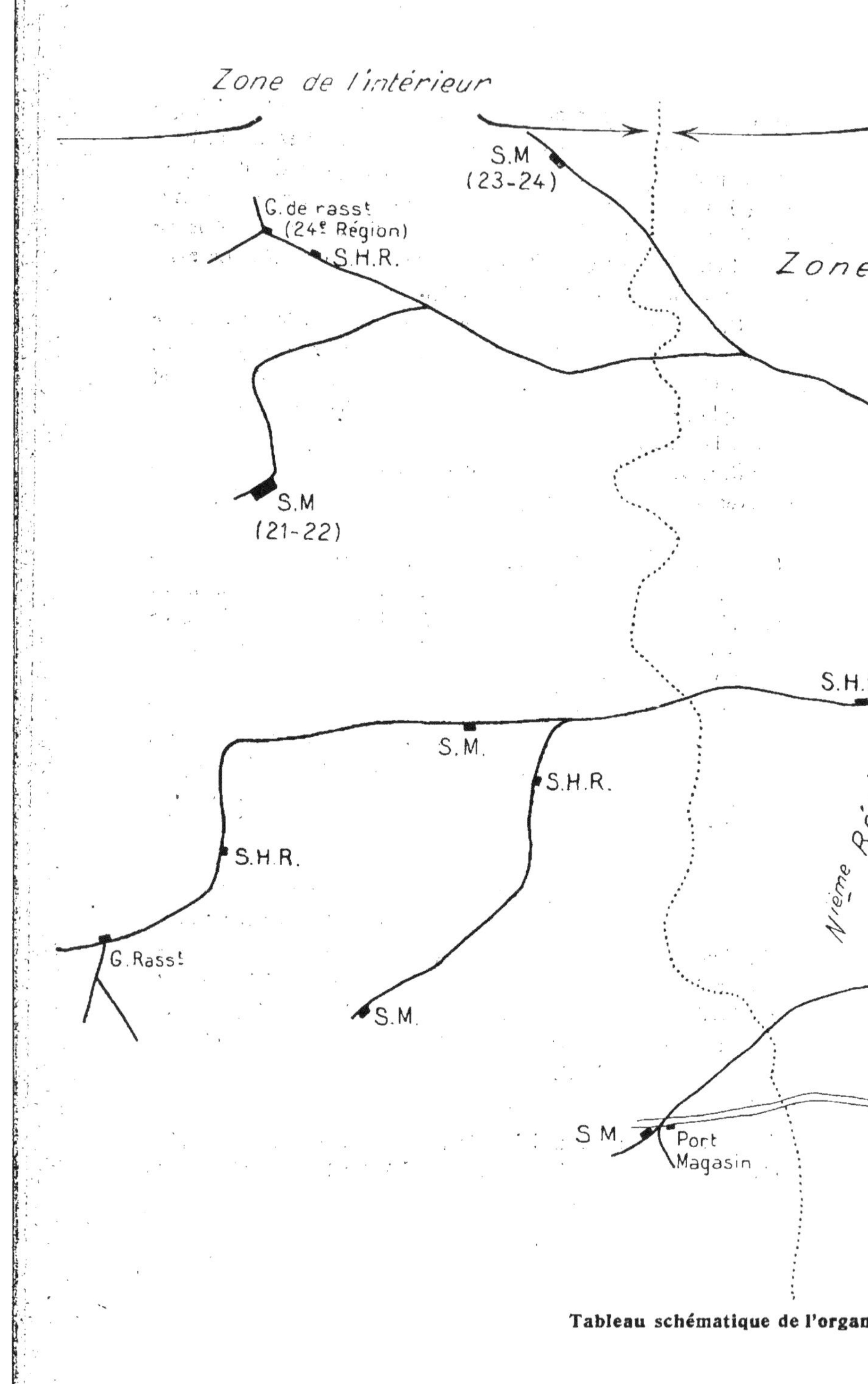

Tableau schématique de l'organ

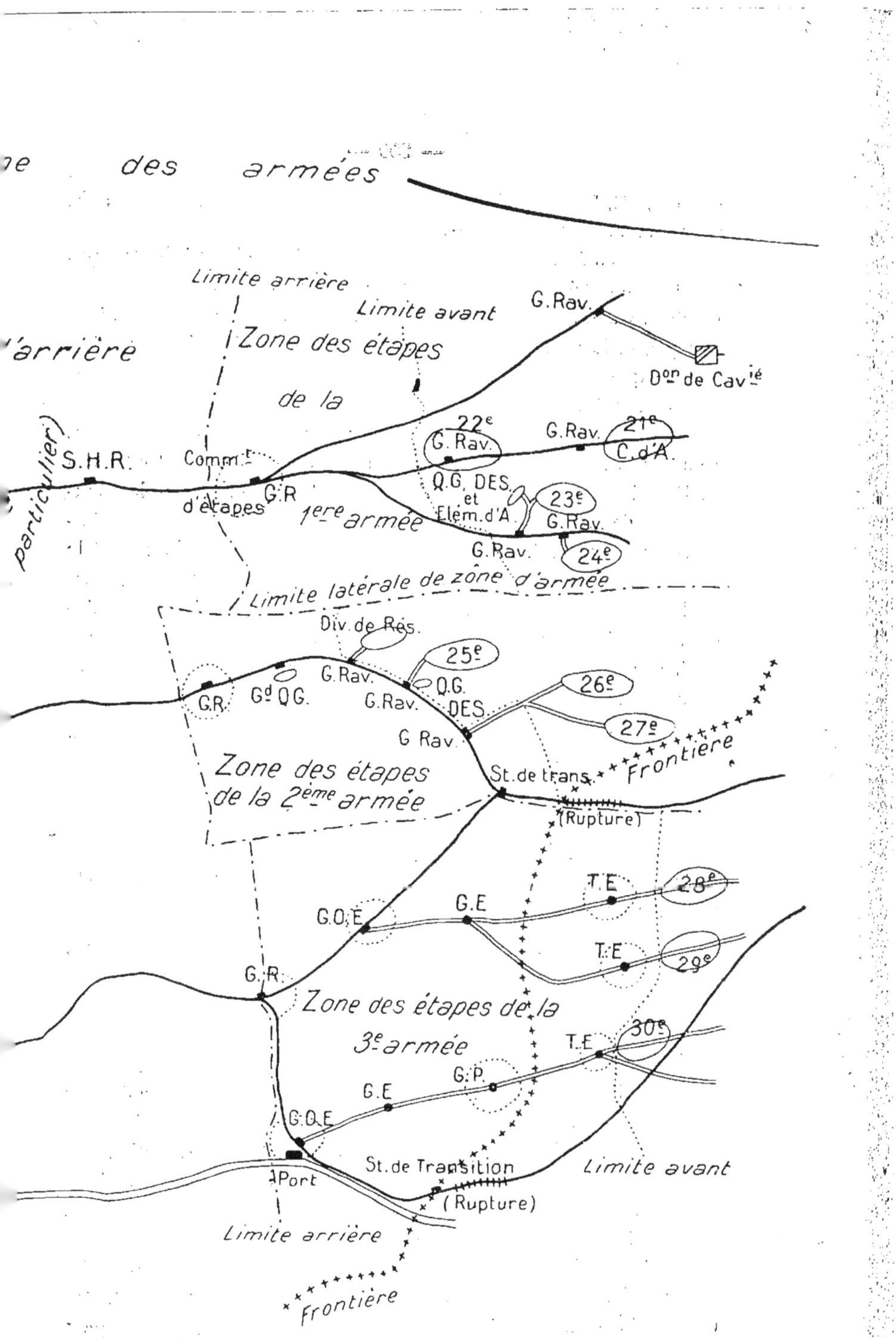

...ne des armées

Limite arrière
Limite avant
G. Rav.
...'arrière
Zone des étapes
de la
D^on de Cav^ie
...particulier)
S.H.R.
Comm^t d'étapes
G.R
22e G. Rav.
G. Rav.
21e C.d'A.
Q.G. DES. et Elém. d'A.
23^e
G. Rav.
1ere armée
G. Rav.
24^e
Limite latérale de zone d'armée
Div. de Rés.
25^e
G. Rav.
Q.G.
26^e
G.R.
G^d Q.G.
G. Rav.
DES.
27^e
G Rav.
Frontière
Zone des étapes
de la 2ème armée
St. de trans.
(Rupture)
T.E
28^e
G.O.E
G.E
T.E
29^e
G.R.
Zone des étapes de la
3e armée
30^e
T.E
G.P.
G.E
G.O.E
Port
St. de Transition
(Rupture)
Limite avant
Limite arrière
Frontière

...ale d'un théâtre d'opérations.

que la T. E. Les convois, ou les troupes, s'y arrêtent pour une nuit, sans y séjourner en général.

Cette tête d'étapes est donc un organe mobile, éloigné des troupes de une à deux étapes au maximum, et se déplaçant en même temps qu'elles. Chaque jour, sa position est fixée par le commandant de l'armée, et le point qu'elle a quitté devient un gîte d'étapes. C'est en elle que les équipages des étapes se déversent dans ceux des corps d'armée.

Pour remplir son rôle, la T. E. comporte un personnel important. Une partie de ce personnel assure le service proprement dit de la T. E. et la suit dans tous ses déplacements : on lui confie la manipulation des approvisionnements, l'exploitation locale, les expéditions de denrées, l'organisation des convois d'évacuation; c'est le personnel des services. Une autre partie, relevant des troupes, fournit les corvées, assure la police du pays, la garde et la marche des convois à l'arrière, etc. Enfin, une réserve de personnel se tient à la T. E. pour être employée plus tard à la constitution de nouveaux gîtes d'étapes.

De distance en distance, des Gî. E. sont organisés un peu plus fortement, et on y réunit des approvisionnements. Ils prennent alors le nom de *gîtes principaux d'étapes* (Gî. P.).

Tels sont les organes qui, échelonnés tout le long des lignes de communication, jouent le rôle actif dans les ravitaillements, par l'intervention réglée des personnels qu'ils possèdent, ainsi que cela va être expliqué.

Les *évacuations* se font suivant les mêmes lignes, et en traversant, en général, ces mêmes organes. Elles sont assez peu intéressantes pour le service de l'intendance. Il est cependant quelques organes spéciaux au service de santé dont il faut connaître les noms. Ce sont les *infirmeries de gare*, — organisées sur les voies ferrées, en vue d'assurer l'alimentation des malades et, au besoin, de leur donner quelques soins, — et les *gares de répartition*, point de dislocation des trains sanitaires, d'où les malades et blessés sont répartis entre les établissements hospitaliers des différentes zones d'hospitalisation prévues. Cet organe est analogue à la gare de rassemblement, mais ne fonctionne que dans un sens, vers l'intérieur.

Les évacuations partent habituellement de la gare de ravitaillement; mais, dans le cas d'évacuations particulièrement importantes de malades et de blessés, après une bataille, par exemple, on peut désigner des stations spéciales qui prennent le nom de *gares d'évacuation.*

3° Commandements d'étapes.

Les organes des services des étapes, ainsi que les troupes qui les accompagnent, sont répartis sur le territoire de l'arrière, et quelques-uns sont même fort éloignés du D. E. S. Ils ne sont cependant pas disséminés sans ordre, et ils rentrent dans certains groupements et obéissent à certaines hiérarchies.

A cet effet, troupes et services sont groupés en des villes, ou des régions de la zone des étapes, généralement peu étendues, mais particulièrement intéressantes par les formations qu'elles abritent, ou les ressources qu'elles renferment, et qu'on appelle des *commandements d'étapes.*

Les commandements d'étapes sont créés et organisés par un ordre du directeur des étapes et des services. Cet ordre définit les limites territoriales du commandement, son rôle particulier, la composition et l'effectif des personnels et des troupes qui lui sont affectés.

A la tête du territoire de chaque commandement est un officier supérieur, appartenant en général à la réserve ou à l'armée territoriale, qui exerce le commandement territorial, assure la garde et la police de la région, ainsi que le logement et l'alimentation des troupes stationnées ou passant sur son territoire. Il est l'intermédiaire du D. E. S. vis-à-vis des services, auxquels il transmet les ordres donnés par cet officier général, sans avoir d'ailleurs à s'immiscer dans la direction et l'exécution technique de ces services. Il est tenu au courant de la situation des approvisionnements et règle lui-même tout ce qui est relatif à la réunion des moyens de transport, à l'exécution des mouvements sur les routes. Il prend toutes les mesures communes, prépare le cantonnement et l'installation des services, fixe les consignes extérieures, etc. Il est enfin suppléant du sous-intendant militaire dans les commandements qui ne comportent pas de fonctionnaires de l'intendance. Autour de lui se trouvent les représentants des services, avec leurs personnels particuliers. Il dispose de troupes du train des équipages pour encadrer les convois de réquisition et de troupes d'étapes, comprenant un nombre de compagnies variable suivant l'importance du commandement d'étapes, tant pour occuper militairement le pays que pour fournir des aides à l'exécution des services.

C'est le *commandant d'étapes*.

Les commandements d'étapes peuvent être groupés, pour faciliter certains services qu'il y a intérêt à centraliser, en *arrondissements d'étapes*. L'arrondissement est commandé par le commandant d'étapes de son chef-lieu; c'est auprès de lui que fonctionnent les divers services.

Les chefs des services dans les commandements d'étapes ne relèvent, pour l'exécution de ces services, que de leurs directeurs (ou chefs), avec lesquels ils correspondent directement.

Le directeur des étapes et des services installe des commandements d'étapes partout où la situation l'ordonne. La création d'un simple dépôt d'éclopés et de chevaux malades exige la présence d'un chef qui assure leur subsistance, leur cantonnement, leur administration, leur départ vers l'intérieur ou leur retour sur l'armée. Ce sera un petit commandement d'étapes, sans services.

Autour de la plupart des organes des lignes de communications qui viennent d'être énumérés, l'existence de commandements d'étapes s'impose. Ceux-là seront même les plus importants; ils joueront le rôle le plus actif dans les mouvements de ravitaillement et d'évacuation. On trouvera ainsi, successivement, des *commandements d'étapes de gare régulatrice, de gare origine d'étapes, de gîtes principaux d'étapes, de têtes d'étapes*.

Dans le commandement d'étapes de gare régulatrice, le commissaire régulateur, ainsi que nous l'avons déjà fait entrevoir, exerce les doubles fonctions de commandant d'étapes et de chef du service du chemin de fer.

Les gares de ravitaillement ne constituent pas de commandements d'étapes; mais, pendant le temps qu'elles sont occupées, pour le ravitaillement ou les évacuations, par les trains militaires et par les convois ou trains régimentaires, il est nécessaire d'assurer l'ordre et de régler les mouvements tant à l'intérieur qu'à l'extérieur de la gare. Ce sera l'affaire d'une *commission provisoire de gare* et d'un *commandement d'étapes provisoire de gare de ravitaillement*, formés de quelques officiers prélevés sur le personnel de la gare régulatrice, transportés par le train de ravitaillement et ramenés par lui. Toutefois, comme à cette dernière gare, le commandant d'étapes sera le commissaire militaire lui-même.

La station-magasin, étant située dans la zone de l'intérieur, ne fait pas partie d'un commandement d'étapes. Aussi le D.E.S. y est-il encore représenté par le *commissaire militaire* de la gare.

Enfin, il peut être créé des commandements d'étapes particuliers, avec une mission spéciale temporaire, dans certains cas. C'est ainsi qu'après les batailles, il est constitué des *commandements d'étapes de champ de bataille*, ayant pour but d'assurer l'inhumation des morts et la recherche de leur identité, le relèvement et l'évacuation des blessés, le renvoi des prisonniers et du matériel, l'assainissement et la police du champ de bataille. Des représentants des services y figurent : celui du service de santé y jouera évidemment le principal rôle; celui du service de l'intendance y assurera, en particulier, l'alimentation du personnel.

Le chapitre suivant nous montrera la répartition des personnels de l'intendance dans ces différents commandements d'étapes et le rôle important qu'ils sont appelés à y jouer.

IV

Service de la navigation.

Les voies navigables sont, en temps ordinaire, réparties entre des *services de navigation* dirigés par des ingénieurs en chef des ponts et chaussées. Chaque service de navigation est fractionné en *subdivisions de voie navigable*, sous la direction d'ingénieurs ordinaires disposant de conducteurs, de commis et d'un personnel spécial : éclusiers, cantonniers, garde-barrages, etc.

Dès le temps de paix, l'emploi de la navigation pour les besoins de la guerre est étudié et préparé par une *commission de navigation* qui fait partie du 4e bureau de l'état-major de l'armée et qui comprend un officier supérieur et un ingénieur en chef des ponts et chaussées.

A la constitution des armées, le réseau des voies navigables qui se trouve sur la zone des armées est affecté au groupe d'armées et fait partie de ses lignes de communication. Le service y est centralisé, sous la haute direction du directeur de l'arrière, par une commission permanente dite *commission de navigation de campagne*, constituée auprès du grand quartier général des armées. Le service est fractionné entre plusieurs *commissions de subdivision*. Certains ports fluviaux prennent une importance spéciale et jouent les rôles de ports-magasins, ports de ravitaillement, ports origines d'étapes. Dans chacun d'eux se trouve une *commission de port* qui y assure le service de façon permanente ou temporaire.

Cette organisation est, en somme, calquée sur celle des chemins de fer. Toutefois, elle est moins indépendante que la première, parce qu'elle ne peut se suffire avec ses moyens d'action propres. Elle agira fréquemment de concert avec le service des étapes, et les relations de ces deux services seront réglées par le directeur de l'arrière, à qui doivent être adressées toutes les demandes de transports par eau.

A une armée peut cependant être affectée spécialement une ligne de canaux ou fleuves navigables; sous la haute impulsion du directeur des étapes et des services, le service y est dirigé par une sous-commission de navigation de campagne. Certaines voies secondaires, utilisables seulement pour une armée, peuvent aussi être laissées entièrement à la disposition du directeur des étapes et des services de cette armée, indépendamment du réseau général dont cette armée peut profiter.

On pourra rarement utiliser les ports situés sur les voies navigables comme ports de ravitaillement pour les trains régimentaires dans la période où, les troupes étant en mouvement, ces ports devraient changer tous les jours. Mais on pourra ravitailler des convois par des bateaux et surtout constituer sur ceux-ci des magasins flottants de vivres, qui s'avancent en même temps que les troupes et deviennent particulièrement utiles si la voie ferrée vient à manquer. (Voir 3e partie, chap. III.)

CHAPITRE IV

INTENDANCE DES ÉTAPES.

I

Personnels et formations de l'intendance des étapes.

L'intendance des étapes a à sa tête l'intendant de l'armée, qui fait fonction de directeur de l'intendance des étapes.

L'intendance de l'armée fonctionne, avons-nous dit plus haut, au 2e groupe du quartier général de l'armée, ou direction des étapes et des services. Elle comprend : l'intendant d'armée, un officier d'administration des bureaux, quelques commis.

A côté d'elle se trouvent : la *sous-intendance administrative d'armée*, à la tête de laquelle est un sous-intendant adjoint à l'intendant d'armée, chargé de l'administration des éléments d'armée, y compris le quartier général (un chef de bureau, quelques commis), et la *sous-intendance des étapes*, dirigée par le sous-intendant chef du service de l'intendance des étapes (un chef de bureau, quelques commis).

Le personnel de l'intendance affecté au service des étapes est réparti entre les divers organes du service des étapes énumérés un peu plus haut. Il se trouve également à certaines formations qui sont à la disposition immédiate du D. E. S., et qui constituent les éléments les plus avancés de l'arrière : ce sont les *réserves d'armée*.

1° Réserves d'armée.

Les réserves d'armée comprennent, en ce qui concerne seulement l'intendance (1) :

1° Un *convoi administratif d'armée*, composé normalement de deux sections de convoi administratif par corps d'armée, et portant par conséquent deux jours de vivres pour l'effectif total du corps d'armée (plus une majoration pour les éléments d'armée), calculés au taux de la ration forte, sauf le pain, qui est du pain de guerre, et dont il emporte une ration forte et une ration de réserve.

Ce convoi ne renferme pas de vivres pour le personnel qui l'accompagne, pas plus que pour celui du grand parc d'artillerie, du parc du génie d'armée, de la boulangerie d'armée.

Le pain de guerre qui lui est destiné n'est livré à l'armée que sur la base de concentration; il peut être chargé sur les convois administratifs des corps d'armée, lorsque ceux-ci ne concourant pas au ravitaillement journalier, n'ont pas de chargement en pain; il est remplacé par du pain biscuité, sur le convoi administratif d'armée, si celui-ci doit intervenir lui-même dans le ravitaillement quotidien. On envoie alors en même temps un supplément de sucre et de café suffisant pour rendre le chargement du CV.AD. d'armée identique à celui du CV.AD. de corps d'armée.

Lorsque l'armée comprend des divisions isolées, chacune d'elles détache au CV.AD. d'armée deux sections de convoi administratif (indépendamment des deux sections qu'elle conserve avec elle),

(1) Il n'est pas inutile de connaître en quoi consistent les réserves d'armée des autres services, ne fût-ce que pour se faire une idée de l'importance totale de ces réserves, en vue de leur administration :

Grand parc d'artillerie (échelon sur route, échelon de gare régulatrice, échelon de station-magasin, échelon d'arsenal);

Parc du génie d'armée (avec sa *réserve de station-magasin* et sa *réserve d'école du génie*), comprenant les approvisionnements de matériel télégraphique;

Ambulances et sections d'hospitalisation d'armée, hôpitaux d'évacuation.

Tous ces éléments, notamment les derniers, ne sont pas constamment sur roues, et n'entrent pas en action simultanément.

chargées, pour tout son effectif, des mêmes denrées, au même taux que les sections provenant des corps d'armée.

Entre les mains du D. E. S., cette masse de convois forme une réserve qui est déjà assez importante, si on l'attribue à toute l'armée, et qui, de plus, permet de venir, de façon très efficace, au secours d'un ou deux corps d'armée, momentanément éloignés de l'armée et des lignes de communication, engagés à l'avant-garde d'un combat de plusieurs jours, etc.

2° Une *boulangerie d'armée*, formée normalement d'un nombre de boulangeries de campagne (à quatre sections), égal à celui des corps d'armée. Sa constitution répond à l'idée de rejeter le plus possible en arrière les impedimenta, de rendre les corps d'armée plus légers, plus souples. La boulangerie de campagne est un organe très important, sur la composition et le fonctionnement duquel il sera revenu en détail plus loin (chap. VIII).

Lorsque l'armée comprend des divisions isolées, la boulangerie d'armée est augmentée d'une section par division.

La fabrication du pain se fera aussi bien, mieux peut-être, en groupant les boulangeries de campagne, sinon absolument ensemble, au moins dans le voisinage immédiat les unes des autres. Il sera possible ainsi de les surveiller et de les diriger.

3° Un *troupeau de bétail d'armée*, qui possède une importance variable et fixée par le commandement. Il est destiné à venir au secours des parcs de bétail de corps d'armée, lorsque ceux-ci ne pourront rien recevoir de l'arrière, ni trouver à se recompléter sur le pays. Il est exceptionnellement appelé à fournir de la viande abattue aux corps qui se trouveront dans son voisinage, aux organes d'armées, par exemple. Aussi est-il doté, en tout temps, d'un personnel de bouchers et de quelques automobiles à viande. Ses ressources en bétail sont variables et fixées par le commandement. Formé dès le début des opérations, dans la région de la gare régulatrice, il suivra l'armée en marche comme il pourra. Cet organe, qui répond, comme les précédents, à la préoccupation d'alléger les convois de corps d'armée, ne semble pas devoir rendre de très grands services, pour des raisons qui seront exposées à propos de l'alimentation en viande fraîche des troupes (chap. IX).

Ces réserves d'armée sont commandées et dirigées par trois fonctionnaires de l'intendance : le *sous-intendant du convoi administratif*, le *sous-intendant de la boulangerie d'armée*, et le *sous-intendant du troupeau de bétail d'armée.* Approvisionnements et matériels sont gérés par des officiers d'administration du service des subsistances, au nombre d'un gestionnaire par section de convoi, d'un par boulangerie de campagne, d'un pour le troupeau.

Enfin, à ces réserves d'armée, il faut joindre la *réserve de commis et ouvriers d'administration d'armée*, qui ne comprend que du personnel, une cinquantaine d'hommes par corps d'armée, et marche, en principe, avec le convoi administratif d'armée, à la disposition de l'intendant d'armée, qui en usera surtout pour doter les organes d'étapes qu'il sera amené à constituer.

2° Organes des étapes.

Dans les divers organes du service des étapes, le personnel est réparti suivant les besoins et aussi suivant les ressources.

Dans une station-magasin, le service de l'intendance est dirigé par un sous-intendant, aidé d'un fonctionnaire en sous-ordre. Il dispose :

D'un personnel de bureau (officiers d'administration et commis); d'une gestion des subsistances ayant pour annexes une boulangerie de guerre, un entrepôt de bétail et, éventuellement, un ou plusieurs en-cas mobiles, réserves d'approvisionnements sur wagons; d'une gestion de l'habillement et du campement.

Dans un commandement d'étapes de gare régulatrice, se trouve une sous-intendance. Le sous-intendant, chef de service, est assisté d'un fonctionnaire en sous-ordre, et dispose : d'un personnel de bureau, d'une gestion des subsistances ayant, en principe, pour annexes un parc de bétail et, éventuellement, des en-cas mobiles de vivres; d'une gestion de l'habillement et du campement.

Lorsqu'il n'est pas organisé de routes d'étapes, le service de l'intendance ne comporte pas d'autres organes; mais le service des étapes d'une armée comprend, en outre, du personnel en vue de la création de routes d'étapes.

Sur une route d'étapes, on trouve, en principe :

Au commandement d'étapes de la gare origine d'étapes : un sous-intendant (éventuellement, un fonctionnaire en sous-ordre) avec un personnel de bureau; une gestion des subsistances (ayant pour annexe, s'il y a lieu, un parc de bétail); une gestion du service de l'habillement.

Dans les gîtes principaux d'étapes, une sous-intendance, si les ressources en personnel le permettent, et une gestion des subsistances chargée, en même temps, du service de l'habillement.

(Les gîtes ordinaires d'étapes n'ont, en général, aucun service administratif; ce sont de simples points de passage et de relais. Les commandants d'étapes y remplissent les fonctions de suppléants du sous-intendant.)

Au commandement d'étapes de la tête d'étapes : une sous-intendance; une gestion des subsistances ayant pour annexe, s'il y a lieu, un parc de bétail; éventuellement, une gestion de l'habillement et du campement.

Les personnels employés aux divers échelons du service des étapes sont loin d'avoir une composition fixe, comme ceux des services de l'avant. C'est le directeur des étapes et des services qui en fait la répartition, suivant les besoins, et d'après les propositions de l'intendant d'armée, en puisant dans l'ensemble des personnels affectés aux étapes de l'armée.

Convois d'armée. — Aux organes qui précèdent, il y a lieu de joindre des formations qui, sans leur être absolument liées, interviennent dans les ravitaillements et les évacuations, en assurant les transports sur routes. Ce sont les *convois auxiliaires* et les *convois éventuels.*

Les uns et les autres ne sont formés qu'au moment des besoins; mais les premiers sont des organes militaires provenant des régions de l'intérieur, d'où ils sont envoyés à l'armée par voie ferrée, sur demande du D. E. S., tandis que les seconds résultent du groupement sur place de voitures civiles, que l'on licencie aussitôt qu'elles ne sont plus utiles.

Les convois auxiliaires sont mobilisés à raison d'un par corps d'armée; mais on les groupe en organe d'armée, mis à la disposition du directeur des étapes. Si l'intendant de l'armée en a besoin, il doit en faire la demande. On les lui affectera de façon permanente ou temporaire, et le service de l'intendance devra alors en diriger complètement l'emploi.

Un convoi auxiliaire se compose, en principe, de trois sections de 180 voitures de réquisition à deux chevaux, attelées chacune par une compagnie territoriale du train. Ces voitures doivent porter 1 jour de vivres pour le corps d'armée.

Les convois auxiliaires ne deviennent guère utiles qu'au moment de la création des routes d'étapes. Ils font entièrement partie des *équipages d'armée*, et sont, en principe, rattachés à la tête d'étapes d'une façon permanente; ce sont eux qui portent les réserves de vivres, constituées à cet organe, qui ne possède pas de magasins fixes, comme on le verra plus loin. Ils sont en outre chargés de la livraison, aux équipages des corps d'armée, des approvisionnements qu'ils transportent. Mais ils peuvent être employés aux transports de tous les services, et seront notamment à peu près accaparés par le ravitaillement en munitions et l'évacuation des blessés pendant la période de combats. Aussi est-il probable qu'on les fera venir jusqu'à l'armée, avant même qu'il soit question de routes d'étapes, si une bataille est imminente, ou si tout autre événement exige d'importants transports sur routes.

De la même façon, peuvent être mis à la disposition de l'intendance des étapes, des *convois éventuels*, formés par réquisition de chevaux et de voitures sur le pays même (sur les ordres du D.E.S. et par les soins des commandants d'étapes) et simplement encadrés par des militaires. Les convois éventuels exécutent, en principe, les transports entre la G. O. E. et la tête d'étapes; ils constituent les *équipages du service des étapes.*

Enfin, des *convois automobiles* sont formés à la mobilisation et mis à la disposition de chaque armée. Nous étudierons plus loin leur constitution (3e partie, chap. III). Ils seront précieux pour transporter les denrées (ou munitions) à de grandes distances des gares de ravitaillement ou des gares origines d'étapes. Entièrement conduits par un personnel militaire, ils fonctionnent dans les mêmes conditions que les convois auxiliaires. Chaque convoi prend en général le nom de *section automobile;* les sections sont réunies en *groupes* de quatre, comprenant alors le nombre de voitures suffisant pour porter un jour de vivres pour un corps d'armée.

Les convois administratifs ou auxiliaires sont désignés par le numéro du corps d'armée dans la région duquel ils ont été mobilisés. Un second numéro indique la section. Ainsi, l'expression CV.AD. 23/2 désigne la 2e section du convoi administratif du 23e corps d'armée. Les sections 3 et 4 sont réunies au convoi administratif de l'armée, mais elles conservent leurs numéros 23/3 et 23/4. De même, on désignera par CV.AX. 24/2 la section 2 du convoi auxiliaire du 24e corps, etc.

On dit aussi S1CV.AD., pour section 1 du convoi administratif, etc.

3° Approvisionnements échelonnés sur la ligne de communication.

Les plus importants sont ceux que l'on trouve à la station-magasin. Leur fixation, leur mode d'entretien, les mesures prises pour leur renouvellement pendant la campagne, ainsi que la capacité de production de ces organes, sont autant de points qui rentrent dans l'étude confidentielle de la mobilisation et qui ne peuvent trouver place ici. On dira seulement que, conformément aux principes exposés dans la 1re partie (chap. III), ces approvisionnements sont constitués en deux échelons.

La S. M. possède en permanence, dès le temps de paix, un approvisionnement relativement restreint, qui sera complété, pendant la période de mobilisation, par la fabrication intensive des produits manufacturés. Aussitôt après les premiers envois, et pendant toute la durée des opérations actives, la S. M. reçoit journellement, par les soins du service du ravitaillement national, dont le fonctionnement sera exposé plus loin (chap. VI), les denrées qu'elle devra réexpédier ou transformer (avoine, farine, petits vivres, pain de guerre, conserve, bétail, eau-de-vie, tabac, etc.).

Chaque station-magasin possède une boulangerie de guerre, capable de fournir au moins, chaque jour, la quantité de pain biscuité nécessaire à tout l'effectif desservi.

Cette boulangerie comprend plusieurs fours, dont les uns sont établis de façon permanente, comme dans une boulangerie ordinaire, et dont les autres ne sont pas entièrement terminés, mais sont prêts à l'être. Ces derniers peuvent être, soit des fours de construction, c'est-à-dire des fours en maçonnerie, rapidement élevés au moment du besoin, soit des fours démontables, que l'on monte à la mobilisation. De toute façon, les soles sont en général prêtes; c'est la partie la plus délicate et la plus longue à construire.

A la station-magasin est annexé un *entrepôt de bétail*, comprenant deux jours de bétail pour l'effectif à desservir; il est doublé par un *parc de groupement*, d'une importance égale, situé dans une localité desservie par une gare, en arrière, et destiné à remplacer immédiatement les expéditions de bétail faites par la S. M. Ce parc se recomplète lui-même par recherche directe sur le pays où il se trouve.

De même, une *gare de groupement de foin pressé*, établie en arrière, dans une région fertile en fourrages, adresse à la S. M., sur demande du sous-intendant, du foin pressé pour remplacer celui qu'elle envoie aux corps d'armée.

La S. M. renferme tout le matériel qui lui est nécessaire pour l'exécution de son service, et, en plus, un certain nombre de *matériels de réserve*, qu'elle envoie pour la création de boulangeries annexes ou de parcs de bétail, et, d'une manière générale, pour l'organisation du service dans les organes de l'arrière, gares origines d'étapes, têtes d'étapes, gîtes principaux.

Le D. E. S. peut, s'il le juge utile, faire former et garer un ou plusieurs trains de vivres dans les gares situées au voisinage des S. M. Ces trains portent le nom d'*en-cas mobiles*. Ils sont prêts à être portés en avant à la première demande.

Quand il n'existe pas de routes d'étapes, la gare régulatrice, pour être constamment en mesure d'assurer le ravitaillement quotidien de l'armée, doit toujours avoir au moins un jour de vivres disponible dans cette gare ou dans les gares voisines. Ces vivres restent sur wagons. De plus, il doit être constitué un parc de bétail à la G. R., de façon à satisfaire à une demande urgente d'un ou deux corps d'armée. On y réunit généralement aussi du foin pressé et une petite avance de vivres de réserve (un jour ou un demi-jour pour toute l'armée).

Si, au contraire, il est constitué une ou plusieurs routes d'étapes, la gare régulatrice perd beaucoup de son importance. Son personnel sert en partie à organiser les gares origines d'étapes et les gîtes d'étapes. Ses approvisionnements et, en particulier, son parc de bétail sont reportés à ces G. O. E.

Les approvisionnements des gares origines d'étapes et des gîtes principaux d'étapes n'ont rien de fixe; ils sont déterminés par le directeur des étapes et des services, de concert avec l'intendant de l'armée. Les mêmes autorités précisent également la quotité des approvisionnements à conserver à la gare régulatrice.

La tête d'étapes comporte en permanence un approvisionnement sur roues (convois auxiliaires) d'au moins 1 jour de vivres. Elle pousse quotidiennement à portée des équipages des corps d'armée les vivres du ravitaillement journalier. Elle reçoit chaque jour, à cet effet, 1 jour de vivres du gîte d'étapes précédent.

Des troupeaux de bétail, d'importance variable, sont constitués dans toutes les gestions des routes d'étapes. Il importe, en effet, que la viande sur pied, qui est, de toutes les denrées, celle qui se déplace le plus lentement, soit très abondante au voisinage des troupes, de façon à éviter les longs trajets qu'elle ne peut accomplir sans de graves inconvénients.

II

Rôle des fonctionnaires de l'intendance affectés aux services de l'arrière.

Direction de l'intendance des étapes. — L'intendant de l'armée, en tant que directeur de l'intendance des étapes, assure, sous l'autorité du directeur des étapes et des services, l'organisation, la direction et l'exécution des services administratifs dans la zone d'étapes; il peut recevoir une délégation du D. E. S. pour traiter directement certaines affaires.

Il propose au directeur des étapes et des services toutes les mesures à prendre, concernant notamment :

La répartition du personnel et du matériel dans les divers commandements d'étapes (G. R., G. O. E., T. E. etc.); il a, vis-à-vis de ce personnel, les attributions dévolues à un intendant de corps d'armée (les mutations sont prononcées par le D. E. S., comme elles le sont en temps de paix par les commandants de corps d'armée; mais les nominations des chefs de service et des gestionnaires sont réservées au commandant de l'armée, tout comme elles le sont au ministre en temps de paix);

La création de magasins et de parcs de bétail dans la zone des étapes et l'exploitation des ressources locales de cette zone; la composition de ces magasins en denrées de toute nature, et leur emploi;

La répartition des commandes entre les stations-magasins, quand l'armée est desservie par plusieurs de ces organes, ce qui est d'ailleurs le cas général;

L'attribution au service de l'intendance de tous les moyens de transport nécessaires sur routes et, éventuellement, sur voies navigables; l'organisation de tous les convois de vivres;

L'emploi du convoi administratif, du parc de bétail, de la boulangerie d'armée; les mesures à prendre pour le ravitaillement de ces organes;

La création de centres de fabrication de pain, éventuels ou permanents (voir chap. VIII);

En un mot, dit le règlement, *toute disposition de nature à faciliter l'alimentation et le ravitaillement de l'armée en vivres.*

Enfin, il prend de lui-même toutes les dispositions techniques nécessaires pour assurer l'exécution des ordres du directeur des étapes et des services. Il notifie ces dispositions aux fonctionnaires affectés aux commandements d'étapes, ou commandant les réserves d'armée, en y ajoutant ses ordres propres.

Ces fonctionnaires, d'une façon générale, dirigent les organes dont ils sont les chefs, prennent ou provoquent toutes les mesures utiles au ravitaillement de l'armée, administrent les personnels sans troupe, les corps et les détachements relevant des commandements d'étapes de leur circonscription. Ils correspondent librement entre eux. Plus spécialement, leurs fonctions sont les suivantes :

Le sous-intendant adjoint à l'intendant d'armée seconde l'intendant de l'armée dans les questions qu'il lui confie, et assure l'alimentation et l'administration des *éléments d'armée*, lorsque ceux-ci ne sont pas rattachés à un corps d'armée, et du quartier général de l'armée.

Le sous-intendant chef du service de l'intendance des étapes est l'intermédiaire et le remplaçant de l'intendant d'armée pour tout ce qui concerne le service dans la zone des étapes; il y règle toutes les questions de détail, et prend, par ordre ou délégation de l'intendant d'armée, toutes les décisions que ce dernier juge à propos de lui confier.

Les sous-intendants du convoi administratif et du parc de bétail d'armée ont la direction immédiate de ces organes. Ils en disposent, suivant les instructions ou les ordres reçus du D.E.S. ou de l'intendant d'armée.

Le sous-intendant de la boulangerie d'armée dirige le fonctionnement de cet organe. Il reçoit de l'intendant d'armée l'ordre de faire fabriquer un certain nombre de rations et assure l'exécution de cet ordre. Il veille tout particulièrement à la bonne fabrication et à la qualité du pain, règle son expédition, l'emploi des convois de boulangerie ou de voitures de réquisition.

Station-magasin. — Le sous-intendant de la station-magasin détient un rôle de la plus haute importance; un manque de prévision, une fausse manœuvre de sa part, peuvent mettre en péril le ravitaillement de l'armée. Aussi affecte-t-on à ces organes des sous-intendants du cadre actif (à leur défaut, des sous-intendants en retraite) et choisit-on, autant que possible, ceux dans le ressort desquels se trouve la station-magasin dès le temps de paix. Le service y sera très dur et exigera en permanence, nuit et jour, la présence de l'autorité chargée de la direction (sous-intendant ou son adjoint). La situation des approvisionnements devra être connue à tout instant, le travail devra être dirigé avec toute l'énergie et toute la régularité possibles, les expéditions faites avec la plus rigoureuse ponctualité. Bien plus, le sous-intendant sera en permanence préoccupé de l'avenir. Ne se bornant pas à l'exécution des ordres reçus, il lui faudra pressentir ceux qui peuvent arriver à l'improviste, et les préparer; toutes les éventualités devront être envisagées, et il devra être prêt à toutes leurs conséquences. Bref, il aura à faire preuve de la plus complète intelligence administrative.

Le service spécial de ce sous-intendant consistera donc à assurer :

Le renouvellement et l'entretien des approvisionnements; c'est donc à ce fonctionnaire qu'incombera le soin de demander à temps les denrées qui doivent être expédiées de l'intérieur, lorsque leur arrivée ne sera pas réglée à l'avance;

La fabrication du pain, tant que l'ordre contraire n'est pas donné; il devra donc aussi prendre ou provoquer toute mesure concernant la conservation ou la consommation en temps utile du pain fabriqué;

L'expédition du train de ravitaillement quotidien à la composition fixée par le D. E. S., et celle des trains de ravitaillement éventuel et des matériels qui peuvent être demandés pour les organes de l'arrière;

Le déchargement et l'emmagasinement de toutes les denrées, de tous les matériels arrivés de l'intérieur, à l'exception de ceux qui doivent repartir immédiatement. L'expérience a montré que cet emmagasinement, avec la double manutention qu'il nécessite (déchargement et chargement), était préférable au séjour en wagons, qui a le grave inconvénient d'accumuler les trains dans les gares où ils produisent l'encombrement et paralysent tous les mouvements, tandis qu'ailleurs le matériel roulant peut faire défaut.

Gare régulatrice. — La gare régulatrice joue, dans le mouvement d'écoulement des denrées des stations-magasins vers l'armée, le rôle de volant. Chaque jour, elle envoie aux gares de ravitaillement 1 jour de vivres pour tout l'effectif, et ce qui n'est pas livré est refoulé sur elle. Elle règle en conséquence ses demandes à la station-magasin de façon à avoir toujours de quoi satisfaire au prochain ravitaillement. Son rôle matériel consiste essentiellement à former les trains en les disposant par rames contenant chacune le nécessaire pour les éléments qui viennent se ravitailler à la G. Rav. où s'arrêtera cette rame.

Le transport des colis des corps est assuré suivant la même règle que celui des vivres. La gare régulatrice (gestion de l'habillement) les reçoit de la gare de rassemblement, en fait le tri par division, et les expédie à la gare de ravitaillement convenable. Un wagon spécial est, en général, ajouté à cet effet au train des vivres.

Le sous-intendant a pour mission de prévoir et de prendre toutes les mesures qu'impose la satisfaction des besoins normaux de l'avant; il doit suivre avec attention l'état des approvisionnements et règle les demandes à la station-magasin, demandes qui sont transmises par le commissaire régulateur. Il exerce la direction et la surveillance des opérations de chargement des trains en ce qui concerne les services administratifs, et il donne, à ce sujet, toutes les instructions utiles au gestionnaire. Il s'occupe aussi de la constitution, au moyen des ressources locales ou voisines, des approvisionnements à entretenir à la G. R., et, enfin, administre le nombreux personnel qui est réuni dans ce commandement d'étapes.

Lorsqu'il est créé des routes d'étapes, une partie des attributions de la gare régulatrice passe aux gares origines d'étapes. L'intendance de la G. R. se bornera alors à reconnaître les denrées envoyées de la S. M. et à les faire suivre, en les fractionnant au besoin, sur la ou les gares origines d'étapes.

Gares origines d'étapes et têtes d'étapes. — Les gares de chemins de fer ne sont dotées d'un personnel permanent que lorsqu'elles sont origines de routes d'étapes. Dans ce cas, le service spécial de l'intendance consiste :

1° A constituer et à tenir au complet l'approvisionnement de vivres fixé par le directeur des étapes et des services et renouvelé soit par l'exploitation locale, soit par les envois de S. M. Dès l'arrivée des trains, les denrées et le matériel sont immédiatement débarqués et pris en charge par le service compétent, qui en assure soit le rechargement immédiat sur les convois, soit le dépôt en magasin.

2° A assurer l'expédition vers l'armée des denrées, du matériel et des colis particuliers des corps. Les expéditions de denrées et de matériel sont faites suivant les demandes du gîte principal le plus rapproché ou, à défaut de gîte principal, de la tête d'étapes.

Le service de l'intendance, dans une tête d'étapes, est tout à fait analogue, en principe; la différence vient de ce fait que la tête d'étapes comporte, au lieu de magasins fixes, des magasins roulants constitués par les convois auxiliaires. Sur ces convois, il doit y avoir, en permanence, au moins un jour de vivres pour l'effectif à desservir. Au moyen de cet approvisionnement, la T. E. assurera le ravitaillement de l'armée ou de la fraction de l'armée qu'elle dessert.

Pour le renouveler, la tête d'étapes reçoit chaque jour, expédié en principe du gîte précédent, un jour de vivres, ou deux; le déplacement des T. E. étant presque continuel, l'exploitation locale ne pourra être entreprise que difficilement par ces organes; les ressources de la région avoisinante seront plus facilement recueillies par les personnels des gîtes principaux d'étapes.

Gîtes principaux d'étapes. — Dans les gîtes principaux d'étapes, le service de l'intendance, si les ressources en personnel permettent de l'établir, aura la mission suivante :

Constituer et maintenir au complet fixé par le D. E. S. l'approvisionnement de gîte principal, tant par des demandes adressées au gîte principal précédent (ou à la G. O. E.) que par l'exploitation locale, qui devra être aussi intense que possible. L'ensemble de ces deux modes de ravitaillement doit, en général, procurer au gîte principal la mise en magasin quotidienne de deux jours de vivres;

Assurer le ravitaillement de la tête d'étapes ou du gîte principal suivant, par expédition journalière de 1 ou 2 jours de vivres. L'organisation des transports nécessaires devra être faite par les soins de l'intendance, avec le concours des commandants d'étapes, d'après les instructions du D. E. S.

Les gîtes ordinaires d'étapes n'ont, en général, aucun service administratif; ce sont de simples points de passage et de relais, et ce n'est qu'exceptionnellement qu'il peut s'y trouver un commandement d'étapes.

(On n'a parlé que des obligations résultant du ravitaillement. Les mêmes autorités doivent assurer les évacuations relatives à leur service en chacun des points envisagés.)

Enfin, il est un dernier devoir commun à tous les échelons des services de l'intendance, tant de l'avant que de l'arrière : celui de tenir leur supérieur hiérarchique au courant de la situation des approvisionnements. Si simple qu'elle paraisse, cette prescription n'est pas toujours des plus aisées à remplir.

Les comptes rendus de ce genre sont généralement établis pour la fin de chaque journée.

La désignation des heures, tant dans de pareils comptes rendus que dans des ordres ou tout autre acte de l'autorité militaire, est de règle en campagne.

La notation des heures, de 0 à 24, présente de grands avantages. D'abord, elle évite la confusion, difficile dans la vie civile, mais fréquente en campagne, où les heures de nuit sont souvent occupées, du soir et du matin. Puis elle supprime l'emploi du mot minuit, source ordinaire de graves erreurs. Personne ne sait au juste ce que signifient les mots « le 25 juin, à minuit » insérés dans un ordre. Est-ce le commencement du 25 juin, est-ce sa fin ? On tâchait d'éviter le doute en retranchant l'heure exacte de minuit du langage militaire, et en désignant le commencement d'une journée par « minuit une » et la fin par « 11 heures 59 ». Mais l'habitude l'emportait parfois et le mot minuit revenait de temps en temps, provoquant des erreurs ou des demandes d'explications. Les comptes rendus de l'état des approvisionnements seront donc toujours datés de « 24 heures », ce qui exprime la fin du jour considéré.

Les routes d'étapes constituent, on le voit, un gros ensemble de personnels, de matériels, d'approvisionnements. C'est une énorme masse qui s'accumule sur les derrières de l'armée, et qui, entre autres inconvénients, a celui d'absorber une force considérable qui pourrait être mieux employée ailleurs.

On ne créera donc de telles lignes de communication, avec leurs lourds réseaux de convois, que lorsque la nécessité l'imposera, c'est-à-dire lorsque les dernières gares de chemins de fer disponibles se trouveront à trois ou quatre journées de marche des corps d'opération.

Par tous les moyens possibles, on doit tendre à reculer le moment de cette création. Les convois automobiles y contribueront puissamment. Augmentant considérablement la valeur du terme « journée de marche », appliqué aux convois, prolongeant en quelque sorte, si l'on aime mieux, la voie ferrée au delà de ses terminus, le camion automobile couvrira de sa marche rapide les longues routes qu'il aurait fallu, avant lui, jalonner de toutes les encombrantes formations des étapes. La création des lignes complètes d'étapes deviendra donc, il faut l'espérer, un acte exceptionnel, qui ne se produira guère que dans des régions entièrement privées de chemins de fer sur plusieurs centaines de kilomètres. Elles sont rares, aujourd'hui, en Europe tout au moins.

Dans les campagnes coloniales, au contraire, où les moyens de transport sont généralement rares, et toujours lents, les lignes d'étapes sont immédiatement indispensables, et c'est, pour ainsi dire, la vitesse de leur établissement qui mesure la rapidité de la conquête.

Ce n'est pas à dire que les personnels d'étapes — surtout ceux de l'intendance — soient appelés à ne plus jouer aucun rôle.

La confiance dans le service des chemins de fer et dans les transports automobiles ne doit nullement faire disparaître l'idée de l'*exploitation locale*. Celle-ci doit s'élargir mais non s'anéantir. Il ne peut plus être question de faire vivre une troupe uniquement sur les cantonnements qu'elle tient, c'est évident (1); mais on sera bien obligé de recourir aux *régions* occupées. Il faut pourtant bien admettre que l'on fait la guerre avec l'espoir de vaincre et de pénétrer le plus profondément possible sur le territoire ennemi. Il serait alors absurde de ne pas profiter des ressources qu'offrira ce territoire, et de n'y conserver qu'un long ruban de chemins de fer qui apporterait indéfiniment les denrées des stations-magasins, épuisant ainsi la mère patrie. Le pays envahi devra assurer la subsistance des envahisseurs, c'est la plus ancienne et la plus inéluctable des lois de la guerre. La recherche des denrées, leur fabrication, leur groupement, s'opèreront sur une grande échelle, par les soins du service de l'intendance, protégé par les troupes d'étapes. Les transports de vivres seront plus faciles, les trajets plus longs, grâce aux moyens actuellement disponibles, mais par cela même qu'on pourra faire venir de plus loin, on pourra élargir le cercle des recherches, on devra exploiter davantage.

Si, par malheur, on est vaincu, quelle retraite pourra être assez lente et assez ordonnée pour couvrir le repliement régulier de cette organisation si compliquée de l'arrière ?... Que deviendront les moyens de transport généraux, et qui ne voit que dans de pareils moments le recours aux ressources immédiates, vraiment locales, sera de toute nécessité ?

Non, l'exploitation locale, la réunion des denrées agricoles, la création des aliments complexes, ne cesseront pas d'être de règle, et les futures campagnes offriront encore à l'intendance, agent essentiel de production, un beau champ d'activité et de grandes œuvres.

---

(1) Cependant, le grand état-major allemand préconise aujourd'hui encore le recours très fréquent à l'exploitation des cantonnements par le soldat lui-même, dans l'intervention journalière duquel il semble avoir bien plus de confiance que dans la régularité parfaite des arrivages de l'arrière. Il fait aller cette intervention jusqu'à la fabrication du pain dans les fours du village.

CHAPITRE V

TACTIQUE DU RAVITAILLEMENT ET DE L'ALIMENTATION.

Lorsque les trains régimentaires ont opéré leur distribution journalière, une de leurs sections est vide. Il leur faut se ravitailler ou, comme on dit quelquefois, « se recompléter ».

En principe, ce ravitaillement s'effectue en envoyant, le lendemain, la section vide se remplir à une gare de ravitaillement, où arrivera un train chargé d'un jour de vivres : pain, petits vivres, lard et avoine. Eventuellement et sur demande préalable, des wagons apportant d'autres denrées, pain de guerre, conserve de viande et potage salé, eau-de-vie, destinées à la section de réserve des T. R., du bétail à destination du parc, du foin pressé, etc., suivront ce train ou iront à une autre gare.

Lorsque le chemin de fer ne fonctionne pas à proximité immédiate des troupes, c'est par l'intermédiaire du convoi administratif de corps d'armée — et même du convoi d'armée — que s'effectuera le ravitaillement des T. R. Si, enfin, l'armée, s'éloignant de plus en plus du chemin de fer, il est nécessaire de constituer une route d'étapes, c'est à la tête d'étapes qu'iront se recompléter les sections vides des trains régimentaires ou, si c'est nécessaire, les convois administratifs.

Il faut d'abord se rendre compte de la manière dont les denrées parviennent de l'arrière jusqu'au point terminus où se fera le ravitaillement des organes de l'avant, G. Rav. ou T. E., et cela dans les deux cas du ravitaillement quotidien et du ravitaillement éventuel. Nous examinerons ensuite comment ces denrées sont prises en ces points terminus par les équipages de l'avant, quels déplacement deviennent nécessaires, quelles combinaisons des différents organes sont mises en jeu, etc.

I

Mouvements des denrées à l'arrière.

1° Mouvements sur les voies ferrées.

Ravitaillement quotidien. — Les denrées nécessaires à l'alimentation d'un jour pour chacun des corps d'armée qu'il dessert sont envoyées chaque jour, sans ordre préalable (sauf pour en modifier la quantité, s'il y a lieu) par le sous-intendant de la station-magasin. Le commissaire militaire de la station-magasin fait connaître a ce fonctionnaire l'heure à laquelle les wagons chargés dans le magasin doivent être rendus sur la voie désignée.

De là, ces denrées sont expédiées par le service des chemins de fer sur la gare régulatrice, où elles subissent les triages et manipulations dont nous avons déjà parlé.

Il reste à les faire parvenir aux corps d'armée, c'est-à-dire aux gares de ravitaillement. Chaque jour se pose la question de la désignation de ces gares.

Le service des chemins de fer connaît évidemment les marches des trains et les capacités de débarquement de toutes les gares des lignes affectées à une armée. Il communique ces renseignements sous forme de tableaux simplifiés à l'état-major général de l'armée.

Parmi toutes les gares possibles pour le ravitaillement, qui va choisir celles qui seront attribuées journellement à chaque corps?

La commission régulatrice se chargerait bien de ce soin, en faisant valoir que son choix serait basé sur la meilleure utilisation des moyens du chemin de fer, sur une connaissance technique des transports qui rendrait les ravitaillements plus rapides. Mais elle n'est pas au courant des mouvements projetés par l'armée. et ce n'est qu'après un échange de télégrammes, parfois fort long, qu'elle pourrait prendre une décision définitive et la faire connaître au commandement. On ne peut songer, non plus, à faire intervenir dans cette question les commandants de corps d'armée, qui ignorent les possibilités du chemin de fer, qui ne connaissent leur ter rain d'opérations du lendemain que trop tard pour pouvoir s'entendre avec la commission régulatrice, qui risquent enfin de se contrarier réciproquement dans leurs choix.

Seul donc, le commandant de l'armée pourra fixer les gares à choisir. Sa connaissance de la marche des trains lui permettra, en outre, de déterminer l'heure où doit commencer chaque ravitaillement. Cette désignation sera faite ainsi pour les corps d'armée et les éléments d'armée, chaque soir pour le lendemain.

Le directeur des étapes et des services, qui a reçu de la commission régulatrice les mêmes renseignements que l'armée au sujet de la marche des trains et de la capacité de débarquement des stations, fixera les gares et heures de ravitaillement des éléments placés sous ses ordres.

La désignation de ces gares et heures est insérée à l'ordre de l'armée, à l'ordre du D.E.S., et notifiée télégraphiquement à la commission régulatrice. Le commissaire régulateur prend ses dispositions pour la constitution et le départ du train, et communique tous les renseignements nécessaires aux chefs de service de la gare régulatrice. En particulier, il fait connaître au représentant de l'intendance la quantité de vivres à expédier sur chaque gare de ravitaillement, ainsi que l'heure du départ. Le service de l'intendance désigne les wagons à mettre en route après en avoir vérifié et au besoin modifié le chargement; il établit les titres de transport, désigne le personnel à embarquer pour opérer les distributions a la G. Rav., etc...

Le train quotidien, à son retour, coopère aux évacuations et se charge de tout le personnel et de tout le matériel, que lui fait prendre le commissaire militaire de G. Rav. Ce dernier télégraphie, en particulier, au commissaire régulateur, la quantité de denrées que ramènera le train, et le sous-intendant de la G. R. en est informé immédiatement pour pouvoir prendre les dispositions nécessaires à leur logement ou leur emploi.

Les vivres du ravitaillement quotidien sont pris sur le jour d'avance qui se trouve à la gare régulatrice, et dont la composition exacte varie suivant ce que rapporte chaque jour le train revenant des gares de ravitaillement. Le déficit est alors comblé par un envoi de la S.M., envoi quotidien, mais dont la teneur est variable et fixée par le commissaire régulateur, par délégation du D.E.S., et sur la proposition du sous-intendant de la gare régulatrice. La commande est adressée au commissaire militaire de station-magasin, qui la transmet au sous-intendant de cet établissement.

Ravitaillements éventuels. — Tout ce qui n'est pas compris dans le ravitaillement quotidien doit faire l'objet d'une demande, adressée au directeur des étapes et des services.

Ce dernier est seul chargé d'y satisfaire. Il le fera en adressant des commandes aux stations-magasins (ou même si c'est possible — c'est-à-dire si l'état de ses approvisionnements le permet — aux gares régulatrices) toujours par l'intermédiaire du commissaire militaire ou du commissaire régulateur. Dans tous les cas, il avisera la commission régulatrice et, lui ayant fait connaître l'ordre d'urgence des enlèvements, ainsi que les gares pour lesquelles les commandants de corps d'armée auront pu manifester leurs préférences, ou qu'il aura fixées lui-même, en recevra la désignation des trains par lesquels se feront les transports, et l'heure de leur arrivée. S'il n'est pas possible à la commission régulatrice de donner exacte satisfaction à la demande du D. E. S., elle lui en rend compte par télégramme, en lui faisant des propositions pour un autre arrangement. Le D. E. S. accepte ou modifie à nouveau, etc.; enfin, il notifiera aux commandants de corps d'armée ou autres formations intéressés les derniers renseignements. On voit que le commandant de l'armée n'intervient pas.

C'est le plus souvent par la station-magasin que seront satisfaites les demandes éventuelles. Son commissaire militaire transmet les demandes au sous-intendant et assure, d'après les ordres de la commission régulatrice, l'expédition des approvisionnements demandés. Lorsque ce sera possible, on expédiera les ravitaillements éventuels avec un train quotidien de vivres.

La station-magasin devra en outre expédier, sur demande, les vivres qui seraient nécessaires à la gare régulatrice pour recompléter, en cas de besoin accidentel, son approvisionnement d'un jour. Cette expédition se fera sans intervention du directeur des étapes et des services, par délégation duquel agirait le commissaire régulateur, en se basant sur la quotité de cet approvisionnement fixée par le D. E. S.

Un ravitaillement éventuel est une opération assez longue déjà par les nombreuses transmissions qu'elle exige, et par le nombre de kilomètres que devra franchir le train qui le porte. Un autre élément concourt parfois à l'allonger encore : c'est la difficulté d'intercaler ce train parmi ceux du service normal, de trouver, comme on dit, *une marche disponible* sur le tableau journalier. Ce ne sont pas, en effet, seulement des denrées qu'il faut faire parvenir aux armées; c'est encore du matériel, et ce dernier est, comme on le verra plus loin (3e partie, chap. III), particulièrement absorbant. Une boulangerie d'armée, par exemple, pour quatre corps d'armée, occupe 28 trains. Les lourdes unités de matériel ou de munitions d'artillerie exigent des quantités de wagons encore plus considérables. On juge de l'encombrement que peut produire sur les voies ferrées la nécessité de faire venir à l'armée de tels organes, dans des conditions d'urgence bien souvent aiguës. Pour peu que le service soit ralenti, ou que certains tronçons de ligne soient communs à deux armées, il arrivera très fréquemment que l'on ne pourra trouver qu'à grand'peine, le lendemain ou le surlendemain de la demande, un train disponible pouvant transporter, par exemple, les 250 têtes de bétail représentant un jour de viande pour deux corps d'armée. Pendant ces deux — plutôt trois — jours d'attente, les troupes auront avancé. Le point de débarquement devra être modifié d'office, et le moment où le bétail rejoindra en sera sans doute encore retardé.

Encore le bétail peut-il marcher et rejoindre de lui-même — plus ou moins hâtivement — le troupeau auquel il est destiné; encore sa nécessité peut-elle être prévue, deux ou trois jours d'avance, grâce aux réserves qu'en possèdent les corps d'armée. Combien plus grande est la difficulté de suppléer à temps, par l'envoi de foin pressé, au manque subit de fourrage ! Débarqué, longtemps après que le besoin a été signalé, en un point toujours éloigné des chevaux à la nourriture desquels il doit pourvoir, le foin pressé devra, de plus, être transporté par des convois de réquisition, à une destination pas toujours facile à déterminer, si on a affaire par exemple à une division de cavalerie.

On voit donc que les ravitaillements éventuels ne seront pas des plus commodes à réaliser, et qu'il sera prudent de compter sur leurs retards.

On ne peut manquer d'être frappé du grand nombre d'intermédiaires par lesquels passeront les commandes adressées à l'intendance, et qu'on retrouverait d'ailleurs auprès des autres services : santé, artillerie, etc. Leur utilité est-elle bien démontrée, et justifiée par l'intérêt de l'armée ? Ne serait-il pas plus simple, plus logique, plus conforme à la dignité des services, que les chefs de ces services interviennent dans ces questions, qui, somme toute, sont pourtant un peu de leur ressort ? Par exemple, en ce qui concerne l'intendance, ne pourrait-on pas procéder d'une façon voisine de la suivante :

Le ravitaillement prévu est ordonné par le D. E. S. à l'intendant d'armée.

Celui-ci passe ses commandes au sous-intendant de gare régulatrice ou de station-magasin, et informe, en même temps, par délégation du D. E. S., le commissaire régulateur, le commissaire de station-magasin, s'il y a lieu, de l'ordre d'urgence des envois, etc...

Les chefs des services producteurs semblent autrement qualifiés que les chefs des services transporteurs pour assurer de semblables travaux. Ils sont, en tous cas, seuls aptes à juger de la possibilité d'exécution des ordres donnés, et cela devrait suffire à leur assurer une part prépondérante dans une opération de laquelle ils sont complètement éliminés.

La pratique se chargera sans doute, d'ailleurs, de remettre les choses au point.

2° Mouvements sur routes d'étapes.

Les lignes de chemins de fer sont prolongées par des routes d'étapes, prenant naissance à la gare origine d'étapes, se terminant à la tête d'étapes. La présence de ces nouveaux organes modifiera comme il suit le mécanisme du ravitaillement.

Le commandant de l'armée désignera à l'ordre journalier :

1° La ou les têtes d'étapes, c'est-à-dire les derniers centres d'approvisionnement, pour un ou plusieurs corps d'armée, et même, si c'est possible, pour des unités plus faibles;

2° Les points et heures de contact des T. R. (ou convois administratifs) avec les équipages issus de la tête d'étapes. C'est en ces points que s'accomplira le ravitaillement quotidien des corps d'armée. (Le D. E. S. désignera les points de contact qui intéressent les éléments sous ses ordres.)

La tête d'étapes, pour être en mesure d'assurer ce ravitaillement quotidien, doit posséder constamment un jour de vivres sur roues, disponible, pour tous les éléments qu'elle dessert. Ce jour de vivres lui arrivant par voie de terre, et elle-même se déplaçant tous les jours ou au moins tous les deux jours, pour rester à distance convenable des équipages des corps d'armée, il lui faudra, lorsqu'elle ne pourra pas utiliser les ressources locales, recevoir de l'arrière *deux* jours de vivres : un qui la suivra dans son déplacement et opérera le ravitaillement du lendemain, un qu'elle laissera sur place, au gîte qu'elle quitte, et qui ne la rejoindra que plus tard, lorsqu'il pourra être remplacé par un envoi arrivant du gîte précédent.

(L'étude des transports sur route est reprise, 3e partie, chap. III.)

Il résultera de ces mouvements, de la nécessité de les prévoir et de les suivre, une grande complication, et aussi le besoin de grandes agglomérations de vivres, que le ravitaillement par chemin de fer évitait l'une et l'autre; tout cela exigera de la part du D. E. S. et de tous les chefs de service une attention soutenue et une activité considérable. C'est ce qui explique pourquoi le personnel spécial des étapes est si nombreux, et pourquoi il lui est attribué de puissants moyens de transport, qui ne seront peut-être pas toujours suffisants. L'exploitation locale devra être poussée aussi loin que possible dans tous les éléments de la ligne d'étapes.

Le service des chemins de fer devra donc verser chaque jour, et sans s'arrêter à la gare régulatrice, deux jours de vivres à la gare origine d'étapes, quantité qui sera diminuée de tout ce que pourront trouver sur le pays les sous-intendants de ces gares, ceux des gîtes principaux et ceux des têtes d'étapes. L'armée ne consommant néanmoins qu'un jour de vivres, il se constituera des avances, des excédents, sur l'ensemble de la zone des étapes, et la production intensive des stations-magasins aura comme contre-coup un certain arrêt pendant les périodes de stationnement de l'armée, ou après la reprise des voies ferrées. Le service des étapes aura fonctionné comme un immense réservoir qu'il aura fallu remplir d'abord à grand'peine, puis qu'on laissera se vider tranquillement lorsqu'il ne sera plus utile.

Les ravitaillements éventuels se feront suivant les mêmes règles. Mais, plus que jamais, leur satisfaction sera lente si les éléments avancés ne sont pas très largement pourvus. L'envoi de bétail sur pied sera notamment un problème à peu près insoluble.

Il est peu probable qu'une armée puisse maintenir longtemps une marche normale — 20 à 25 kilomètres par jour — lorsqu'elle opérera en tête d'une ligne d'étapes de quelque longueur. La difficulté des ravitaillements amènera forcément des ralentissements et même des stationnements, si les opérations elles-mêmes n'arrêtent pas la marche en avant.

II

Mouvements des équipages de l'avant.

1° Entrée en ligne des différents organes.

L'ordre journalier ayant fait connaître aux chefs de corps la gare et l'heure du ravitaillement, ceux-ci donneront les ordres convenables à leurs officiers d'approvisionnement, qui, suivis des trains régimentaires, se grouperont sous la direction des vaguemestres, se rendront à la gare fixée, et y recevront les denrées apportées par le train.

Les T. R. rejoindront ensuite leurs corps, soit le soir même, soit le lendemain, suivant les ordres donnés. Dans ce dernier cas, ils restent groupés et se rendent dans une localité désignée pour les faire cantonner.

Si le trajet qu'ils auraient ainsi à effectuer est trop long, c'est-à-dire, réglementairement, les oblige à une marche totale supérieure à 35 kilomètres pour la journée, — et, si l'on tient compte de toutes leurs allées et venues, on voit que, sauf le cas de voisinage très proche du chemin de fer, ce sera presque tous les jours, — le commandant de corps d'armée fixera lui-même un centre et une heure de ravitaillement, où les T. R. viendront se ravitailler à une section de CV.AD.

Que faire alors du jour de vivres arrivé à la gare de ravitaillement ? Il rentrera de lui même à la gare régulatrice, soit qu'on ait informé le commissaire militaire de la G. Rav. que l'utilisation du train est impossible, soit qu'après une attente, dont la durée lui aura été fixée (sept ou huit heures), ce commissaire comprenne que le ravitaillement n'aura pas lieu.

Mais, si la section de CV.AD. désignée pour le ravitaillement des T. R. peut, dans la même journée, aller se ravitailler elle-même à la G. Rav., on lui fera accomplir cette double opération, afin de conserver intacte la réserve de deux jours de vivres que possède le corps d'armée. Il faut bien reconnaître, d'ailleurs, que si cela doit être, en général, possible au moment où le corps d'armée débute dans son mouvement d'éloignement du chemin de fer, il sera bien difficile de recommencer le lendemain et les jours suivants. La section du CV.AD., qui se sera vidée un jour, ne pourra, en général, plus se ravitailler elle-même ce même jour, et on va rapidement se trouver avoir un convoi administratif, composé, comme le train régimentaire, d'une section vide et d'une section pleine, d'une section de distribution et d'une section de ravitaillement.

Cet état de choses, qui doit être considéré comme un pis-aller, durera tant que l'éloignement de la voie ferrée ne permettra pas le recomplétement immédiat du convoi. Aussitôt qu'on le pourra, on devra se hâter de reconstituer les deux jours du convoi administratif.

On a pourtant été jusqu'à demander, en vue de cette navette des deux sections, qu'une d'entre elles soit maintenue constamment vide et prête à aller à la G. Rav. chercher les vivres quotidiens pendant que l'autre ravitaillerait les T. R. Il semble difficile d'admettre une pareille organisation. Priver un corps d'armée d'une réserve d'un jour de vivres, pour éviter au service des chemins de fer d'avoir à ramener plein un train qu'il aurait toujours fallu ramener vide, est une mesure imprudente que rien ne justifie. On ne peut pas subordonner la sécurité de l'alimentation d'une armée à un mince et passager inconvénient de transport, et à quelques manipulations de plus ou de moins qu'aura à faire la gestion des subsistances de la gare régulatrice.

L'éloignement du chemin de fer peut même être tel que le convoi du corps d'armée soit exposé à des marches trop longues, si on l'envoie à la G. Rav. Des mesures spéciales doivent alors être prises par le *commandant de l'armée*, qui fixera, non plus une gare de ravitaillement par corps d'armée, mais un point de contact auquel il enverra une section du convoi administratif d'armée, qui elle-même se ravitaillerait plus tard au chemin de fer; le CV.AD. d'armée fonctionnera donc dans les mêmes conditions d'alternance que nous avons envisagées pour les sections du corps d'armée.

Les *convois auxiliaires* sont formés, nous le savons, de voitures vides, mises, sur sa demande, à la disposition du D. E. S. Il n'y a guère à penser qu'ils interviendront, dans les ravitaillements tout au moins (car ils peuvent être nécessaires aux évacuations, les jours de bataille par exemple), tant qu'il ne sera pas constitué de routes d'étapes. Il serait excessif de charger une section de CV.AX. à une gare de ravitaillement, pour la décharger dans une section de CV.AD. d'armée, qui, elle-même se déchargerait dans une section de CV.AD. de corps d'armée, qui, enfin, ravitaillerait les T.R. Ce ne serait plus là du ravitaillement à la voie ferrée; la complication et la longueur des trajets ramèneraient absolument aux difficultés des convois d'étapes, et obligeraient à créer l'organisation territoriale qu'elles entraînent.

On évitera ces doubles transbordements, et on accélérera de beaucoup les mouvements, si l'on dispose d'un convoi automobile. Pouvant couvrir 100 à 120 kilomètres dans la journée, celui-ci ira sans peine recueillir les denrées du train quotidien à la gare de ravitaillement, même éloignée, et les apportera le même jour aux équipages de corps d'armée. C'est le D. E. S. qui règlera les mouvements de ces convois automobiles. L'ordre de l'armée fera connaître aux corps d'armée en quel point et à quelle heure arriveront ainsi les denrées journalières, et les commandants de corps d'armée fixent, à leur tour, si les T. R. ou le convoi doivent aller en prendre livraison.

Ravitaillements éventuels. — Des ordres particuliers, adressés par le commandant de corps d'armée, sur les avis reçus du D.E.S., feront connaître aux équipages de l'avant l'heure et le lieu où doivent se faire les ravitaillements éventuels demandés. Parfois, ces équipages ne pourront pas effectuer ces trajets, et il faudra avoir recours à des voitures de réquisition pour transporter jusqu'à eux les denrées arrivées.

2° Examen de quelques situations.

Il est intéressant de suivre par une représentation graphique, la marche des convois dans quelques-unes des situations les plus fréquentes que peuvent occuper les corps d'armée. On se rendra ainsi compte de l'ordre de grandeur des déplacements effectués, de la marche et du jeu des différents organes. Il sera facile de passer de ces données à l'application.

a) — *Ravitaillement au chemin de fer.*

Périodes de stationnement. — Lorsque les troupes stationnent quelques jours dans des cantonnements, on choisit pour chaque formation une G. Rav. aussi rapprochée que possible. Si on admet que les attelages peuvent faire chaque jour un trajet de 40 kilomètres au maximum (1), les deux échelons du train régimentaire suffiront pour assurer le ravitaillement à une gare qui ne serait pas éloignée du centre des cantonnements de plus de 20 kilomètres.

Soit, par exemple, C ce centre de cantonnements, G une gare de ravitaillement. Tous les jours, une section de T. R., vidée la veille (○) (2), pourra aller en G, s'y recharger, et revenir le soir même, pleine (●), et n'ayant parcouru que 40 kilomètres dans sa journée.

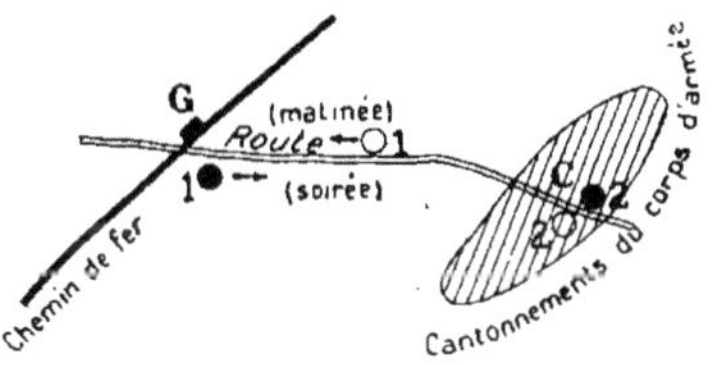

A la grande rigueur, on pourrait se dispenser encore de recourir au convoi administratif pour des distances supérieures, pouvant

(1) Le règlement sur l'alimentation en campagne fixe à 35 kilomètres le déplacement maximum à imposer aux équipages; mais il n'est pas possible d'affirmer qu'il ne sera jamais supérieur. Si on admet, pour les troupes, une étape moyenne de 20 à 25 kilomètres, il arrivera très fréquemment que les T. R. ne pourront assurer leur service que moyennant un parcours de 40.

Ce dernier chiffre permet d'exprimer en nombres ronds les conclusions qui suivent. Si on le trouve trop élevé, il sera facile de réduire en proportion les résultats obtenus. Qu'on considère ceux-ci, si on veut, comme des cas exceptionnels, extrêmes.

(2) Ces signes conventionnels, ainsi que ceux qui suivent, sont admis par l'état-major pour représenter les organes administratifs sur les cartes, tableaux, etc. Toutefois, pendant que ce volume était sous presse, le signe conventionnel représentant le train régimentaire a été remplacé par le suivant : ▭TR

aller jusqu'à 40 kilomètres. La section vidée la veille irait chaque jour se ravitailler à la G. Rav., et reviendrait le lendemain, à temps pour la distribution, et croisant en route la seconde section, qui opérerait de même, avec un retard — un *décalage*, comme on dit en mécanique — de vingt-quatre heures.

Mais le danger d'un tel procédé est évident. Les troupes sont exposées à se mettre subitement en route et à partir avec une seule section des T. R., vide d'ailleurs, alors que l'autre section, en train de se ravitailler à 40 kilomètres du point de départ, aurait sans doute beaucoup de peine à rejoindre avant plusieurs jours.

On n'aura donc la sécurité complète, pour cette navette des deux sections entre les cantonnements et la gare, que si la distance de cette dernière n'est pas supérieure à 20 kilomètres.

S'il n'en est pas ainsi, il faudra faire intervenir une ou deux sections du convoi administratif.

Soit toujours C G le chemin moyen à parcourir, que nous supposons égal à 40 kilomètres. Divisons le trajet en deux tronçons de 20 kilomètres, C A et A G. Une section de convoi administratif

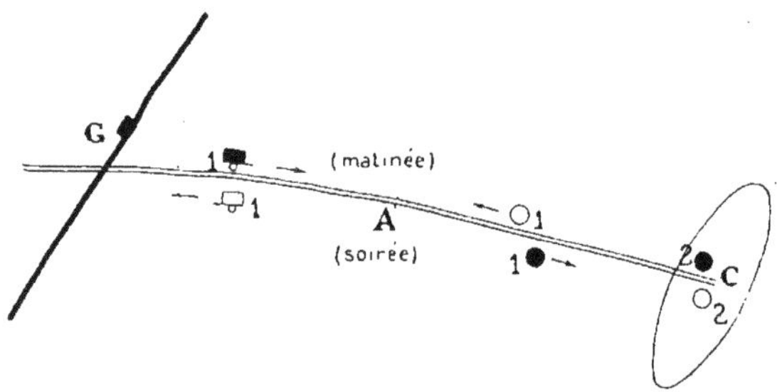

(vide, pleine) ira chaque jour de G en A, où elle rencontrera une section de T. R. venue des cantonnements pendant le même temps. Le T. R. se chargera et rentrera le soir même (l'autre section, restée auprès des troupes, assurant la distribution ce soir-là). Le lendemain, même mouvement entre la section de CV.AD., qui se rechargera à la G. Rav. avant de partir, et la seconde section de T. R.

Et ainsi de suite.

On voit donc qu'à une augmentation de distance de 20 kilomètres correspond la nécessité de faire intervenir une section de convoi administratif qui peut, dans la même journée, parcourir 40 kilomètres, se charger et se décharger.

Un nouvel accroissement de distance de 20 kilomètres exigera l'entrée en jeu d'une seconde section de convoi administratif ainsi que le montre, sans qu'une explication soit nécessaire, la figure ci-après.

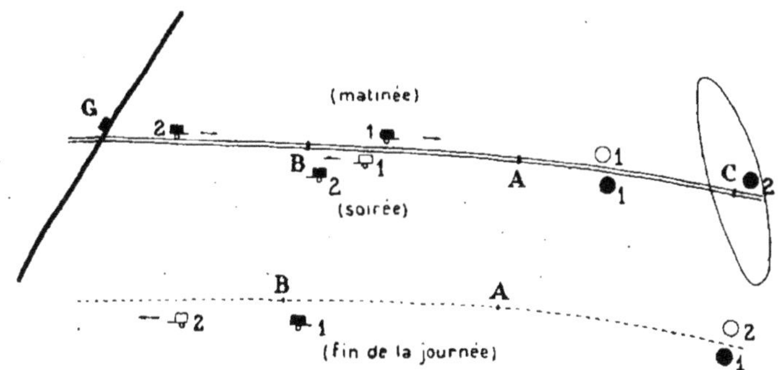

Au delà de 60 kilomètres, il faudrait faire intervenir le convoi administratif d'armée, dont chaque section aurait à parcourir ainsi 20 kilomètres à vide et 20 kilomètres à plein. La question se compliquerait alors un peu de la difficulté de régler les mouvements de tous ces organes de façon que les trajets et les transbordements s'effectuent dans le minimum de temps. Il pourrait y avoir intérêt à organiser des *relais* (3ᵉ partie, chap. III).

Le stationnement que nous envisageons ici n'est qu'un repos accidentel; en cas de stationnement prolongé qu'on est certain de ne pas voir interrompre brusquement, d'autres dispositions pourraient être prises; les équipages régimentaires ou de corps d'armée pourraient même être complètement déchargés, les voitures vides servant uniquement à transporter journellement des denrées depuis la G. Rav. jusqu'aux troupes, auprès desquelles on organiserait des magasins fixes. (Voir 1ʳᵉ partie, chap. Iᵉʳ, siège de Metz.)

Période de marches en avant. — Les gares de ravitaillement, dans une zone bien sillonnée de voies ferrées, marchent, pour ainsi dire, parallèlement aux troupes; c'est-à-dire qu'on trouve tous les jours, dans le voisinage des cantonnements quittés, ou de la route qui mène à ceux que l'on va prendre, des gares — au moins une par corps d'armée — de capacité suffisante pour permettre le ravitaillement. La section vide des T. R. s'y rendra donc chaque jour.

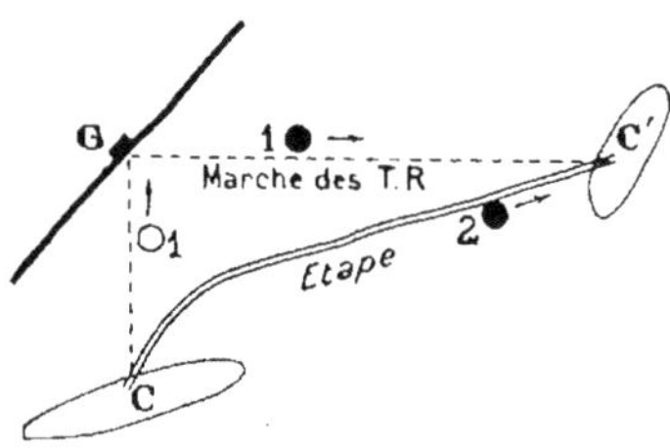

Mais, en réalité, ces gares ne se trouveront que très rarement sur la route même que doivent suivre les troupes, suivies des sections pleines pour la distribution du soir. Les T. R. vides seront obligés à un détour, retour en arrière ou crochet latéral, dont l'excès sur la route normale ne devra pas porter à plus de 40 kilomètres le trajet total à leur faire exécuter.

Il n'en sera évidemment pas toujours ainsi, et il faudra parfois, ou bien avoir recours à une section du CV.AD., ou, si pour une cause quelconque (trop grand éloignement de ces convois, nécessité de les conserver pleins en vue d'opérations prochaines) on veut s'en dispenser, remettre le ravitaillement au lendemain — solution toujours un peu dangereuse et qui ne doit être appliquée qu'en cas de certitude de réussite.

Il faut en effet être sûr de passer, dans la marche du second jour, à proximité *très voisine* d'une gare de capacité suffisante, de façon que le crochet soit insignifiant et ne retarde guère l'arrivée des deux sections, dont une au moins doit être revenue de très bonne heure, pour faire la distribution du jour.

Il faut, de plus, faire une demande spéciale pour avoir à la même gare deux jours de vivres, ce qui compliquera la marche des trains, et allongera considérablement la durée du ravitaillement lui-même (1).

---

(1) La durée du chargement des voitures à la G. Rav. dépend naturellement des dispositions prises, du nombre de wagons que l'on décharge à la fois, par suite du développement des quais et de l'abondance du personnel; on compte, pour l'opération unique du ravitaillement d'une division d'infanterie dont les vivres quotidiens représentent le chargement de cinq wagons (trois de pain et petits vivres, deux d'avoine), une moyenne de deux heures, et au moins autant pour les E. N. E. (auxquels il faut beaucoup d'avoine). Si, dans

L'intervention du convoi administratif affectera les modes les plus variés suivant la disposition topographique des lieux parcourus. En voici un exemple simple.

Le CV.AD. est en B, à une demi-étape en arrière du corps d'armée, qui est en C.

On établira un point de contact en A, où se rendront une section du CV.AD. et les sections vides des T.R. Ces dernières, remplies, rejoindront C', ayant accompli un trajet de 7+13+4+10=34 kilomètres. La section de CV.AD., vidée en A, ira se ravitailler à la gare G, située à 8 km. de là, et cantonnera ensuite en B', à une demi-étape environ en arrière des nouveaux cantonnements des troupes. Elle aura parcouru ainsi : 7+8+15+4=34 km.

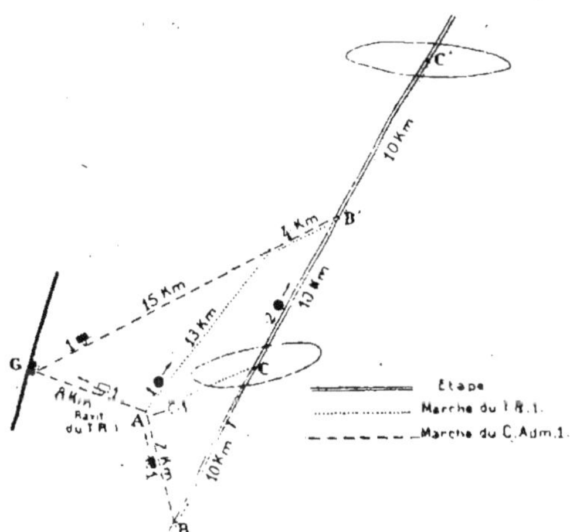

Sans son intervention, la section vide des T. R. aurait dû franchir 7+8+15+4+10=44 km.

L'ordre du corps d'armée fera connaître la localité A choisie comme *centre de ravitaillement* ou *point de contact* et fixera l'heure du ravitaillement. On se basera, pour cette détermination, sur l'or-

une gare, on ne peut ravitailler à la fois qu'une division et que tout le corps d'armée doive y envoyer ses T. R., le ravitaillement durerait six heures. S'il faut charger deux jours de vivres dans ces conditions, la durée sera presque doublée, ce qui impose une perte de temps considérable. A cette durée du transbordement doit s'ajouter le temps nécessaire aux mouvements des trains, et à ceux des T. R. à l'extérieur des gares, et aussi le temps de rechargement du train avec les éléments évacués. Voir, à ce sujet, 3ᵉ partie, chapitre III.

dre de l'armée qui aura donné l'heure à laquelle les équipages du corps d'armée — en l'espèce le CV.AD. — doivent se trouver à la gare G, heure susceptible d'ailleurs de subir un retard de plusieurs heures.

L'inconvénient du recours au CV.AD. réside dans l'obligation de pratiquer, pour un même réapprovisionnement, deux transbordements au lieu d'un. C'est ce qui pousse parfois à réclamer l'interchangeabilité des voitures du T. R. et du convoi; il suffirait, pour l'obtenir, de constituer avec des fourgons la première section du convoi et une grande partie de la deuxième, les voitures de réquisition formant les 3ᵉ et 4ᵉ sections, c'est-à-dire le convoi d'armée. Le ravitaillement des trains régimentaires pourrait alors se borner à un échange de voitures et demanderait moins de temps. Toutefois, l'avantage ne serait peut-être pas aussi certain qu'on l'espère. La question sera examinée plus loin (3ᵉ partie, chap. III).

La section du convoi administratif qui aura servi à ravitailler les T. R. aura pour se ravitailler elle-même à une G. Rav. une marge beaucoup plus grande, puisque, dans les circonstances les plus défavorables, il suffira qu'elle soit en mesure de pourvoir à la même opération deux jours plus tard (le corps d'armée disposant d'une seconde section de convoi pour le lendemain, en cas de même besoin). Or, pendant ces deux jours, elle aura pu parcourir 80 kilomètres, et si les troupes en ont parcouru 40, c'est un écart latéral ou en arrière de 20 kilomètres qu'elle aura pu faire. Encore cette évaluation est-elle un minimum car le point de contact entre les voitures régimentaires et celles du convoi peut être fixé à quelques kilomètres en arrière des cantonnements. Néanmoins, il ne faut pas compter pouvoir se ravitailler, avec les ressources uniques du corps d'armée, à des G. Rav. écartées de plus de 25 ou 30 kilomètres du tronçon de route suivi.

Tant que l'éloignement des voies ferrées ne sera qu'accidentel, cette marge paraît devoir être suffisante.

C'est le cas que montre la figure ci-après.

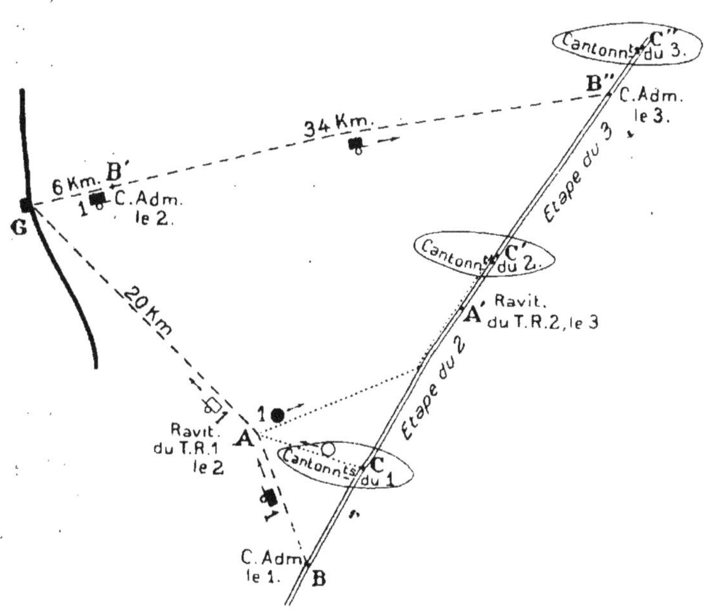

Le corps d'armée se porte, en deux jours, le 2 et le 3, de C en C' et en C". Le convoi administratif est supposé être, le 1er au soir, un peu en arrière, en B.

Le premier jour, le T. R. vidé en C va se ravitailler, au centre A, à la 1re section de CV.AD., qui continue sur la gare G, où elle se recomplète, et va ensuite cantonner en B'.

Le second jour, le T. R. se ravitaille à la seconde section du CV.AD., en un point A' (un peu en arrière de C'), où était venue la 2e section de CV.AD., et, le soir même, la 1re section de CV.AD. rejoint sa place B" en arrière des cantonnements, où elle sera prête au ravitaillement des T. R. le 4.

(Le ravitaillement de la seconde section de CV.AD. n'est pas examiné. On peut supposer qu'il se fera facilement le troisième jour.)

La marche du CV.AD. serait un peu différente si on ne s'imposait pas l'obligation de recompléter immédiatement la section vidée.

Le 2, la S1 CV.AD. (section 1 du convoi) ravitaille en arrière du corps d'armée en marche, puis va cantonner dans le voisinage, rejoint peut-être même en B la deuxième section, car rien ne permet d'affirmer que la gare de ravitaillement sera encore le lendemain en G. (Le train de vivres amené en G est inutilisé et renvoyé à la G. R.)

Le 3, la S2 CV.AD. vient ravitailler les T.R. en A' pendant que la S1 se rend à la G. Rav. — supposons-la encore en G — s'y recomplète, puis cantonne quelque part sur la route G B".

Le 4, cette S1 devra se porter jusqu'en B", ou même un peu plus loin, pour ravitailler le corps d'armée, qui s'éloigne de C", pendant que la S2 se portera à la nouvelle G. Rav.

Et ainsi de suite.

On pourrait multiplier ainsi les cas et rechercher ce qui pourrait être fait d'après chaque donnée. Cet exercice n'apparaît pas comme très utile.

En réalité, à chaque situation correspondra une solution inspirée par les circonstances de temps et de lieu. Les exemples, tout théoriques, qui précèdent, montrent seulement dans quel sens et par quels moyens doivent être recherchées les solutions.

b) — Ravitaillement aux têtes d'étapes.

Lorsqu'il est constitué des routes d'étapes, c'est à la tête d'étapes, ou plutôt en un point de contact situé un peu en avant d'elle, à une dizaine de kilomètres par exemple, que les trains régimentaires — ou les convois administratifs — devront aller se ravitailler.

Les équipages du corps d'armée n'ont guère à s'inquiéter de la façon dont les vivres sont parvenus au centre de ravitaillement : que ce soit par voie ferrée, ou par convois sur routes, peu leur importe. Leur ravitaillement s'opérera donc à peu près, comme s'ils se rendaient journellement à une gare de ravitaillement, avec cette particularité que cette gare resterait en général la même pendant deux jours consécutifs, vu la difficulté de déplacer la tête d'étapes. Si donc le corps d'armée s'est déplacé pendant ce temps, le centre de ravitaillement sera toujours franchement en arrière, et les convois administratifs devront presque toujours entrer en jeu.

Là encore on peut imaginer un grand nombre de problèmes possibles, et les résoudre comme on l'a fait ci-dessus. Mais ces problèmes ne présentent de difficulté sérieuse que lorsque les circonstancés de guerre les compliquent. Leur discussion théorique ne possède pas grand intérêt.

La règle donnée, que le corps d'armée peut se ravitailler à l'aide de ses seuls équipages, toutes les fois que la position du centre de ravitaillement n'exigera pas de leur part un crochet de plus de 25 à 30 kilomètres, s'appliquera encore ici. Elle aura pour corollaire l'obligation de maintenir la tête d'étapes à une quarantaine de kilomètres des cantonnements des corps d'armée, au maximum, c'est-à-dire, suivant l'expression du règlement, à *deux étapes en arrière* des troupes; condition qui implique à son tour l'obligation de déplacer la tête d'étapes, de la porter en avant, dans le sens de la marche, au moins tous les deux jours.

Jetons un rapide coup d'œil sur la façon dont s'opérera le ravitaillement dans de telles conditions.

Un jour, le 31 juillet par exemple, on crée une tête d'étapes en un point O, où est constitué un approvisionnement de deux jours de vivres, chargés sur deux sections de convois auxiliaires, par exemple (▲ plein, △ vide).

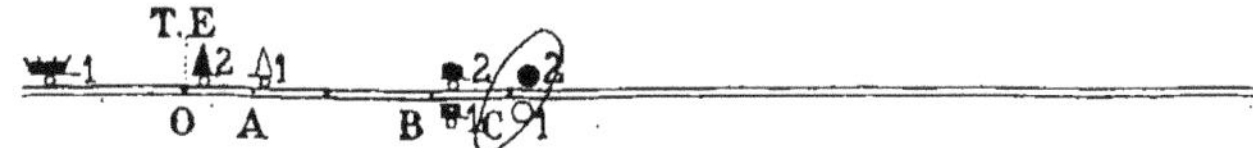

Fig. 1. — Situation le 1er août, à 24 heures.

Le corps d'armée vient, le 1er août, cantonner en C. Il a avec lui, le soir venu, une section de T. R. vide (○1) qui a fait la distribution de la journée, et une section de T. R. pleine (●)2 qui s'est remplie, le jour même, à une section de convoi auxiliaire, pendant la marche, au point A par exemple, ou à la T. E. elle-même. Les deux sections de convoi administratif, pleines, cantonnent en B, un peu en arrière du corps d'armée.

La situation, le 1er au soir, est donc représentée par la figure schématique ci-dessus : des convois éventuels (plein, vide) continuent à amener des vivres à la T. E.

Le lendemain, 2 août, le corps d'armée se porte en C' (2e figure). La section 2 des T. R. y opère la distribution.

La section 1 vient se ravitailler en B au convoi administratif, puis rejoint son corps d'armée. La section 1 de CV.AD., vidée, retourne au point de contact A, pour se ravitailler à la section 2 du CV.AX., poussée un peu en avant, puis s'avance de nouveau à la suite du corps d'armée, en arrière duquel elle vient cantonner, en D par exemple. La 2e section de CV.AD. fait simplement son étape et vient en E. La section 1 du convoi auxiliaire est revenue se ravitailler à la T. E.

La situation des différents organes est donc la suivante, à la fin de la journée du 2.

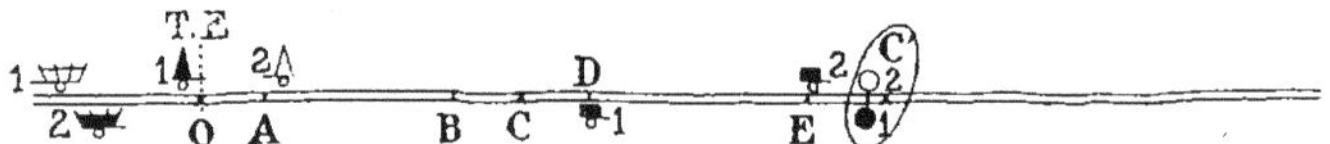

Fig. 2. — Situation le 2 août, à 24 heures.

Que va-t-il se passer le 3 ? Le corps d'armée s'avancera encore d'une étape, en C". T.R.2 viendra se ravitailler en E à S2 CV.AD. Mais ce dernier va se trouver à 30 kilomètres environ du point de contact A, et, s'il venait s'y ravitailler, se trouverait alors à trois étapes environ de son corps d'armée. Il ne pourrait songer à le rejoindre avant deux jours, pendant lesquels les T. R. ne disposeraient que du jour de vivres de S1 CV.AD. La régularité du ravitaillement sera interrompue. Il y a donc lieu de porter en avant les approvisionnements de l'arrière et c'est ce qu'on exprime en disant qu'on *fait avancer la tête d'étapes*. Celle-ci devra se transporter aux environs de C', avec deux jours de vivres sur convoi auxiliaire. Deux sections pleines de convoi éventuel constituées en O devenu gîte d'étapes vont partir pour la nouvelle T. E. Finalement, la situation le 3 au soir sera la suivante :

Fig. 3. — Situation le 3 août, à 24 heures.

On voit sans peine que, dès le lendemain soir, on se retrouvera dans la situation d'approvisionnements du 2 au soir, et ainsi de suite.

Les mouvements sont déjà compliqués. Il est clair, d'ailleurs, que la principale difficulté est ainsi reportée à l'arrière, et résidera dans la nécessité de faire arriver régulièrement deux jours de vivres, par les convois éventuels, à cette tête d'étapes *qui se déplace*. (On étudie plus loin quelques problèmes des transports par voie de terre : 3e partie, chap. III.)

En fait, d'ailleurs, bien des commodités seront apportées à ces ravitaillements sur routes par la présence des convois automobiles. Nous n'avons pas tenu compte, non plus, de la présence des convois administratifs d'armée, afin de ne pas surcharger outre mesure les schémas que nous avons étudiés : mais il est clair que leur présence apportera encore un précieux concours.

Encore une fois, ces exemples sont tout théoriques, et n'ont d'autre but que de faire un peu raisonner sur les données réglementaires. *En réalité, chaque cas a sa solution propre.*

c) — *Exemple d'ensemble.*

L'exemple donné ci-après, extrait d'un exercice sur la carte, bien que ne présentant pas l'avantage d'avoir été « vécu », montrera cependant avec assez de vraisemblance quelle serait la disposition d'une armée en opérations, résumera clairement l'essentiel de ce qui vient d'être expliqué, et pourra servir de point de départ à des problèmes de ravitaillement moins généraux et plus près de la réalité que ceux qui précèdent.

Les deux croquis qui suivent représentent : le premier, la position d'une armée en marche sur Dijon (venant du nord-est), et le second, le cantonnement sommaire d'un corps d'armée de cette armée. On a indiqué la position des organes administratifs. On voit déjà, au simple aperçu des croquis (qu'il sera bon de comparer à une carte d'état-major, par exemple celle à 1/200.000e), que leur disposition n'est pas aussi symétrique que permettaient de l'espérer les schémas qui précèdent.

On remarquera que tous les organes d'armée, provenant des différents corps d'armée, et destinés, autant que possible, à ravitailler ceux-ci (l'intendance ne possède que les convois administratifs d'armée qui soient dans ce cas), ont été placés dans le « sillage » de ces corps d'armée, plus ou moins en arrière, mais sur les routes suivies par les troupes.

Cette précaution, qu'il n'est pas toujours possible de prendre, a pour but évident d'éviter les encombrements dans les marches et contre-marches des ravitaillements.

Voici une description sommaire de ces croquis. Elle constituera le meilleur résumé de tout ce qui précède :

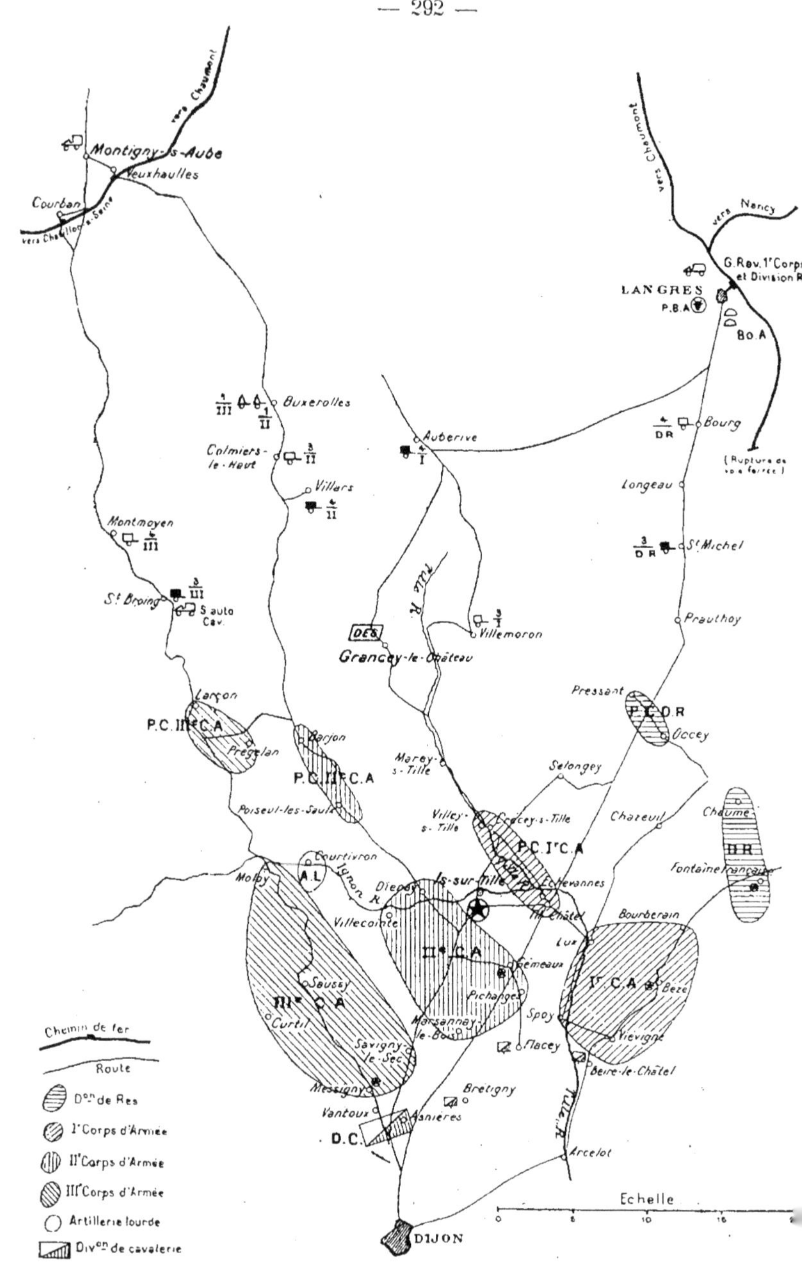
vers Chaumont
Montigny-s-Aube
Veuxhaulles
Courban
vers Chatillon s. Seine
vers Chaumont
vers Nancy
G. Rav. 1er Corps et Division R
LANGRES
P.B.A
Bo.A
Buxerolles
Colmiers-le-Haut
Villars
Auberive
Bourg
(Rupture de voie ferrée)
Longeau
Montmoyen
St Michel
St Broing
5 auto Cav.
Tille R.
Villemoron
DES
Grancey-le-Château
Prauthoy
Larçon
Pressant
P.C.D.R
Occey
P.C. IIIe C.A
Pregelan
Barjon
P.C. IIe C.A
Marey-s-Tille
Selongey
Poiseul-les-Saulx
Villey-s-Tille
Crecey-s-Tille
Chazeuil
Chaume
P.C. Ier C.A
D.R
Courtivron
A.L
Ignon R.
Moloy
Diénay
Is-sur-Tille
Echevannes
Fontaine Française
Villecomte
Til-Châtel
Bourberain
Lux
IIe C.A
Gemeaux
Saussy
Ier C.A
Bèze
IIIe C.A
Pichanges
Curtil
Spoy
Marsannay-le-Bois
Vievigne
Flacey
Savigny-le-Sec
Beire-le-Châtel
Messigny
Bretigny
Vantoux
Asnières
D.C.
Tille R.
Arcelot
Echelle
0
5
10
15
DIJON
Chemin de fer
Route
Don de Res
Ier Corps d'Armée
IIe Corps d'Armée
IIIe Corps d'Armée
Artillerie lourde
Divon de cavalerie

On suppose que les voies de chemin de fer sont détruites, à l'exception des lignes de Nancy à Langres, et à Châtillon-sur-Seine, par Chaumont, coupées d'ailleurs après Langres et Châtillon. La gare régulatrice est Nancy, les stations-magasins sont au delà.

L'armée comprend trois corps d'armée, une division de réserve et une division de cavalerie.

Son quartier général est à Is-sur-Tille; la direction des étapes et des services est à Grancey-le-Château.

Le croquis montre la position du quartier général de chaque corps, les cantonnements du gros des troupes et du régiment de cavalerie, et ceux des parcs et convois (P. C.).

Les organes administratifs d'armée sont groupés d'après les nécessités des ravitaillements supposés faits dans cette journée, et à faire les jours suivants.

Les gares de ravitaillement sont : Langres, pour la division de réserve et pour le Ier corps d'armée, Veuxhaulles (sur la ligne de Châtillon) pour le IIe corps, Courban pour le IIIe, la division de cavalerie et les éléments d'armée (rattachés au IIIe corps).

Les sections 3 et 4 des CV.AD. sont ainsi réparties :

Celles qui appartiennent à la division de réserve sont à Saint-Michel (pleine) et à Bourg (vide);

Celles des corps d'armée : la 3/I, vide, à Villemoron; la 4/I, pleine, à Auberive; la 3/II, vide, à Colmiers-le-Haut; la 4/II, pleine, à Villars; la 3/III, pleine, à Saint-Broing, la 4/III, vide, à Montmoyen.

Le troupeau de bétail d'armée est à Langres, où il est venu par chemin de fer. Les boulangeries de campagne (3 boulangeries et 1 section), qui, jusqu'à présent, fonctionnaient à la gare régulatrice de Nancy, sont envoyées à Langres; deux d'entre elles sont débarquées. Aussitôt qu'elles pourront fabriquer, les deux autres suivront (transport par échelon).

Le D.E.S. dispose encore :

D'une section automobile de transport de matériel, affectée au ravitaillement journalier de la division de cavalerie, et qui se trouve à Saint-Broing;

De deux groupes automobiles (de quatre sections), un à Langres, l'autre à Montigny-sur-Aube, prêts à coopérer aux ravitaillements, par exemple en transportant les vivres du train quotidien aux CV.AD., 3/I ou 4/III, de Langres à Villemoron, ou de Veuxhaulles à Montmoyen (V. 3e partie, chap. III, § V).

De deux sections de convoi auxiliaire, 1re du IIe corps, et 1re du IIIe corps, à Buxerolle. La 1re du Ier corps est en route pour Langres, par voie ferrée. Les autres sections n'ont pas été demandées encore.

On voit que cet ensemble est assez imposant. Et il n'a été question que des organes intéressant l'intendance : qu'on y ajoute, par la pensée, toutes les formations du service de santé, tous les parcs de munitions de l'artillerie, ceux du matériel du génie, etc., et on se fera une faible idée de ce que peut être l'encombrement de l'arrière d'une armée.

Le deuxième croquis donne la situation, un peu plus détaillée, du Ier corps d'armée. Le corps comprend deux divisions, une brigade d'infanterie autonome (B A) et des éléments non endivisionnés (non représentés). Les cantonnements viennent d'être pris, et les organes administratifs (1) occupent les positions suivantes :

Trains régimentaires : les sections de distribution et de réserve, qui avaient fait l'étape en queue du corps d'armée, rejoignent les cantonnements de leurs divisions, ou des E.N.E., pour y faire la distribution du soir; les sections de ravitaillement, qui se sont recomplétées à Villey-sur-Tille, vont cantonner à Til-Châtel.

Sections de convoi administratif : la section 2, qui a ravitaillé les T. R., reste vide à Villey-sur-Tille; la section 1, qui s'est ravitaillée elle-même, à Villemoron, à la section 3 (pendant que la section 4 se ravitaillait au chemin de fer, à Langres, et rentrait à Auberive, en vue du ravitaillement de demain), a rejoint également Villey-sur-Tille, où elle cantonne.

Parc de bétail : on a abattu la veille et le matin même à Auberive. La section automobile de ravitaillement en viande fraîche, chargée, est venue attendre des ordres à Villey-sur-Tille, point de première destination indiqué, à 15 heures. A 16 heures, elle y a reçu l'ordre d'apporter la viande à Bèze, pour la 1re division; à Lux, pour la 4e brigade; à Viévigne, pour la 3e brigade, la brigade autonome et les E.N.E., avancés (cavalerie, artillerie et génie de corps); elle est en route pour cette livraison, qui pourra avoir lieu vers 18 ou

(1) Remplacer *parc de bétail* par *troupeau de bétail*. (Voir page 190, note (1).)

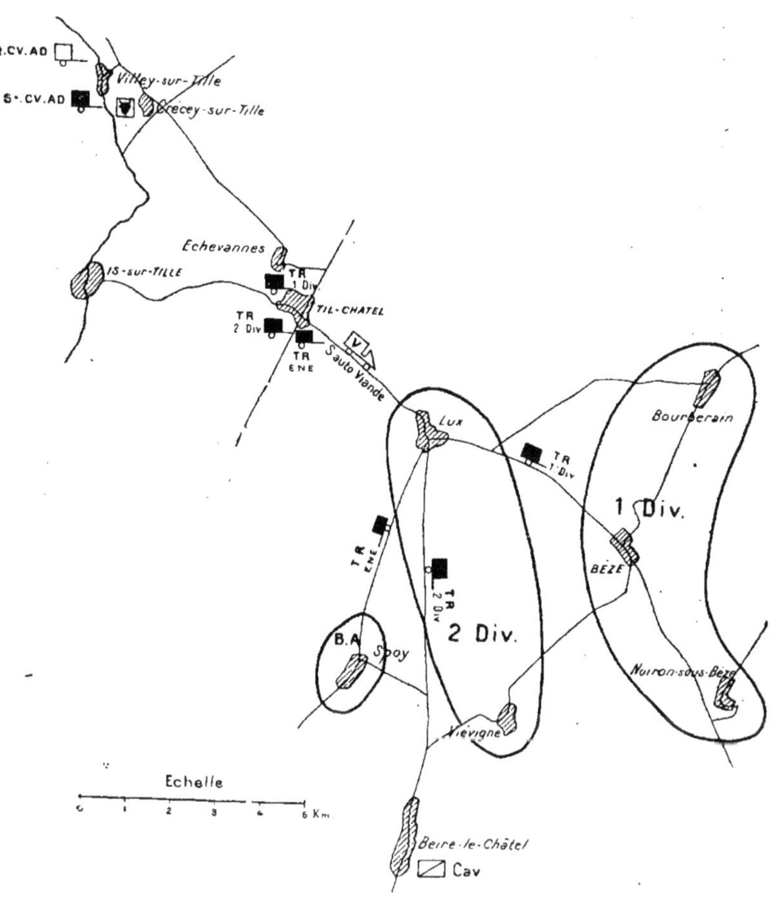

19 heures, les voitures à viande du corps, qui étaient au train de combat, ayant eu alors le temps de rejoindre leurs unités et de s'y vider, en faisant la distribution de la viande pour le soir même. Le personnel du parc de bétail a été transporté, par automobiles, d'Auberive à Crécey-sur-Tille, où il est arrivé à 16 heures. Il y a trouvé 120 têtes de bétail que les sous-intendants divisionnaires avaient fait réunir la veille et le jour même, et il s'occupe d'y reconstituer le parc de bétail de façon à être prêt à abattre, dès le lendemain matin, ou dans la nuit même, si c'est nécessaire.

Tout cela est assez simple... sur le papier. Pour qu'en réalité tous ces mouvements s'exécutent au moment voulu, se coordonnent bien sans se gêner les uns les autres, s'accordent avec ceux des troupes, il faut des ordres très bien donnés et très bien exécutés. Ces deux conditions ne se réaliseront que si la préparation de ces ordres s'est faite par la collaboration de l'état-major et de la direction du service. Les ordres les mieux conçus, les combinaisons les plus ingénieuses, sont frappés d'impuissance et entraînent même, parfois, des conséquences très fâcheuses, s'ils aboutissent à une exécution incertaine, parce qu'ils n'ont pas tenu compte des exigences du service et des difficultés de fonctionnement des organes, qui ne sont bien connues que des spécialistes.

Cette vérité semble évidente : il ne faut, néanmoins, pas se lasser de la répéter.

Les mouvements de ravitaillement que nous venons de décrire pour le corps d'armée résultent d'un ordre donné la veille au soir. Cet ordre pouvait avoir, par exemple, la contexture suivante :

• ARMÉE
—
1er Corps d'armée
—
ÉTAT-MAJOR
3e Bureau
—

A ...., le 1er mai, 22 heures.

Ordre général N°

2e *Partie*
(Services)

VII. — Mouvements des T.R.

Les S. Ravit., groupés à .... à ..... heures, sous le commandement du prévôt du corps d'armée, se rendront à Villey-sur-Tille, où elles seront ravitaillées, à 12 heures, par le CV.AD. Le ravitaillement terminé, elles iront cantonner ensemble, à Til-Châtel.

VIII. — La section pleine de CV.AD., après ravitaillement des T.R. à 12 heures, restera à Villey-sur-Tille, où elle cantonnera.

La section vide ira se recompléter à 8 heures, à Villemoron, au CV.AD. d'armée, puis rejoindra à Villey-sur-Tille l'autre section.

IX. — Point de première destination pour les autos à viande : Villey-sur-Tille, 15 heures. Après ravitaillement, ces voitures rentreront à Crécey-sur-Tille.

Le parc de bétail (1) se transportera à Crécey-sur-Tille, où un jour de bétail a été rassemblé, et y fonctionnera à partir de 14 heures.

Le général commandant le 1er corps d'armée,
X.

(1) Qui était supposé fonctionner le 30 avril et le 1er mai à Aubcrive.

Des bicyclistes, ou des automobilistes, apportent à Villey-sur-Tille les ordres suivants, provenant des états-majors des divisions et du corps d'armée :

A 17 heures, de la 1re division :

Centre de livraison de viande fraiche, Bèze, 18 heures.

A 16 heures, de la 2e division :

Centre de livraison de viande fraiche, pour la 3e brigade, Viévigne, 19 heures ; pour la 4e et les autres éléments de la division, Lux, 18 heures.

A 17 heures, du corps d'armée :

Centre de livraison de viande fraiche, pour les E.N.E. et la brigade d'infanterie, Viévigne, 19 heures ; pour les parcs et le train de combat, Til-Châtel, 17 heures.

Les convois se ravitailleront à Crécey-sur-Tille, au retour des autos.

Les chefs de corps doivent recevoir les mêmes ordres et les transmettre à leurs officiers d'approvisionnement. Ce sera toujours là le point délicat de la livraison de la viande le soir. Cette opération pourra d'ailleurs avoir lieu le matin (V. ch. IX, § III, 3°).

Les autos à viande rentrent au cantonnement du parc de bétail sans autres ordres que ceux du sous-intendant.

III

Alimentation pendant les différentes circonstances de guerre.

Période des combats. — La période des combats, surtout celle des batailles prolongées, constitue pour l'alimentation une crise toujours grave. A ce moment, l'agglomération des masses, l'imprévu des mouvements, la fuite probable des habitants rendent l'exploitation locale peu fructueuse.

En outre, pour ne pas encombrer les routes, nécessaires pour les mouvements des troupes et surtout pour les ravitaillements en munitions, on rejette ou on échelonne en arrière les trains régimentaires et le convoi administratif. Enfin, la préparation des aliments sera bien difficile, tant après le désarroi qui suivra un combat d'un jour, que sur les lignes de feu où les grandes batailles maintiendront les troupes pendant plusieurs jours.

Il en résulte que, parfois, le seul mode d'alimentation possible sur le champ de bataille sera la consommation des vivres de réserve.

Cependant, il faudra que les trains régimentaires, arrêtés à une étape ou une demi-étape en arrière, se ravitaillent sur le convoi ou aux G. Rav. et se tiennent prêts à se porter en avant au premier ordre, soit pour distribuer les vivres du jour, soit pour remplacer les vivres de réserve.

Dans ce but, on pourra, par exemple, si le succès se dessine, faire avancer dans une position d'attente les voitures du T. R. nécessaires, de façon qu'elles puissent, au besoin, dans la nuit, aller assurer la distribution dans les bivouacs.

Pendant le combat, les groupes d'exploitation des divisions et des E. N. E. s'efforceront, de concert avec les officiers d'approvisionnement, de réunir dans des localités immédiatement en arrière de la zone d'action des troupes, des fourrages, du vin, de l'eau-de-vie, au besoin de la paille de couchage, qu'ils chargeront sur des voitures de réquisition; puis ils pousseront ces voitures dans les bivouacs dès que les circonstances le permettront.

Il convient de remarquer que, le soir du premier combat, les troupes auront leur subsistance assurée si, suivant la règle adoptée, les T. R. ont pu distribuer la veille les vivres du jour. Seule, la viande fraîche pourra faire défaut si les voitures à viande ne peuvent pénétrer dans les bivouacs que fort avant dans la nuit, ou si les troupes sont trop fatiguées ou trop occupées pour préparer un repas complet. On réconfortera alors les hommes soit avec du café chaud, soit avec de la conserve de viande et du potage condensé prélevés sur le sac et alloués à titre de supplément.

On admet actuellement que les batailles dureront de longs jours pendant lesquels il faudra réapprovisionner les troupes. Derrière le front de combat où les troupes seront accrochées au terrain, protégées par des ouvrages de campagne, s'étendra une zone convenablement répartie entre les corps d'armée, où s'effectueront les mouvements des réserves et ceux des voitures. Les diverses sections des T. R. et des convois seront alors échelonnées sur les routes de chaque zone, de façon à pouvoir toujours pousser des vivres à portée des troupes sans toutefois produire d'encombrements.

C'est pour alimenter les unités engagées dont les hommes étaient dans l'impossibilité d'effectuer aucun mouvement sans s'exposer au feu de l'ennemi, que les armées russes ont utilisé en Mandchourie, pour la première fois, les cuisines roulantes.

Il sera difficile aux armées qui n'en possèderont point de s'alimenter les jours de bataille autrement qu'avec les vivres de réserve. En particulier, il faudra absolument renoncer à l'usage de la viande fraîche et de la soupe naturelle.

Poursuites. — Pendant la poursuite, la rapidité de la marche et la destruction des voies ferrées ne permettront certainement pas d'effectuer les ravitaillements avec régularité.

On devra donc user, autant que possible, de l'exploitation locale et vivre sur les ressources dont on dispose normalement, savoir :

1 jour de vivres du jour;

2 jours de vivres de réserve (1 seul jour d'avoine);

1 jour de vivres et d'avoine du T. R.;

2 jours de vivres et d'avoine du convoi.

Soit, en tout, 4 jours de vivres et 3 jours d'avoine si on part sans le convoi, et 6 jours de vivres avec 5 jours d'avoine dans le cas contraire.

L'exploitation locale se bornera à l'usage aussi étendu que possible de la nourriture chez l'habitant, tant par suite du manque de temps pour l'organiser autrement que de la nécessité de laisser le plus de repos possible aux troupes.

On renforcera les quantités de vivres emportées, surtout celles qui, comme les vivres de réserve, sont d'un faible encombrement, et peuvent être portées par l'homme lui-même.

On peut espérer aussi trouver quelques ressources supplémentaires dans les prises sur l'ennemi, dont les approvisionnements auront rarement le temps de s'échapper à la suite d'une défaite.

Il est d'ailleurs peu probable que tous les corps d'une armée soient engagés en même temps à la poursuite d'un ennemi après le combat. Le commandant de l'armée profitera de leur échelonnement et des plus grandes facilités que pourront trouver les corps de seconde ligne à se ravitailler, pour faire parvenir aux plus éloignés les ressources supplémentaires de une, deux sections de convoi administratif d'armée, ou même davantage. Il pourra, au besoin, faire charger de denrées les convois auxiliaires et les lancer à la suite du corps d'armée le plus rapide et le plus besogneux.

Enfin, si la poursuite se prolonge, si le pays a été déjà rançonné par l'ennemi, il faudra étendre au loin l'exploitation locale. On utilisera, dans ce but, des détachements de cavalerie qui contraindront les municipalités à constituer des dépôts d'approvisionnements que les équipages vides des corps d'armée prendront au passage. Mais on rentre alors dans les circonstances où la nécessité de trouver des subsistances influe largement sur les mouvements des armées, et où il faut prendre des mesures spéciales, dépendant des événements, et à propos desquelles il est impossible de donner à l'avance aucune méthode générale.

Retraites. — Les retraites apportent une double complication à l'alimentation. D'abord les circonstances excessivement pénibles à travers lesquelles elles se déroulent rendent tout service particulièrement difficile; puis, la marche rétrograde elle-même renverse complètement les données du problème et oblige à adopter une méthode nouvelle.

L'armée ne tend plus, en effet, à s'éloigner des centres d'approvisionnements. Elle cherche, au contraire, à s'en rapprocher. Les vivres lui proviennent toujours — ou doivent lui provenir — de son sol national, de ses stations-magasins, de ses gares de ravitaillement. Mais les organes intermédiaires, convois et trains régimentaires, se déplacent en sens contraire du mouvement des vivres. Au lieu de suivre l'armée, de s'en rapprocher le plus possible, ils doivent la précéder et s'éloigner d'elle de façon à ne pas gêner ses mouvements.

La situation est donc la suivante :

D'une part, les colonnes sont précédées de tous leurs impedimenta, des convois administratifs à une journée de marche, des T. R. à une demi-journée, sans compter les convois des autres services. De l'autre, la perturbation des mouvements par la poursuite de l'ennemi, l'incertitude des itinéraires et, en pays étranger, le mauvais vouloir des habitants, qui se croient sûrs de l'impunité, rendront l'exploitation locale à peu près impossible.

On devra alors avoir recours à un mode d'approvisionnement spécial.

Le service des étapes organisera, le long des lignes de marche des colonnes, des dépôts de vivres tirés soit de l'arrière par la voie ferrée ou terrestre, soit des magasins qu'il faut évacuer, soit des approvisionnements constitués en vue de la marche en avant.

Les T. R. viendront se ravitailler à ces dépôts de vivres — ou aux gares de ravitaillement s'il en est encore — et procéderont chaque soir à la distribution habituelle. Leur marche deviendra donc un peu hésitante. Après avoir précédé la colonne à la distance qui lui est imposée, la section pleine devra ralentir vers la fin de l'étape, se mettre en liaison avec sa troupe, et finalement rester dans les cantonnements dès qu'ils sont connus, y attendre le corps, faire la distribution immédiatement et repartir aussitôt pour dégager de nouveau la route en vue de la marche du lendemain. Pour éviter encore plus sûrement l'encombrement, ils pourront eux-mêmes opérer par voie de dépôts dans les cantonnements.

On recommande de laisser intacts les convois administratifs qui seraient les seuls approvisionnements immédiatement disponibles, si l'armée était appelée à reprendre l'offensive, ou même simplement à opérer un brusque changement de direction, en dehors de la ligne où des dépôts ont été prévus.

Malgré cette précaution, l'emploi de dépôts de vivres ne va pas sans d'assez grands inconvénients. Le plus grave est qu'on n'est pas certain de les utiliser si une cause quelconque oblige les troupes à se détourner de leur marche. Non seulement les vivres sont alors perdus, mais ils tombent presque infailliblement entre les mains de l'ennemi, auxquels ils fournissent une facilité de plus pour la poursuite.

Nous avons déjà fait ressortir (1re partie) qu'une partie du succès de la retraite de la 2e armée de la Loire était due à l'habileté avec laquelle le général Chanzy avait su laisser ses convois de vivres à proximité des divisions qu'ils devaient desservir, tout en dégageant toujours le chemin de ces dernières, et au soin avec lequel les approvisionnements généraux avaient été échelonnés sur les lignes successives que dut franchir l'armée, le Loir, la Sarthe, la Mayenne.

Les conditions morales et matérielles dans lesquelles s'effectuent en général les retraites rendraient, du reste, bien incertain le maniement régulier de tous ces approvisionnements mobiles, qui seraient bien exposés à faire défaut... Une habile exploitation locale pourrait alors seule tirer l'armée de peine.

Que faire des approvisionnements que l'on n'utilise pas, soit par inexécution d'ordres donnés, soit par abandon obligé ? Doit-on les détruire pour empêcher l'ennemi de s'emparer d'eux ? Peut-on même aller plus loin et dévaster systématiquement le pays qu'on découvre par la retraite ? Ce sont là questions graves, alternatives cruelles, sur lesquelles, sagement, nos règlements sont restés muets. C'est au général en chef, seul juge des circonstances, seul en possession d'un but, de dicter la conduite la plus propre à affaiblir l'adversaire. L'intendance ne pourra, en pareil cas, qu'exécuter les ordres qu'elle aura reçus; mais elle doit tenir ses chefs soigneusement au courant de l'existence d'approvisionnements qui risqueraient de profiter à l'ennemi, et elle, qui en a la garde, ne peut pas les abandonner sans avoir provoqué des ordres, adressé au besoin des propositions sur le sort à leur faire subir.

En 1805, après la prise de Vienne, la Grande Armée, qui était dans un état de dénuement complet, trouva de quoi se reconstituer dans les magasins que renfermait la région avoisinante, et que l'armée autrichienne n'avait pas eu la pensée — ou le temps — de vider ou de détruire. A Stockerau, la Garde s'empare d'un magasin d'habillement pour la cavalerie et y prend 8.000 paires de souliers ou de bottes et « du drap pour faire des capotes à toute l'armée », disent les rapports officiels. Les grenadiers n'hésitèrent pas à s'orner de pelisses hongroises, et les fantassins se chargèrent de fourniments de cavalerie, sans crainte de nuire à l'uniformité de la tenue. A Hall, à Znaym, à Brünn, on profite de même d'abondantes ressources abandonnées par l'ennemi.

On voit que les matériels d'habillement et d'équipement sont parfois aussi appréciés que les substances alimentaires.

Sur le champ de bataille d'Austerlitz même, on ramassa, après la victoire, plus de dix mille sacs garnis, déposés par les Russes pour s'alléger au moment de la marche en avant (cette pratique, nouvelle alors, devenue presque normale aujourd'hui, scandalisait fort le maréchal Marmont). Le mauvais biscuit que renfermaient ces sacs fut d'un grand secours aux troupes françaises qui occupaient le terrain du combat.

Innombrables sont les exemples de faits analogues. Les destructions d'approvisionnements sont également fréquentes.

Nous ne citerons que pour mémoire la dévastation méthodique réalisée en Russie au-devant de l'armée d'invasion en 1812 et ses résultats heureux — au point de vue russe.

En 1870-71, l'intendance allemande a déclaré avoir été aidée, dans sa lourde tâche, par des *masses considérables* d'approvisionnements que l'ennemi a constamment laissés derrière lui, dans les places et dans les campements qu'il évacuait, ce qui prouve une fois de plus, entre parenthèses, l'existence de ces approvisionnements qu'on n'avait pas su faire manœuvrer avec les troupes. Nous avons déjà cité les plus importantes de ces prises.

D'autre part, en octobre, le gouvernement de la Défense nationale, sur le conseil de l'intendant général Robert, de la 1re armée de la Loire, avait décidé de faire le vide systématique devant l'invasion allemande qui commençait à s'étendre au sud de Paris. Un décret avait ordonné l'évacuation de toutes les denrées, de tous approvisionnements militaires ou appartenant à des civils. En cas d'impossibilité, la destruction était prescrite. Des comités et des fonctionnaires spéciaux étaient chargés de l'opération, qui s'accomplit sans difficulté, paraît-il, mais en un nombre de points assez restreint. Les denrées évacuées ou détruites étaient payées par des bons de réquisition. Les habitants qui refusaient de laisser prendre ainsi leurs approvisionnements étaient punis par la privation éventuelle du droit à toute indemnité future. Les évacuations se faisaient sur les plus proches magasins de l'intendance.

Ces mesures procurèrent des ressources appréciables aux corps français créés à cette époque, mais elles ne paraissent pas avoir beaucoup gêné les mouvements des Allemands.

IV

Emploi et remplacement des vivres de réserve.

Au milieu de toutes les circonstances de guerre, les vivres de réserve seront toujours prêts à parer aux accidents ou aux insuffisances. Nous en avons vu l'emploi pendant les périodes de combats ou de poursuites. Parfois, on sera amené à vivre exclusivement au moyen de denrées portées par l'homme : ce sera lorsque, pour un motif quelconque, les voitures seront supprimées des colonnes (expéditions secrètes et rapides, routes impraticables, etc.). La charge de l'homme et du cheval en sera évidemment augmentée et la marche ralentie, mais une garantie contre des privations à peu près certaines vaut bien un peu de fatigue.

Les exemples de ce mode passager d'alimentation sont nombreux. En 1871, le 14e corps allemand, dans sa marche sur Epinal, emporta 5 jours de vivres dans le sac; le 13e corps, dirigé sur Le Mans, porta précipitamment, le 7 janvier, les vivres du sac à 7 jours de vivres; sage précaution, car le brouillard, les gelées, la glace et la neige ne permirent aux équipages de rejoindre que le 14 janvier.

D'autres exemples, plus modernes, de ces surcharges, ont été donnés par les campagnes coloniales récentes (marche sur Lang-Son, pendant la conquête du Tonkin; marche de la colonne légère sur Tananarive, pendant l'expédition de Madagascar).

Les vivres de réserve sont consommés entièrement ou en partie, suivant que les autres denrées ont complètement ou partiellement fait défaut.

Toute portion disparue doit être immédiatement remplacée. Ce remplacement n'est malheureusement pas une opération simple, ni rapide, et il semble que notre organisation, si complète, d'autre part, présente là une lacune.

Les vivres de réserve consommés sont d'abord ceux du sac. Ils peuvent être immédiatement remplacés sur l'homme par les vivres du train de combat, qui ont identiquement la même composition, à l'eau-de vie près (exception faite pour la cavalerie, bien entendu).

Pour reconstituer ces derniers, on trouvera au train régimentaire un jour de conserve de viande et de potage, de sucre et café, d'eau-de-vie, mais pas de pain de guerre.

Le T.R. lui-même pourra recevoir du CV.AD. toutes les denrées qu'il aura ainsi distribuées, sauf l'eau-de-vie. Mais celle-ci se rencontre partout, et il est facile d'en acheter. Le CV.AD. du corps d'armée ne possède pas non plus de pain de guerre.

Il faut aller, pour en trouver, jusqu'au CV.AD. d'armée. Et encore, si ce dernier intervient dans le ravitaillement journalier, il sera chargé en pain biscuité, et c'est la station-magasin, tout au moins la gare régulatrice, qui devra expédier, comme un ravitaillement éventuel ordinaire, le pain de guerre manquant.

En sorte que, si l'on consomme deux jours de suite du pain de guerre, ou si, en une seule fois, on en consomme les deux rations, ce qui n'a rien d'extraordinaire, étant donné la faiblesse de ces rations, il faudra attendre trois et plutôt quatre journées pour en recevoir ce qui manque, journées pendant lesquelles le corps d'armée sera totalement dépourvu de cette denrée.

Pour ne pas priver les troupes de leur réserve de vivres-pain, on distribuera aux hommes, et, s'il le faut, aux trains de combat, du pain biscuité, dont le corps d'armée possède des avances suffisantes. Mais, outre que cela va entraîner un ravitaillement double en pain, qui pourra ne pas être facile à exécuter (au moins 40 voitures supplémentaires), le pain biscuité ne peut pas s'empaqueter et se placer dans le sac comme les galettes de pain de guerre. L'homme aura sur lui deux rations de pain, voilà tout. Elles traîneront toutes deux dans sa musette; il consommera l'une ou l'autre, indifféremment. ou peut-être toutes les deux, un jour d'appétit, ou bien laissera l'une d'elles se dessécher complètement.

La surveillance des vivres de réserve deviendra impossible.

Enfin, les voitures du train de combat ne sont pas d'assez grande capacité pour porter un jour de pain.

Peut-on diminuer le délai pendant lequel règnera cette situation irrégulière et incommode ?

Il est au moins une précaution essentielle qu'il faut prendre . celle de ne pas laisser s'éloigner les deux jours de pain de guerre qui constituent le chargement normal des sections 3 et 4 du convoi administratif, et qui sont remplacés par du pain biscuité, au moment où ces deux sections vont être appelées à concourir au ravitaillement. Or, le pain de guerre est en caisses, il est facile à manier et à transporter; on ne peut songer à le mettre au chemin de fer, puisque c'est précisément quand le chemin de fer manque que les quatre sections du CV.AD. seront chargées en pain biscuité. Mais on pourra constituer, dès le jour du déchargement, un convoi éventuel spécial de pain de guerre, et prêt à s'avancer jusqu'à la zone des corps d'armée.

On ne gagnera, d'ailleurs, ainsi, que le temps employé à l'expédition de l'arrière sur les voies ferrées.

Sur convoi éventuel, ou sur CV.AD. d'armée, comment ce pain de guerre pourra-t-il parvenir aux soldats ?

On pourra d'abord l'envoyer, un jour, en place de pain, au ravitaillement quotidien. CV.AD. et T.R. s'en chargeront successivement, et l'apporteront aux troupes, qui prendront, pour la distribution, le supplément de pain qu'elles avaient reçu en guise de vivres de réserve, et garniront leur sac avec le pain de guerre qui arrive. Ceci suppose que ce supplément de pain aura été conservé intact, et se complique du fait qu'il y aura quand même une demi-ration de pain quotidien à apporter, la ration de réserve n'étant qu'une demi-ration normale.

Il sera infiniment plus sûr et plus simple de continuer le ravitaillement quotidien comme si rien n'avait été modifié, et d'expédier, *en plus*, la ou les rations de pain de guerre manquant. Mais alors, nouvelle difficulté : on manque de voitures au corps d'armée pour le prendre, et il faut absolument que le convoi spécial vienne jusqu'aux troupes elles-mêmes, c'est-à-dire se disperse — pour se reformer on ne sait comment — et distribue dans les cantonnements mêmes.

Tous ces inconvénients disparaîtraient si l'on avait la précaution de constituer sur camions automobiles, dans la zone des étapes, une réserve d'un jour de pain de guerre par corps d'armée. Ce convoi-là pourrait être envoyé à la première demande télégraphique, arriver le lendemain, distribuer sans peine même dans les cantonnements et rentrer au plus tard le second jour se recharger auprès d'une gare de ravitaillement. Un pareil convoi ne renfermerait pas plus de sept camions de 2.000 à 2.500 kilogrammes par corps d'armée.

Ce sont là des mesures qu'il appartiendra à l'intendant d'armée de proposer au D. E. S. On ne voit, en particulier, pas d'autre moyen possible pour remplacer les vivres de réserve de la cavalerie.

A plus forte raison se trouvera-t-on embarrassé le jour où on voudra surcharger les troupes et leur faire porter quatre ou cinq jours de vivres de réserve, comme dans les exemples cités plus haut. Deux jours supplémentaires de vivres de réserve pour un corps d'armée pèsent environ 80 tonnes. C'est une masse d'autant plus difficile à faire mouvoir que les voitures des convois réglementaires sont chargées d'autres denrées, et qu'il faudra avoir recours à des convois spéciaux (convois auxiliaires, convois éventuels) pour l'amener jusqu'aux troupes.

Il est vrai que des opérations dans lesquelles de pareilles précautions sont nécessaires ne s'improvisent pas, et qu'on disposera, en général, d'un délai de préparation assez long. Il est cependant des cas où il sera plus qu'utile, indispensable, d'agir vite et de se procurer des denrées sans aucun retard : c'est, par exemple, le cas, déjà cité, d'une poursuite après une bataille heureuse.

V

L'avenir ?

Ainsi que le chemin de fer a transformé l'antique ravitaillement, « tranquille et lent », par les routes d'étapes, et a fait de l'existence de ces dernières une exception, de même le camion automobile est susceptible de modifier profondément le mode de ravitaillement actuel, caractérisé par l'expédition *lointaine*, quotidienne et automatique, d'un jour de vivres *à proximité des troupes* en opération, et par la présence de réserves importantes, s'élevant à quatre jours de vivres, également *à proximité des corps d'armée.*

On peut imaginer que, dans un avenir plus ou moins éloigné, apport quotidien et réserve pourraient être rejetés à *une certaine distance* des troupes, alors qu'au contraire les centres de production, délivrés de l'obligation de se trouver sur la voie ferrée, pourraient se multiplier et se rapprocher des points de distribution.

Chaque jour, le centre de fabrication de pain enverrait, par convoi automobile, un jour de pain à chaque corps d'armée, comme le centre d'abat enverrait un jour de viande, comme un magasin, constitué dans le voisinage, et alimenté par toute la région, enverrait un jour d'avoine et de petits vivres, Si, par suite d'événement imprévu, ces vivres n'arrivaient pas, d'autres convois automobiles pourraient rapidement, dès le lendemain, réparer l'accident en apportant les denrées des réserves mobiles de l'arrière. Aussi suffirait-il de laisser auprès du corps d'armée une petite réserve de sûreté, un jour complet de vivres sur roues, avec pain de guerre et viande de conserve, c'est-à-dire constitué en denrées ne causant aucun souci de conservation ou de renouvellement — indépendamment, bien entendu, des deux jours de vivres de réserve. Qui sait même si les camions automobiles ne pourront pas devenir assez légers, et leurs groupements assez maniables, assez « manœuvriers », pour qu'il leur soit possible de se glisser dans les cantonnements, d'aller trouver les parties prenantes, pour ainsi dire à domicile, et de remplacer totalement les trains régimentaires devenus inutiles !

Même en s'en tenant à la première organisation seule, on obtiendrait un allégement très notable des corps d'armée, qui y gagneraient quelque rapidité de manœuvre.

Une telle conception soulève évidemment de nombreuses difficultés qu'il est sans grand intérêt de discuter pour le moment, où elle ne peut exister qu'à l'état d'hypothèse — presque de paradoxe. Mais on a vu des paradoxes devenir des vérités.

La principale objection réside dans le manque de sûreté du fonctionnement des organes mécaniques. Il ne faut pas exagérer la confiance que l'on peut avoir dans l'automobile, pas plus que dans le chemin de fer, bien que la première ne dépende pas d'une infrastructure, et soit, par suite, bien plus souple et moins vulnérable que le second. On sait cependant que, quelquefois, les autos restent en panne, l'essence manque, les routes sont encombrées ou impraticables, etc. De même que, finalement, c'est toujours le fantassin qui gagne la bataille, il est bien possible que ce soit toujours le vulgaire cheval qui doive apporter au soldat sa nourriture et ses munitions. Encore celui-ci doit-il toujours en conserver une bonne part sur lui : on n'est jamais si bien servi que par soi-même...

En attendant donc que les progrès de la locomotion mécanique permettent de réaliser au moins une partie de ce programme un peu hardi, gardons précieusement nos quatre jours du convoi administratif : ils sauveront peut-être bien des situations, et ils nous garantissent, en particulier, l'alimentation au moment où elle est le plus nécessaire, au moment de la bataille.

Et n'oublions pas que ce sera alors grâce à eux que tous les moyens de transport dont dispose l'armée pourront être employés à cette autre alimentation, aux terribles et subites exigences, celle des bouches à feu... C'est parce que le combattant sera sûrement nourri par nos réserves que l'on pourra se préoccuper presque exclusivement de « nourrir le combat ». C'est un résultat qui vaut bien la peine de « s'alourdir » de quelques voitures.

CHAPITRE VI

LE RAVITAILLEMENT NATIONAL.

On appelle de ce nom l'ensemble des mesures qui, préparées dès le temps de paix, exécutées à partir de la mobilisation, permettront de recueillir sur l'ensemble de tout le territoire national les denrées nécessaires à l'alimentation des armées en campagne et de les faire parvenir aux stations-magasins (1).

Ce service, de création récente — il remonte seulement à 1890 — est entièrement l'œuvre de l'intendance, qui l'a mis sur pied par vingt années de labeur assidu. Son organisation est aujourd'hui à peu près terminée partout et il est prêt pour un fonctionnement qui, s'il est à hauteur de sa préparation, ne doit pas donner beaucoup de mécomptes.

Il ne saurait être question ici d'en exposer les détails; mais il est utile d'en connaître l'existence et les grandes lignes, car, en somme, c'est lui le grand producteur des vivres, c'est lui qui accomplit les premiers actes de l'alimentation en campagne.

Il comprend, ainsi que la logique même le lui impose, deux parties, deux étapes, deux « temps » : d'abord la connaissance des ressources du pays, puis la prise de possession de ces ressources et leur répartition suivant les besoins.

1° Evaluation des ressources.

Le travail du temps de paix consistera surtout dans la recherche précise de la richesse du pays en denrées de toute nature. On en dressera des statistiques spéciales, en vue de ce but déterminé, et

(1) Le ravitaillement national prévoit aussi la réunion des ressources nécessaires aux places fortes, à leur population civile aussi bien qu'à leur garnison.

qui devront présenter un haut degré de certitude, car elles ne sont pas seulement objet de science, de spéculation, mais surtout d'application pratique.

Ces statistiques sont dressées par département. Elles sont l'œuvre d'un groupement de fonctionnaires civils, de négociants, réunis au sous-intendant, sous la présidence du préfet : c'est le *comité départemental de ravitaillement.*

Ce comité doit reconnaître non seulement la quantité moyenne de chaque denrée qui existe dans le département, mais se rendre un compte aussi exact que possible des variations de ces quantités avec le temps. Il est clair en effet que, suivant la saison, on ne trouve pas les mêmes approvisionnements de blé dans une commune rurale. Très abondants après les moissons, ils diminuent progressivement, par voie de consommation ou de vente, jusqu'à disparaître presque complètement en juin. Il en est de même du foin, de l'avoine, de toutes les denrées à production annuelle. Comme on ne peut savoir à quel moment une guerre éclatera, les seules quantités de denrées sur lesquelles on a le droit de compter à coup sûr sont les *stocks minima*.

Nombreuses sont les difficultés qui entourent ces statistiques. Elles ne doivent pas, en effet, se borner à constater la production de la région à laquelle elles s'appliquent, mais elles doivent faire connaître avec exactitude toutes les causes secondaires capables d'influencer les quantités résultant de cette production : exportation et importation, transformations industrielles, consommation locale sont les principales.

A côté de la production agricole, il faut tenir compte aussi des existants de provenance purement commerciale, tels que les contenus des magasins généraux, des entrepôts, les approvisionnements des très grandes usines.

Parmi ces usines, il en est de particulièrement intéressantes : ce sont celles où l'on fabrique habituellement — ou bien où l'on peut fabriquer accidentellement — des denrées de conserve utiles à l'armée: pain de guerre, par exemple, conserves de viande ou de potage. On peut donc demander ces denrées non seulement aux usines des entrepreneurs habituels de l'administration militaire, mais encore à des établissements similaires, exploités en temps de paix par l'industrie civile, et qu'une transformation rapide, au moment de la mobilisation, peut mettre en état de donner une nouvelle production : fabriques de biscuits, fabriques de conserves alimentaires variées, etc.

Nous ne parlons pas des moulins, qui sont évidemment les premières usines dont l'existence et la capacité importent au service du ravitaillement.

Ces stocks minima sont établis par commune. Il faut en déduire la quantité nécessaire à l'alimentation de la population locale et à celle des régions moins riches qui profitent ordinairement des excédents de ressources de leurs voisins. En admettant un coefficient de perte assez large pour éviter les mécomptes, il reste enfin les quantités de chaque denrée dont on peut disposer en faveur de l'armée, dans chaque commune de France.

2° Emploi des ressources.

C'est encore par commune qu'on ira chercher ces denrées, quand le moment sera venu.

Le ministre de la guerre répartit, suivant les résultats de la centralisation de toutes les statistiques, ses exigences à la mobilisation entre tous les départements français, qui se trouvent ainsi frappés d'une espèce d'imposition en nature qu'on appelle « le contingent ». Par un mécanisme qui rappelle celui de la répartition des impôts directs, ces contingents sont répartis à leur tour entre les communes par les soins du comité et des autorités chargées du ravitaillement (préfet et sous-intendant militaire).

Le contingent communal ainsi déterminé dès le temps de paix, conforme aux stocks disponibles, sera prélevé à la mobilisation, non pas en une seule fois, mais progressivement, par journées successives — mais non forcément consécutives — de façon à assurer un ravitaillement régulier, incapable d'encombrer les stations-magasins.

Il existe même des prélèvements prévus de façon moins régulière, et qui ne sont exécutés que sur ordre spécial provenant des stations-magasins. Ce sont ceux qui concernent les denrées à consommation éventuelle, que le ravitaillement quotidien n'est pas chargé de fournir, tels que le bétail et le foin, qui est toujours du foin pressé.

Un certain nombre de communes sont groupées de façon à former une *circonscription de groupement*, dans chacune desquelles une commission, dite *commission de réception*, est chargée de réunir les denrées en un centre déterminé à l'avance, de les recevoir, au double point de vue de la quantité et de la qualité, et de les expédier sur leur destination. Cette commission est purement civile et comprend des membres, désignés et exercés dès le temps de paix, dont la compétence commerciale se double d'une certaine influence locale rendant plus faciles les relations avec les municipalités, qui sont, là comme toujours, l'intermédiaire final entre l'autorité militaire et les populations.

En principe, la livraison est amiable, et toutes ces denrées sont payées séance tenante, tout au moins par un mandat rapidement transformable en espèces. La commission de réception fait application du procédé d'achat dit « à caisse ouverte » qui a été défini plus haut (1re partie). Les prix des denrées ont été déterminés d'avance. Mais, faute de livraison de bonne volonté, il peut être procédé à des réquisitions, qui, elles, ne comportent qu'un paiement différé et un mode d'évaluation réglés comme il a été dit aussi dans la première partie.

A côté des opérations des commissions de réception, qui recueillent d'ailleurs la grande majorité des ressources du contingent communal, existent d'autres procédés d'acquisition. Des achats sur simple facture, ou par marchés, sont effectués par l'administration militaire elle-même, surtout pour les denrées abondantes et faciles à trouver, dans les villes par exemple, et pour la satisfaction de besoins immédiats des grandes réunions de militaires. La production des moulins, des usines diverses, est acquise le plus souvent sans intervention des commissions de réception, au moyen de marchés, préparés et signés d'avance, mais ne devenant exécutoires que le jour de la mobilisation, et qui portent le nom de *conventions éventuelles*.

A part quelques consommations immédiates, dans les centres mêmes de mobilisation, toutes les denrées sont expédiées sur les stations-magasins (ou sur les places fortes), par voie de terre ou de fer, suivant les distances à parcourir. Là encore une préparation minutieuse va intervenir et sera le fait de l'état-major de l'armée qui, seul, dispose des voies ferrées à la mobilisation. Tout un plan de transport sera élaboré; il sera basé sur les besoins des armées en campagne, sur l'affectation des stations-magasins aux diverses armées, sur les effectifs de guerre, sur les dates probables des premières opérations.

Les trains qui doivent apporter à chaque S. M. leurs précieux chargements sont prévus et désignés d'avance. Aussi ne saurait-il être toléré de retard dans les opérations des commissions de réception, qui doivent être exécutées strictement au jour fixé, afin de pouvoir enlever les denrées à la date voulue.

Une fois à la station-magasin, les denrées appartiennent à l'armée : elles sont à la disposition du D. E. S. et de l'intendant de l'armée; l'œuvre du ravitaillement national est terminée.

On conçoit sans peine que ces opérations se compliquent, en pratique, de toutes les difficultés inhérentes à la grande quantité de personnes diverses qui y interviennent, à la variété des actes qu'elles comportent et qu'il a fallu prévoir dans les moindres détails, consignés dans un *journal de ravitaillement*, conçu et rédigé, jour par jour, heure par heure, comme un journal de mobilisation. Mais on voit aussi que cette conception est autrement féconde que le simple recours à des intermédiaires, à des entrepreneurs, et quelle commodité apportera au ravitaillement en campagne cet ordre mis à l'avance dans les achats, cette espèce d' « harmonie préétablie » entre les ressources nationales et les besoins des armées...

Quelque riche que soit notre France, quelque abondantes que soient les productions de son fertile sol, il se peut qu'elle ne soit pas en état, au jour de la mobilisation ou un peu plus tard, de tenir les promesses de la statistique. Une saison rigoureuse, une mauvaise année de cultures peuvent sinon anéantir, au moins restreindre la quantité d'aliments qu'elle doit normalement fournir. Aussi a-t-il fallu prévoir même cette éventualité d'insuccès. Si elle se réalisait, c'est au delà des frontières qu'il faudrait aller chercher ce que le territoire national n'aurait pas eu la force de produire. Contentons-nous de dire que le ravitaillement trouverait à s'exercer dans nos colonies et à l'étranger, et que l'intervention des achats — directs ou à commission — dans ces régions d'outre-mer est prévue avec assez de soin et de précision pour permettre de compter, le cas échéant, sur leurs stocks considérables. Cela s'est toujours fait; mais, à la différence du passé, on saurait aujourd'hui où prendre immédiatement, sans les rechercher, ces approvisionnements, et comment les faire venir par des voies rapides. Quelles facilités eût trouvées l'intendance au ravitaillement de Paris en 1870, si de pareilles précautions avaient été prises comme aujourd'hui !

CHAPITRE VII

COMPTABILITÉ DES SUBSISTANCES EN CAMPAGNE.

Quelles que soient les préoccupations de tous ordres qui assaillent les chefs de corps, commandants d'unités ou chefs de services en campagne, bien qu'il faille avant tout et à tout prix assurer l'existence de la troupe et la pourvoir de ce qui lui est nécessaire, on ne peut songer à supprimer tout contrôle et à s'en rapporter à chacun du soin de ne prendre et de ne consommer que *ce que son droit lui accorde.*

Il faut, quelque désagréable que cela soit par moments, conserver des traces de toutes les opérations faites, afin que chacun garde la responsabilité de ses actes administratifs — et la plus mince perception est un acte administratif — et puisse être appelé à en rendre compte un jour ou l'autre.

C'est là le but de la comptabilité.

La comptabilité est l'acte par lequel le comptable, ou l'agent d'exécution, rend compte de l'emploi de l'argent qui lui a été remis et de celui des matières qui lui ont été confiées ou qu'il a achetées avec cet argent.

L'excès du souci de la comptabilité en campagne a des inconvénients, comme tous les excès. Qu'on se reporte seulement à la citation donnée plus haut (1re partie, chap. I, campagne de 1812). Mais de tels dangers sont aujourd'hui évanouis. L'intendance moderne a les idées plus larges. Elle ne refusera pas des rations à une troupe dénuée de ressources qui n'appartiendrait pas à sa division, bien qu'il soit de son devoir strict de ne pas priver les siens de ce qu'ils l'ont aidée à accumuler et à conserver. Elle distribuera, toutes les fois qu'elle le pourra. Mais elle exigera des reçus, d'abord, et elle essaiera ensuite d'établir les perceptions faites et de les comparer aux droits réels.

Il importe au plus haut point que l'habitude de dépasser ces droits ne se prenne pas (1), non seulement pour éviter le désordre, source de tous les abus, mais encore parce qu'on ne peut donner trop aux uns qu'en donnant insuffisamment aux autres. Toute générosité est une injustice.

De plus, l'intendance n'est pas une dispensatrice de manne. Ses pouvoirs sont loin d'être illimités. Argent, denrées, effets, tout ce qu'elle a distribué, ne lui appartenaient pas. Ils appartenaient à la nation, qui lui en demandera compte un jour, et peut-être sans indulgence. Elle a donc le droit et le devoir d'exiger de ceux qu'elle sert des pièces qui seront sa propre justification.

Nous verrons plus loin quelle est la comptabilité que doivent tenir les corps de troupe. Examinons maintenant, de façon sommaire d'ailleurs, et pour terminer l'étude de l'alimentation, quelle est celle que nécessite le fonctionnement du service des subsistances.

Cette comptabilité est tenue, évidemment, par gestion.

Les gestions restées à l'intérieur appliquent, en principe, et sauf dérogations prescrites par le ministre, les règles de comptabilité du temps de paix; mais les gestionnaires des éléments mobilisés ne sont astreints qu'à une comptabilité restreinte, composée des pièces élémentaires sur lesquelles il est fait enregistrement de tous les faits comptables, au jour le jour.

Muni de ces éléments, un organe spécial, appelé *bureau de comptabilité*, institué à l'intérieur, constituera plus tard une comptabilité complète de tous les actes de la gestion de guerre en suivant les règles imposées à la comptabilité publique.

1° Comptabilité en deniers.

Les gestionnaires reçoivent, comme en temps de paix, des avances mandatées, sur demandes établies par eux, par les fonctionnaires de l'intendance.

(1) « La base d'une bonne administration est dans le soin qu'on met à reconnaître la légitimité des consommations... Du temps du Directoire, l'administration française militaire était dans une grande confusion, et le Premier Consul, à son arrivée au pouvoir, s'empressa de créer un nouveau corps, chargé des revues, pour établir l'ordre.

» *Il s'attacha à lui donner une grande considération*, qui fut justifiée par un grand zèle. Au bout de six mois, plus de 150.000 hommes, qui n'existaient pas, mais pour le plus grand nombre desquels on touchait les vivres, la solde et l'habillement, furent rayés des contrôles. » (Maréchal Marmont, *De l'esprit des institutions militaires*.)

La première avance leur est versée, au moment de la mobilisation, par les receveurs des finances; les autres sont remises par les payeurs aux armées.

Le taux de ces avances et les délais de justification sont plus considérables qu'en temps de paix; la spécialité des avances par branche de service peut, en cas de nécessité et sauf régularisation ultérieure, n'être pas observée rigoureusement.

Les gestionnaires font eux-mêmes des avances aux gérants d'annexes.

Au moyen de ces avances, les gestionnaires ou gérants d'annexes effectuent les achats et paient les dépenses d'exploitation de leur service, chaque paiement donnant lieu à l'établissement d'une pièce justificative (généralement facture ou quittance, détachée d'un carnet à souche) en simple expédition. Cette facture est la preuve du fait comptable. Elle en est la certification par les deux personnes qui y ont pris part : l'acheteur et le vendeur, dont les intérêts personnels sont trop opposés pour que leur accord ne constitue pas une excellente présomption d'exactitude.

La justification de l'emploi des fonds est faite, auprès du payeur, par la production de ces pièces, totalisées, en outre, sur un relevé récapitulatif, vérifié par le sous-intendant.

Le payeur ne délivre une nouvelle avance que sur la remise de ces factures : il les garde à l'appui de sa propre comptabilité.

Une deuxième expédition du relevé est adressée par le sous-intendant au bureau de comptabilité.

Ces relevés, qui relatent tous les faits de dépense, servent de base à la comptabilité régulière qui sera établie par ce bureau. Ils seront encore confirmés par l'envoi ultérieur de la souche des carnets de factures elle-même.

Quelques registres, tenus par le gestionnaire, font ressortir à chaque instant la situation des fonds et permettent de la vérifier. Ce sont :

Le *registre-journal des recettes et des dépenses* (trimestriel). Par l'inscription journalière de chaque fait de recette ou de dépense, il permet d'établir à une date quelconque la situation du numéraire. Il porte mention des vérifications de caisse du sous-intendant, qui doivent être faites au moins une fois par mois;

Le *compte des avances de fonds* (annuel), comportant inscription par le payeur lui-même de ces avances au moment de leur paiement et enregistrement des justifications;

Le *carnet des comptes courants en deniers avec les gérants d'annexe* (annuel), avec un compte spécial pour chaque annexe.

A la fin de la période pour laquelle ils ont été établis, trimestre ou année, ces registres sont envoyés au bureau de comptabilité.

2° Comptabilité en matières.

Toutes les entrées et toutes les sorties de matières sont appuyées par des pièces justificatives, mais le compte de gestion est tenu par le bureau de comptabilité. Le gestionnaire se borne à inscrire toutes les entrées ou sorties de denrées et de matériels, quelle qu'en soit l'origine, sur un *registre de campagne* sur lequel il enregistre aussi tous les faits ayant une répercussion sur la comptabilité : marches, cantonnements, ordres reçus, entrées et sorties de fonds, fixation des rations, etc. Les gérants d'annexes tiennent aussi un registre de campagne. Une fois terminés, ces registres sont envoyés au bureau de comptabilité.

Le registre de campagne permet d'établir, chaque jour, la situation des approvisionnements, situation qui est envoyée au sous-intendant. Les versements de denrées et matériel, de gestion à gestion ou de gestion à annexe, sont justifiés par des bulletins extraits d'un *livret à souche* spécial.

La comptabilité-matières des subsistances est unique pour chaque division (ou les E. N. E.). Elle doit donc comprendre non seulement les opérations faites par le gestionnaire, mais aussi celles des officiers d'approvisionnement des corps de troupe et des formations diverses.

Le gestionnaire devra donc prendre également en charge — quitte à les faire sortir aussitôt en écritures — toutes les denrées distribuées aux officiers d'approvisionnement, achetées ou réquisitionnées par eux.

Il résultera aussi de cette nécessité un mode spécial de tenue de la comptabilité des distributions, qui fasse ressortir cette liaison.

3° Comptabilité des distributions.

Comptabilité des corps de troupe. — Les officiers d'approvisionnement des corps de troupe gèrent au titre du corps, comme délégués du conseil d'administration, vis-à-vis duquel ils sont pécuniairement responsables, et qui doit vérifier leurs opérations et les faire rentrer dans ses propres comptes.

Ceux des quartiers généraux et des autres formations du corps d'armée opèrent comme gérants d'annexes des gestions des subsistances.

Sont enfin gestionnaires eux-mêmes et envoient leurs comptes directement au bureau de comptabilité de l'armée, ceux qui sont déjà gestionnaires des subsistances, et les officiers d'approvisionnement des quartiers généraux d'armée ou de groupe d'armées. (Dans les sections de convois administratif ou auxiliaire, et dans les boulangeries de campagne, l'officier d'approvisionnement appartient à la compagnie du train des équipages qui attelle les voitures de la formation, et gère au titre de son escadron.)

Les denrées que distribuent les uns et les autres proviennent d'achats, de réquisitions, ou de livraison par des magasins administratifs (convoi administratif, gestion de G. R., gestion de T. E.)

Pour les achats, il faut des fonds. Et, comme les achats sont faits au nom de la gestion, il faut que ces fonds proviennent de la gestion, tout au moins aient la même origine — chapitre des subsistances — que ceux qu'on donne à la gestion.

Pour les officiers d'approvisionnement qui sont eux-mêmes gestionnaires, pour ceux qui sont gérants d'annexes d'une gestion de subsistances, la chose est toute simple. Les premiers perçoivent leurs fonds aux caisses du Trésor aux armées, par mandat du sous-intendant établi sur leur demande; les seconds reçoivent de leur gestionnaire les avances nécessaires, renouvelées chaque fois que le besoin en est justifié.

Pour le corps de troupe, il se présente une petite complication : il serait oiseux de recourir à la remise directe de fonds, par un gestionnaire, à un corps qui possède lui-même une caisse suffisamment garnie ou qui trouve un agent du Trésor à proximité. C'est par un jeu d'écritures que l'on évitera ce mouvement inutile d'argent, qui peut d'ailleurs être effectué en cas d'urgence; mais, en général, on opère comme il suit :

L'officier d'approvisionnement reçoit directement les fonds de l'officier payeur de son corps, qui en fait ainsi avance au chapitre des subsistances, crédit délégué à la division dont fait partie le corps. Le corps devra être remboursé par ce crédit, mais seulement sur la preuve que ces fonds ont bien été employés à des achats de denrées prises en charge par la gestion de la division.

L'officier payeur établira donc, d'après les écritures de l'officier d'approvisionnement, un relevé détaillé de toutes les dépenses faites, et l'enverra au gestionnaire qui portera entrées, en bloc, dans ses écritures, toutes les fournitures qui en résultent, comme si elles avaient été achetées par lui-même, et les portera en même temps sorties, comme distribuées par lui au corps. Mention de cette prise en charge est inscrite sur le relevé qui est renvoyé au corps, lequel remet en échange une pièce appelée *bon de remboursement*, qui forme pour le gestionnaire décharge de la sortie des denrées. L'opération fictive est terminée; il ne reste plus qu'à rendre au corps l'argent avancé.

A cet effet, l'officier payeur adresse au sous-intendant de la division le relevé renvoyé, accompagné d'une copie, et de toutes les factures et pièces probantes des dépenses. Après vérification, le sous-intendant mandate l'un de ces relevés — crédit des subsistances — et le renvoie au corps, avec les pièces.

L'officier payeur du corps remet le tout à l'agent du Trésor (payeur de la division), qui constate la régularité du remboursement et l'effectue.

Le second relevé est gardé par le sous-intendant à l'appui de la comptabilité générale du service des subsistances.

On voit dans cet exemple, un peu détaillé à dessein, une application nette des règles de la comptabilité publique qui ont été sommairement exposées dans la 1re partie, chap. III.

Nous verrons plus loin (3e partie, chap. IV), comment les corps de troupe font constater la concordance de leurs droits et de leurs perceptions.

Comptabilité des officiers d'approvisionnement des corps. — L'officier d'approvisionnement se fait, à chaque achat, remettre par le vendeur une facture certifiant son paiement et justifiant la sortie du numéraire correspondant. Pour la commodité du service, il établit lui-même ces factures sur un modèle déterminé, extrait d'un *carnet à souche de factures* (ou de *quittances* pour les dépenses inférieures ou égales à 10 francs). Les factures sont la base réelle de la comptabilité. C'est pour cela qu'elles sont remises à l'agent du Trésor au moment du remboursement. Les souches sont conservées par l'officier d'approvisionnement, après que le sous-intendant en a vérifié la conformité.

Les réquisitions ne donnent pas lieu à facture, mais à remise d'*ordres* et de *reçus* de réquisitions, extraits de *carnets* spéciaux, dont la souche est conservée par l'officier payeur du corps, afin d'être mise un jour à l'appui de la revue de liquidation du corps, qui se fera à l'intérieur, au dépôt.

Pour les denrées reçues directement de l'intendance, l'officier d'approvisionnement établit un reçu qui s'appelle *bon de réapprovisionnement* et qui est destiné au gestionnaire livrancier, dans les comptes duquel il justifie la sortie des denrées délivrées. Ce bon est extrait encore d'un carnet à souche.

Enfin, en échange de ses propres distributions aux unités de son corps, ou aux parties prenantes isolées, l'officier d'approvisionnement reçoit un *bon de distribution*, pièce de comptabilité intérieure du corps, dont on reparlera plus loin (3e partie, chap. IV).

Telle est la comptabilité, c'est-à-dire l'établissement des pièces comptables ou justificatives, de l'officier d'approvisionnement.

Pour savoir où il en est de son argent, de ses denrées, de son matériel, cet officier tient un registre accessoire, appelé *journal des entrées et sorties*, et dans lequel il porte d'un côté tout ce qu'il reçoit : denrées, argent, matériaux de chauffage, et de l'autre tout ce qu'il donne : distributions, argent rendu, pertes justifiées. La balance en est faite chaque jour, pour pouvoir être comparée aux existants réels. Tous les mois, ce journal est arrêté et remis aux archives du payeur du corps, à titre de document complémentaire.

Comptabilité des officiers d'approvisionnement gestionnaires ou gérants d'annexes. — Ces officiers gèrent suivant les mêmes règles que les gestionnaires des subsistances. Les gérants d'annexe rendent simplement compte à la gestion.

Comptabilité des gestionnaires. — Les distributions ne sont faites que contre des bons de réapprovisionnement. Elles ne sont inscrites qu'au registre de campagne.

Les vivres emportés par les corps au moment de la mobilisation (vivres de réserve, des T. R., etc.), donnent lieu à l'établissement de bons analogues. Ceux de ces vivres qui n'auraient pas été consommés en fin de campagne sont repris contre facture.

Si, éventuellement, un entrepreneur est amené à faire des distributions, les mêmes bons lui sont fournis et, en fin de mois, il les remet au gestionnaire des subsistances, qui les lui paie en deniers. L'entrepreneur peut aussi être payé par mandat du sous-intendant.

Enfin, les distributions peuvent être faites à titre remboursable. Elles donnent lieu à établissement d'un bon et sont payées immédiatement au gestionnaire. Celui-ci les inscrit comme les autres au registre de campagne, et, chaque mois, totalise le montant des bons et en verse la valeur à une caisse du Trésor, sur ordre de reversement du sous-intendant. Le gestionnaire centralise également le reversement au Trésor de la valeur des denrées remboursables, prises et payées aux officiers d'approvisionnement.

4° Opérations des bureaux de comptabilité.

Il est installé, à l'intérieur, pour chaque armée, un bureau de comptabilité, formé d'officiers et d'adjudants d'administration, sous la direction d'un fonctionnaire de l'intendance, et ne relevant que du ministre. Ce bureau a pour mission de recevoir, vérifier et compléter — par demandes de renseignements à l'armée — toutes les pièces fournies par les éléments mobilisés, et d'établir, avec l'aide de ces pièces, les documents imposés par les règlements : comptes trimestriels en deniers, bons totaux, bordereaux de distributions, comptes de gestions, rapports de liquidation, comptes d'ordonnancement.

Le bureau se substitue donc, pour l'établissement de ces comptes, à tous les gestionnaires de l'armée. Il divise son travail en trois branches : comptes en deniers, comptes des matières, comptes des distributions.

Outre les pièces reçues des gestionnaires, le bureau reçoit des personnels de direction, par l'intermédiaire de l'intendant d'armée, la copie de tous les marchés passés et le relevé de tous les ordonnancements effectués.

Les arrêtés de comptes signés du directeur du bureau de comptabilité sont envoyés au ministre accompagnés des feuilles de vérification échangées entre le bureau et les gestionnaires, et même de rapports de justification de ces derniers, s'il y a lieu.

Le bureau ne cesse de fonctionner, en principe, qu'après reddition complète des comptes; toutefois, si la reddition de certains comptes paraît devoir être longue, sans justifier le maintien des bureaux de comptabilité, ceux-ci peuvent être remplacés par un *bureau de liquidation* unique. Tel est le cas pour les expéditions lointaines.

CHAPITRE VIII

LES VIVRES-PAIN.

Le pain et la viande fraîche sont des aliments indispensables au soldat, et qui forment la base de son alimentation.

Ils doivent être fournis chaque jour, et la quantité qu'en consomme un homme, multipliée par des effectifs un peu élevés, représente un poids et un volume considérables.

L'impossibilité où l'on se trouve de les conserver longtemps entraîne l'obligation de les obtenir peu avant la distribution et la nécessité de les distribuer journellement provoque un travail constant, sans arrêt, des organes chargés de les délivrer.

Ils ne peuvent être qu'accidentellement, et pendant de courtes périodes, remplacés par les succédanés (conserve de viande, pain de guerre), tenus en réserve en cas de défaut de la denrée principale.

Toutes ces considérations font accorder à ces deux denrées une importance capitale et nous amènent à une étude spéciale pour chacune d'elles.

Nous commencerons par le pain.

I

Du pain.

Tout le monde sait, ou croit savoir, ce que c'est que *du pain.* Il n'est cependant pas sans intérêt de le rappeler ici, ne fût-ce que pour préciser certains termes qui reviennent constamment lorsqu'on s'occupe de la distribution de ce précieux aliment, ou des conditions de sa production.

Le pain est le résultat de la cuisson, dans un four, d'une pâte légèrement fermentée obtenue par le mélange d'eau et de farine de froment.

La farine absorbe plus ou moins d'eau, suivant sa nature, et la pâte est plus ou moins ferme, plus ou moins facile à pétrir. On divise les farines, à ce point de vue, en deux grandes catégories : les farines dures, les farines tendres (les intermédiaires portent le nom de *farines mitadines*). La plupart des farines de France sont tendres. Celles d'Algérie sont dures. Les farines dures sont plus nourrissantes que les tendres, mais elles donnent un pain moins blanc et moins agréable à la consommation.

La pâte à pain ne peut pas être faite d'un seul coup. Si l'on brassait simplement un mélange de farines et d'eau, on obtiendrait une masse épaisse, indigeste, qu'il serait impossible de faire cuire autrement qu'en minces couches (anciens pains sans levain). Cette pâte doit être rendue légère par le dégagement d'une grande quantité de bulles de gaz provenant d'une fermentation, qui la divisent, lui donnent un aspect spongieux qu'elle conservera après cuisson, formeront la « mie », qui caractérise le pain et le distingue de la « galette ».

Cette fermentation est progressive : commencée sur une petite quantité de farine, on la fait s'étendre, par des adjonctions et des pétrissées successives, à toute la masse destinée à la cuisson. Chacun de ces états intermédiaires porte le nom de « levain ».

Il est plusieurs manières d'opérer pour obtenir les levains. Nous n'en considérerons — et très sommairement — qu'une seule ici.

Une petite quantité de farine est d'abord délayée dans de l'eau tiède, en y incorporant un certain poids de pâte conservée des opérations précédentes, et déjà fortement fermentée. (C'est ce qu'on appelle communément du *levain.*) On laisse reposer, à une température convenable, ce premier mélange. Il se produit un commencement de fermentation assez léger. C'est ce qu'on appelle l' « apprêt » du levain, et le résultat s'appelle « levain de première ».

Ce levain de première est à son tour délayé dans de l'eau tiède et « rafraîchi » par addition d'une nouvelle quantité de farine. On laisse reposer, fermenter, et ce second apprêt donne le « levain de seconde ».

Ces apprêts, qui durent plusieurs heures, se passent dans des corbeilles où la pâte est abandonnée à elle-même, à une distance des fours assez faible pour que la température s'y maintienne convenable. Les boulangers connaissent très bien les proportions d'eau, de farine, de sel, necessaires pour obtenir un bon résultat, et reconnaissent au simple toucher, au gonflement et à l'élasticité de la pâte, au sein de laquelle la fermentation a dégagé des gaz, que l'apprêt est terminé. Ils savent également les moyens de ralentir ou d'accélérer dans certaines limites cet apprêt, de façon à avoir leur pâte prête exactement à l'heure nécessaire pour les fournées.

Le levain de seconde est lui-même rafraîchi par abondante addition d'eau et de farine, puis laissé en apprêt. Il devient ainsi le « levain de tout point ».

C'est ce levain de tout point qui va servir à fabriquer la pâte proprement dite.

On lui incorpore une nouvelle quantité d'eau tiède et de farine. Il y a cette fois, non plus seulement délayage et pétrissage sommaire du mélange, mais travail à fond : on brasse énergiquement jusqu'à ce que l'on ait obtenu un certain degré de consistance, on étire la pâte, on la frappe vigoureusement contre les parois du pétrin, on la soulève et on la gonfle d'air. Le résultat est une pâte homogène, élastique, bien liée, sans grumeaux ni trace de farine sèche, bien pénétrée d'air.

On la laisse encore reposer une demi-heure : c'est l'apprêt en pétrin. La fermentation continue, la pâte devient plus légère. Au moment convenable, on la découpe en morceaux de poids suffisant pour former un pain, et qu'on appelle des *pâtons*. (Pour le pain ordinaire de deux rations de 750 grammes, le pâton doit peser 1.750 grammes.) Placés dans de petites corbeilles doublées de toile, qu'on appelle des panetons, les pâtons subissent un dernier apprêt de trois quarts d'heure, et sont mis au four.

Tous ces travaux ont duré, suivant la saison, suivant les circonstances, de vingt-quatre à trente-six heures. Il faut donc, pour que les fournées se succèdent sans que le four cesse de travailler, que toutes les opérations des fournées successives soient faites avec une certaine simultanéité, un chevauchement qui complique quelque peu les actes que nous avons décrits, et dont l'exacte combinaison constitue l'art du boulanger.

Le pain doit être saisi : il doit recevoir brusquement la chaleur de tous côtés à la fois; surprise en pleine fermentation, sa surface subitement solidifiée par la formation de la croûte, la pâte conservera ses gaz et sa légèreté : c'est pour cela qu'elle est cuite dans un *four*.

Le four est une cavité creusée au sein d'une masse mauvaise conductrice de la chaleur — en général de l'argile réfractaire Cette masse est échauffée par la combustion de bois dans le four même; le feu éteint, elle restitue lentement et régulièrement la chaleur qu'elle a reçue, et qui rayonne de tous côtés sur les pâtons enfournés. Seul, le dessous du pâton, en contact avec la « sole » du four, reçoit la chaleur par conductibilité.

Les pâtons sont placés aussi près que possible les uns des autres, afin d'utiliser au mieux de la production la surface de la sole. Ils se touchent, en général, se soudent légèrement les uns aux autres, à leurs points de contact. Les traces de ce contact, plus ou moins larges et plus ou moins nombreuses, suivant que les pâtons ont été plus ou moins serrés, portent le nom de « baisures ».

Au bout de quarante-cinq ou cinquante minutes, le pain est cuit. On le défourne. Et on réchauffe le four, par une nouvelle combustion de bois, pour la prochaine fournée. Quand on a été obligé de laisser refroidir les fours, faute de travail, leur premier réchauffement, qu'on appelle quelquefois la « cuisson du four », doit être beaucoup plus long.

Le pain est d'ailleurs, au sortir du four, chargé d'humidité. Il faut le laisser « ressuer », c'est-à-dire se dessécher, sur des étagères, autour desquelles l'air circule facilement. Il n'est consommable qu'après quatorze à dix-huit heures de ressuage. Le local où s'opère ce ressuage porte le nom de *paneterie*.

La pratique de toutes les opérations qu'on vient de décrire donne ce qu'on appelle du *pain ordinaire*, c'est-à-dire du pain destiné à être consommé le lendemain ou le surlendemain de sa cuisson, et qui peut, tout au plus, se conserver quatre à cinq jours.

Les nécessités du ravitaillement empêchent absolument, comme on le verra un peu plus loin, que le pain soit consommé, en campagne, moins de huit à dix jours après sa fabrication. Il a donc fallu faire subir à la fabrication du pain quelques modifications pour assurer sa conservation, et on a été ainsi amené à créer ce pain spécial qu'on appelle *pain biscuité*, ce qui ne veut nullement dire qu'il subisse deux cuissons.

La destruction spontanée du pain provient surtout des moisissures; pour obtenir une conservation plus longue, c'est donc contre les germes extérieurs qu'il faut le préserver, et contre l'humidité intérieure qui favorise leur développement.

On y parvient de la façon suivante :

La pâte du pain biscuité sera tenue un peu plus ferme que le pain ordinaire, et sa croûte un peu plus dure : pour cela, on laissera un peu moins lever la pâte, à laquelle on aura fait absorber un peu moins d'eau au pétrissage. On fera cuire les pâtons à une température un peu plus faible : la cuisson devra donc être prolongée, la chaleur pénétrera mieux à l'intérieur; il s'évaporera une plus grande quantité d'eau, la mie sera plus compacte, plus sèche, et la croûte plus épaisse. Pour favoriser l'évaporation au four, on pratique sur le pâton, au moment de l'enfournement, une double incision en croix par laquelle la vapeur et les gaz s'échappent plus facilement. Aussi le pain « retombe-t-il » à la cuisson; le pain biscuité est toujours plus plat, moins « développé » que le pain ordinaire.

Enfin, en vue de la conservation ultérieure, on supprimera ou on réduira à un minimum de deux, les baisures, partie molle qui forme une porte d'entrée commode aux germes sporadiques.

La ressuée est plus longue et n'est terminée qu'au bout de vingt-quatre heures.

Ainsi préparé, le pain peut se conserver douze à quinze jours, sur des étagères, dans des locaux secs et bien aérés.

Bien que d'un poids un peu plus faible (700 grammes au lieu de 750), la ration de pain biscuité renferme plus d'élément nutritifs que la ration de pain ordinaire. Ceci est dû à la moins grande quantité d'eau qui entre dans un poids donné de la pâte. La ration de pain biscuité renferme 555 grammes de farine tendre (ou 518 de farine dure) pour 538 grammes (ou 500) qui se trouvent dans la ration de pain ordinaire. En revanche, la moindre légèreté de la mie, due à l'absence de gaz, rend le pain biscuité moins agréable à manger et un peu plus lourd à la digestion.

Si on se borne à tenir le pain ordinaire un peu plus longtemps dans un four un peu moins chauffé, on obtient une qualité de pain dite *pain très cuit*, qui peut, dans des circonstances favorables de sècheresse et d'aération, se conserver huit à dix jours.

Abandonnant cette petite digression technique, il nous faut maintenant aborder quelques détails et particularités du ravitaillement en pain.

II

Ravitaillement en pain par l'arrière.

Nous avons vu que le pain était, en principe, distribué aux troupes le soir pour toute la journée du lendemain (vivres du jour), que cette distribution était faite par une section du T. R. et que celle-ci allait ensuite se ravitailler, soit directement à la G. Rav., aux trains de ravitaillement quotidien, soit, en des centres de ravitaillement, à une section du convoi administratif.

D'où vient ce pain ?

Le pain peut être fabriqué, soit à l'intérieur, par les boulangeries des stations-magasins, qu'on appelle des *boulangeries de guerre;* soit, à l'arrière immédiat des troupes, par ces organes spéciaux, que nous n'avons fait qu'indiquer, et qu'on appelle les *boulangeries roulantes* de campagne; soit, enfin, en utilisant les ressources des régions occupées ou traversées. Mais l'exploitation des ressources locales présente, en raison des délais nécessités par la préparation des levains, le réchauffage des fours, la cuisson du pain, et surtout le ressuage, des difficultés toutes particulières qui font de cette exploitation un mode exceptionnel d'obtention du pain, à moins qu'elle ne soit organisée de façon un peu durable par la création de *centres de fabrication de pain*

Quel choix y a-t-il à faire entre ces divers moyens, ces divers instruments de production ? C'est ce que nous allons examiner.

La fabrication du pain s'effectue beaucoup mieux dans une boulangerie permanente que dans une installation de fortune qu'il faut replier à intervalles déterminés pour la reporter ailleurs. A tout arrêt, dans la fabrication, succède une période critique; autant une fabrication ininterrompue, dans laquelle les ouvriers connaissent leurs fours, s'exécute rapidement et avec peu de malfaçons, autant un travail intermittent, surtout par suite de la nécessité de réchauffer les fours, donne de déchets à chaque reprise, en occasionnant, d'autre part, des retards qui diminuent la production. Enfin, les fours permanents ou démontables ont, en raison de leur contenance et à égalité de personnel employé, un rendement très supérieur à celui des fours roulants des boulangeries de campagne.

Il y a, d'ailleurs, en dehors de ces considérations techniques, toujours avantage, au point de vue purement militaire, à dégager de leurs impedimenta les formations de première ligne, à la condition expresse que le bien-être des troupes n'en souffre pas.

Aussi longtemps, donc, qu'on disposera de voies ferrées allant à proximité des troupes, on préfèrera organiser la fabrication à l'arrière, soit aux stations-magasins, soit aux boulangeries de campagne fonctionnant au voisinage de la gare régulatrice ou entre celle-ci et les troupes, et on ravitaillera les formations de l'avant par des envois de pain de l'arrière.

Lors donc que le ravitaillement s'effectuera par la station-magasin, la situation des approvisionnements, après la distribution du soir, sera, au cours de chaque matinée, la suivante :

Vivres du jour (sur l'homme)	1	jour de pain.
Vivres régimentaires (section de dist. du T. R.)	1	—
Vivres du convoi, lorsque celui-ci concourt au ravitaillement.	1	—
Sur rails, en route pour la G. Rav.	1	—
Sur rails, à la Gare régulatrice, ou sur le point d'y arriver	1	—
En chargement à la S. M. .... (Peut, si les distances sont faibles, se confondre avec le précédent.)	1	—
En train de ressuer à la S. M.	1	—
En fabrication à la S. M.	1	—
Eventuellement, une réserve d'un jour sur wagons, à la S. M., ou à la G. R., ou dans quelque gare intermédiaire (en-cas mobile).	1	—
	6 à 9	jours de pain.

L'obligation de déverser méthodiquement ces approvisionnements d'un organe sur le suivant — par suite de la nécessité de renouveler dans le plus bref délai le pain porté par chacun d'eux — entraîne donc l'impossibilité de consommer du pain qui ait moins de huit jours d'ancienneté. On voit, de plus, que le pain distribué aura subi un transbordement de la paneterie au wagon à la S. M., un à la G. Rav., et lorsqu'on recourt à l'emploi du convoi administratif, un au centre de ravitaillement, soit deux transbordements au moins et une distribution.

L'ancienneté de huit jours est d'ailleurs un minimum, car la station-magasin ne manquera certainement pas de constituer une avance de plus d'un jour pour ne pas être exposée à expédier du pain non ressué, et il est à présumer qu'à certains jours, tout le pain apporté par le train quotidien de vivres ne sera pas pris par les T.R. (par exemple, par la cavalerie trop éloignée); l'excédent sera refoulé à la G.R., et, comme à son retour les wagons pour le ravitaillement du lendemain seront vraisemblablement chargés, sinon partis, il ne pourra être renvoyé à la nouvelle G. Rav. que deux jours après. Dans bien des cas, le pain aura dix jours de conservation et plus; c'est pourquoi, en campagne, on ne fait que du pain biscuité.

Pour être certain, d'ailleurs, de distribuer toujours le pain le plus ancien, et ne pas commettre d'erreur d'appréciation de cette ancienneté, la date de fabrication est toujours marquée sur le pain par impression en creux dans la pâte.

La durée théorique de conservation en campagne du pain biscuité est de dix jours, et, certes, le pain conservé en magasin, sur étagères, peut souvent être gardé plus longtemps sans altération. Mais, bien des causes tendent à abréger ce délai; ce sont d'abord les chocs qui écrasent la croûte, le chargement en vrac sur une hauteur assez grande pour utiliser le plus possible la capacité des wagons, et surtout les transbordements. Que le pain soit atteint par la pluie au cours de ces transbordements, et il se couvrira de moisissures presque aussitôt. L'expérience en a été faite maintes fois, aux manœuvres, dans des conditions autrement favorables que celles qu'on rencontrera en campagne, puisque la saison dans laquelle on opère n'est pas des plus humides et que les convois par voitures ne sont jamais organisés. Les rapports sur la guerre franco-allemande mentionnent de fréquentes avaries de cette nature.

Comment éviter ces aléas et donner aux troupes une nourriture aussi agréable et aussi saine que possible ? Il faut tendre à diminuer la durée de conservation et le nombre des transbordements.

On limitera d'abord soigneusement la constitution d'avances de pain en magasin ou sur en-cas mobiles.

Puis on cherchera à fabriquer à la gare régulatrice, ou même plus à proximité des troupes. Dans ce but, on y installera les boulangeries roulantes lorsque leur présence au voisinage immédiat des corps d'armée ne sera pas nécessaire. On trouvera à cela un autre avantage, celui de ne pas laisser inoccupé le personnel de ces boulangeries de campagne, tout en ménageant celui des S.-M. Aussi, dès que les boulangeries de campagne d'une même armée seront débarquées, le directeur des étapes et des services fixera leurs emplacements et déterminera à partir de quelle date et dans quelle mesure elles participeront au ravitaillement des troupes. Bien entendu, toutes ces décisions sont prises sur la proposition de l'intendant de l'armée.

On diminuera ainsi la durée des transports et on supprimera le séjour à la S. M.; mais on ne réduira pas le nombre des transbordements. On obtiendra une réduction dans ce sens, en évitant le chargement du pain biscuité sur les convois administratifs, lorsque ceux-ci n'interviennent pas forcément dans le ravitaillement (voir 2e partie, chap. I, § III). Malheureusement, c'est là une précaution que l'on n'est point maître de prendre ou de négliger.

On pourra donc, à certains moments, abréger la durée de conservation du pain et épargner à cette denrée quelques manutentions; d'autre part, on observera avec soin un certain nombre de précautions de détail ou d'ordre technique, par exemple :

Ne fabriquer que du pain réellement biscuité et réagir contre la tendance des ouvriers militaires à revenir peu à peu au pain ordinaire, qu'ils ont l'habitude de faire et qui est plus vite cuit;

Eviter les baisures, qui sont des points faibles pour la conservation;

Ne charger que du pain bien ressué et opérer toujours les chargements avec soin;

Prendre toutes les précautions possibles pour que le pain ne soit pas mouillé en wagon (fermer les ouvertures quand il y a lieu, vérifier que la partie supérieure de la porte est protégée par un petit auvent), ni dans les fourgons (faire réparer les bâches dès qu'elles sont percées); ne pas charger le pain sur des voitures découvertes, telles que les chariots de parcs;

Enfin, s'ingénier à abriter le pain pendant les transbordements; à cet effet, approcher le plus possible les fourgons des wagons et tendre des bâches entre ces deux véhicules.

Si l'armée progresse, si les voies ferrées utilisables se font plus rares et rendent obligatoire l'emploi des convois administratifs, un moment viendra où les délais indiqués plus haut seront largement atteints et où la conservation du pain deviendra problématique.

Alors, que restera-t-il à faire ? Rapprocher les boulangeries roulantes des troupes, les mettre en œuvre aussi près que possible de celles-ci, de façon que les équipages des corps d'armée viennent prendre le pain fabriqué directement auprès d'elles.

Nous aurons donc à envisager un nouveau mode de fonctionnement du service, caractérisé par l'emploi des boulangeries roulantes, comme organes mobiles, suivant les troupes d'aussi près que possible.

Fabrication et transport du pain. — Nous venons de dire que cette fabrication pouvait être assurée par les boulangeries de guerre des S. M. ou par les boulangeries roulantes fonctionnant, en principe, dans le voisinage ou au delà de la G. R.

Il va sans dire qu'à ces deux modes s'ajoute l'utilisation de fours du pays, avec un personnel requis ou avec un personnel militaire emprunté, par exemple, aux boulangeries de campagne.

La fabrication dans les S. M. est exactement celle du temps de paix et ne présente pas d'intérêt particulier. L'emploi des fours roulants en station ne modifie pas essentiellement les conditions de leur fonctionnement, tel qu'il s'effectue au voisinage des corps d'armée, où nous allons les étudier. Il n'y a donc rien à dire de la fabrication du pain. Son expédition se fait par wagons. On l'arrime soit en vrac, soit en sacs, et, dans ce cas, le pain biscuité doit avoir au moins trente-six heures de ressuage.

Le chargement en vrac consiste à ranger les pains de champ sur une couche de paille et à superposer les rangées en partant des petits côtés du wagon. Un wagon contient environ 6.000 rations. Le pain le plus ancien doit être placé en dessous.

Le transport en sacs est dangereux et doit être évité malgré son avantage d'accélérer les chargements et les déchargements; il nécessite un grand nombre de sacs et masque l'aspect de la denrée. De plus, l'aération est entravée, ce qui facilite singulièrement le développement des moisissures.

On a proposé de remplacer les sacs par des filets. L'emploi de ces récipients est évidemment fort commode, et n'a contre lui que l'obligation de les acheter en grand nombre.

On a aussi mis en essai, aux grandes manœuvres, des sacs en toile grossière, assez perméable pour ne pas gêner l'aération, et munis de poignées pour faciliter les manipulations. Les expériences n'ont malheureusement pas porté sur un temps assez long pour qu'on puisse se rendre compte de l'influence de ces sacs sur la durée de conservation.

On peut se trouver dans l'obligation d'expédier du pain qui ait moins de trente-six heures de ressuage. Il faut alors aménager le wagon de façon à éviter l'écrasement des croûtes encore trop tendres. Pour cela, on organise une espèce d'étagère improvisée, en clouant des planches sur les parois, de façon à soutenir les couches supérieures de pains et à permettre la circulation de l'air et la fin du ressuage en route.

A défaut de cette installation de fortune, et pour les pains qui ont moins de douze heures de ressuée, il faut recourir à l'emploi des *caisses pliantes*.

Les caisses pliantes sont des caisses à claire-voie, dont les quatre parois (celle du dessus et celle du dessous sont absentes), à charnière, peuvent se rabattre l'une sur l'autre, de façon à tenir peu de place et à pouvoir être transportées sur un véhicule quelconque. La caisse est ouverte au moment du besoin, et on peut y placer 20 pains, soit 40 rations de pain ou pain biscuité, en deux couches de champ, posées sur quelques liteaux formant étagères, au fond et au milieu de la caisse, et qui se replient sur les côtés. Les caisses sont empilées par simple superposition. Ainsi disposé, le pain peut être mis en wagon même au sortir du four. L'aération se fait bien et le pain ne supporte aucune pression. Mais la capacité de transport d'un wagon ordinaire est réduite de plus de moitié (2.800 rations au lieu de 6.000).

De toute façon, on aura la préoccupation de faciliter l'aération et d'éviter le contact de l'eau pendant toute la durée du transport. On choisira donc pour le pain des wagons munis de volets mobiles se manœuvrant de l'extérieur, et le convoyeur qui accompagne tout train de denrées aura pour mission de les fermer en cas de pluie. A défaut de ces véhicules, on organisera un système d'ouverture à claire-voie permettant l'aération.

III

Fabrication du pain au voisinage de l'avant par les boulangeries roulantes de campagne.

Quand il juge le moment venu, l'intendant de l'armée demande au D. E. S. de faire avancer les boulangeries de campagne, et leur donne l'ordre de fonctionner, soit en un seul point, soit en plusieurs, suivant la disposition des corps d'armée et les facilités de transport. Autant que possible, on les installera près des gares de chemin de fer, en vue de la facilité de réception de la farine; de plus, les points de fonctionnement seront choisis assez près des troupes pour que les boulangeries puissent ravitailler directement les trains régimentaires ou au moins les convois administratifs des corps d'armée.

On ne saurait songer à faire venir les boulangeries sur routes, par leurs propres moyens, depuis la gare régulatrice, où on les a laissées, en général. C'est par chemin de fer que s'opérera leur mouvement.

La boulangerie de campagne, unité capable d'assurer *à peu près* l'alimentation en pain *du corps d'armée*, dont elle porte le numéro, est organisée et fonctionne comme il est dit ci-après (1).

1° La boulangerie roulante.

Matériel. — Une boulangerie *roulante* comprend, normalement, quatre *sections* de huit fours roulants chacune. Le *four roulant* est

(1) Dès le commencement du XVIIIe siècle, un sieur *Lavaud* avait construit un four roulant en fer pouvant fournir, en vingt-quatre heures, quinze fournées de 200 rations. Le four pesait 4.500 livres et était traîné par six chevaux. Dupré d'Aulnay le trouvait plus avantageux que le four fixe, et en recommandait l'emploi régulier lorsque l'armée devait changer de quartiers « fréquemment », c'est-à-dire *cinq ou six fois par campagne*.

Ce sont, sans doute, des fours de ce genre qui fonctionnaient dans l'armée de Frédéric II.

A raison de quinze fournées par jour, le pain ne devait pas être très cuit...

une voiture renfermant *deux fours* superposés. Ces fours sont des voûtes surbaissées en argile, entourées d'une matière réfractaire où domine l'amiante, pour bien répartir et retenir la chaleur, qui ne peut pas, comme dans un four ordinaire, se répandre dans un massif volumineux de maçonnerie.

Chaque four est d'une capacité de 80 rations, c'est-à-dire qu il peut cuire 40 pains ordinaires, enfournés au maximum de serrage, à six baisures chacun. Quand on fait du pain biscuité, ce qui est le cas ordinaire, et qu'on ne peut tolérer que deux baisures, le four ne contient plus que 70 rations, et sa capacité, enfin, tombe à 64 rations, si on supprime toute baisure, en vue d'une longue conservation. Le four roulant fournit donc de 128 à 180 rations.

La section comprend, en outre, quatre *chariots-fournils* (à quatre chevaux, comme les fours roulants), quatre *chariots de parc* (à trois chevaux) et quatre *fourgons* (à deux chevaux).

Le chariot-fournil est une voiture dont l'intérieur est aménagé pour permettre, même pendant la marche, le travail des levains, qui, nous le savons, doit être fait longtemps d'avance, et à des moments précis; il porte, en outre, sur sa toiture et sur une plate-forme placée à l'avant, une partie du matériel. Il y a un chariot-fournil, c'est-à-dire un *pétrin* à levain pour deux fours roulants.

Le matériel de boulangerie de chaque section est considérable. Il comprend essentiellement : des collections d'*ustensiles d'armements* de four, à raison de une par four (ces collections sont formées de tout ce qui est nécessaire au fonctionnement du four : pétrin (indépendant de celui du chariot-fournil; il y a *un* pétrin à pâte — dit *pétrin de campagne* — par four); chaudière, corbeilles à levain, couches en toile, pelles et râbles, balance à pâte, etc.); trois tentes-baraques pour abriter le personnel et le pain (on en emploie deux pour la boulangerie et une pour la paneterie); des prélarts, des romaines oscillantes pour peser la farine ou les pâtons; des jeux de panetons; des ustensiles pour débiter le bois des fours; 24 travées d'étagères démontables pour le ressuage du pain, contenant chacune 500 rations, c'est-à-dire 250 pains, 176 caisses pliantes. Tout ce matériel est porté sur les chariots de parc. Les fourgons portent les vivres et les bagages, et, surtout, le pain fabriqué que la section est obligée d'emporter avec elle.

Chaque section forme ainsi une petite boulangerie, pouvant produire seule, facile à détacher, en cas de besoin, pour suivre des effectifs plus faibles que le corps d'armée.

L'ensemble de la boulangerie comporte, en outre, le matériel habituel d'approvisionnement : série régimentaire d'outils de boucher, petits outillages à distribution, cantines de comptabilité, et des objets de rechange pour les diverses voitures.

La boulangerie de quatre sections, ou 32 fours, est attelée par une compagnie du train des équipages.

Il lui est adjoint un convoi de boulangerie, formé de *cent* voitures de réquisition à deux chevaux, attelées aussi par le train des équipages, et destiné, soit à porter, pendant les marches, le pain que l'on emporte, la farine nécessaire à la prochaine production et le personnel, trop fatigué par le travail pour pouvoir faire les routes à pied — soit, en stationnement, à aller chercher les farines à la prochaine gare de ravitaillement, ou dans les moulins du pays, et même, parfois, à apporter le pain fabriqué jusqu'aux centres de ravitaillement des trains régimentaires ou des convois administratifs.

La boulangerie est donc un organe très lourd et très encombrant. Encore admet-on que le nombre de voitures qu'elle possède n'est pas suffisant pour transporter tout son matériel et ses approvisionnements, et qu'il lui faudra, normalement, requérir sur place, à chaque déplacement, une quinzaine de voitures supplémentaires.

Sans tenir compte de ces dernières, une boulangerie comprend 84 voitures, traînées par 340 chevaux, et occupe sur route une longueur de 1.700 mètres. Le convoi comprend 100 voitures, 227 chevaux, et augmente la longueur de la colonne de 600 mètres environ.

La boulangerie et son convoi occupent 7 trains de chemin de fer.

Personnel. — Le personnel est calculé d'après la production dont est capable le matériel ci-dessus.

A chaque four est affectée une *brigade* de 4 boulangers : 1 *brigadier de four*, qui règle les opérations, chauffe le four, enfourne et défourne, aidé de son *servant*, et 2 *pétrisseurs*. Ces hommes travaillent douze heures consécutives, en prenant des repos pendant que le pain cuit, que le four chauffe, que le levain ou la pâte s'apprêtent. Pendant les douze heures suivantes, ils sont remplacés par une brigade identique. Le travail de la boulangerie est ainsi *continu*, et ne comporte pas d'arrêt, sauf en cas de déplacement ou d'accident à un four.

Le personnel des fours comprend donc, par section, 16 brigades, soit 64 boulangers, auxquels il faut ajouter 2 brigadiers principaux, sous-officiers chargés de surveiller chacun la production de 4 fours (une tente-boulangerie), et 6 hommes de complément pour le travail de paneterie, la fente du bois, etc. (deux d'entre eux étant d'ailleurs capables de remplir les fonctions de brigadier). Cela fait en tout 72 boulangers par section.

Le personnel de complément est formé de quelques ouvriers, de professions diverses, pour les soins à donner au matériel (ouvriers en bois, en fer, meuniers, fumistes, etc.), des soldats de service : commis, bicycliste, tailleur, cordonnier.

Chaque section est commandée par un officier d'administration du cadre actif ou du cadre auxiliaire, secondé par un adjudant.

La boulangerie est commandée par son gestionnaire, qui dirige en même temps la première section.

Le total du personnel s'élève, pour une boulangerie de quatre sections, à 352 hommes et 4 officiers d'administration.

Le personnel du train qui attelle la boulangerie atteint 4 officiers et 219 hommes de troupe. Le convoi ne comporte pas de personnel d'administration : il est conduit par 146 hommes et 2 officiers du train des équipages.

Le commandement d'une boulangerie est un acte assez délicat, à cause de la présence de deux chefs — le gestionnaire et le capitaine du train des équipages — dont l'action, à un moment donné, peut ne pas être concordante. La situation a besoin d'être bien précisée.

Chaque personnel, de conduite ou administratif, relève, pour l'administration, la police et la discipline *intérieures*, de son chef naturel, officier d'administration ou du train. Pour la police et la discipline *générales*, ainsi que pour l'exécution du service d'alimentation, les uns et les autres ont un chef commun qui doit coordonner leurs actes : c'est le sous-intendant militaire. *C'est lui, notamment, qui doit recevoir et notifier les ordres de mouvement.*

La conduite de la boulangerie pendant la marche, sa garde au repos, sa défense si elle est attaquée, sont du ressort de l'officier du train. Il doit en particulier régler la marche et l'allure de façon à ne pas épuiser ses attelages; mais il doit cependant déférer à toutes les demandes que lui adressera le gestionnaire en vue de l'exécution du service de la boulangerie. Il reste d'ailleurs juge de la limite dans laquelle il doit se conformer aux exigences de ce service, mais en encourant la responsabilité correspondante.

Approvisionnement. — L'approvisionnement en farine, sel et *fleurage* (son très fin dont on saupoudre les pâtons pour les empêcher d'adhérer à la pelle à enfourner) ne saurait être fixé d'avance, et il n'est rien d'aussi variable que le chargement d'une boulangerie. Suivant qu'elle emportera avec elle plus ou moins de pain fabriqué, ressué ou non, elle aura plus ou moins de voitures disponibles pour emporter de la farine. Et cette denrée elle-même lui sera plus ou moins utile suivant qu'elle en trouvera plus ou moins rapidement au point où elle se rend.

Le minimum qu'on est tenu d'emporter se bornera donc à la farine nécessaire pour la fabrication des levains en cours de route et pour le début du travail à l'arrivée. Chaque chariot-fournil peut ainsi porter quatre sacs, c'est-à-dire 320 kilogrammes de farine, sur sa plate-forme, et 130 kilogrammes dans ses coffres, soit 450 kilogrammes par chariot et 1.800 par section (représentant à peu près trois fournées). Le reste de l'approvisionnement, quand il existe, est porté sur des voitures du convoi et même, si ces dernières sont chargées de pain, sur des voitures requises au moment du départ.

2° Fonctionnement de la boulangerie.

Reconnaissance du cantonnement et opérations à effectuer avant l'arrivée de la colonne. — L'installation de la boulangerie est une opération délicate; elle doit avoir été préparée avec soin si on veut que, dès son arrivée, la boulangerie puisse fonctionner.

La première chose à faire est de reconnaître l'emplacement des fours; pour cela, on cherchera dans la localité tous les hangars ou locaux ouverts, contigus à un emplacement en plein air suffisant au moins pour une section de 8 fours. L'utilisation de ces abris dispensera, en effet, de monter tout ou partie des tentes et économisera du temps qui sera gagné pour la fabrication.

Mais, en même temps, les fours roulants étant très lourds, il faut choisir un sol résistant, et au besoin préparer des madriers pour mettre sous les roues et en éviter l'enfoncement.

Après avoir trouvé l'emplacement, il faut rechercher tout ce qui est nécessaire à la mise en train de la fabrication et particulièrement le bois et l'eau.

Une boulangerie consomme une grande quantité de bois; pour la première fournée, si l'on doit réchauffer les fours, il faut 100 kilogrammes de bois par four, soit 32 quintaux ou 8 stères. C'est le minimum de ce qu'elle devra trouver en arrivant, et les mesures doivent être prises pour qu'une centaine de quintaux soient fournis sans retard. De plus, le bois nécessaire aux deux premières fournées doit être fendu avant l'arrivée de la colonne.

L'approvisionnement en eau n'est pas moins important; il faut à une boulangerie de 32 fours une douzaine de mètres cubes par jour; ce n'est rien si on est à proximité de fontaines, ce peut être un travail pénible de les transporter à grande distance dans des tonneaux. On s'efforcera donc, à défaut de bornes-fontaines, de requérir des tonneaux sur roues, faute de quoi on s'approvisionnera de barriques vides. Il faudra, d'ailleurs, faire chauffer, avant l'arrivée de la boulangerie, de l'eau pour la première fournée.

Il faut ajouter à cela tous les soucis ordinaires du cantonnement et du logement, celui de l'éclairage des emplacements pour une fabrication de nuit, le jalonnement des rues ou chemins, etc.

La dotation de la boulangerie en officiers du cadre actif est d'ailleurs beaucoup trop faible. Un seul officier la commande et dirige sa production. Encore faut-il prévoir qu'il sera fréquemment détourné de son rôle technique par le légitime souci de sauvegarder la responsabilité inhérente à ses fonctions de gestionnaire, en consacrant une partie de son temps à la préparation et à la reddition de ses comptes.

Le sous-intendant chargé de la direction des boulangeries de l'armée pourra, en exerçant activement le commandement, suppléer en partie à cette insuffisance numérique des cadres; en particulier, il agira sagement en procédant lui-même aux opérations essentielles que l'on a dû, faute de mieux, confier à l'officier d'approvisionnement, et en s'assurant personnellement que les boulangeries trouveront, en arrivant au cantonnement, tous les moyens de fonctionner sans retard. Il est facile de se rendre compte combien cette tâche sera compliquée et ardue, soit que les quatre ou cinq boulangeries fonctionnent ensemble, soit qu'elles occupent des localités distinctes. De toute façon, leur déplacement sera un acte considérable que les nécessités de la marche voudraient plus simple.

Travail en route. — Pendant la route, l'officier gestionnaire dirige le travail des levains dans les chariots-fournils, de façon qu'on ait à l'arrivée un levain de tout point n'exigeant plus qu'une durée d'apprêt correspondant au temps qui sera consacré à l'installation des pétrisseurs à l'arrivée. Comme ce temps varie suivant qu'on est obligé ou non de monter les tentes, il est nécessaire que le gestionnaire soit renseigné en cours de route, à ce sujet, par l'officier d'approvisionnement, une fois que celui-ci a rempli sa mission.

Autant que possible, on préparera pendant la route le levain de tout point de la première et de la deuxième fournée; les récipients à eau chaude ne suffiront pas si on veut faire le levain de tout point pour la deuxième fournée, et on sera obligé de faire chauffer de l'eau pendant une grand'halte spécialement ordonnée. C'est là un exemple d'une de ces éventualités en vue desquelles le règlement sur l'alimentation en campagne prescrit à l'officier du train qui commande la colonne de déférer aux demandes qui lui sont adressées par l'officier gestionnaire.

Installation et production de la boulangerie. — A l'arrivée, si on n'a pas pu trouver de hangars, il faut monter les tentes. On commence par monter les tentes-boulangerie, à raison d'une derrière quatre fours, de façon à permettre aux pétrisseurs de travailler le plus tôt possible. En même temps, on opère le réchauffage des fours.

Si on est dispensé de monter les tentes, on pourra commencer à pétrir la première fournée une demi-heure après l'arrivée, et, s'il faut effectuer ce montage, on ne pourra commencer qu'au bout d'une heure, si le temps permet de travailler avant que la toiture des tentes ne soit montée, et une heure et demie dans le cas contraire. Suivant ces circonstances, la première fournée ne pourra être cuite qu'après un laps de temps variant de 4 h. 1/4 à 5 h. 1/4 après l'arrivée, soit en moyenne 5 heures (ainsi décomposées : réchauffage des fours, 40 minutes; repos pour laisser pénétrer et répartir la chaleur, 1 heure; chauffage, 35 minutes (soit 2 h. 10 pendant lesquelles on a pétri et fait apprêter les pâtons); enfournement, cuisson et défournement, 1 h. 35. En tout, 3 h. 45, auxquelles il faut ajouter une demi-heure ou une heure et demie). Les autres fournées (pain biscuité) seront obtenues à des intervalles de 2 h. 10 (nettoyage et chauffage du four, 35 minutes; enfournement, cuisson et défournement, 1 h. 35). La durée d'une fournée de pain ordinaire n'est que de 1 h. 35.

La production d'une boulangerie de campagne se déduit de ces données :

De la durée totale de la période de stationnement, il y a lieu de retrancher 5 heures (en moyenne) pour l'obtention de la première fournée et 2 heures pour le repliement; autant de fois le reste de cette période contiendra 2 h. 10, autant de fournées en sus de la première on pourra obtenir, chaque fournée étant de 140 rations de pain biscuité par four roulant.

La durée du stationnement utile dépend du déplacement que l'on impose à la boulangerie.

1er cas. — La boulangerie se déplace tous les jours, parcourant une étape moyenne de 20 kilomètres. La vitesse habituelle étant de 5 kilomètres à l'heure, l'étape serait parcourue en 4 heures.

Il resterait pour le stationnement 20 heures.

Déduisant 7 heures pour la première fournée et le repliement, c'est-à-dire en supposant les circonstances défavorables, il reste 13 heures, soit 6 fournées possibles (on fera, en toutes circonstances, un nombre exact de fournées en avançant ou en retardant légèrement l'heure du départ de la boulangerie). Ces six fournées produisent $6 \times 32 \times 140 = 26.880$ rations, et, en y ajoutant 4.480 pour la première fournée, 31.360 rations.

On compte, en chiffres ronds, 30.000 rations.

Toutefois, il faut reconnaître que ce chiffre est purement théorique. L'expérience ne l'a pas corroboré. Le déplacement journalier de la boulangerie amène une confusion qui fait rapidement tomber la production. Ce n'est qu'en cas d'absolue nécessité qu'il faudra faire déplacer la boulangerie après un seul jour de travail. Le rendement en sera fortement réduit.

2e cas. — La boulangerie ne se déplace que tous les deux jours en doublant l'étape pour faire l'économie d'une installation et d'un démontage. On considère que ce sera là le cas normal d'emploi de la boulangerie, mais rien n'est moins certain.

L'étape sera parcourue en 9 heures, en comptant une grand'halte d'une heure. Il reste pour le stationnement 39 heures.

A déduire pour la première fournée et le démontage : 7 heures; reste 34 heures, soit 15 fournées, en prolongeant la dernière. On peut donc compter comme production sur : 15 × 32 × 140 = 67.200 rations + 4.480 provenant de la première fournée, en tout 71.680 pour les deux journées, ou 35.480 par jour.

Dans le cas le plus favorable, le nombre des fournées peut s'élever à 16, en sus de la première, et la production atteindre 76.160 rations, soit 38.000 par jour, en gros.

La production moyenne journalière d'une boulangerie dans les périodes de marche n'atteint donc pas le chiffre qui correspondrait aux besoins d'un corps d'armée à effectifs complets (environ 45.000 rationnaires); toutefois, on peut compter sur une certaine réduction de ces effectifs et, de plus, il faut en déduire certains éléments — tels que la cavalerie — qui ne pourront pas être ravitaillés facilement par la boulangerie de campagne et qui, au contraire, pourront vivre sur le pays.

Néanmoins, il sera prudent de rechercher, pour ces périodes de marche, l'obtention d'un certain appoint par la mise en œuvre des ressources locales.

3ᵉ cas. — En stationnement, et en fabrication continue de jour et de nuit, une boulangerie roulante donne, à raison de 10 fournées par 24 heures : 10 × 32 × 140 = 44.800 rations, chiffre qui correspond à peu près à l'effectif d'un corps d'armée.

Le pain fabriqué par les boulangeries est emmagasiné sur étagères mobiles dans des tentes-paneteries (à défaut de locaux en tenant lieu) disposées, à raison d'une par section de 8 fours, derrière les deux tentes-boulangeries. Les étagères peuvent emmagasiner 48.000 rations, maximum de la production de la boulangerie en station. On n'éprouvera donc pas de difficulté de ce côté; mais, lorsque la boulangerie se déplacera, le pain des dernières fournées n'aura pas acquis la consistance voulue pour être transporté en vrac; c'est pour cela que les boulangeries sont munies de caisses pliantes à claire-voie.

Une boulangerie possède 704 caisses pliantes; c'est donc, en chiffres ronds, 28.000 rations qui peuvent être ainsi transportées, soit à peu près la production des six dernières fournées. On ne sera donc contraint à charger en vrac que du pain ayant au moins 13 heures de ressuage, ce qui n'est suffisant qu'à la grande rigueur, mais dont il faudra bien se contenter souvent.

En cas de départ brusque, on peut d'ailleurs laisser la dernière fournée de pain dans le four, pourvu que le départ ait lieu un quart d'heure au moins après l'enfournement; on pourra alors soit défourner en route, si on dispose d'un quart d'heure, soit défourner seulement à l'arrivée à l'étape.

Ravitaillement en farine. — La quantité de farine nécessaire à la production de la boulangerie se calcule en partant du poids de farine nécessaire à la fabrication d'*une ration de pain biscuité*, et qui est de 555 grammes pour la farine tendre, 518 grammes pour la farine dure. Ces chiffres doivent être majorés de 5 kilogrammes par 1.000 rations, soit 5 grammes par ration, employés pour « tourner » les pâtons, les empêcher d'adhérer aux mains, aux balances, panetons, etc.

En ne considérant que la farine tendre, la plus fréquemment utilisée en France, on voit qu'il faudra, pour les productions *moyennes* :

En cas de déplacement journalier.	29.000 × 0,560 = 162 k,40	de farine par jour.
En cas de déplacement tous les deux jours.	35.840 × 0,560 = 200 k,70	
En cas de stationnement.	44.800 × 0,560 = 250 k,90	

Cette farine proviendra soit de la station-magasin, soit de l'exploitation locale. De toute façon, il faudra organiser des convois spéciaux pour la transporter, si la boulangerie ne dispose pas de son convoi. La plus forte consommation journalière correspond au chargement de 32 voitures.

Transport du pain et emploi du convoi de boulangerie. — La boulangerie doit assurer le transport de son matériel, de son personnel, d'un certain approvisionnement de farine et d'une certaine quantité de pain. C'est dans ce but qu'elle est dotée d'un convoi de 100 voitures de réquisition qui en fait partie intégrante.

L'instruction sur le fonctionnement des boulangeries de campagne admet, au maximum, le transport de la farine nécessaire à la fabrication d'un jour, et de tout le pain fabriqué pendant le stationnement des dernières 48 heures, et non distribué (71.680 rations, dont 26.880 — six fournées — ayant moins de 13 heures de ressuage). Les voitures régulières coopèrent à ce transport : ainsi chaque chariot-fournil porte sur son toit 12 caisses pliantes chargées,

4 qm. 40 de farine; 3 fourgons sur 4 sont chargés de 10 caisses pliantes.

Il faut, en outre, 24 voitures à raison de 15 caisses par voiture pour porter le reste du pain non ressué; 26 pour transporter les ouvriers, 17 voitures pour porter le restant du jour de farine et 43 pour le transport du pain ressué, soit 44.800 rations, à raison de 1.050 par voiture.

Les chariots de parc sont réservés au transport du matériel, tentes, étagères, etc. Quatre fourgons portent les vivres et les bagages.

Le nombre des voitures qu'on vient d'énumérer est supérieur à celui dont dispose la boulangerie, même avec son convoi. Il faudra, pour transporter un pareil chargement, requérir, à chaque déplacement, une quinzaine de voitures.

Il y aurait intérêt, pour la conservation du pain, à ne le charger que dans des fourgons. Mais ce genre de voitures manque au convoi. Il semble qu'il ne serait pas difficile de donner à la boulangerie le moyen de transporter avec elle, en fourgons, un jour de pain, en retirant à une section du convoi administratif *d'armée* les fourgons qu'elle possède en nombre exactement suffisant pour transporter un jour de pain. Ce ne sera sans doute que rarement que ce convoi transportera du pain, et une section pourrait sans inconvénient être privée des moyens de ce transport. Un nombre égal de voitures de réquisition servirait aussi bien pour le transport du pain de guerre que le CV.AD. d'armée portera le plus habituellement, et qui est en caisses.

Comment le pain fabriqué sera-t-il amené aux troupes ?

La boulangerie devra conserver la libre disposition de tout son convoi, en cas de départ, et ne peut donc songer à envoyer, sur les voitures de ce convoi, le pain fabriqué la veille, en un centre de ravitaillement.

Ce sont donc les trains régimentaires ou les convois administratifs qui viendront se recharger à la boulangerie, soit en prenant le pain déjà chargé sur les voitures de son convoi spécial, soit en chargeant du pain pris sur les étagères. Toutefois, si la boulangerie doit séjourner un temps connu en un point, sans interrompre sa fabrication, elle pourra parfois, moyennant des dispositions préalables et si c'est nécessaire, faire faire à son convoi tout ou partie du trajet qui la sépare du centre de ravitaillement.

Supposons une boulangerie se déplaçant tous les deux jours de

6 heures du matin à 4 heures du soir en doublant l'étape et en rejoignant l'arrière des cantonnements de troupes d'effectif égal à un corps d'armée, par exemple.

Le 15 mars au soir, par exemple, le corps d'armée (un seul jour de pain au T. R. 2) cantonne en C, et la boulangerie (signe conventionnel : ⌓) arrive en A avec 45.000 rations ressuées. Rien de plus facile pour les trains régimentaires, section 1, que d'aller chercher en A ces 45.000 rations (signe conventionnel : ●—, un jour de pain sur convoi de boulangerie ou sur voitures de réquisition).

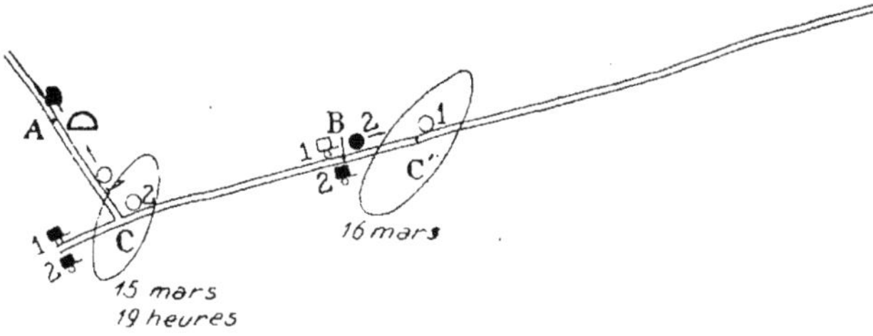

Le 16, la boulangerie reste en place et le corps d'armée vient en C'. Le T. R. 1 distribue le pain, et le T. R. 2, qu'on ne peut songer à envoyer en A, se ravitaille en B au convoi administratif, section 1.

Alors, de deux choses l'une :

Si la boulangerie dispose de voitures en quantité suffisante pour porter sa production de deux jours, le CV.AD. vide suivra le corps d'armée dans la marche du lendemain. Le 17 au soir, le T. R. 2 fera la distribution aux troupes, pendant que T. R. 1 se remplira à S2 CV.AD. La boulangerie, avec ses deux convois (dont un de circonstance), arrivera en D, où elle s'installera pour une nouvelle production et où les deux sections de CV.AD se rechargeront (1re hypothèse);

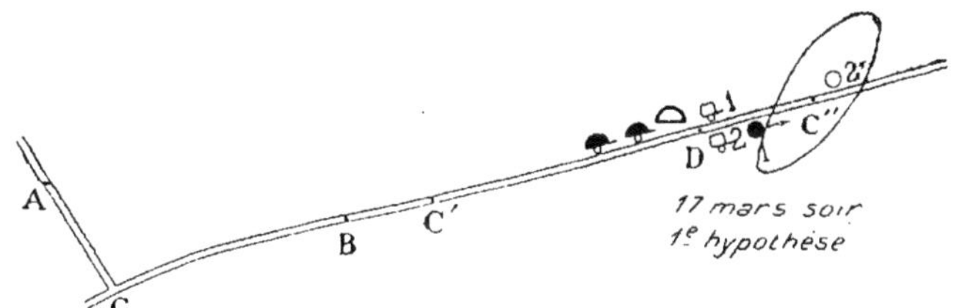

Ou bien (2e hypothèse, plus probable), la S1 CV.AD. viendra le 16

au soir, après le ravitaillement du T. R. 2, en A, s'y chargera le 17 au matin et repartira avec la boulangerie pour arriver avec elle en D.

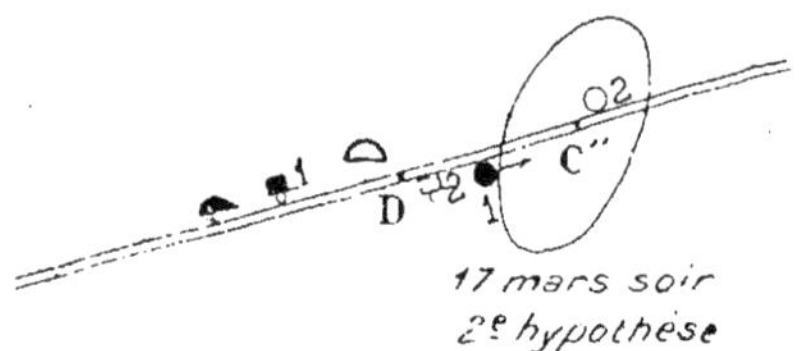

De toute façon, on aura, en D, le 17 au soir, plutôt tard, deux jours de pain et la boulangerie prête à fonctionner. Les deux sections de CV.AD. seront chargées en pain à temps pour faire l'étape et le ravitaillement du 18.

Le ravitaillement en pain serait extrêmement facilité par l'adjonction d'un convoi automobile à la boulangerie. Les déplacements des fours seraient bien moins fréquents, et le rendement encore augmenté, et les équipages des corps d'armée auraient beaucoup moins à marcher.

Le convoi automobile pourrait, dans une même journée, apporter le pain à grande distance de la boulangerie, et aller chercher de la farine. Etc. Il y a là une réforme qui s'impose, et dont la réalisation ne dépend, sans doute, que de la présence d'une quantité suffisante de camions automobiles.

Si, grâce à ce convoi automobile, la boulangerie peut ne plus se déplacer que tous les quatre jours, il est facile de calculer que sa production s'élèverait à $71.680 + 2 \times 44.800 = 161.280$ rations à chaque stationnement, soit 40.320 rations par jour.

3° Appréciation des boulangeries roulantes

Les boulangeries roulantes ont donné lieu à beaucoup de critiques. Les unes se rapportent à leur prix de revient et à leur construction; les autres, plus intéressantes au point de vue de leur utilisation en campagne, ont trait aux difficultés de leur emploi.

La boulangerie roulante est certainement un organe lourd et encombrant : 720 hommes, 184 voitures à deux, trois ou quatre chevaux, parmi lesquelles des fours pesant 2.800 kilogrammes, occupant sur une route jusqu'à 2.500 mètres et ne produisant pendant les périodes de marche que les deux tiers environ des rations qui seraient nécessaires à l'alimentation de l'effectif complet, cela peut paraître une machine à bien faible rendement.

Les emplacements où la boulangerie peut être convenablement installée sont rares. En supposant les hommes et les chevaux cantonnés, la boulangerie occupe un rectangle de 70 mètres de front sur 326 de profondeur — soit plus de deux hectares — et qui doit être choisi parmi des terrains durs. On ne pourrait s'installer en plein champ. La grande quantité d'eau qu'elle consomme fait également une obligation de la maintenir à proximité des lieux habités.

Par sa lourdeur et les exigences de son installation, la boulangerie de campagne est difficile à considérer comme un organe très mobile.

On a contesté aussi les indications qui précèdent sur la rapidité de son déplacement; il est certain qu'on risquerait des mécomptes si on admettait la possibilité d'atteindre, pendant les marches de nuit, une vitesse de 5 kilomètres à l'heure; aussi vaudra-t-il mieux déplacer la boulangerie de jour et la faire fonctionner la nuit, les boulangers ayant l'habitude du travail de nuit et produisant alors autant que pendant le jour; l'installation et même le départ devront se faire autant que possible le jour, sous peine de demander plus de temps. Sous cette réserve, d'ailleurs, la vitesse de 5 kilomètres à l'heure sera facilement atteinte et parfois même dépassée si, naturellement, les voitures ne sont pas intercalées dans des colonnes de troupes à pied ou s'il n'y a pas parmi elles des équipages de réquisition conduits à la main par des hommes à pied.

Aussi s'est-on demandé s'il ne serait pas possible de remplacer les fours roulants par un matériel moins onéreux, moins lourd, moins commode aussi, mais ayant une plus grande capacité, et a-t-on essayé l'emploi des fours démontables en tôle, par exemple le four Godelle. (Voir chapitre X, § II.)

Fait pour être transporté à dos de mulet, en pays de montagne ou aux colonies, le four Godelle peut évidemment être transporté aussi en voitures et en chemin de fer. On a même construit un four à dix travées, dit *four décagonal*, qui peut cuire trois cents rations de pain, et ne convient qu'aux installations de quelque importance et disposant de moyens de transport assez forts. C'est le four qui convient le mieux aux boulangeries semi-permanentes ; il peut être employé même dans les stations-magasins ou leurs annexes.

En 1900, on a procédé à des expériences comparatives entre des fours roulants et des fours démontables, expériences reprises d'ailleurs depuis. On a reconnu que le déplacement fréquent de ces derniers fours soulevait aussi de grandes difficultés. A chaque nouvelle installation, on n'a plus seulement le matériel à déballer et les tentes à monter : il faut établir des soles en brique, monter le four, creuser devant lui un trou pour le brigadier, et recouvrir le four de terre; puis il faut cuire cette terre, si bien que la première fournée s'obtient en moyenne huit heures après l'arrivée, à supposer encore que les opérations préliminaires d'établissement, très délicates, aient été bien conduites. Le repliement est aussi plus lent; il faut découvrir le four et attendre qu'il soit assez refroidi pour le démonter, soit en tout trois heures au lieu de deux. Par contre, la capacité plus grande des fours (168 rations au lieu de 140) compense ces inconvénients, lorsque le stationnement se prolonge, et, dès le troisième jour de station, l'avantage est marqué. Les fours Godelle peuvent servir longtemps, à la même place, presque sans détérioration.

Les derniers essais, faits en employant des soles métalliques, qui se posent directement sur le sol et évitent la construction des soles en brique réfractaire, ont montré qu'on pouvait réduire d'une quantité notable la durée d'inactivité des fours Godelle au moment de leurs déplacements.

Les Allemands ont des fours roulants d'un rendement très analogue aux nôtres, mais plus légers, et les Autrichiens ont adopté un four à chauffage continu à fort rendement et à poids relativement faible; d'ailleurs, ce four a été récemment expérimenté en France. Ce genre de fours donne une production supérieure, et c'est vers ce nouveau modèle que s'orienteraient sans doute les constructions nouvelles si on n'était arrêté par le prix élevé du renouvellement de tout ce matériel.

IV

Exploitation des ressources locales. — Centres de fabrication.

Lorsque la boulangerie se déplacera — surtout si elle se déplace fréquemment — elle ne produira pas une quantité de pain suffisante pour tout l'effectif de l'armée; il faudra donc trouver autre part un appoint qui ne peut être demandé qu'à l'exploitation locale. Dans les divisions de cavalerie, ce mode de ravitaillement en pain devra même être fréquemment employé.

Si l'exploitation locale consistait seulement à requérir du pain dans les localités de la zone d'exploitation, les ressources qu'elle produirait seraient insignifiantes; car, dans tous les pays où l'usage de cuire le pain dans les familles s'est perdu, c'est-à-dire à peu près partout, les boulangers fabriquent exclusivement de quoi satisfaire aux besoins d'un jour de leur clientèle. Ce n'est donc que dans les régions agricoles à population peu dense, où les habitations sont disséminées, qu'on pourra trouver chez les habitants une certaine avance de pain. Il sera sage de n'en pas faire état et, sauf pour des isolés, lorsqu'on recourra à la nourriture chez l'habitant, on sera dans l'obligation, le plus souvent, de fournir le pain.

On escomptera donc seulement la possibilité de mettre en œuvre les ressources des boulangers, soit en leur faisant donner des ordres à temps par les municipalités, de manière à forcer leur production, soit en utilisant directement leur matériel et leurs approvisionnements.

Que peut-on espérer trouver comme ressources de boulangerie ?

Les deux facteurs principaux de la fabrication sont les fours et la farine. La farine peut être transportée à la suite des troupes, mais il sera bon de ne pas attendre l'arrivée de celles-ci pour commencer le travail. Quant au combustible, il sera trouvé sur place plus facilement dans le cas d'une fabrication disséminée que dans celui d'une fabrication concentrée, comme est celle des boulangeries roulantes. Le sel et le fleurage, dont les quantités nécessaires sont relativement faibles, se trouveront sans peine; enfin, pour parer à l'absence de levain préparé, il sera facile de transporter un approvisionnement de levure artificielle. On en trouve aujourd'hui presque partout, d'ailleurs (1).

Les recherches statistiques permettent de croire qu'on trouvera, en général, un four pouvant cuire de 100 à 200 kilogrammes de pain par 700 habitants, non compris les fours de ménage qui peuvent encore exister.

D'autre part, il ressort de diverses enquêtes que les boulangers ont, en général, une avance de quinze jours de farine, sauf peut-être dans les grandes villes et dans le voisinage immédiat des minoteries, en raison des facilités que ce voisinage donne pour le réapprovisionnement.

La quantité de pain que l'on peut fabriquer avec 100 kilogrammes de farine constitue le « rendement » de cette farine. Pour la farine tendre ordinaire, le rendement est voisin de 140 (ou de 1,40 si on rapporte ce terme à 1 kilogramme de farine).

Une personne consommant en moyenne 0 kgr. 500 de pain par jour, une avance d'un jour de farine pour 700 habitants doit être de 700 × 0,500 : 1,40 kilogrammes, soit 250 kilogrammes, et 15 jours d'avance représentent 3.750 kilogrammes donnant 7.000 rations de pain ordinaire

Mais, dans la fabrication du pain biscuité, le rendement diminue et tombe à environ 126. Ces 3.750 kilogrammes de farine, que l'on peut trouver dans chaque boulangerie (en moyenne), donneraient donc 4.725 kilogrammes de pain biscuité, soit 6.750 rations.

Toutefois, on n'obtiendra jamais ces chiffres, car il ne faut pas dépouiller entièrement la population civile d'une denrée de première nécessité, et il faudrait lui laisser par jour environ 350 kilogrammes de pain (2 ou 3 fournées) par 700 personnes — ou par four.

En partant de cette donnée, on peut examiner ce qu'on doit attendre de l'exploitation locale pour un corps d'armée, dans des conditions moyennes.

---

(1) La levure artificielle est de la levure de grains ou de la levure de bière. Elle provoque dans la pâte une fermentation rapide et commode. *Mais le pain préparé avec elle ne se conserve pas.* On n'y aura donc recours qu'en cas de nécessité, et pour la fabrication de pain à consommer immédiatement. On limitera, d'ailleurs, cet emploi aux premières fournées, sur lesquelles on prélèvera la pâte qu'on laissera fermenter naturellement pour les levains des fournées suivantes.

La zone affectée au cantonnement d'un corps d'armée de 45.000 hommes se rapproche, dans les circonstances les plus fréquentes (non au contact de l'ennemi), d'un rectangle de 12 kilomètres de longueur sur 8 de largeur, couvrant environ 100 kilomètres carrés, et comprenant, en pays moyennement peuplé, 7.000 habitants. On pourra donc compter y trouver 10 fours.

Le fonctionnement d'un de ces fours pendant 24 heures (en réservant 3 fournées à la population) donnera environ 7 fournées, soit $7 \times 150 = 1.050$ kilogrammes de pain ou 1.400 rations de pain ordinaire, pour lesquelles on pourra utiliser exclusivement l'approvisionnement des boulangers.

C'est donc un appoint de 14.000 rations par jour qui peut être obtenu par l'exploitation locale pour chaque corps d'armée.

Le ravitaillement d'une division de cavalerie sera relativement facile, car celle-ci représente un effectif peu considérable de 4.500 hommes environ. La mise en œuvre de trois fours sera généralement suffisante pour les alimenter.

Le fonctionnement d'un four exigeant deux brigades de 4 hommes, il faudra dans un corps d'armée 80 boulangers (dont le transport devra être assuré dans des voitures). Une brigade de 40 de ces boulangers devancera la colonne avec le campement et sera répartie dans les cantonnements de façon à commencer la fabrication aussitôt que possible. Elle travaillera toute la nuit, mais le pain ne pourra être enlevé que dans la soirée du lendemain, après un ressuage aussi prolongé que le permettront les circonstances. Les voitures des trains régimentaires ou des convois laissés sur place le chargeront et partiront pour rejoindre les troupes, autant que possible avant la nuit. Les boulangers pourront partir peu après ou avec la colonne et ne fabriqueront de nouveau qu'après un jour de repos.

Le pain ainsi obtenu sera du pain de forme et de poids très variables, car on utilisera les panetons des boulangers; ce sera du pain ordinaire qu'il faudra consommer presque aussitôt. Il va sans dire que toutes les fois qu'on pourra faire parvenir des avis aux municipalités, dans le but de faire fabriquer par les boulangers une certaine avance de pain ou de leur faire prendre des mesures pour que l'emploi de leurs fours ne souffre aucun retard (préparation des levains, réchauffage des fours), on allégera d'autant la tâche des brigades de boulangers.

Ainsi, dès que le ravitaillement en pain par l'arrière ne sera plus possible, l'emploi combiné des boulangeries roulantes et des fours du pays permettra d'assurer largement l'alimentation des troupes même dans des cantonnements resserrés, et l'appoint de l'exploitation locale n'est nullement négligeable. Mais de là à croire à la possibilité de généraliser ce dernier mode au point de se dispenser d'utiliser les boulangeries de campagne, il y a loin. En particulier, cette fabrication sera toujours difficile à organiser — en raison de la lenteur de la mise en marche et des nécessités du ressuage — toutes les fois que le séjour des boulangers sur le territoire exploité ne sera que d'un seul jour. D'autre part, l'exploitation locale est limitée par des causes très diverses, outre l'insuffisance du nombre des fours; les ouvriers disséminés, peu surveillés, rendront peu; de plus, le pain ne sera pas susceptible de conservation et ne pourra, par conséquent, servir au chargement normal des convois et des trains régimentaires.

Centres de fabrication. — Il ne s'agit, dans ce qui précède, que d'une exploitation locale hâtive, organisée par les soins des sous-intendants divisionnaires. On tirera un parti bien plus fructueux des ressources du pays en organisant, dans les régions occupées, lorsque celles-ci sont éloignées des stations-magasins, ce qu'on appelle des *centres de fabrication.*

Ces centres sont créés, sur l'ordre du D. E. S., par l'intendance des étapes, et alimentés en farine par des envois de l'arrière et des réquisitions locales plus ou moins éloignées; les ouvriers sont des boulangers civils renforcés du personnel des étapes.

Ils peuvent être établis en des points sans ressources spéciales de boulangerie, mais commodes par leur position sur des lignes de chemin de fer ou des routes.

Il faut alors les constituer de toutes pièces. On dispose, pour cela, de divers moyens.

On peut d'abord établir une batterie de *fours de construction.* On appelle ainsi des fours rapidement construits, en briques et en argile réfractaires, et qui peuvent fonctionner pendant un temps assez long. Il ne faut pas plus de vingt-quatre heures pour les élever.

On peut aussi faire venir, soit des réserves de stations-magasins, soit des réserves générales de l'intérieur, des fours métalliques démontables (système Godelle, système Lespinasse), qu'on remonte sur des soles d'argile

Enfin, lorsque le centre à créer a pour but de remplacer, et non pas de compléter, la station-magasin, on peut enlever à la boulangerie de guerre de cette dernière les fours démontables qui en forment, en général, une partie, et les utiliser au nouveau point choisi.

Les centres de fabrication les plus importants proviendront néanmoins de l'emploi des boulangeries civiles, requises et organisées pour un certain temps, dans les grandes villes, dans la zone de l'arrière. On trouvera, en particulier, un secours précieux dans les manutentions militaires des villes de garnison, tant en territoire national qu'en pays ennemi, où tout n'aura pas été détruit. Les exemples historiques en sont extrêmement nombreux (voir campagne de 1807, campagne de 1870). Les ressources qu'on trouvera ainsi sont d'une très grande valeur, à cause de leur puissance et de leur qualité.

Il existe aujourd'hui dans beaucoup de villes — même d'importance secondaire, surtout dans des cités à population ouvrière nombreuse — des boulangeries organisées suivant les principes industriels modernes. Dans un seul bâtiment, de dimensions assez réduites, on trouve une minoterie à cylindres et une manutention à quatre ou cinq fours de 225 kilogrammes. La présence d'un établissement de ce genre dans une ville permettrait d'assurer sans aucune peine, avec un personnel d'une quarantaine d'hommes au plus. une production de 12.000 à 15.000 rations par jour, en partant du blé, denrée qui se rencontre partout.

La création de centres de fabrication de pain s'imposera dès que l'éloignement des stations-magasins — par exemple, à la suite de la pénétration en pays ennemi — aura allongé la durée des transports au point de compromettre la conservation du pain. On réalisera alors une espèce de déplacement partiel de la station-magasin.

Les centres de fabrication deviendront également indispensables lorsqu'il sera organisé des routes d'étapes, puisque les expéditions journalières à l'armée seront alors doublées : les moyens de production devront donc être doublés aussi. On les installera dans les localités origines d'étapes, dans les gîtes principaux, etc.

V

Pain de guerre.

Le pain de guerre est un succédané du pain, que rendent très précieux sa faculté de longue conservation et le faible poids dans lequel il condense tous les principes nutritifs de la farine.

La fabrication du pain de guerre tend à lui assurer ces deux propriétés essentielles.

La farine est de première qualité, plus blanche et plus fine que celle du pain. La pâte est légèrement levée et pétrie mécaniquement jusqu'à une consistance très dure, qu'on augmente encore, après apprêt, par un passage au laminoir.

La pâte, découpée en galettes de 7 centimètres environ de côté et de 15 millimètres d'épaisseur, est cuite dans des châssis; la durée de la cuisson ne dépasse pas celle du pain, 40 à 45 minutes. On laisse ressuer les galettes pendant quatre à cinq jours, sur des étagères bien aérées, et on les emballe dans des caisses, où elles peuvent séjourner deux ans, moyennant quelques précautions.

La contexture du pain de guerre est *grenue* et non feuilletée, comme celle de l'ancien biscuit. Sa croûte est dure et lisse, les tranches nettes et exemptes de fentes, autant que possible. Les insectes, qui sont les grands destructeurs du pain de guerre, ont donc beaucoup de peine à y pénétrer, et, s'ils traversent sa surface en profitant d'une fente accidentelle, ne peuvent pas cheminer à l'intérieur et le contaminer de leurs larves et déjections. Ce pain étant très sec, la moisissure ne s'y développe que très rarement. Enfin, la farine étant fortement blutée et bien purgée de matières grasses, il ne doit rancir qu'au bout d'un très long temps.

La galette pèse 50 grammes : elle renferme son poids de farine. 600 grammes de pain de guerre, ou une ration, représentent donc une valeur nutritive supérieure à celle d'une ration de pain ordinaire (555 grammes de farine).

La texture grenue du pain de guerre facilite son imprégnation par la salive et les divers sucs de la digestion, ainsi que son trempage quand on est obligé de l'employer comme pain de soupe. La difficulté de sa mastication provient de sa dureté : il est indispensable de le laisser bien s'humecter dans la bouche avant d'essayer de le briser avec les dents. Il n'est consommé, en temps de paix, que parvenu à sa limite de conservation, et est, par suite, considéré comme un aliment sans agrément. On exagère. En campagne, au milieu des privations, il prend une saveur très supérieure, qu'il ne faut pas attribuer seulement à sa fraîcheur relative...

Des études constantes cherchent à améliorer le pain de guerre. On tend à y incorporer des matières plus nutritives encore que la farine : œufs, sucre, graisse sont les principales. On obtient ainsi des gâteaux d'un goût exquis, mais qu'on se lasserait peut-être rapidement de consommer en guise de pain, avec de la viande ou des légumes, ou dans la soupe, et dont la conservation n'est peut-être pas aussi complète et aussi longue que celle du pain actuel.

Nous avons dit plus haut (1re partie, chap. III) que la quantité de pain de guerre fabriquée dès le temps de paix, et conservée dans les approvisionnements de guerre, était réduite au minimum. Il semble donc que rien n'empêcherait de fabriquer, en temps de paix, du pain de guerre ordinaire, susceptible d'une très longue conservation, et, à la mobilisation, un pain de guerre, destiné à une consommation prochaine, dont on pourrait augmenter les qualités nutritives par l'adjonction de matières d'origine animale, telles que la graisse et les œufs. Le sucre, très en faveur comme aliment de campagne, risque d'amener un rapide dégoût.

CHAPITRE IX

LES VIVRES-VIANDE.

Les vivres-viande comprennent la viande fraîche ou frigorifiée et les différentes conserves : conserves de bœuf bouilli ou de porc rôti, viande demi-salée, potages divers. Il faut y joindre le lard salé, le saindoux, les graisses.

Toutes les fois que ce sera possible, on distribuera aux troupes de la viande fraiche. Une instruction spéciale règle les conditions de la fourniture et de la distribution de la viande (1).

I

Transport de la viande fraîche à la suite des troupes.

On a déjà dit plusieurs fois que les denrées ne devaient pas être distribuées au moment même de les mettre en consommation, sous peine de laisser l'alimentation des hommes à la merci des retards qui sont toujours plus que possibles, probables. Si évidente qu'elle soit, cette vérité a besoin d'être fréquemment répétée.

La viande n'échappe pas à la règle commune. Abattue aussi récemment que possible, elle sera donc, en principe, distribuée chaque jour *pour être cuite le lendemain.*

Sa préparation, étant longue et s'ajoutant en général à celle de la soupe, n'aura lieu qu'à l'arrivée à l'étape de ce lendemain, le soir. Elle sera cuite en entier; une partie sera mangée chaude, le reste, distribué en rations découpées aux hommes, sera emporté par chacun dans la gamelle et mangé froid pendant la route du lendemain,

(1) Remplacer dans tout ce chapitre les mots *parc de bétail* par *troupeau de bétail*. Voir la note (1) de la page 190.

ou à la grand'halte. L'adoption des cuisines roulantes, si elle a lieu, ne changera vraisemblablement pas grand'chose à ce processus.

La viande abattue et livrée en quartiers doit donc suivre le corps auquel elle est destinée pendant toute sa marche et ne pas s'en éloigner, de façon à être auprès de lui dès l'arrivée à l'étape; elle devra donc marcher au train de combat.

Elle sera chargée le soir du jour qui précède sa mise en consommation, ou, plus souvent, pendant la nuit, sur une voiture spéciale où sa conservation pendant vingt-quatre heures soit aussi assurée que possible : c'est la *voiture à viande.*

On joindra à la viande, dans cette voiture, le lard, nécessaire aussi, dès l'arrivée, pour la cuisine du soir.

La voiture à viande est à quatre roues et à deux chevaux; son poids, à vide, est de 900 kgr., et elle contient normalement 1.000 rations fortes de viande, soit 500 kgr. La viande y est suspendue, découpée en quartiers, à des crochets fixés dans la toiture; la contenance de 500 kgr. peut même être dépassée et on peut y loger, à la rigueur, trois bêtes abattues de poids moyen (600 à 650 kgr.).

La voiture est aménagée de façon à mettre la viande à l'abri du soleil (au moyen de rideaux), de la poussière et des mouches, tout en assurant cependant l'aération (parois perforées de petits trous, et lanterneau d'aération sur le toit).

La dotation des unités en voitures à viande est, en gros, la suivante :

Quartier général de corps d'armée : une voiture;

Infanterie : une voiture par bataillon;

Cavalerie : une voiture par régiment dans la cavalerie des corps d'armée seulement (*Il n'y en a pas dans les divisions de cavalerie*);

Artillerie : une voiture pour deux groupes, une par échelon de sections de munitions.

Cette énumération, incomplète d'ailleurs, montre que certains éléments, dont quelques-uns d'effectif assez important (ceux du service de santé, par exemple), n'ont pas de voitures à viande. Lorsque ces unités ont des voitures techniques au train de combat (compagnie du génie), on pourra, à la rigueur, y placer la viande dans un panier ou une caisse, quoique ce moyen de transport soit défectueux, surtout pendant les grandes chaleurs.

La viande se conserve en général bien dans la voiture à viande, moyennant quelques précautions; il faut tirer les rideaux du côté convenable pendant la marche, et éviter de laisser la voiture stationner ailleurs qu'à l'ombre.

II

Acquisition et abat du bétail.

La viande est ordinairement livrée aux troupes par l'intendance, en quartiers, prête à être chargée sur la voiture à viande. Elle peut être livrée sur pied, et les officiers d'approvisionnement la font alors abattre et découper. Le bétail peut aussi être acheté directement par ces officiers (ou réquisitionné, bien entendu).

Achat du bétail par les officiers d'approvisionnement. — Ce mode d'acquisition est évidemment le plus simple.

Il doit, toutefois, être considéré comme exceptionnel, et n'entre en pratique que lorsque l'administration se voit momentanément dans l'impossibilité de réunir elle-même le bétail.

On trouve en général du bétail dans tous les pays, et les statistiques donnent à ce sujet des renseignements assez exacts pour qu'on puisse prescrire ce procédé à coup sûr.

Si on prend sur une carte une superficie représentant le cantonnement d'une armée dans la région de l'Est, on trouve toujours, après recensement du bétail, environ 10 jours de viande pour cette armée.

Toutefois, si le pays a déjà été occupé par des troupes, si le bétail est disséminé dans des fermes, si l'officier d'approvisionnement arrive tard au cantonnement, il pourra lui être difficile de trouver les animaux nécessaires. Cette difficulté se complique, dans les corps d'infanterie, par la durée de l'abat.

Livraison de bétail aux corps par l'administration. — Il peut arriver exceptionnellement aussi que l'intendance, ne pouvant, pour une raison quelconque (éloignement excessif du parc de bétail, par exemple, ou séparation fortuite du personnel d'abat et des animaux), assurer l'abat du bétail, soit obligée de livrer vivants aux corps les animaux qu'elle a fait rassembler par les groupes d'exploitation, ou même provenant d'un parc de bétail.

L'inconvénient de ce procédé réside dans la longue marche que doit supporter le bétail pour faire d'abord l'étape de la journée, puis pour se rendre jusqu'aux cantonnements où il doit être abattu. Certains animaux qui auront dû, pour ce dernier trajet, traverser tout le corps d'armée dans sa longueur, arriveront très tard et ne fourniront qu'une viande fatiguée qui, sans être peut-être absolument malsaine, n'est pas très propre à l'alimentation et ne vaut certainement pas celle d'animaux à l'engrais, achetés sur place.

Les difficultés soulevées par l'abat à l'intérieur des corps viennent encore s'ajouter à cet inconvénient, et tout concourt à retarder de beaucoup le chargement de la voiture à viande.

Acquisition du bétail par l'administration. — C'est là le mode régulier, normal, par lequel les corps d'armée se procurent du bétail.

L'administration achète son bétail dans les régions traversées, le réquisitionne, au besoin. Quand les ressources locales font défaut, elle demande du bétail à l'arrière, qui le lui envoie dans les conditions habituelles des ravitaillements éventuels.

Nous indiquons au paragraphe suivant le détail de ces différents procédés.

Rendement du bétail. — La quantité de bétail qu'il faut se procurer se calcule, évidemment, d'après le nombre d'hommes à nourrir.

Le bétail abattu produit une certaine quantité de viande fraîche, dont le rapport au poids vif est appelé *le rendement.* Ce rendement varie, dans la pratique, de 45 à 55 p. 100, suivant que l'animal est plus ou moins en chair. Dans les calculs sommaires d'approvisionnements, on l'évalue toujours à 50 p. 100. Mais ce chiffre moyen ne dispense nullement les comptables de faire ressortir le rendement exact qu'auront donné leurs abats.

Dans ces conditions, une ration de viande fraîche étant de 500 grammes, il faudra à un corps quelconque autant de kilogrammes de viande sur pied qu'il compte de rationnaires. Un régiment de 3.000 hommes aura besoin, journellement, de 3.000 kilogrammes de viande sur pied.

On admet, d'autre part, que la moyenne du poids des animaux de l'espèce bovine est de 400 kilogrammes. En fait, ce poids varie de 300 à 1.000 et 1.200 kilogrammes. Mais les poids élevés sont plus rares, et ne se trouvent que dans les pays où l'on fait l'élevage du bœuf. Les vaches, qui constitueront la plus grande masse des troupeaux de l'armée en campagne, ne pèsent guère plus de 400 kilogrammes, même après être restées quelque temps à l'engrais.

Il résulte de ces considérations que 400 rations constituent la valeur nutritive moyenne d'un bovidé sur pied.

Technique de l'abat du bétail. — L'abat du bétail en grandes masses est une opération compliquée, encombrante et peu hygiénique, féconde en incidents, pénible pour les opérateurs, très pénible quand il faut changer fréquemment le lieu de l'abat. Elle exige d'importantes ressources en personnel et en matériel.

L'installation a sur la rapidité et la bonne exécution de l'abat une influence considérable. On cherchera donc à profiter des abattoirs ou des tueries utilisés dans les localités où on se trouve. A défaut de semblables locaux, on s'installera où on pourra, dans une grange, sous un hangar, à la rigueur dans une cour de ferme ou sur une prairie, sans oublier de rassembler les appareils d'éclairage en prévision du cas, très fréquent, où les opérations d'abat s'achèveront pendant la nuit.

Le matériel nécessaire est celui qui compose les séries d'outils de boucher; dans chaque élément pourvu de voitures à viande, l'officier d'approvisionnement dispose, en général, d'une série *régimentaire* d'outils de boucher (1); le parc de bétail possède quinze séries *pour parcs de bétail;* ceci déterminera le nombre des équipes.

Une équipe comprend normalement 5 hommes. Sur 5 soldats classés bouchers, on n'en trouvera d'ailleurs généralement pas plus de 3 au courant du service d'abattoir, les autres connaissant seulement l'étal et le découpage de la viande.

Sur ces 5 hommes, 3 font l'abatage proprement dit, l'habillage

---

(1) La série d'outils de boucher comprend un masque Bruneau, des couteaux, couperets et scies, des crochets à suspendre les quartiers dits « allonges-tournantes », un moufle pour élever le bétail abattu, dont les jambes sont maintenues écartées au moyen d'un « tinet », une balance-romaine de 125 kilogrammes, des vêtements de boucher, etc.

Les objets sont les mêmes dans les deux séries, mais un peu plus nombreux dans la série pour parcs de bétail.

(ou dépouillement) et le dépècement; les 2 autres étant chargés des travaux accessoires (dégraissage, enlèvement des issues, transport ou chargement des quartiers, etc...).

Dans ces conditions, une équipe met pour abattre et habiller un bœuf un temps qui varie de une demi-heure à deux heures, suivant la commodité de l'installation, l'habileté professionnelle des ouvriers et leur fatigue plus ou moins grande; une équipe de bouchers adroits, bien reposés, travaillant dans un abattoir bien organisé, mettra peut-être une heure pour abattre les 2 ou 3 premiers bœufs, tandis qu'une équipe de bouchers ordinaires, fatigués par une marche préalable, travaillant de nuit dans une grange, dépassera facilement deux heures par bête. La moyenne de une heure est cependant admissible en général. Mais n'oublions pas qu'elle pourra être dépassée.

La durée présumée de l'abat doit d'ailleurs comprendre le temps, parfois assez long, du chargement des automobiles.

Il ne faut du reste pas trop compter sur les services que peuvent rendre les petits abattoirs. On y trouve bien généralement quelques commodités. Mais qu'on n'oublie pas que l'abat du bétail pour une division sur le pied de guerre représente largement la quantité de viande nécessaire à la consommation moyenne d'une ville de 40 à 50.000 habitants. Dès qu'on a abattu trois ou quatre bœufs, les abattoirs de village sont encombrés et il faut s'installer en dehors d'eux.

Si on constitue les équipes d'après l'attribution du matériel aux différentes unités, c'est-à-dire qu'on en crée une dans un régiment d'infanterie, quinze dans le parc de bétail de corps d'armée, il faudra, pour abattre un jour de bétail, un temps qui s'évalue de la façon suivante :

Un régiment d'infanterie de 3.000 hommes consomme 7 ou 8 bêtes, qui seront abattues en 7 ou 8 heures, et en deux fois moins de temps si on peut constituer une deuxième équipe avec des outils requis dans les cantonnements, et la faire travailler en même temps que la première. Un régiment d'infanterie trouvera assez facilement, sur son effectif de 3.000 hommes, quelques bouchers pour doubler ou tripler ses équipes, et dans ses cantonnements il existera parfois des bouchers civils, chez qui il pourra requérir le matériel supplémentaire nécessaire à l'abat. Les officiers d'approvisionnement peuvent d'ailleurs acheter en campagne des outils de boucher pour renforcer leur dotation.

Les corps ou détachements de cavalerie, d'artillerie, abattront en peu de temps le bétail qui leur est nécessaire, parce que leurs effectifs sont très inférieurs à ceux que doit desservir l'officier d'approvisionnement du régiment d'infanterie. Un régiment de cavalerie, de 700 rationnaires, par exemple, n'a même pas besoin de deux animaux : un bœuf lui suffit.

Une division d'infanterie, de 16.000 rationnaires, exigera environ 40 bêtes. Si on lui attribue 5 équipes, chaque équipe aura, comme pour un régiment, 8 bêtes à abattre. Mais il est déjà difficile de trouver à renforcer ce personnel. Il faudra donc compter toujours sur 7 à 8 heures de travail.

Enfin, pour le corps d'armée, dont l'effectif total n'atteint généralement pas 48.000 rationnaires, les 15 équipes du parc de bétail suffiront à l'abat dans le même laps de temps.

C'est là, du reste, le maximum de ce qu'on peut imposer à des bouchers, dont le travail est très fatigant. Il faut bien admettre aussi qu'au bout de peu de temps il y aura des hommes indisponibles, et des manquants dans le matériel, toutes choses qui feront tendre plutôt cette durée de travail vers son maximum.

Les officiers chargés des abats doivent procéder à l'enfouissement des issues et, autant que possible, tirer parti des peaux en les faisant vendre sur place (par les agents de la trésorerie), en les expédiant à l'arrière après les avoir saupoudrées de sel, ou en cas d'impossibilité d'agir ainsi, en les remettant contre reçu aux autorités civiles ou militaires locales chargées d'en tirer parti au mieux des intérêts du Trésor.

Les animaux abattus sont examinés par un vétérinaire attaché au parc de bétail. S'il est reconnu des signes de maladie contagieuse (tuberculose généralisée), la viande doit être rejetée de la consommation et enfouie profondément, après dénaturation même, par arrosage au pétrole ou à l'acide.

Ces obligations accessoires, auxquelles il faut joindre les travaux d'installation, l'entretien et le renouvellement du matériel, les nécessités de la comptabilité et de l'ordre, contribuent encore à allonger la durée de l'opération générale de l'abat d'un jour de bétail.

En principe, le bétail doit être abattu, après un certain repos et six heures de jeûne.

Il ne faut pas se dissimuler que cette recommandation est tout à fait théorique et qu'il ne sera, en général, pas possible d'en tenir compte; les nécessités du service primeront tout. La question du jeûne ne paraît pas d'ailleurs avoir une grande importance. On la néglige bien souvent sans qu'il en résulte d'inconvénients apparents en dehors de la perte de poids que ce jeûne fait subir au bétail et dont l'intérêt est purement comptable.

Enfin, pour bien se conserver, la viande doit être *bien saignée;* c'est là un point tout à fait essentiel, mais bien difficile à obtenir dans les abats hâtifs, où l'on ne dispose souvent que de moyens insuffisants de suspension et d'égouttement des animaux.

Il doit s'écouler entre l'abat et la cuisson un minimum de six heures en été et de douze heures en hiver. Cette règle sera toujours observée, en général par la force même des choses.

La viande fraîchement abattue est d'ailleurs coriace et difficile à cuire. La nécessité d'un assez long ressuage se fera d'autant mieux sentir en campagne que les troupeaux ne seront en général pas composés d'animaux choisis, que beaucoup de ceux-ci seront âgés, mal engraissés, amaigris par la marche.

Quant au maximum de temps à tolérer entre l'abat et la cuisson, il est extrêmement variable, suivant les circonstances, surtout suivant la température et l'humidité de l'atmosphère.

En principe, la viande peut toujours attendre la cuisson 24 heures sans inconvénient. Pratiquement, elle en attend 48 avec la plus grande facilité. La viande de deux jours prend une teinte plus foncée, une odeur graisseuse plus caractérisée, qui ne sont nullement des indices de corruption; elle est plus tendre et plus agréable à manger que la viande abattue la veille. Dans les grandes villes, la viande est apportée au marché, le plus souvent, 24 heures après abat. Dans beaucoup de villages, où le commerce de boucherie n'est pas permanent, on abat le vendredi la viande qui sera consommée le dimanche, et même les jours suivants. Il est vrai que la conservation dans une boucherie, même sans glacière, mais à l'ombre et avec de la fraîcheur, est mieux assurée que dans une voiture à viande. Toutefois, il ne faut nullement s'effrayer de la nécessité de garder de la viande dans les corps de troupe 24 heures après le moment prévu pour sa consommation.

La viande distribuée chaque soir aux officiers d'approvisionnement pour être mangée le lendemain soir est déjà abattue depuis près d'une demi-journée (6 à 12 heures). Elle a donc, au moment de sa cuisson, 30 à 36 heures de « ressuage ». Elle peut encore être consommée 24 heures plus tard, ce qui arrivera, du reste, fréquemment; car, à chaque distribution aux compagnies, il restera en général quelques morceaux qui ne seront pris que le lendemain.

En cas de fortes chaleurs persistantes — et avec les variations si rapides de température de nos climats il sera bien difficile d'affirmer qu'on est dans une de ces périodes — la viande abattue le matin même, ou dans la nuit qui précède, sera distribuée pour être mangée le soir même. Cette manière de faire n'est pas des plus sûres, comme nous le verrons un peu plus loin. Mais il est difficile d'agir autrement, à moins de remplacer la viande fraîche par de la viande rendue susceptible de conservation au moyen d'un des traitements signalés au paragraphe V.

Enfin, les corps de troupe qui craindraient de voir se gâter la viande déjà ancienne qu'ils auraient dans leurs voitures peuvent essayer de la sauver en lui faisant subir un commencement de cuisson superficielle.

III

Livraison de la viande par l'intendance.

1° Organisation générale.

La livraison de la viande fraîche aux armées a pendant longtemps été assurée par des entrepreneurs. Les très mauvais résultats obtenus en 1870 ont, nous l'avons déjà remarqué, fait disparaître ces dernières entreprises à proximité des troupes.

La livraison de la viande est alors devenue l'une des parties du service des subsistances de la division (et des E. N. E.).

Il y était pourvu par un *troupeau de ravitaillement*, dont l'importance normale était de deux jours de viande sur pied, et qui suivait les troupes dans leurs déplacements journaliers. Chaque soir, après l'étape, le sous-intendant faisait abattre la quantité de bétail nécessaire pour la consommation de la division. Les voitures à viande des corps de troupe venaient se ravitailler pendant la nuit, et repartaient, chargées, au train de combat de leur unité. Après l'étape, la viande était distribuée, puis la voiture à viande allait se ravitailler pour le lendemain dans les mêmes conditions que la veille, et ainsi de suite. Le troupeau, épuisé au bout de deux jours, si l'on ne trouvait pas de bétail sur le pays, était renouvelé par un parc de bétail d'un jour — qui était primitivement de deux jours aussi — puis par le parc d'armée; enfin, par envois de l'arrière.

Telle était, encore hier, l'organisation réglementaire. L'instruction sur l'alimentation en campagne du 29 juillet 1913 est venue transformer entièrement le mode d'exécution de ce service, en le basant sur de nouveaux principes, mis à l'essai aux grandes manœuvres, depuis 1908, et dont les grandes lignes ont été exposées plus haut.

Quels motifs ont poussé à ce changement radical ?

Les difficultés du service étaient nombreuses. La principale résidait dans la nécessité de faire marcher le bétail. Après avoir suivi le corps d'armée au parc, le bétail passait au troupeau et suivait la division deux jours encore au moins, après lesquels il était sacrifié. On faisait avancer le troupeau le plus au milieu des troupes possible, et c'était donc après une marche forcée, très tard, et dans des abattoirs improvisés, que les animaux étaient abattus, dans de mauvaises conditions de commodité et d'hygiène. Les voitures à viande étaient obligées de venir se recharger en pleine nuit, d'effectuer, pour cela, des marches supplémentaires s'élevant facilement à dix ou quinze kilomètres. Ce régime était insoutenable pendant longtemps; il ne donnait que de la mauvaise viande et épuisait les attelages et le personnel de l'approvisionnement. Faute de mieux, il fallait bien s'en contenter; ses résultats étaient toujours au moins égaux à ceux de l'entreprise.

On ne voyait guère d'autre moyen de l'améliorer que d'envoyer la viande aux corps de troupe par voitures réquisitionnées au centre d'abat. On évitait ainsi les trajets supplémentaires des voitures à viande, mais non les marches du bétail. C'était là, d'ailleurs, un moyen de fortune, sans aucune certitude de réalisation.

On avait aussi proposé de doter le troupeau de ravitaillement d'un train de voitures à viande, que l'on chargerait au fur et à mesure de l'abat et qui iraient ensuite jusqu'aux cantonnements se substituer aux voitures vides des corps qui rentreraient auprès du troupeau. Cette création, qui revenait à doubler le nombre des voitures à viande de l'armée, amenait une augmentation irréalisable des équipages et des hommes et apportait aux colonnes un nouvel encombrement. Elle facilitait certainement l'exécution du service, mais ne l'assurait pas de façon vraiment complète, car elle laissait subsister le retard de l'arrivée de la viande aux corps et maintenait l'obligation d'une étape allongée pour les deux catégories de voitures à viande.

C'est l'automobile qui a apporté la vraie solution de ce problème.

Le troupeau est doté, non plus de voitures à chevaux, mais de voitures automobiles, aménagées pour le transport de la viande. Celles-ci, après l'abat, portent la viande jusqu'aux voitures à viande du corps.

Ces automobiles vont faire elles-mêmes, chargées de viande : 1° le trajet qu'accomplissait le bétail; 2° celui qui était imposé aux voitures à viande des corps. Leur vitesse leur permettra d'effectuer ces deux parcours en quelques heures. Elles suppriment donc, ou réduisent à peu de chose, les deux déplacements qui étaient le grand obstacle à une fourniture saine et régulière.

En supposant donc que du bétail en quantité suffisante est rassemblé à l'arrière d'un corps d'armée qui va partir pour son étape, on maintiendra ce bétail en place, et on l'abattra pendant les heures consacrées à la marche.

Les automobiles seront chargées de viande, au plus tard, vers midi ou 14 heures, partiront alors à la suite du corps d'armée, le rejoindront au moment où il prend ses cantonnements, et où l'on fait la distribution, et pourront remplacer immédiatement dans les voitures des corps la viande dont celles-ci viennent de se vider. Après quoi, elles rejoindront leur point de départ.

Le lendemain, malgré la seconde étape du corps d'armée, les mêmes mouvements peuvent s'effectuer, le troupeau restant à deux étapes en arrière des troupes qu'il dessert, et les automobiles ayant à effectuer, en plus, deux fois la seconde étape, soit 40 à 50 kilomètres, supplément de marche de trois à quatre heures pour elles.

On ne peut, évidemment, laisser les troupes s'éloigner indéfiniment du centre d'abat. Mais le personnel et le matériel seuls ont besoin d'être transportés de temps en temps au contact du corps d'armée, le bétail étant entièrement abattu au bout de deux jours. Une ou deux autos suffiront à assurer ce transport en quelques heures, et, quant au bétail, on en reconstituera un nouveau groupement à l'arrière immédiat de la dernière position des troupes, soit par acquisitions faites sur place, soit par envoi par chemin de fer.

A ce mode entièrement nouveau de ravitaillement se joint une modification d'organisation.

Les troupeaux de division et le troupeau des E. N. E. sont fondus en un seul, qui devient le *parc de bétail du corps d'armée*. L'ancien parc de bétail, qui constituait une réserve, est supprimé. Ce nouveau parc est surtout un organe de production de viande fraîche : la matière première, le bétail, lui est fournie, en quantité variable, par envois de l'arrière ou par acquisitions locales.

Les raisons qui ont poussé à cet autre changement sont moins nettes.

On a voulu, sans doute, rassembler tout le service, le grouper en un organe unique, auquel on adresserait des commandes, comme à une station-magasin : les ordres sont, évidemment, plus faciles à donner, sous cette nouvelle forme. On a estimé, sans doute aussi, que le groupement, en une seule section, de toutes les autos affectées au ravitaillement en viande, était préférable pour la conduite et l'entretien de ces véhicules. L'envoi immédiat, par l'arrière, de bétail à l'organe d'abat est aussi facilité si cet organe est unique. Enfin, et surtout, il est vraisemblable qu'on a cherché à dégager les divisions du souci de cette préparation, les amener encore un peu plus à l'état d'unité exclusivement combattante.

Ce groupement n'est d'ailleurs pas sans inconvénients au point de vue technique, et bien des raisons le combattaient.

Il provoque un encombrement dangereux pour l'hygiène du bétail, enlève au service la souplesse qu'il possédait alors qu'il s'effectuait par division. Cette rigidité se traduit par l'impossibilité d'aller porter la viande jusque dans les cantonnements des troupes, ce qui est pourtant l'idéal à rechercher, et ce qui serait facile si les autos étaient séparées en trois convois recevant des ordres directement de leurs divisions respectives, et non du corps d'armée. La réunion de tout le personnel technique au même point rend plus difficile la recherche du bétail sur le pays, recherche inévitable, car on ne peut pas tous les jours, sans exception, faire venir un train de bétail de l'arrière. Enfin, et surtout, cette organisation éloignée, indépendante, ayant à sa tête un sous-intendant sans relations avec les officiers d'approvisionnement qu'il doit ravitailler, ne permet pas de connaître avec une précision suffisante la quantité de viande à fournir chaque jour, et de régler les abats en conséquence. On enverra, en général, trop de viande, pour n'en pas manquer, et il faudra en rapporter au centre d'abat. Sera-t-elle revenue toujours assez tôt même pour qu'on puisse en tenir compte dans les abats du lendemain ? Il est permis d'en douter, les exemples d'automobiles à viande ayant passé la nuit hors de leur cantonnement ayant été fréquents déjà aux manœuvres. De tout cela résulte une incertitude qui gêne le service et risque d'amener du gaspillage et des pertes.

Le règlement a cherché à atténuer tout au moins le premier de ces inconvénients en accordant au commandant de corps d'armée le droit de scinder le parc en plusieurs groupements, placés chacun sous les ordres d'un des sous-intendants du corps d'armée, et pouvant agir indépendamment les uns des autres.

2° Le troupeau de bétail de corps d'armée ; sa constitution. (Ancien parc de bétail.)

Tels sont les principes sur lesquels repose l'organisation actuelle, trop récente peut-être encore pour qu'on puisse affirmer qu'elle a acquis sa forme définitive.

Voyons maintenant comment s'en fait l'application pratique, c'est-à-dire quel est le fonctionnement détaillé du parc de bétail dans le corps d'armée.

Le *personnel* du parc est connu. Rappelons rapidement qu'il se compose d'un sous-intendant, d'un officier d'administration gestionnaire, secondé par plusieurs officiers du cadre auxiliaire, d'un vétérinaire militaire, de quinze équipes de quatre bouchers, et d'une quarantaine d'hommes, parmi lesquels des toucheurs, des commis, cyclistes, ordonnances, etc., et, en sus, du personnel de conduite, officiers et chauffeurs, des automobiles à viande.

Le *matériel* comprend les séries d'outils de boucher, une tente-boucherie, pour opérer à l'abri quand on ne trouve pas d'installation couverte, des matériels accessoires, appareils d'éclairage, collections pour le marquage du bétail, etc..., et, enfin, une section automobile de ravitaillement en viande fraîche.

Celle-ci se compose du nombre de voitures suffisant pour porter toute la viande abattue, nécessaire au corps d'armée. La voiture automobile destinée à ce service est aménagée de façon à pouvoir porter de 1.500 à 2.000 kilogrammes de viande en quartiers, c'est-à-dire qu'elle est capable de servir au moins un régiment d'infanterie, et, s'il y a lieu, quelque petite unité voisine. Elle peut parcourir, en convoi, 14 à 15 kilomètres à l'heure, et couvrir 100 à 120 kilomètres par jour, distance qui ne doit pas être dépassée.

Aux voitures de transport de viande sont jointes des voitures de transport de personnel (suffisantes pour tout le personnel du parc) et de service (rechange, ravitaillement en combustible et matières graissantes).

Ces voitures suivent le parc de bétail et cantonnent avec lui. Elles forment une petite unité commandée et administrée par un officier du train des équipages, aidé de quelques gradés, et qui est à la disposition de son intendant pour tous les actes de son ravitaillement.

Ce sous-intendant, obligé à de fréquents déplacements, placé, en général, assez loin du quartier général, et pas toujours en relation télégraphique avec le corps d'armée, a lui-même une automobile de tourisme à sa disposition, et deux motocyclistes lui sont attachés pour assurer ses liaisons.

L'*importance du parc de bétail* n'est pas constante. Elle est déterminée, au début de la campagne, par un ordre du D. E. S., sur la proposition de l'intendant de l'armée. Outre son devoir de faire abattre chaque jour la viande nécessaire au corps d'armée, le sous-intendant a celui de conserver au parc l'importance fixée, par exemple deux jours de bétail. Il y parvient d'abord par l'exploitation locale, dont une partie de son personnel est chargée, et à laquelle il est aidé par les renseignements que doivent chaque jour recueillir et lui envoyer directement les sous-intendants des divisions.

Lorsque ces renseignements lui font craindre de ne pas trouver le bétail nécessaire dans les pays traversés, il demande à l'intendant du corps d'armée de provoquer une expédition par l'arrière, dans les conditions ordinaires des ravitaillements éventuels.

L'entretien de cet approvisionnement de bétail au chiffre fixé présentera une difficulté spéciale. On doit éviter, en effet, de faire marcher le bétail — c'est la base même de cette organisation — et, d'autre part, lorsque le centre d'abat se déplacera, ce sera par bonds de 50, 60, 75 kilomètres, peut-être, à la fois. Le bétail rassemblé est incapable de faire de pareilles étapes. Il ne s'agit donc point, pour le sous-intendant, de maintenir à hauteur, *auprès de lui*, l'approvisionnement fixé, mais bien de réunir *d'avance*, dans le voisinage des lieux où il sera appelé à se rendre, les animaux nécessaires à ses abats futurs. Il y a là une grosse et évidente difficulté, étant donné, surtout, que le sous-intendant du parc de bétail est trop éloigné de l'état-major pour être mis au courant — dans la limite convenable — des projets de mouvements du corps d'armée. Il semble que ce sera l'intendant du corps d'armée qui devra intervenir dans la détermination de ces nouveaux points de rassemblement de bétail.

Quand on pourra les prévoir assez à temps pour y faire venir le bétail par chemin de fer, du parc de bétail d'armée, ou de l'arrière, on ne manquera point de le faire. Quand les prévisions seront tout à fait courtes, pour le lendemain par exemple, il appartiendra à l'intendant d'apprécier dans quelle mesure il conviendra de venir en aide au sous-intendant du parc de bétail par l'entrée en jeu des réserves d'ouvriers d'administration, et, au besoin, des personnels de l'avant, dont il demanderait l'intervention au commandement, pour étendre et activer l'exploitation locale.

3° Le ravitaillement du corps d'armée.

Voilà pour l'entretien du parc de bétail. Voyons maintenant le mécanisme de livraison de viande fraîche aux corps de troupe.

Ce mécanisme n'a rien de particulièrement compliqué au fond, mais il exige absolument des ordres bien donnés, successivement dans le corps d'armée et dans les divisions, et strictement exécutés.

Le parc de bétail doit abattre, sans ordre, le bétail *à peu près* nécessaire à l'alimentation d'un jour. Mais il est nécessaire que cet abat soit terminé à temps pour permettre le chargement des voitures à viande (1) à l'heure voulue par le commandement, et pas

(1) Pour la commodité de l'exposition, nous appellerons *voitures à viande*

trop tôt, pour ne pas exposer la viande à attendre trop longtemps sa consommation.

L'ordre du corps d'armée fera donc connaître l'heure à laquelle les autos à viande devront être toutes rendues en un point, dit *point de première destination*, où elles s'arrêteront, et attendront des ordres. Les heures d'abat, de chargement et de départ seront déterminées au parc de bétail par le sous-intendant, en raison de l'heure à laquelle les autos devront se trouver à ce point.

C'est en ce point de première destination que les divisions (et les E.N.E.) enverront chercher les autos à viande, chargées en vue de la fourniture de leurs unités, et les feront venir auprès de ces unités, ou, tout au moins, en un point voisin de leurs cantonnements, aussi central que possible, et où, de leur côté, les voitures à viande viendront se recharger pour la journée du lendemain.

Là est le point délicat du système. Il faut que ces ordres de division viennent bien trouver à temps les autos au point de première destination, leur fixent un centre de livraison facile à atteindre, et une heure convenable, ni trop hâtive, ni trop tardive; il faut que les officiers d'approvisionnement reçoivent ce même ordre à temps, et soient en état de l'exécuter tout de suite.

Il résulte de tout ceci que ce dernier ravitaillement ne peut être fait que le soir, après que les voitures à viande se sont vidées par distribution faite dans leur corps.

C'est le cas qui a été considéré dans la situation de corps d'armée donnée plus haut (chap. V, II, exemple d'ensemble).

La livraison de la viande aux corps, dans les centres de division, doit se faire sous la surveillance technique du sous-intendant divisionnaire. Aussitôt qu'elle est terminée, les autos à viande se rassemblent, se reconstituent en colonne au point que leur aura fixé le commandant de la section, et rejoignent le plus rapidement possible le centre d'abat d'où elles sont parties.

Lorsque le parc de bétail devra se déplacer le lendemain, les autos à viande ne devront pas forcément rentrer au centre d'abat. Elles pourront se diriger sur le point où, le lendemain, ira fonctionner le parc, et où se trouvera, en général, d'avance, au moins

---

les voitures à viande, attelées, des corps de troupe, et *autos à viande* les voitures automobiles pour le transport de la viande en quartiers provenant du parc de bétail.

une partie du bétail. Le sous-intendant aura dû donner ses ordres en conséquence. Quant au personnel et au matériel du parc, ils seront transportés par voitures automobiles à leur nouvelle destination, à des heures convenablement choisies par le sous-intendant S'il est nécessaire, une ou deux autos à viande reviendront au premier emplacement pour transporter la viande abattue qui aurait pu y rester, du matériel qui n'aurait pu trouver place sur les premières voitures, etc.

L'alimentation du personnel des autos à viande, exposé à rentrer très tard au cantonnement, après avoir circulé pendant une grande partie de la journée, sera à peu près impossible à assurer en commun. Des mesures spéciales devront être prises pour lui permettre de prendre le repas du soir dans les meilleures conditions, et avec le plus de liberté possible.

Tout ce processus (1) suppose que les voitures à viande ont marché, comme il est prévu, de façon normale, au train de combat de leur corps, qu'elles l'ont rejoint après l'étape, et qu'elles repartiront, le lendemain, dans les mêmes conditions. Ceci ne se réalisera pas forcément toujours; par exemple, lorsque le voisinage de l'ennemi et un engagement probable obligeront le commandement à rejeter le plus en arrière possible toute espèce de convois, y compris les seconds échelons du train de combat, contenant les voitures à viande. Comme il serait, de plus, bien difficile de les recharger, le soir, au voisinage des troupes, dans le désordre inséparable d'une fin de combat, on peut être amené à faire usage d'une seconde méthode de ravitaillement en viande, moins sûre, mais convenant peut-être mieux à ces nouvelles conditions.

Les voitures à viande seraient chargées, non plus chaque soir pour le lendemain soir, mais chaque matin pour le soir même.

Le point de première destination des autos serait donné pour le matin, aussitôt après le départ des troupes, à l'arrière immédiat du corps d'armée. Les centres de livraison, réduits peut-être dans ce cas-là à un seul, se trouveraient en pleine zone des cantonnements de la veille. Les voitures à viande, vidées la veille au

(1) Tout ce qui est dit pour le parc de bétail de corps d'armée s'applique, à quelques modifications d'effectif près, aux parcs de division isolées, ou aux groupements plus restreints formés éventuellement à l'intérieur du corps d'armée.

soir, seraient rechargées ainsi vers 9 ou 10 heures du matin, et repartiraient, en une ou plusieurs colonnes, pour rejoindre ensuite leurs corps, ou pour des points d'attente, suivant les prescriptions spéciales insérées à l'ordre du corps d'armée.

On peut même les réunir aux T. R., sections de distribution.

Dans ces conditions, les autos à viande doivent être chargées à temps pour partir de très bonne heure du centre d'abat. Le mieux serait de les charger la veille, à la tombée de la nuit, avec de la viande provenant de bétail abattu dans la soirée, et qui se trouverait être consommée avec vingt-quatre à trente heures de ressuage, c'est-à-dire après une attente très convenable.

L'emploi de cette méthode peut encore être justifié par de fortes chaleurs, obligeant à abréger le séjour de la viande dans les voitures.

Reprenons, pour lui appliquer ces nouvelles données, la situation de corps d'armée déjà envisagée.

Mais, prenons-la le 2 mai au soir, et supposons que, pour un motif quelconque, les voitures à viande n'ont pas été rechargées, le 2, dans les corps de troupe.

L'ordre du 2, pour le 3, renfermerait les prescriptions suivantes :

1re partie.

..... **Les trains de combat, 2es échelons (renfermant les voitures à viande), seront rassemblés, à 7 heures :**
D1 (1re division) à Noiron-sous-Bèze.
D2 et E.N.E. à Beire-le-Châtel.

....

2e partie.

..... **Livraison de viande fraîche par les autos à 7 heures, à Noiron-sous-Bèze (D1) et à Beire-le-Châtel (D2 et E.N.E.). Après ravitaillement, les autos rentreront à Crécey-sur-Tille, où le parc de bétail est maintenu ; les trains de combat se grouperont en une seule colonne à Beire-le-Châtel, où ils attendront de nouveaux ordres.**

Si on s'en rapporte à l'expérience des trains régimentaires, les voitures à viande, ainsi groupées en dehors de leurs corps, risquent de rejoindre ceux-ci bien tardivement. C'est une question d'encadrement, de marche, d'ordres, d'état-major, en un mot. N'oublions pas, toutefois, que, s'il n'y a pas grand inconvénient au retard d'un train régimentaire, dont les denrées ne sont pas attendues pour le repas du soir, il n'en est plus de même pour la voiture à viande, dont l'arrivée est indispensable à la préparation de la soupe.

Les choses changeraient d'aspect, et cette méthode deviendrait peut-être applicable plus régulièrement, si les troupes étaient pourvues de cuisines roulantes, pouvant préparer le repas du soir en route, et le distribuer avant l'arrivée des voitures à viande, qui ne serviraient plus qu'à les recharger elles-mêmes. Mais, c'est à la condition, bien entendu, que les *cuisines roulantes, à leur tour, ne quitteront pas leur troupe*, sinon, la difficulté ne ferait qu'être reculée d'un degré.

Ceci nous amène à dire quelques mots des cuisines roulantes.

4° Les cuisines roulantes.

Les cuisines roulantes ne sont pas encore adoptées en France. Divers modèles ont été proposés par l'industrie privée et par les établissements de la guerre. Ils ont été mis en essai en garnison, en route, aux grandes manœuvres, mais aucune décision n'a encore été prise à leur égard.

Ces modèles diffèrent entre eux par des détails de construction ou d'utilisation, sans grand intérêt. Ils se divisent, néanmoins, en deux grandes classes, totalement différentes dans leur principe et dans leur mode d'emploi : les *cuisines à foyer* et les *cuisines sans foyer*.

Les premières sont formées essentiellement d'un fourneau porté sur roues, et renfermant une ou deux marmites avec un foyer à bois ou à charbon. Les accessoires comprennent les ustensiles pour faire la cuisine et le café, des récipients pour les légumes, le combustible, etc.

En général à quatre roues, cette voiture est traînée par deux chevaux. Il en est attribué une par compagnie (1).

Le mode d'emploi est très simple : la distribution se fait comme d'habitude, le soir. Au départ, le lendemain matin, la cuisine em-

---

(1) Dès le XVIIIe siècle, le maréchal de Saxe préconisait, dans ses fameuses *Rêveries*, la marche, à la suite des troupes, de chariots attelés de deux bœufs et portant une grande marmite pour faire la soupe à toute la « centurie ».

porte tout ce qui lui est nécessaire : 1° pour servir du café chaud et un repas léger à la grand'halte — ce qui n'est guère à envisager que dans des marches régulières et loin de l'ennemi; — 2° pour préparer, en route, le repas du soir : soupe, viande, rata.

Les cuisines roulantes sont placées au train de combat. Ceux-ci suivent de tout près leur troupe (dans le cas d'éloignement de l'ennemi), et les cuisines roulantes arriveront presque en même temps que leurs compagnies à la grand'halte ou au gîte. Mais, si les trains de combat sont rejetés en arrière des colonnes, il faudra parfois attendre assez longtemps l'arrivée du repas tout préparé.

On attendra bien davantage si les cuisines restent au T. R.

Tout autre est le fonctionnement des cuisines sans foyer, ou « cuisines norwégiennes ». La cuisine est une voiture quelconque (parfois un avant-train d'artillerie), simplement divisée en compartiments entourés d'une enveloppe calorifuge, capable de conserver très longtemps la chaleur des corps que l'on y place. Chacun de ces compartiments est exactement occupé par une marmite qu'il suffit de remplir d'eau bouillante, à laquelle on ajoute la viande, les légumes et ingrédients nécessaires à la confection de la soupe.

Cette opération peut être faite le soir, après chaque distribution. Il n'y a plus alors à s'occuper de cette soupe. Elle se fait d'elle-même, et sans surveillance, au contact prolongé de cette eau qui ne refroidit pas; 24 heures après son chargement, la marmite est encore à une température de 70 degrés. Il est évident que la chaleur se conserve aussi bien, quel que soit le plat enfermé dans le compartiment calorifuge : viande rôtie, légumes, etc. Mais, de toute façon, il faut qu'il ait été, avant son introduction, porté, ne fût-ce qu'un instant, à la température maxima nécessaire à sa cuisson, et ceci, en dehors de la cuisine roulante, dans des appareils ordinaires, gamelle de campement par exemple.

Cet inconvénient n'est pas aussi grave qu'il le paraît. On peut toujours, soit après la soupe du soir, soit, en cas de départ inopiné, au cours d'une halte de la marche du lendemain, faire bouillir de l'eau et garnir les marmites. C'est l'affaire d'une heure.

Lequel des deux systèmes est le meilleur? Les avis sont bien partagés, et aucune préférence officielle n'est encore acquise. On reproche à la marmite à foyer de trop agiter les denrées qu'elle renferme, et de donner de la bouillie plutôt que du potage. C'est un défaut qui, sans doute, pourrait être corrigé. Faut-il prendre au sérieux la critique tirée des longues colonnes de fumée qui décèleraient à l'ennemi l'occupation de certaines routes ? Il est plus certain que l'obligation d'emporter en route du combustible, surtout du charbon, est une gêne réelle. Le plus grave inconvénient — et il est le même dans les deux systèmes — est de créer une nouvelle colonne de voitures au milieu des troupes, d'augmenter les impedimenta du corps d'armée, d'exiger un surcroît de chevaux de la réquisition nationale; encore a-t-on pu, dans l'artillerie, diminuer singulièrement ses effets, en aménageant l'avant-train de forge, en le divisant en compartiments norwégiens, de façon à assurer la nourriture de toute la batterie.

On le voit, la cuisine roulante, à quelque système qu'elle appartienne, n'est pas un organe de ravitaillement, mais seulement d'alimentation. Sa présence n'évite l'action d'aucun des autres véhicules que nous avons déjà vus en jeu. En particulier, les voitures à viande des corps, dont la cuisine roulante avait fait escompter la disparition, restent indispensables pour aller, dans le centre de division ou de brigade, chercher la viande apportée par les automobiles.

Le seul avantage de ravitaillement qu'apporte la cuisine roulante, c'est, comme nous venons de le montrer, de permettre l'arrivée tardive des voitures à viande, et, par suite, le rechargement matinal de ces dernières, qui est précieux dans certains cas.

Au point de vue de l'alimentation immédiate, la cuisine roulante ne présente, de l'avis général, sinon unanime, de réels avantages que les jours de combat ou de marche forcée. Pendant les marches, le troupier français n'a pas caché sa préférence pour la cuisine qu'il fait lui-même le long des murs ou des fossés. Mais pendant la bataille, la cuisine roulante apparaît comme un auxiliaire indispensable, seul capable d'assurer au soldat, pendant cette période critique, et tout particulièrement fatigante, une nourriture chaude, complète, réellement réconfortante. Elle sera le complément très heureux de l'auto à viande, qui amènera la viande fraîche de centres d'abat éloignés. A elles deux, elles assureront à l'homme, sur la ligne même de feu, une ration abondante et bien préparée de cette denrée éminemment reconstituante, sans encombrement de l'arrière des troupes, sans abattoirs au milieu des mouvements des trains et convois de toute nature, et en détournant du combat le minimum de soldats.

5° Unités isolées.

Divisions de cavalerie. — Dans les divisions de cavalerie, le ravitaillement en viande fraîche sera exécuté de la même façon, avec cette différence, que l'importance du parc de bétail sera toujours zéro. En d'autres termes, celui-ci ne sera jamais constitué, et, chaque jour, le sous-intendant fera chercher sur le pays et abattre les dix à douze animaux nécessaires à son effectif. La viande sera transportée, aux régiments ou aux brigades, chaque soir, pour être consommée de suite, par une petite section automobile de trois ou quatre voitures aménagées. C'est dire que l'abat aura lieu le matin, les animaux étant achetés de la veille au soir. Ce service sera extrêmement facile ; il est fâcheux que les encombrements d'équipages et les gros effectifs ne permettent pas d'agir de même dans les corps d'armée.

Divisions isolées et détachements des trois armes. — Le service des vivres-viande y sera exécuté suivant les mêmes principes et par les mêmes méthodes que dans les corps d'armée.

IV

Le ravitaillement en bétail.

1° L'exploitation locale.

La zone dans laquelle le parc de corps d'armée peut acquérir ou réquisitionner du bétail est considérable. Elle comprend tout le territoire parcouru et occupé par le corps d'armée pendant tout le temps que le parc restera immobile, c'est-à-dire, en moyenne, deux ou trois jours.

Le sous-intendant du parc dispose d'un personnel de bouchers et de toucheurs qu'il peut spécialement affecter à ce travail ; si les distances à parcourir étaient trop grandes, une des automobiles de personnel, inoccupée, pourra faciliter les recherches.

Les sous-intendants du corps d'armée qui ont parcouru le pays les premiers, surtout ceux des divisions, doivent s'enquérir des ressources en bétail qu'il renferme : ils emploieront à cela le personnel de leurs groupes d'exploitation. Les cantonnements, les fermes seront fouillées, un état de leurs ressources en bétail sera donné et immédiatement envoyé au parc de bétail. Au besoin, en pays sûr, de petits détachements d'hommes, restant sur place, pourront être chargés de garder le bétail ainsi reconnu.

Il semble bien difficile que les sous-intendants de division puissent requérir, ou acheter, faire prendre en charge par leur gestionnaire, puis passer au parc de bétail les animaux trouvés. Ils manqueront pour cela du temps nécessaire, et leur personnel serait vite éparpillé par cette nouvelle occupation. Ils s'attacheront donc surtout à se procurer des renseignements exacts, concernant des masses de bétail de quelque importance, 8 à 10 bêtes, et à les faire parvenir le plus rapidement possible, par exemple en les remettant, au moment du ravitaillement en viande fraîche aux autos, aux officiers d'administration qui ont accompagné ces autos à titre de convoyeurs.

Encore une fois, le bétail provenant de l'exploitation locale est réuni surtout aux points futurs d'installation du parc et confié à la garde de quelques toucheurs.

2° Le troupeau (ou parc) de bétail d'armée.

Le parc de bétail d'armée est un organe mobile, dont les ressources sont variables et fixées par le directeur des étapes et des services, et qui a pour but de concourir au recomplètement du parc de bétail de corps d'armée, lorsque les ressources locales sont insuffisantes.

Dire que ce parc est mobile ne veut pas dire que tout le bétail qui le compose (près de 500 têtes pour une armée de quatre corps, et pour un jour seulement) va marcher régulièrement chaque jour à la suite du corps d'armée. Il suffit de jeter les yeux sur une carte pour voir qu'un tel troupeau ne pourrait rendre aucun service, incapable qu'il serait de gagner de vitesse les corps d'armée, afin de leur apporter les ressources dont ils auraient besoin. De plus, le bétail ainsi reçu après de longues marches serait en mauvais état, et présenterait tous les inconvénients des anciens troupeaux. Il faut considérer le parc d'armée plutôt comme une provision, une avance importante de bétail, capable, à la rigueur, de faire une étape ou deux pour se rapprocher d'un centre d'abat, mais bien plutôt destinée à être embarquée en chemin de fer et amenée, dans un de ces cas de disette locale que nous avons signalés, au parc de corps d'armée, beaucoup plus rapidement que si elle arrivait de la gare régulatrice ou de l'intérieur du pays. Aussi aura-t-on soin de le maintenir toujours dans le voisinage de la voie ferrée.

On peut d'ailleurs facilement imaginer les difficultés que présente le déplacement par voie de terre d'une pareille quantité de bétail, même marchant fractionnée.

Exceptionnellement, par exemple si des troupes importantes passent dans son voisinage, si des organes d'armée cantonnent auprès de lui, si des craintes d'épizootie obligent à détruire son groupement, le parc d'armée peut être appelé à abattre du bétail, et à apporter de la viande, soit aux formations de l'arrière, soit même jusqu'à l'avant. Il est doté, à cet effet, d'un personnel — relativement restreint — de bouchers, et de quelques automobiles à viande.

Il est recomplété lui-même, d'abord par l'exploitation de la zone étendue qu'il traverse; puis, si c'est nécessaire, par ravitaillement éventuel ordonné par le directeur des étapes et des services, sur demande de l'intendant d'armée.

Il peut même être ravitaillé par l'avant. Il faut entendre par là qu'il est de son devoir de recueillir, de grouper et de conserver le bétail que les parcs de corps d'armée, à la suite d'un déplacement subit, auraient été obligés de laisser sur leur dernier emplacement.

3° Les organes de l'arrière.

Lorsque le parc de bétail d'armée n'intervient pas dans le ravitaillement, et que des envois doivent être faits aux corps d'armée par chemin de fer, le D. E. S. trouvera du bétail, à proximité du chemin de fer, dans les formations suivantes, qui ont déjà été signalées, mais sur lesquelles il n'est peut-être pas inutile de revenir.

Station-magasin. — Le point de réunion de ces approvisionnements est toujours la station-magasin, auprès de laquelle on entretient un entrepôt de bétail correspondant à deux jours de viande fraîche pour tout l'effectif à desservir.

La moitié du bétail de l'entrepôt est parqué à proximité de la gare, de façon à pouvoir être embarquée sans retard; l'autre moitié est parquée à une certaine distance, 3 ou 4 kilomètres de la gare.

Le bétail de l'entrepôt est d'abord tiré d'une zone avoisinant la station-magasin; puis, lorsque cette zone est épuisée, le bétail est tiré d'une zone située en arrière et sur une ligne de communication qui dessert la station-magasin. Les ressources en bétail de cette seconde zone sont également réservées et rassemblées au moment du besoin dans une *gare de groupement* située sur une voie ferrée, et d'où on les expédie, sur la demande du sous-intendant de la S. M. à l'entrepôt de cette dernière. La gare de groupement peut être assez éloignée de la station-magasin.

Ce sont, d'ailleurs, les commissions de réception du service du ravitaillement qui ont mission de recevoir le bétail et de le diriger soit sur l'entrepôt, soit sur les parcs des gares de groupement.

Dans chacun de ces organes, se trouve un officier d'administration gérant, un vétérinaire et un détachement de commis et ouvriers, dont le service consiste à recevoir les bestiaux, les marquer, les installer, les surveiller et les soigner, et à accompagner, en qualité de convoyeurs, les trains de bétail.

Le rôle du sous-intendant consiste à prendre toutes mesures utiles pour être toujours prêt à satisfaire aux demandes de l'avant. Il doit, à cet effet, assurer à temps l'organisation et le fonctionnement de l'entrepôt et des parcs de groupement; dans ce but, adresser aux sous-intendants chargés du service du ravitaillement au chef-lieu des départements désignés les demandes de bétail suivant les besoins, et assurer les expéditions vers la gare régulatrice.

Gare régulatrice. — Quand il n'existe pas de routes d'étapes, il est constitué, en principe, un parc de bétail à la gare régulatrice pour satisfaire aux demandes urgentes de l'armée. L'approvisionnement minimum de ce parc est de un jour de viande sur pied pour la moitié de l'effectif de l'armée. Ce parc est distinct du parc d'armée.

Le sous-intendant de la gare régulatrice veille au recomplètement de ce parc de bétail; il fait en conséquence des demandes à la station-magasin, ou fait rechercher du bétail sur le pays. Il donne les ordres pour l'expédition du bétail : embarquement, constitution des rames de wagons, etc. L'officier d'administration gérant du parc exécute les ordres qui lui sont donnés et fait accompagner le bétail par un convoyeur, qui le livre à l'officier gestionnaire du parc de bétail.

Gare origine d'étapes et têtes d'étapes. — Lorsqu'il est constitué une route d'étapes, le parc de bétail de la gare régulatrice est transféré à la G. O. E. Mais l'importance numérique du troupeau est fortement élevée, au moins doublée, pour parer aux difficultés spéciales du ravitaillement en viande fraîche par routes de terre.

Le directeur des étapes et des services donne tous les ordres, tant pour la constitution de ce parc que pour celle des autres parcs qu'il jugerait à propos de constituer sur la route d'étapes et, en particulier, à la tête d'étapes. Il appartient à l'intendant de l'armée, secondé par le chef de l'intendance des étapes, de présenter à ce sujet toutes les propositions utiles.

On sera obligé d'avoir un recours énergique à l'exploitation du pays traversé et des régions avoisinantes, pour se procurer le bétail nécessaire, les envois de l'arrière ne formant plus qu'un appoint secondaire par suite de leur lenteur à arriver.

4° Marche éventuelle des troupeaux.

Lorsque l'envoi du bétail par chemin de fer ne sera pas possible, il faudra recourir à la marche, pour amener les animaux jusqu'à leur centre d'abat. Les *parcs* deviendront alors des *troupeaux*. Ces marches ne devront pas être prolongées au delà de quatre à cinq étapes, sous peine de voir les animaux dépérir rapidement.

La conduite des troupeaux se fait suivant les règles techniques qui suivent :

Un troupeau destiné à la marche ne doit pas comprendre plus de 100 à 120 bêtes : il serait même préférable de le fractionner en groupes de 40 à 50 animaux, se suivant à faible distance.

Sans fatigue excessive, un tel troupeau peut faire en un jour une étape de 30 kilomètres, à condition de ne pas presser l'allure des animaux (4 kilomètres à l'heure au maximum), de les abreuver et de les laisser reposer en route de temps à autre, toutes les trois heures à peu près. On doit avoir soin, en outre, de constituer le troupeau avec du bétail habitué à la marche, qu'on distingue à l'usure des sabots qui, chez les animaux en stabulation, prennent un développement exagéré.

L'instruction sur l'alimentation en viande donne sur la nourriture des animaux (1/30 de leur poids de foin), sur leur marche, leur installation dans des prairies ou des étables, des conseils techniques que l'on suivra d'aussi près qu'on le pourra.

Pendant la marche, les toucheurs guident et poussent les animaux. Il serait bon d'en avoir 1 pour 10 à 12 bêtes. Les effectifs ne permettent pas toujours d'atteindre ce chiffre, et l'on se borne souvent à 6 ou 8 toucheurs pour 100 bêtes, et un surveillant gradé autant que possible. Dans ces conditions, toutes précautions observées, le troupeau n'est pas aussi encombrant qu'on serait tenté de le supposer; si sa marche reste bien modérée, elle peut se soutenir longtemps et il est facile de dégager les routes en prenant des sentiers ou simplement en parquant momentanément le troupeau dans un champ pour laisser passer une colonne de faible importance. Mais il faut aussi tenir compte de l'impatience des toucheurs, de l'énervement d'animaux arrachés brusquement à la calme existence de la prairie ou de l'étable, privés de soins réguliers, mêlés à des congénères nouveaux, mal parqués, inquiets, quelquefois affolés. Il suffit de deux bœufs méchants pour arrêter absolument la marche d'un troupeau. Il suffit aussi parfois de quelques animaux épuisés, qui se couchent et refusent absolument d'avancer. Il faut alors abattre les uns ou les autres sur place, et ce n'est pas toujours facile. En tout cas, c'est une perte de temps, aggravée encore par la recherche de voitures pour transporter les quartiers. Fréquemment, la conduite d'un troupeau sera donc une lourde charge, difficile à bien remplir.

Les troupeaux de moutons soutiennent aussi des marches assez longues, mais sont peut-être plus encombrants sur les routes, surtout si on ne dispose pas de chiens bien dressés. Les porcs et les veaux marchent très difficilement.

5° Diverses circonstances de guerre.

Pendant les stationnements, aucune difficulté ne se présente. Une nouvelle commodité vient même s'ajouter à la réduction de longueur des transports : c'est la possibilité d'employer le personnel des divisions à la recherche et au rassemblement même du bétail. Ce sera d'autant plus utile qu'à ce moment il y aura lieu de pousser à fond l'exploitation locale.

Pendant les marches en avant, le système fonctionne, comme il vient d'être expliqué, avec ravitaillement le matin ou le soir, suivant les circonstances.

Au moment du combat, on ne peut songer à déplacer le parc de bétail : plus il sera éloigné, mieux cela vaudra. Les autos à viande pourront alors s'avancer très près des troupes, tout au moins très près des points où se fera la cuisine, et où seront probablement groupées voitures à viande et cuisines roulantes, s'il en existe. Les ravitaillements en viande se feront si les circonstances le permettent : mais on voit qu'ils seront, somme toute, assez faciles à exécuter, et que, moyennant un itinéraire et des heures bien choisies, les autos à viande ne créeront pas d'encombrement, à cause de leur faible nombre, de leur facilité à se disperser, et de leur vitesse.

Les poursuites ne permettront que bien difficilement l'usage régulier du parc de bétail. Pendant un jour ou deux, on pourra apporter aux corps chargés de poursuivre la viande abattue en arrière. A partir du troisième jour, ils seront réduits à leurs propres ressources. Le plus utile organe qu'ils puissent alors posséder sera un bon groupe d'exploitation, convenablement renforcé, qui, de temps en temps, trouvera du bétail, l'abattra au voisinage immédiat des troupes.

Il est convenu, d'ailleurs que ces corps ne doivent partir que munis d'aussi abondantes réserves que le permettra l'état de leurs convois.

Dans les marches rétrogrades, la difficulté sera grande pour assurer le ravitaillement en viande, comme tous les autres. Il ne faudra pas s'attendre à voir alors fonctionner régulièrement une organisation créée spécialement pour la marche en avant. L'immobilité du bétail, faite pour le séparer des troupes, l'amènerait, au contraire, rapidement au milieu d'elles. On tâchera donc de constituer, en avant du front de marche, le plus loin possible, des groupements de bétail et des centres d'abat. S'ils sont très éloignés, les autos pourront apporter chaque jour la viande aux voitures à viande, précédant leurs corps. Si les centres d'abat sont rapprochés, il suffira de laisser sur place la viande que les corps prendront, en passant, le soir même ou le lendemain.

Bien entendu, le ravitaillement du parc de corps d'armée par le parc d'armée deviendra des plus simples : il suffira de pousser ce dernier, en le fractionnant, sur les routes suivies par les corps d'armée; il deviendra parc de corps d'armée par le simple effet de la marche.

V

Viandes conservées. — Potages.

La viande conservée présente sur la viande fraîche de grands avantages de service, si on peut dire. A égalité de valeur nutritive, elle occupe un volume et possède un poids beaucoup moindres; elle peut être transportée avec la rapidité que l'on veut, sans soins, sans personnel spécial; elle n'est pas sujette aux corruptions, évite la perte de temps et le travail qu'exige l'abat; avec elle, on n'a pas à craindre les épizooties, etc., toutes commodités évidentes pour celui qui doit pourvoir. Elle présente les inconvénients d'être en général moins appétissante — parce que l'habitude française est de consommer presque toujours la viande fraîche — et de se prêter à une moins grande variété de préparations; ni l'un ni l'autre n'ont une très grande importance en campagne; toutefois, l'usage exclusif des conserves ne satisfait pas l'homme et amène rapidement le dégoût et parfois des maladies.

Les salaisons de porc cru ont disparu, en principe, des vivres de campagne, à cause des difficultés de leur conservation et de l'entretien que celle-ci exige. Elles pourront néanmoins être consommées à titre exceptionnel.

La viande de bœuf bouilli et de porc rôti peut être préparée, en vue de sa conservation, de plusieurs façons. La plus fréquente et la plus commode est, sans contredit, la mise en boîtes soudées avec stérilisation à l'autoclave. Le produit bien connu ainsi obtenu porte plus spécialement le nom de *conserve de viande*. On sait en quelle quantité en sont pourvues nos troupes. Elle se conserve très longtemps, et, tout au moins, beaucoup plus longtemps que la durée probable d'une campagne.

La *viande frigorifiée* constitue un aliment sain et savoureux qui présente presque toutes les commodités de la conserve, unies à l'agrément de la viande fraîche. Il en est fait grand usage dans certains pays, en Allemagne et en Angleterre notamment. L'armée anglaise consomme normalement de la viande frigorifiée d'Australie, trois fois par semaine. Une fois cuite, il est impossible de distinguer cette viande de la viande fraîche. En France, elle est à peu près inconnue, mais il est à présumer que les troupes s'y habitueraient très rapidement.

La viande frigorifiée proprement dite, ou *viande congelée*, est obtenue en soumettant les quartiers de viande à une température qui descend progressivement jusqu'à 20 degrés au-dessous de zéro, de façon à faire pénétrer « à cœur » un froid de — 10 degrés. Ceci obtenu (et il faut à peu près huit jours pour y parvenir) on laisse la viande dans des chambres où règne une température de —5° environ. La viande s'y conserve plusieurs mois (c'est dans de telles chambres qu'elle est transportée sur les navires frigorifiques qui viennent des grands pays d'élevage) et, à la sortie de ces chambres, peut rester encore six à sept jours à la température ordinaire sans se décongeler. Aussitôt décongelée, d'ailleurs, elle doit être consommée. Elle peut très bien être mise froide encore dans la marmite.

Son emploi aux armées serait très utile. Elle se transporterait, en wagons ou en voitures, avec la plus grande commodité, sommairement emballée dans de la paille et de la toile. Elle pourrait attendre, à la suite des troupes, pendant plusieurs jours le moment le plus favorable — tactiquement — à sa consommation.

La viande frigorifiée apporterait des facilités de ravitaillement telles qu'on pourrait presque la traiter comme le pain. Avec son emploi *permanent*, les parcs de bétail de campagne deviendraient inutiles, et on expédierait les rations de viande, à peu près comme celles d'avoine, par les trains de vivres journaliers, à condition de modifier la composition des trains régimentaires.

Mais l'emploi exclusif de viande frigorifiée n'est guère à envisager : il est inadmissible, en effet, que l'on se fasse une obligation de commencer par congeler toute la viande d'un pays avant de l'envoyer en consommation à une armée. Il faudrait pour cela des usines gigantesques, dans lesquelles la viande devrait rester un grand nombre de jours — perdus pour l'alimentation — car la congélation est une opération longue et progressive.

La viande congelée ne formera donc jamais qu'un appoint, un secours, pouvant suppléer pendant quelques jours à l'absence de viande fraîche. Encore, pour qu'il en fût ainsi, faudrait-il disposer de puissants établissements frigorifiques, qui font complètement défaut en France. Il n'existe guère, dans notre pays, que les cinq usines militaires de Paris et des grandes places de l'Est, créées d'ailleurs en vue de la conservation d'approvisionnements de siège plutôt que pour la fourniture aux armées en campagne, et deux ou trois établissements civils de puissance comparable.

En Allemagne, c'est par centaines qu'on compte les usines frigorifiques.

Il n'est peut-être pas exagéré de souhaiter que la viande frigorifiée devienne la denrée normalement envoyée par chemin de fer lorsque les ressources locales en bétail feront défaut aux corps d'armée.

Un autre mode d'utilisation du froid, qui tend à se répandre même dans la boucherie civile, et qui est susceptible de rendre de grands services à l'alimentation militaire, est le *refroidissement* de la viande. Placés dans des chambres où la température est maintenue aux environs de zéro, plus exactement entre — 2 et + 2 degrés, les quartiers peuvent rester sept ou huit jours sans subir la moindre altération. Après ce temps, ils peuvent être expédiés par chemin de fer, par voiture automobile ou ordinaire, et circuler ainsi derrière les troupes pendant trois ou quatre jours. Ils se conservent d'autant mieux qu'ils reprennent plus lentement la température extérieure. Aussi les protégera-t-on avantageusement en les faisant voyager au sein de paille ou de toute autre matière calorifuge.

Des essais importants, suivis jusqu'à présent de succès, se font régulièrement chaque année aux grandes manœuvres, en vue de l'emploi fréquent de viande refroidie.

Les chambres de refroidissement sont très utiles aux marchands bouchers, car elles leur permettent de conserver leur viande, pendant les chaleurs, avec toutes ses qualités. Aussi en favorise-t-on la construction dans les abattoirs, surtout dans ceux qui s'élèvent actuellement, agencés à la moderne. Leur développement serait précieux pour l'administration militaire au moment d'une campagne.

On poursuit depuis quelques années des études en vue de l'emploi d'une viande dite *conservée à court terme* ou *demi-salée* et qui s'est assez bien comportée pour qu'on puisse espérer voir entrer prochainement sa consommation dans la pratique courante. La viande, dépecée avec certaines précautions, est frottée vivement avec un mélange antiseptique de sel, de salpêtre et d'acide acétique. Elle est enfermée, encore chaude, dans des sacs que l'on achève de remplir avec du sel, où on la laisse ressuer vingt-quatre heures. Ces sacs, même jetés en vrac dans un fourgon, conservent très bien la viande cinq ou six jours. A peine se produit-il une légère décoloration de la surface, qui n'est, du reste, accompagnée d'aucune altération. Les troupes la mangent sans déplaisir.

La durée de conservation est supérieure au temps nécessaire pour faire effectuer à la viande le trajet de la station-magasin aux troupes. Pendant les grosses chaleurs, la viande demi-salée se conserve un peu moins longtemps; il serait prudent de diminuer la durée du trajet en la transportant en automobile à partir de la gare de débarquement.

Ce procédé pourrait être exploité en grand auprès de certains abattoirs, dans les stations-magasins, etc. Il permettrait d'envoyer de temps en temps aux troupes de la viande d'excellente qualité, susceptible d'une plus longue conservation que la viande ordinaire et d'une manipulation moins délicate.

Toutefois, comme la viande frigorifiée, la viande demi-salée ne pourrait remplacer la viande fraîche, et pour les mêmes raisons. Il faudrait compter aussi avec la lassitude des troupes. Enfin, il est un point de son emploi qui n'est pas sans présenter quelques difficultés : il est indispensable, pour la dessaler à fond, de la laver à l'eau courante. L'eau est quelquefois rare, et on s'expose alors à ne disposer que d'un aliment immangeable.

Pratiquée éventuellement, cette préparation de la viande ne sera pas moins précieuse pour assurer la conservation de la viande, pendant les fortes chaleurs.

Mais il ne faut pas oublier que le *demi-salage n'est pas un moyen de fortune*. Il exige une installation, des précautions minutieuses de propreté et même d'antisepsie. C'est presque une opération chirurgicale (couteaux flambés, mains désinfectées, etc.), et *il ne peut pas s'appliquer à la viande déjà abattue*. C'est commettre une grave erreur, assez répandue d'ailleurs, grâce peut-être au nom même de *demi-salage*, que de croire qu'il s'exécute à volonté et peut servir, par exemple, à faire garder un jour ou deux de la viande restant d'une distribution.

Le *salage pur et simple* de la viande permet de prolonger un peu sa période comestible. Mais il doit être fait avec beaucoup de soin, les parties mal protégées pouvant s'avarier aussi rapidement que si elles étaient à l'état naturel.

Enfin, en ne dépouillant pas l'animal, en laissant la peau adhérente aux quartiers, on facilite encore la conservation. La combinaison de ces deux procédés est le vrai moyen de fortune permettant d'expédier un peu loin, ou pendant les chaleurs, de la viande à laquelle il aurait été impossible de faire subir aucun des traitements énumérés ci-dessus.

De toute façon, les viandes conservées pourront former une ressource précieuse, un appoint important dans l'alimentation de l'armée; mais l'on ne voit pas encore le moyen de se priver des troupeaux ni d'éviter complètement les obstacles journaliers que soulèveront leur constitution, leur déplacement et surtout leur utilisation. L'emploi des autos est encore le plus sûr et le plus pratique des progrès envisagés.

Viande de cheval. — La viande de cheval constitue sur les champs de bataille, dans les périodes d'arrêt, et même en marche, un appoint qui est loin d'être négligeable. Elle peut s'ajouter à la viande de mouton et à celle du porc comme succédané du bœuf. On ne devra jamais hésiter, même lorsque le besoin n'est pas absolu, à faire consommer la chair des chevaux tués ou blessés et non susceptibles de guérison, à l'exclusion de ceux qui sont morts d'épuisement ou de maladie.

Les chevaux pèsent en moyenne 500 kgr. dans la cavalerie de ligne et 400 kgr. dans la cavalerie légère; leur rendement est de 45 p. 100 de viande environ.

Potages condensés. — Les potages condensés sont des compositions de farine de légumes et de graisse, qui se conservent très bien et donnent, par simple ébullition dans l'eau, de la soupe ou une purée.

Différentes formules ont été essayées. La formule réglementaire aujourd'hui est la suivante : farine de haricots, 700 grammes; saindoux pur, 230 grammes; oignons, sel, poivre, girofle, 70 grammes. La préparation porte le nom de *potage salé*.

L'ancienne ration de réserve comprenait du sel. Ce condiment, indispensable, a été supprimé, peut-être à tort, de la ration, tout au moins à l'état de matière isolée. Il a, en revanche, été ajouté aux aliments tout préparés. C'est à la suite de cette transformation que le potage condensé est devenu le potage salé, et la conserve de viande est devenue la *conserve assaisonnée*. Il n'était pas inutile alors de faire savoir ainsi que la disparition du sel n'obligerait point à consommer des aliments fades, ce qui, de l'avis de tous ceux qui y ont été contraints (armée de Metz, par exemple), est un supplice pire que la faim.

Le potage salé est conditionné en paquets d'une ration (50 grammes) enveloppés dans du papier parcheminé bien clos.

Vivres d'ordinaire. — La recherche des vivres d'ordinaire incombe aux unités administratives. Mais il peut arriver — il est même arrivé fréquemment dans les campagnes coloniales — que ces vivres ne peuvent pas se trouver en quantité suffisante dans les pays occupés. Il faut alors les faire venir de l'arrière ou en organiser des achats en grande quantité à proximité des troupes. C'est l'intendance qui sera chargée de la réunion et de l'expédition de ces aliments (huile, vinaigre, épices, pommes de terre, etc., auxquels il faut ajouter le savon, ingrédient de propreté indispensable à l'hygiène).

Ces expéditions en grand se feront encore, lorsqu'on occupera des régions à forte production maraîchère, pour remplacer les légumes secs, et varier ainsi l'alimentation. Au lieu de 100 grammes de riz ou de haricots, on enverra de la G. R. 750 grammes de pommes de terre; 1 kilogramme de choux, navets et carottes, etc., suivant les tarifs de substitution réglementaires, dès le temps de paix, ou fixés par le commandant de l'armée.

CHAPITRE X

QUELQUES PROCÉDÉS PARTICULIERS D'ALIMENTATION.

I

Alimentation sur la base de concentration.

Marches, combats, retraites, ne sont pas absolument les seules circonstances dans lequelles se pose le problème de l'alimentation. Dès que les armées se forment, à l'instant même où de grandes masses d'hommes se rassemblent, c'est-à-dire à partir du premier jour de la mobilisation, il est indispensable de prévoir des mesures spéciales pour assurer leur subsistance, pour laquelle il serait tout à fait vain de compter exclusivement sur les ressources locales.

Il y aurait donc lieu d'étudier toutes les dispositions prises en vue des périodes connues sous le nom de mobilisation, transports en chemins de fer, concentration.

Après cette dernière seulement, on peut dire que les armées sont constituées, qu'elles sont en campagne. Pendant les deux premières, on agira suivant un plan parfaitement prévu et réglé dans ses moindres détails, et qui rentre dans l'étude propre de la mobilisation.

Les événements de la période de concentration sont également l'objet d'un plan, aussi secret que celui de la mobilisation, dont il n'est, au fond, que l'aboutissant. Mais, à ce moment, et par cela même que les armées sont constituées, qu'elles ont un chef, qu'elles existent par conséquent en tant que forces maniables, capables d'agir sur ordre en vue d'un but que déterminent des événements en général imprévus, le plan de concentration ne saurait avoir la même rigueur que le plan de mobilisation. Les prévisions doivent conserver une certaine souplesse. Mouvements de troupes, mouvements de trains, doivent être susceptibles de certaines « variantes ».

Le mode d'alimentation des troupes en concentration se ressentira naturellement de cette espèce d'incertitude.

On conçoit que les approvisionnements de mobilisation puissent être réunis dans des magasins fixes, puisqu'on sait toujours exactement en quel lieu un corps ou service quelconque se mobilisera, puisque le principe même de l'ordre qui doit présider à la mobilisation est dans cette affectation stricte des approvisionnements à un point donné, dans la liaison absolue des formations et du territoire.

Avoir, par analogie, des magasins fixes de concentration serait évidemment simple et rassurant; mais ce serait lier les corps d'armée à ces magasins d'où ils devraient tirer leur subsistance, ce serait imposer aux opérations de l'armée cette rigidité que la conception moderne des débuts d'une grande guerre ne permet plus d'admettre. S'il existe encore quelques magasins qui portent le nom de « magasins de concentration », c'est là une vieille dénomination que l'habitude a conservée, et non l'indice d'une destination précise.

L'armée allemande s'est concentrée, en 1870, tout autour des grands magasins des places du Rhin. Ce n'était pas là un acte très prudent, car, en cas de défaite et de retraite, elle eût été obligée de les abandonner avec tout ce qu'ils renfermaient (1). C'est encore un inconvénient des magasins de concentration, qu'il est dangereux de les laisser trop près de la frontière et que, si on les en éloigne, on perd le bénéfice de la possibilité d'une entrée en campagne rapide.

D'autre part, la difficulté de l'alimentation sera très aiguë à cette période, non pas tant à cause de l'effectif à nourrir — qui n'est pas plus élevé que pendant le reste de la campagne — qu'à cause de l'impossibilité de faire parvenir de l'arrière les ravitaillements nécessaires, tous les trains étant absorbés par le transport du per-

(1) C'est, du reste, ce qui se produisit en partie pour le magasin de Trêves, affecté à la première armée. Trompé sur les intentions de l'armée française, qu'on supposait devoir envahir l'Allemagne par la Moselle, on fit évacuer ce magasin dès le 18 juillet et on ne put avoir recours de nouveau à lui que le 31.

sonnel et du matériel de guerre, toute l'activité intérieure du pays étant retenue par la mobilisation et ne pouvant s'occuper encore à réunir et à expédier des denrées sur l'armée. Donc, ni magasin, ni ravitaillement par l'arrière, tel sera le principe — peu fécond en ressources — à appliquer.

Des approvisionnements à emporter par les hommes ont été constitués en vue de l'alimentation pendant la période de concentration, tout au moins pour la durée du transport en chemin de fer et les deux journées consécutives.

Ce sont :

1° *Les vivres de chemin de fer*, qui comprennent une demi-ration de pain et 100 grammes de viande de conserve par séjour de douze heures — ou par fraction au delà de douze heures — en wagon. Ces vivres restreints sont complétés par des repas froids, préparés aux frais des ordinaires, et par une boisson chaude (café additionné d'eau-de-vie), distribuée aux stations halte-repas, à raison d'une distribution de 25 centilitres par douze heures. Il faut y joindre 1 kilogramme d'avoine et 2 kgr. 500 de foin, toujours par douze heures, pour les chevaux, qui sont également abreuvés aux stations halte-repas.

2° *Les vivres de débarquement*, qui comprennent deux jours de pain et de petits vivres, à la ration forte, et, en plus, pour les éléments des divisions de cavalerie, une ration forte de viande de conserve et de potage. Pour les chevaux, il n'est emporté qu'une ration d'avoine — deux dans les divisions de cavalerie.

La viande fraîche est achetée et livrée sur place.

C'est quelque chose : ce ne peut pas être tout. Certaines troupes peuvent rester plus de quarante-huit heures sur la base de concentration.

Les autres dispositions arrêtées dès le temps de paix en vue de fournir des vivres à partir du 3e jour qui suivra le débarquement sont prévues, mais, naturellement, tenues secrètes.

Les trains régimentaires fonctionneront comme en campagne. Les convois administratifs ne rendront pas de services, car ils n'arriveront, vraisemblablement, sur la base de concentration qu'après le débarquement des troupes et des autres éléments.

L'essentiel est de se rendre compte que l'alimentation ne sera pas purement mécanique; qu'elle exigera de la part de tous, mais surtout de la part du haut commandement et des intendants d'armée et de corps d'armée, une action personnelle constante, des décisions fréquentes, une connaissance approfondie des ressources naturelles ou accumulées de la région et des moyens de les répartir.

II

Alimentation des troupes de montagne.

Les principes exposés jusqu'à présent s'appliquent à ce qu'on pourrait appeler des armées normalement organisées, entendant par là : en vue d'une grande guerre européenne. Le groupement des effectifs en armées et corps d'armée, qui convient très bien à un vaste théâtre d'opérations, faiblement accidenté, qui correspond à une action puissante d'une masse de forces énormes et bien cohérentes, en vue d'une offensive énergique qui doit se manifester par un vaste et rapide mouvement en avant, ne convient pas à toutes les circonstances ni à toutes les régions. Le mode d'alimentation des troupes appelées à opérer dans d'autres conditions devra donc se ressentir de ces différences, et, si les principes sont toujours à peu près les mêmes, leur application devra être soumise à des règles spéciales.

Nous en trouvons un premier exemple dans l'organisation de l'alimentation des troupes chargées de la défense des pays de montagne.

Les forces à mettre en jeu ne sauraient plus être groupées par corps d'armée. Cela se justifie par la nature du pays qui ne se prête pas aux mouvements de forts effectifs, où les chemins de fer sont rares et ne dépassent pas une certaine altitude, où les routes suivent des vallées profondes, séparées par des massifs montagneux qui rendent leurs communications très difficiles. On conçoit donc que les forces se répartissent en unités complètes, plus petites, et jouissant d'une indépendance relative, bien que toujours soumises à la direction unique d'un seul chef.

La division elle-même est parfois une masse de trop grande importance pour pouvoir passer par tous les chemins, garder toutes les positions, atteindre rapidement tous les cols. Ces missions doivent être confiées à des troupes légères, organisées en unités très mobiles, aptes à circuler sur de fortes pentes, à manœuvrer sur les terrains spéciaux des hauts sommets. Les troupes alpines en donnent un exemple. Elles sont formées en détachements de toutes armes (sauf cavalerie, bien entendu), de faible effectif : les *groupes alpins*. L'alimentation de ces troupes sera l'objet de mesures spéciales, adéquates à leur caractère particulier.

Les ravitaillements ne sauraient non plus s'exécuter en pays de montagne avec la même facilité, à cause de l'absence de chemins de fer. Les transports par voie de terre y acquièrent une importance particulière. Bien plus, on sera constamment obligé d'avoir recours, pour les vivres comme pour l'artillerie, à l'aide des animaux de bât.

Les détails de l'organisation qui résulte de ces conditions sont spéciaux à chaque cas, et, dès lors, rentrent dans la catégorie des prévisions secrètes. Quelques points particuliers seuls peuvent être exposés ici, dans le but de montrer comment la méthode générale, ou les organes déjà existants, peuvent se transformer en vue des circonstances nouvelles.

On aura peu à espérer de l'exploitation locale. Sauf quelquefois en bétail, les pays de haute montagne ne sont généralement pas riches en ressources agricoles. Le ravitaillement essentiel se fera donc par l'arrière. Le chemin de fer y jouera toujours le rôle principal, et, jusqu'à son terminus, il n'y pas lieu de modifier beaucoup son fonctionnement, tel qu'il a été exposé.

A partir de ce terminus, seront organisées des lignes d'étapes montagneuses, un peu plus compliquées que celles dont il a été parlé plus haut.

On peut les concevoir comme divisées en deux parties. La première, la plus basse, formée des routes sur lesquelles les voitures peuvent encore circuler, partira de la gare origine d'étapes, où des ressources seront accumulées, pour aboutir en un gîte principal auquel commencera la 2e partie, formée, elle, des voies parcourues seulement par les animaux de bât.

Au gîte principal, point de jonction de ces deux réseaux, des magasins seront installés, et alimentés par l'arrière; ils expédieront journellement, par colonnes muletières, les vivres quotidiens aux groupes en opérations.

Nous trouvons donc ici un intermédiaire de plus entre les chemins de fer et les troupes, et son existence se justifie très bien par l'impossibilité d'atteindre les corps alpins manœuvrant dans des chemins ou des sentiers où les lourdes voitures ne peuvent les suivre.

Le fonctionnement de ces magasins sera assuré par le service local de l'intendance, service essentiellement territorial, réparti par *secteurs* dans chacun desquels un sous-intendant sera à la tête de l'alimentation, quelles que soient les troupes qui occupent ce secteur. L'ensemble est dirigé par un intendant.

Des centres de fabrication de pain sont installés dans chaque magasin de G.O.E. ou avancé, à l'aide de fours construits par l'administration militaire, et dont la production peut être secourue par la boulangerie locale. Mais lorsque les troupes alpines se portent à grande distance des magasins avancés, qu'on ne peut leur faire parvenir le pain, elles emmènent avec elles des *boulangeries légères de campagne*, portées à dos de mulet, qui fabriqueront le pain dans leur voisinage immédiat. On n'aura donc plus à leur faire parvenir que de la farine. Le commandement dispose d'un certain nombre de ces boulangeries légères qu'il affecte, sur la proposition du service de l'intendance, suivant les besoins des troupes qui s'éloignent.

L'organisation de ces boulangeries légères, qui remplacent les boulangeries roulantes de campagne en pays de montagne et partout où l'état des routes ne permet pas à ces lourds organes de circuler (campagnes coloniales, expéditions récentes du Maroc et des Beni-Snassen), mérite qu'on s'y arrête un peu.

La caractéristique des boulangeries de campagne est de pouvoir être portées à dos de mulet. Leurs différents organes, en particulier les fours, devront donc être démontables.

Chaque boulangerie se compose d'un certain nombre de sections, proportionné à l'effectif qu'elle doit desservir (quatre sections en principe).

Une section comprend un ou deux fours démontables, suivant le modèle.

Les modèles réglementaires sont les suivants :

Four démontable et transportable à dos de mulet (système Geneste-Herscher et Somasco). — Il est formé d'un certain nombre de travées ou fragments de voûte cylindrique, en métal recouvert d'un enduit réfractaire et épais. Des parties planes, munies du même enduit, en constituent la sole. Pour monter le four, il suffit d'en juxtaposer convenablement les différentes parties. L'opération n'exige pas plus de dix minutes.

Mais ce four est lourd. Il pèse avec ses accessoires immédiats 759 kilogrammes, et il faut 6 mulets pour le porter.

La section comprend deux fours. Chaque four est de 80 rations de pain ordinaire, 70 de pain biscuité à deux baisures. La section peut donc produire, à dix fournées par jour, 1.440 rations.

Four à augets (Geneste-Herscher et Somasco). — Formé comme le précédent, d'un certain nombre de travées de voûte, ce four s'en distingue en ce qu'il n'est pas muni en permanence de l'enduit réfractaire. Aussitôt qu'il est monté, il faut le recouvrir de terre argileuse et procéder à une cuisson du four pour dessécher cette terre et la rendre apte à recevoir et restituer la chaleur des chauffages ultérieurs. Cette première « cuite » porte à quatre ou cinq heures le temps nécessaire au montage. Mais ce four est plus léger. Il ne pèse que 320 kilogrammes et peut être porté par trois mulets

Il a la même capacité et la même production que le four précédent.

Four Godelle ou octogonal. — Au lieu d'affecter la forme en berceau, la voûte de ce four se rapproche de la calotte sphérique aplatie. Il se décompose en huit travées métalliques, triangulaires et rayonnantes autour du centre du four, d'où son nom. Il faut également le recouvrir de terre. Aussi, le temps nécessaire au montage s'élève-t-il à cinq heures. Il faut sept mulets pour en porter tous les éléments.

Ce four, qui constitue une section à lui seul, est surtout précieux par sa grande capacité, par la régularité de sa marche, et par sa résistance. Une fois en place, il peut fonctionner très longtemps sans avaries. On cite des fours Godelle qui ont fait toute la campagne du Maroc sans une seule réparation sérieuse.

Il peut cuire 200 rations de pain ordinaire, 168 de pain biscuité; sa production atteint donc sans peine 1.680 rations par jour.

A chaque four sont adjoints des « armements », accessoires nécessaires à son fonctionnement.

Les principaux sont :

Une tente de brigadier (tente-abri de dimensions spéciales, qui se place devant le four et sert surtout à abriter le pain au moment de l'enfournement et du défournement);

Un pétrin, démontable et transportable à dos de mulet, de 80 ou de 200 rations.

Puis des chaudières, seaux, pelles, balances, panetons, corbeilles, vêtements de boulangers, etc.

A chaque boulangerie on accorde une tente à deux travées et deux travées d'étagères démontables. Chaque travée de ces dernières permet le ressuage de 546 rations de pain biscuité, à peine le tiers de la production d'une section pendant une journée. La tente peut juste abriter cette paneterie rudimentaire et les pétrins. Cet accessoire ne rendra donc que bien peu de services, et on devra, le plus souvent, avoir recours aux hangars, granges et autres abris couverts que possède le pays occupé.

Enfin, le nombre de mulets affectés à une boulangerie de quatre sections se décompte ainsi :

Fours à 80 rations : 20 mulets (16 pour les fours à augets) pour deux fours et leurs armements; 2 mulets haut-le-pied, par section. Pour la boulangerie tout entière, 4 mulets pour la tente et les étagères. Total : 92 mulets (ou 76).

Four Godelle : 8 mulets pour le four et ses armements, 2 mulets haut-le-pied, par section, plus 4 mulets de tente et d'étagères. Total : 44 mulets. (Ajouter à chacun de ces chiffres 6 mulets pour le service du détachement du train, bagages, forge, etc.).

Les boulangeries légères doivent toujours, pendant leur fonctionnement, être pourvues des quantités de farine, sel et fleurage correspondant à la consommation d'un jour. Elles partent avec un approvisionnement de sûreté correspondant à cinq fournées, ou une demi-journée de travail. Le complément et le renouvellement de ces denrées sont assurés par l'exploitation locale ou par les expéditions des magasins de l'arrière. Le combustible est recherché sur place. Le bois ne fait, en général, pas défaut dans les pays de montagnes. Chaque boulangerie dispose d'un convoi de mulets de bât, qu'elle complète, en cas d'insuffisance, par la location ou la réquisition d'autres animaux, et au moyen duquel elle assure le transport de denrées et de matériel nécessaires à son exploitation, et parfois, si c'est indispensable, le transport du pain jusqu'à des centres de distribution fixes.

III

Alimentation des troupes chargées de la défense des côtes.

La défense des côtes contre les flottes ennemies est confiée à l'autorité navale, c'est-à-dire aux préfets maritimes.

Mais l'ennemi une fois débarqué, on lui oppose les forces de terre restées sur le territoire, sous les ordres des généraux commandant les régions de corps d'armée.

L'action de ces deux commandements est coordonnée dès le temps de paix par les règlements et des mesures spéciales.

La défense des côtes est évidemment moins urgente que celle des frontières terrestres. Elles ne seraient pas envahies avec la même facilité que ces dernières. Les troupes de la défense n'ont pas d'objectif au delà de la côte. Leur rôle est surtout un rôle de surveillance qui n'exigera pas un très nombreux effectif et n'entraînera pas de grands mouvements les éloignant de leur région d'origine. Le pays qu'elles traverseront sera d'ailleurs relativement peu troublé par leur présence.

Ces caractères particuliers règleront aussi le caractère de leur mode d'alimentation, qui, en gros, sera organisé comme il suit :

Au moment de la mobilisation, les troupes sont munies de leurs vivres de réserve et de trains régimentaires, ces derniers constitués en voitures de réquisition.

Les troupes trouveront le plus souvent à vivre sur le territoire où elles stationnent. Leurs officiers d'approvisionnement pourront acheter ou requérir, et sont pourvus d'un outillage proportionné à l'effectif à nourrir. Chaque division possède d'ailleurs un sous-intendant et un service des subsistances. Pour aider à cette exploitation, le service régional de l'intendance créera et entretiendra une réserve de denrées, surtout de pain, dont il fera parvenir les quantités nécessaires au moyen de convois de réquisition, lorsqu'on ne disposera pas de chemin de fer.

IV

Alimentation des places fortes.

Les dispositions prises pour l'alimentation des places fortes, en cas de siège, s'appliquent non seulement à la garnison, mais encore à la population civile.

Elles comprennent des approvisionnements constitués de tout temps et des mesures de ravitaillement dans les environs immédiats de chaque place.

Elles varient évidemment suivant l'importance des places, leur situation et le rôle qu'elles sont appelées à jouer.

Leur caractère secret ne permet d'ailleurs d'entrer dans aucun développement à leur sujet.

Dans une place assiégée, un fonctionnaire de l'intendance est chef du service de l'intendance de la place, dont il dirige, sous les ordres immédiats du gouverneur, toute l'alimentation : il organise ou surveille tous les établissements nécessaires à cette alimentation : boulangeries, moulins, usines frigorifiques, approvisionnements divers.

Dans les secteurs de défense, le service est dirigé par des fonctionnaires en sous-ordre.

Les *armées de siège* possèdent des services comme les armées en campagne. Un intendant y dirige le service d'alimentation. On épuise d'abord les ressources locales, et on organise aussitôt que possible des magasins destinés à être ravitaillés par l'arrière (voir *Investissement de Metz*, 1re partie).

TROISIÈME PARTIE

SERVICES ADMINISTRATIFS.

CHAPITRE Ier

FONDS ET TRÉSORERIE.

I

Crédits. — Délégations.

En cas de formation d'armée, le ministre délègue ses pouvoirs administratifs, dans les limites nécessaires, à chaque général commandant d'armée, lequel représente alors le ministre vis-à-vis des commandants de corps d'armée.

Ainsi s'exprime la loi du 20 juillet 1905 qui, sur ce point, n'a pas modifié la loi du 16 mars 1882.

La création d'un directeur des étapes et des services n'a donc en rien atténué les pouvoirs ni la responsabilité du général commandant l'armée, mais elle lui a procuré un auxiliaire, responsable vis-à-vis de lui et auquel il peut déléguer dans une large limite les pouvoirs administratifs qu'il tient de la loi et du ministre.

De même, c'est toujours l'intendant de l'armée qui, en vertu de la loi de 1882, reçoit la délégation ministérielle directe des crédits nécessaires. Mais il ne faut pas s'abuser sur la portée de ce texte; l'intendant de l'armée qui prend en charge ces crédits n'en dispose pas comme il l'entend; il les délègue, au fur et à mesure des besoins, aux directeurs de service intéressés, sur l'ordre du directeur des étapes et des services qui reçoit, à cet effet, les instructions du général commandant l'armée.

Ainsi, c'est le commandement qui est le juge et le maître de la consommation des crédits; c'est la conséquence de la délégation ministérielle. Dans quelles formes va s'effectuer cette consommation de crédits ? C'est le règlement du 3 avril 1869 qui donne les seules indications qu'il soit possible d'avoir à ce sujet; malheureusement elles sont rares, et le règlement n'a pas reçu les modifications que rend nécessaires la loi de 1905. Elles suffisent néanmoins pour montrer que les règles budgétaires sont tout autres en campagne qu'en temps de paix.

Les crédits sont obtenus en temps de guerre à peu près comme en temps de paix : ils sont demandés — en forme d' « aperçu », dit le règlement — par les directeurs de service, le 1er de chaque mois, pour les deux mois suivants. L'intendant de l'armée centralise toutes ces demandes, et les résume en une demande collective que le général commandant l'armée transmet au ministre.

La délégation des crédits est alors adressée par le ministre à l'intendant d'armée. Elle n'est pas, comme en temps de paix, spécialisée par article, ni même par chapitre : elle est globale. Le délégataire n'est plus lié par la classification budgétaire. Mais celle-ci est cependant conservée dans l'emploi des crédits, qui continuent à être mandatés par article, en vue de la régularisation finale. Toutefois, il n'y a pas de limitation de la dépense afférente à tel ou tel article, mais seulement de la dépense totale permise à l'armée. En un mot, les *virements* sont permis.

D'après les formes du temps de paix, le général commandant l'armée devrait opérer comme le ministre, et rendre *des ordonnances de délégation* envers chacun de ses ordonnateurs, par lesquelles les crédits seraient attribués à chaque service, par chapitre. En campagne, il se borne à adresser à ces ordonnateurs des *autorisations de dépenses*, sans distinction de chapitres. L'ordonnance régulière, établie ensuite par l'intendant d'armée titulaire des crédits, rétablit « dans le plus bref délai possible », les crédits à leur chapitre et à leur article.

En fin d'exercice, intervient une régularisation ultime sous forme d'ordonnances d'imputation définitive destinées à remplacer les délégations collectives de crédit.

Non seulement le général peut consommer le crédit délégué par le ministre sans limitation intérieure par chapitres, mais il a le pouvoir de faire émettre des mandats de paiement en cas d'insuffisance de crédits; son *autorisation générale de paiement*, adressée à l'ordonnateur dépourvu, suffit pour ouvrir les caisses des payeurs. La dépense est alors imputable au prochain crédit.

Toutes les autres opérations du service des fonds — mandatement, liquidation, paiement — s'effectuent comme en temps de paix, et toutes les pièces justificatives vont aboutir au ministre.

Ainsi, le général commandant l'armée a un pouvoir absolu en ce qui concerne la distribution des crédits et l'autorisation de la dépense; mais, normalement, ses obligations s'arrêtent là; le contrôle de la liquidation, de la conformité de la dépense avec l'autorisation, est laissé à une autorité plus éloignée, le ministre, et remis par conséquent à une époque assez reculée, ce qui en affaiblit quelque peu la portée.

La surveillance des dépenses, de la consommation des crédits, aux armées même, c'est-à-dire sur place, par des autorités voisines des faits, serait cependant à souhaiter comme plus efficace, et en même temps plus commode que le contrôle lointain des bureaux de comptabilité et du ministre. On a proposé de charger de cette surveillance l'intendant de l'armée; la chose a été faite avec succès pendant l'expédition de Chine (1900-01). « Les dépenses en campagne, disait le général Voyron, commandant du corps expéditionnaire, ont une rapidité d'écoulement encore plus considérable qu'en temps de paix, et il peut en résulter un certain vertige contre lequel il faut lutter. C'est, en particulier, le devoir d'un chef d'armée de limiter le plus possible, et sans perdre de vue, naturellement, le but suprême de la guerre, le poids financier qui retombera sur le pays. »

II

Paiements. — Trésorerie et postes.

Les crédits ainsi délégués donnent lieu à des *mandats*, qui sont payés par les agents du ministère des finances, militarisés, ou à peu près, et réunis en un corps spécial qui porte le nom de *Trésorerie et postes*. Outre leurs actes financiers, ces agents ont dans leurs fonctions le transport des lettres et autres opérations postales. On leur adjoint, à cet effet, des fonctionnaires et agents secondaires des postes.

Il est question, du reste, de séparer ces deux services, et de donner l'autonomie au personnel des postes aux armées. Réunis ou séparés, trésorerie et postes fonctionneront toujours d'après les principes exposés ci-dessous. Le service des postes est d'ailleurs sans intérêt particulier pour l'intendance.

Le personnel des payeurs ne possède pas en temps de guerre l'indépendance complète que lui attribuent les règlements du temps de paix. Outre leur soumission aux ordres du général commandant l'armée, ils sont l'objet d'un contrôle de la part des fonctionnaires de l'intendance qui jouent, en certains points, le rôle d'intermédiaires entre eux et le commandement. Les relations de l'intendance et de la trésorerie sont donc encore plus fréquentes et plus intimes aux armées qu'à l'intérieur et elles changent sensiblement de nature. Il n'est donc pas sans intérêt de passer en revue l'organisation de ce service et les principaux actes des payeurs. L'argent joue, d'autre part, un trop grand rôle dans les actes administratifs pour qu'on puisse négliger les sources d'où il provient et la manière dont il est amené jusqu'aux créanciers de l'armée.

1° Fonctionnement général du service de trésorerie.

L'organisation et le fonctionnement du « service de la trésorerie et des postes aux armées » sont régis par le décret du 24 mars 1877 et diverses instructions, notamment celles du 31 octobre 1904 du ministère des finances.

Ce service a pour objet :

1° D'opérer, à l'exclusion de tous les autres services, les recettes provenant du Trésor public ou faites pour le compte de l'Etat;

2° De pourvoir à l'acquittement de toutes les dépenses régulièrement ordonnancées ou assignées sur ses caisses, au compte, soit du budget de l'Etat, soit des services spéciaux rattachés pour ordre à ce budget, soit des opérations de trésorerie ou autres;

3° De faire, pour le compte de la Caisse des dépôts et consignations et de la Légion d'honneur, toutes les recettes et dépenses concernant ces deux services;

4° D'exécuter le transport des fonds et de la correspondance aussi bien dans la zone de l'arrière que dans la zone des opérations.

Les payeurs remplacent aux armées les préposés des domaines dans les opérations de vente de chevaux réformés, de denrées. d'objets mobiliers ou immobiliers, de matériaux de démolition, etc., opérations qui sont effectuées en présence des fonctionnaires de l'intendance et dont ceux-ci dressent procès-verbal.

Le service de la trésorerie et des postes aux armées est confié à des agents des finances préposés à l'exécution simultanée des deux services.

Ce personnel se compose d'agents supérieurs, d'agents et de sous-agents dont la hiérarchie propre *ne comporte aucune assimilation avec les grades de l'armée*, et qui ne sont même pas nommés par le ministre de la guerre.

Cette administration relève, en effet, du ministre des finances pour *le personnel*, l'alimentation des caisses, la comptabilité et la partie professionnelle ou technique du service. Elle peut être soumise aux vérifications de l'inspection des finances.

Pour toutes les autres mesures, telles que la marche générale du service, les ordres de route, de campement et d'expédition des courriers, elle est placée sous les ordres du commandement militaire.

Au quartier général de chaque armée est affecté un *payeur général*, chef du service de la trésorerie et des postes de l'armée.

Un *payeur principal* est attaché au quartier général de chaque corps d'armée, ainsi qu'à la direction des étapes et des services.

Un *payeur particulier* se trouve au quartier général de chaque division d'infanterie ou de cavalerie, et un *payeur adjoint* à chaque brigade opérant isolément.

Les payeurs disposent d'un personnel de payeurs adjoints et de commis de trésorerie et, en outre, d'un personnel secondaire, mi-parti administratif (provenant de l'administration des postes) et mi-parti militaire (sous-officiers, estafettes, conducteurs du train des équipages militaires).

Le matériel roulant pour le transport du personnel non monté, des fonds et de la correspondance, est attelé par un détachement du train des équipages militaires.

Tous les dix jours, et plus souvent s'il est nécessaire, les fonctionnaires de l'intendance remettent aux payeurs une évaluation des dépenses présumées nécessaires pendant la dizaine suivante.

Aux mêmes époques, les payeurs remettent aux fonctionnaires de l'intendance une situation de leur caisse et de leur portefeuille, avec indication des ressources attendues pendant la dizaine suivante.

L'intendant de l'armée remet de même, au payeur général, une évaluation des dépenses probables des divers ordonnateurs de l'armée, pendant la dizaine. Réciproquement, le payeur général fait connaître la situation en numéraire de l'armée et l'état des ressources.

L'alimentation des caisses est basée sur les prévisions de dépenses : l'approvisionnement y est proportionné aux besoins présumés de vingt jours pour le corps d'armée, de dix jours pour les divisions. Le corps d'armée possède, en plus, une réserve destinée à des ravitaillements éventuels en argent des divisions de cavalerie, détachements de formation nouvelle, etc.

Les fonds proviennent de la caisse générale de l'armée, ou *réserve*, qui appartient au service des étapes : ils sont transportés par convois à marche régulière (devant parvenir aux corps d'armée les 8, 18 et 28 de chaque mois) accompagnés d'un délégué de l'expéditeur et d'escortes en armes. (Le premier approvisionnement provient des caisses ordinaires de l'Etat situées dans les centres de mobilisation des différents payeurs de l'armée.)

Aux étapes, le service de la trésorerie et des postes est organisé sur les mêmes bases générales, et il fonctionne sous la direction du payeur d'armée, qui, comme le chef supérieur du service de l'intendance, exerce son action sur l'avant et sur l'arrière. Le chef du service de la trésorerie et des postes des étapes est un payeur principal. Dans les commandements d'étapes importants sont installés des bureaux de payeurs particuliers, ou des bureaux annexes. Dans les centres moins importants se trouvent des *agents mobiles* des postes qui assurent le service de trésorerie pour le compte des payeurs particuliers. Ces derniers ne peuvent faire aucun paiement — ainsi que les chefs des bureaux annexes — que sur pièces portant le « Vu bon à payer » des payeurs particuliers dont ils relèvent, ou du payeur général.

Le service de la trésorerie et des postes des étapes a pour objets :

1° D'effectuer tous paiements et opérations de trésorerie, et d'assurer le service des postes dans la zone des étapes, y compris, lorsqu'il y a lieu, le service postal civil dans les territoires occupés;

2° Le ravitaillement en numéraire des caisses de l'armée, ainsi que l'établissement des communications postales entre l'avant et la gare régulatrice.

Le contact entre le service de l'intérieur et le service aux armées — la « démarcation » de la trésorerie et des postes — se fait, en effet, à la gare régulatrice.

Là est installé un bureau civil, dit *bureau-frontière*, organisé et desservi par l'administration des postes du territoire. On y envoie toute la correspondance et tous les fonds destinés à l'armée. Un bureau militaire, dit *bureau de payeur de gare régulatrice*, reçoit ces fonds et correspondance et les fait parvenir à l'avant. Il conserve pour l'armée une réserve de numéraire.

Les transports vers l'avant sont effectués dans les trains du ravitaillement quotidien, auxquels on ajoute un wagon spécial avec un convoyeur. A la gare de ravitaillement s'effectuent la remise des fonds et l'échange de la correspondance, dont l'envoi à l'intérieur se fait par les mêmes intermédiaires.

Quand il est organisé des lignes d'étapes, on crée des bureaux intermédiaires dans les commandements de gares origines d'étapes et de têtes d'étapes. Les transports se font au moyen de voitures ou d'automobiles dûment accompagnées. Les contacts sont pris avec les services de l'avant en des points désignés journellement. Une deuxième réserve de numéraire est établie à la tête d'étapes.

Les différents bureaux de la zone des étapes y assureront le service des fonds.

2° Principaux actes des payeurs.

Les opérations qu'effectuent les caisses de l'Etat sont de deux sortes : recettes, dépenses.

Chacune d'elles est accompagnée de formalités et d'inscriptions de comptabilité.

La comptabilité des payeurs en campagne est, comme celle des autres services de l'armée, sommaire. Les opérations réglementaires de vérification et d'apurement sont faites à l'intérieur, par les soins d'un *bureau central*, dont le chef est un payeur principal, et qui se substitue au payeur général pour l'établissement de la comptabilité définitive.

Le chef responsable du service est le payeur général, et les autres payeurs de l'armée ne sont que ses *préposés*. Ils agissent pour son compte et sont responsables vis-à-vis de lui.

Examinons séparément les principales de ces opérations.

Recettes. — Toute recette faite par un payeur donne lieu à la délivrance d'un *récépissé* à talon, extrait d'un livret à souche. Le récépissé et son talon sont soumis, le jour même, au visa du sous-intendant militaire. Ce fonctionnaire renvoie le récépissé au payeur, garde les talons et les réexpédie en fin de mois au payeur qui les renvoie à son tour au bureau central, à l'appui d'un relevé certifié par le sous-intendant.

On sait que les récépissés ne sont jamais délivrés en duplicata. Lorsqu'il est besoin d'une seconde preuve d'un versement à une caisse publique, le payeur donne seulement une *déclaration de versement.* Celle-ci est également visée par le sous-intendant.

Les recettes des payeurs aux armées sont limitées aux cas suivants.

Les recettes des postes, provenant de la taxe des lettres, des droits divers, envois d'argent, etc.;

Les produits des prises sur l'ennemi — les contributions et indemnités de guerre — qui entrent en compte dans les conditions exposées à la première partie;

Les recettes accidentelles : reversement des trop-perçus, cessions de denrées à titre remboursable, imputations d'effets dégradés ou perdus, produit des ventes;

Les recettes de trésorerie, faites pour le compte de la Caisse des dépôts et consignations ou de la Légion d'honneur. Les premières proviennent des successions des militaires (numéraire ou produit des ventes d'effets leur appartenant) sur états certifiés par l'intendance, des cautionnements d'entrepreneurs, de retenues sur oppositions, qui ne perdent pas leurs droits en campagne : les recettes de la Légion d'honneur (droits de brevet, prix des insignes) ne sont pas négligeables en campagne, où les décorations attribuées seront vraisemblablement assez nombreuses.

Les dépôts de fonds faits par les corps de troupe sont soumis, comme en temps de paix, à la formalité d'une demande visée par le sous-intendant. Ils donnent lieu à la délivrance de *mandats* qui peuvent être payables sur la caisse d'un autre payeur.

Les mouvements de fonds sont des recettes intérieures qui ne donnent pas lieu à récépissé. Certains *effets* peuvent entrer dans cette circulation : telles sont les *traites du caissier central sur lui-même*, émises de l'intérieur, envoyées aux armées, et négociables, c'est-à-dire transformables en numéraires dans des banques ou acceptables par des commerçants à l'ordre de qui elles sont passées. Les dépôts de fonds faits par les dépôts à l'intérieur donnent lieu à des traites analogues envoyées aux portions actives, qui peuvent les négocier ou se les faire payer en les passant à l'ordre du payeur général.

Les mouvements de fonds et la situation des caisses donnent lieu à certaines vérifications de l'intendance.

Lorsque, exceptionnellement, les envois de fonds d'un payeur à un autre payeur ne sont pas accompagnés par un délégué du comptable expéditeur, ce dernier en informe le sous-intendant militaire, qui dresse un procès-verbal d'envoi et qui appose son cachet à la cire à côté de celui du payeur sur les sacoches, caisses ou barils contenant les sacs ficelés dans lesquels les espèces sont renfermées. Un procès-verbal analogue de constatation d'existence des fonds est dressé à l'arrivée par un autre sous-intendant.

Le 31 décembre de chaque année, les sous-intendants dressent procès-verbal des valeurs existant matériellement dans les caisses des payeurs. Ils s'assurent, en même temps, que le montant de ces valeurs correspond bien à l'en-caisse qui ressort de la main courante (livre-journal de la comptabilité des payeurs), et ils constatent cet accord par leur visa sur cette main courante.

Ils procèdent à cette même vérification lorsqu'ils en reçoivent l'ordre du général commandant l'armée ou de ses délégués.

En cas de mutation, en cas de décès ou de disparition, dans le personnel des payeurs, les fonctionnaires de l'intendance procèdent, sans délai, à la vérification de la caisse et des écritures, et dressent un procès-verbal de remise de service.

Dépenses. — Les payeurs acquittent toutes les dépenses mandatées par les ordonnateurs secondaires.

Ces mandats sont établis et payés dans les mêmes formes qu'en temps de paix, sauf les différences suivantes :

La formalité du visa du payeur général est supprimée. Elle est maintenue néanmoins pour les mandats émis de l'intérieur;

Le paiement est immédiat au lieu d'être fait dans les cinq jours de l'émission du mandat;

Le paiement est fait sur l'acquit du titulaire, et le payeur peut exiger les justifications de dépenses ordinaires.

Toutefois, il est recommandé aux payeurs de ne pas être trop exigeants sur la nature des pièces justificatives, à l'absence desquelles il peut d'ailleurs être suppléé par une réquisition de l'ordonnateur. Dans les cas où l'insuffisance porte sur la *preuve du service fait* ou la *validité de la quittance donnée*, un ordre écrit du général commandant l'armée est nécessaire. Encore est-il suivi d'un double compte rendu aux ministres de la guerre et des finances.

Ces simplifications atténuent singulièrement le rôle de contrôle que les règlements du temps de paix attribuent aux payeurs de l'Etat (1re partie, chap. III). Ceux-ci sont, en campagne, moins armés pour opposer des refus dont l'effet pourrait être de paralyser l'action des ordonnateurs et, par suite, d'empêcher la satisfaction nécessaire des besoins, en général urgents, de l'armée.

Outre les mandats, les payeurs payent les avances de fonds aux gestionnaires. Celles-ci peuvent s'élever, en campagne, à 35.000 francs, et les délais de justification sont portés à quarante-cinq jours. Le renouvellement des avances se fait dans les formes ordinaires (2e partie, chap. VII).

Enfin, les payeurs effectuent les paiements dits de trésorerie, c'est-à-dire versent les sommes dues par l'Etat, telles que traitements de la Légion d'honneur, arrérages de rentes sur l'Etat ou de pensions, mandats émis de l'intérieur.

Ecritures. — Les principaux registres, tenus par les payeurs, sont les suivants :

La *main courante*, ou journal des recettes et des dépenses de toute nature : c'est un carnet de campagne que les payeurs doivent toujours porter sur eux. Elle fait ressortir non seulement les faits comptables, mais aussi toutes les circonstances qui les ont accompagnées et qui peuvent être utiles à la reconstitution complète de la comptabilité. La balance est faite chaque jour et le solde en caisse détaillé par nature de valeurs. Aussitôt rempli, le carnet de main courante est envoyé au bureau central.

Les inscriptions de la main courante sont reportées, par catégories, sur certains registres de détail : le *livre à souche des récépissés* pour les *recettes*, les *livres à souche des différents mandats*, le *carnet des avances aux comptables*, sorte de grand livre où chaque gestionnaire a son compte, etc. Un registre essentiel est celui où on inscrit le montant des crédits délégués, les émissions de mandats et les paiements, et grâce auquel le compte ouvert à chaque ordonnateur peut être rapproché des écritures que tient ce dernier, par l'envoi qui lui est fait tous les mois du *bordereau sommaire*, qui n'est que la totalisation de son compte.

Les éléments du compte du payeur sont envoyés tous les dix jours, plus fréquemment même (approche de l'ennemi) au bureau central. Ces éléments sont les pièces justificatives de toutes recettes ou dépenses, enfermées dans un bordereau qui récapitule les opérations auxquelles elles se rapportent et se termine par une situation de la caisse le jour de l'envoi.

Telle est la physionomie générale du service des fonds aux armées. L'intendance y joue un rôle important, par sa triple intervention, dans la répartition des crédits d'abord, puis dans la surveillance du numéraire, enfin dans la classification et la régularisation qui suivront — plus tard — la consommation des crédits. La réglementation sommaire et indécise de ces matières rendra certainement fréquent le recours au sous-intendant, et l'action de celui-ci n'en sera que plus difficile et plus ingrate.

III

Origine des fonds de guerre.

L'entretien des puissantes armées que grouperait une guerre moderne exige des sommes considérables. L'évaluation précise en a été tentée par bien des économistes; mais aucun d'eux n'a pu donner de chiffres certains ni faire connaître sur quelles bases ils étaient établis. C'est surtout par comparaison qu'on raisonne (1). Faut-il admettre, comme certains auteurs, une dépense annuelle triple de celle du temps de paix, pour le seul entretien des troupes, ou, comme d'autres, une moyenne de 10 francs par jour et par homme mobilisé ? Cela est difficile à déterminer. Le dernier taux, le plus simple, amènerait, pour 1.500.000 hommes mobilisés, par exemple, une dépense journalière de 15 millions. Le milliard serait vite atteint.

De pareilles sommes, dont on a besoin immédiatement, ne sauraient provenir tout simplement des caisses publiques, qui seraient rapidement vidées et qui ont, d'ailleurs, d'autres paiements à assurer. Une réserve est indispensable.

Ce n'est un secret pour personne que le trésor de guerre français est constitué par l'encaisse métallique de la Banque de France. Dans les périodes de crise politique, cette encaisse est accrue par une augmentation de paiements en billets : l'or devient rare. De même, en cas de mobilisation, pour ne pas porter atteinte à la richesse en métal de cet établissement, le gouvernement suspendrait sans doute le droit au remboursement des billets de banque, leur donnerait ce qu'on appelle le *cours forcé*.

---

(1) Le décompte des frais d'une grande guerre n'est pas facile à établir.

Les dépenses — du côté russe — de la guerre russo-japonaise ont été évaluées à 5 milliards 500 millions de francs. La guerre du Transvaal aurait coûté à peu près autant à l'Angleterre.

Les évaluations du coût de la guerre de 1870 — pour la France — bien que tentées à diverses reprises par des économistes ou des hommes politiques disposant de bons moyens d'investigation, ont donné des résultats assez peu concordants, variant de 9 à 15 milliards — y compris les 5 milliards de l'indemnité.

Cette ressource elle-même, pour importante qu'elle soit, ne saurait suffire. Elle ne doit être considérée d'ailleurs que comme un prélèvement passager, qui devra être restitué, et le seul moyen dont dispose l'Etat pour se procurer de l'argent qui soit à lui, est l'emprunt.

Le succès de l'emprunt est, d'ailleurs, proportionné à la confiance que possède l'épargne dans le pays qui l'émet. En France, les emprunts de guerre ont toujours été largement couverts. En Allemagne, l'emprunt de 1870, qui s'élevait à 100 millions de thalers (nominativement, car les titres étaient émis à 88 p. 100 seulement de leur valeur), n'a fourni que 64 millions de thalers. Pour les Etats secondaires, la conclusion d'un tel emprunt est souvent la pierre d'achoppement d'une guerre; et pour les nations moyennement riches, chez lesquelles l'épargne n'est pas très développée ou le numéraire pas très abondant, c'est un gros souci qui ne leur laisse peut-être pas toujours une liberté complète d'action militaire.

Parmi les dépenses de guerre, certaines peuvent être escomptées avec une grande précision. Ce sont celles qui résultent de contrats ou d'événements dont la réalisation est certaine à la mobilisation : achats de denrées, paiement de soldes ou d'indemnités réglementaires, etc. D'autres peuvent être prévues approximativement : paiement des chevaux requis, acquisition des denrées du ravitaillement national. Pour toutes ces dépenses, le montant des fonds est prévu d'avance, ainsi que le moyen de les transporter aux lieux de dépenses; mais, pour les fonds de la campagne proprement dite, on ne peut guère qu'attendre la manifestation des besoins, et les présumer en gros.

Les fonds sont expédiés soit aux centres où les paiements sont à effectuer, soit aux bureaux-frontières des armées, par les soins du ministre des finances.

Ils peuvent s'augmenter pendant la campagne, comme on l'a montré dans la 1re partie, des prises et contributions levées en pays ennemi, et qui peuvent atteindre des chiffres élevés.

CHAPITRE II

SERVICE GÉNÉRAL DE L'HABILLEMENT.

Le service général de l'habillement en temps de guerre fonctionne dans les mêmes conditions qu'en temps de paix.

Les entrepreneurs de fournitures de matières premières, d'effets confectionnés, ou les entrepreneurs de confection ne sont pas dégagés de leurs obligations.

L'importance des commandes qui doit, aux termes des marchés, être comprise entre certaines limites, peut être portée à son maximum.

Enfin, les adjudicataires de la fourniture des draps sont tenus de constituer un cautionnement en étoffes que le ministre a la faculté d'employer comme il l'entend, et qui forme comme une réserve de matières premières, grâce à laquelle on pourvoira aux premiers besoins de la fabrication.

En dehors de ces moyens habituels d'approvisionnement, on pourra procéder à des achats supplémentaires ou même tirer parti des ressources du territoire national en utilisant les stocks commerciaux de chaussures ou d'effets tels que : chemises, caleçons, ceintures de flanelle, pour lesquels la conformité avec les types réglementaires n'a qu'une importance secondaire.

Les approvisionnements conservés dans les corps de troupe permettent, à la mobilisation, l'équipement et l'habillement de tous les hommes des réserves, à l'exception de ceux des dépôts, et peu à peu on constitue les approvisionnements nécessaires à une partie de ces derniers. Les troupes de première ligne sont donc complètement pourvues. Chaque compagnie emporte quelques rechanges formés d'effets de première nécessité, surtout des chaussures

Autrefois, il existait dans chaque corps d'armée en campagne une réserve d'effets qui a été supprimée depuis quelques années.

Les troupes en campagne recevront dorénavant, par l'intermédiaire de la station-magasin, les effets de remplacement qu'on leur enverra de l'intérieur.

La confiance que l'on met aujourd'hui dans les transports en chemin de fer permet d'espérer que les approvisionnements d'effets parviendront facilement aux corps de troupe. On escompte aussi la faible durée probable des futures campagnes pour supposer que les besoins seront faibles, chaque soldat partant habillé et équipé de neuf.

Mais de cela, nul n'est certain, et si une campagne se prolongeait, le service de l'habillement serait appelé à un fonctionnement intensif pour procurer à l'armée des rechanges et des effets neufs. Les difficultés ordinaires des confections militaires peuvent s'accroître de l'impossibilité de se procurer certaines matières que ne produit pas le sol national, ou qu'il produit en quantité insuffisante. Les achats à l'étranger ont souvent été obligatoires au cours des diverses guerres.

Le service de l'habillement ne sera donc pas ralenti pendant la campagne.

Il peut prendre parfois beaucoup d'importance, par exemple pendant les campagnes d'hiver.

Les armées de Napoléon — qui ne disposaient pas, il est vrai, des mêmes moyens que les nôtres — souffrirent beaucoup du manque d'effets d'habillement en 1805, en 1807, en 1812. Aussi voit-on l'Empereur et ses maréchaux s'occuper avec une grande sollicitude du renouvellement des vêtements. Les soldats eux-mêmes ne négligeaient pas, dans leurs légendaires maraudes, de réquisitionner tout ce qui pouvait les protéger du froid.

Dans la marche sur Austerlitz, Napoléon change, en novembre 1805, sa ligne de communication, qui passait par Spire, où un pont de bateaux avait été établi sur le Rhin, et la fait passer par Strasbourg. Il arrête alors tous les transports, même ceux de vivres et d'artillerie, « à l'exception de ceux de souliers et de capotes, qui seront au contraire activés, et auront la préférence sur tout ». « Le pont de Spire, ordonne-t-il aussi, sera levé, et les bateaux rendus à leurs propriétaires. S'il y avait cependant des convois de souliers, capotes et autres effets des corps, on laisserait subsister le pont jusqu'à ce qu'ils soient tous passés et rendus à Stuttgart. »

C'est assez dire quels étaient les besoins de l'armée.

En 1870-71, les Allemands réquisitionnèrent d'assez nombreux effets d'habillement, chemises et chaussettes de laine, couvertures (après la prise de Châteaudun, la ville fut frappée d'une réquisition considérable et immédiate de couvertures, qu'elle était, d'ailleurs, dans l'impossibilité absolue de fournir), chaussures, cuir et instruments de cordonnerie, etc.

Les campagnes lointaines créent, en général, des besoins particuliers d'effets d'habillement, en dehors même des modèles usuels, et dus aux températures extrêmes ou aux intempéries des climats sous lesquels on va opérer (chaleurs torrides ou saisons des pluies des colonies tropicales, hivernage rigoureux de la Chine, etc.).

Il ne faut pas oublier enfin que les effets de campement sont aussi nécessaires au soldat que ses vivres, puisque, sans eux, il a beaucoup de peine à préparer ses aliments. Or, ces effets se perdent, se trouent, se bossellent avec facilité : leurs remplacements seront toujours fréquents.

Il n'est peut-être pas inutile de rappeler ici, en deux mots, le nom et l'utilité des principaux effets de campement.

Les ustensiles de campement sont individuels ou collectifs. Individuels, ils sont portés par les hommes qui doivent les employer; collectifs, ils sont répartis entre les hommes d'une même escouade.

Parmi les premiers, il faut citer, avant tout, la gamelle, le bidon et le quart. Sans gamelle, et même sans la cuiller qui l'accompagne, comment distribuer et manger la soupe ? Sans bidon, la marche est un supplice, il n'y a plus d'étape possible — les troupes d'Afrique ont même un bidon de deux litres.

Les ustensiles collectifs consistent surtout en marmites de campement, pouvant faire la cuisine pour quatre hommes, et en gamelles de campement, dans lesquelles on peut la servir. Les cuisines roulantes pourront en diminuer l'utilité, non les faire disparaître.

Les soldats portent encore des moulins à café-filtres de campagne, des seaux en toile — précieux pour organiser les corvées d'eau, loin des fontaines. Et le campement comprend encore une foule d'objets, dont il est impossible de se passer en campagne : cantines à vivres, caisses à bagages et à comptabilités, lanternes, fanions, etc. Nous ne parlons que pour mémoire des tentes diverses et des fournitures de couchage, de campement, qui ne sont utilisées que dans les camps, à l'intérieur; la tente-abri et la couverture de campement sont d'un emploi régulier dans les pays de montagne et en Afrique, en dehors desquels elles sont tantôt prônées et tantôt rejetées à cause de la surcharge qu'elles imposent aux fantassins.

Le sac du soldat renferme des *effets de petit équipement* justifiés par la nécessité de la propreté, qui est la première des hygiènes, et le besoin de quelques réparations urgentes aux vêtements.

Le service de l'habillement devra aussi renouveler, outre les havresacs, les nombreuses courroies ou bretelles qui entrent dans l'équipement et servent à porter les armes. Ces effets, de nécessité première, s'usent d'ailleurs assez peu.

Le port de l'équipement n'est pas sans gêner le soldat. Bien des tentatives ont été faites pour simplifier cette charge, la mieux répartir sur l'homme, en diminuer la gêne, en augmenter les facilités d'endossement. Une des plus intéressantes réformes proposées, appliquée en Angleterre, est la substitution d'un tissu de coton au cuir. La question est à l'étude en France.

Parallèlement à l'habillement, fonctionnera le service du *harnachement*, dont le nom suffit à définir les attributions.

CHAPITRE III

TRANSPORTS ET CONVOIS.

Le service des transports, entendu dans son sens le plus large et comprenant, par suite, le service des convois, peut être envisagé à deux points de vue : le point de vue technique (capacité, emploi, rendement des divers moyens ou organes de transports) et le point de vue administratif (formalités, comptabilité des transports, règlement des dépenses).

En temps de paix, les fonctionnaires de l'intendance interviennent seulement dans la partie administrative du service des transports, service qui, dans la grande majorité des cas, est effectué par les compagnies de chemins de fer.

En temps de guerre, les sous-intendants et leurs suppléants ont encore, mais non plus exclusivement, qualité pour accomplir les formalités administratives nécessaires pour la constatation du service fait et des droits acquis; il était à craindre, en effet, qu'ils ne pussent suffire à cette besogne et que l'obligation de recourir à eux ne causât des retards préjudiciables à l'accomplissement des mouvements de troupe ou de matériel.

Par contre, les fonctionnaires de l'intendance auront fréquemment à intervenir aux armées, dans l'exécution même des transports. Les mouvements sont, en principe, prescrits par le commandement, mais nombreuses seront les circonstances où les propositions de mouvement devront être formulées. Dans les convois organisés, c'est-à-dire attelés et conduits par le train des équipages, ainsi que dans les transports en chemin de fer des organes de l'intendance, les détails techniques sont du ressort des officiers du train; mais il est d'autres convois et d'autres transports dans lesquels le sous-intendant devra prendre l'initiative et la responsabilité des mesures d'exécution.

C'est surtout dans la zone de l'arrière que le sous-intendant aura à jouer un rôle important comme transporteur. A chaque instant le règlement rappelle ces attributions.

Le sous-intendant militaire de la station-magasin devra faire décharger tout le matériel et les denrées qu'il reçoit, et procéder au chargement de tous les trains qu'il expédiera. Le sous-intendant de la gare régulatrice doit également faire effectuer les chargements et diriger les vivres, avec des convoyeurs munis de toutes les pièces nécessaires, sur les gares désignées. Sur les routes d'étapes, les convois organisés — ou créés sur place — seront purement et simplement mis par le directeur des étapes et des services à la disposition du sous-intendant de la gare origine d'étapes, par exemple. Ce dernier devra assurer l'exécution même du transport et aura, à ce sujet, autorité sur les détachements du train. Les sous-intendants des gîtes d'étapes doivent également assurer le transport des vivres et du matériel de leur service et celui des colis des corps, etc., etc... Nombreuses seront les circonstances où le fonctionnaire de l'intendance devra organiser un convoi ou le faire conduire, et il lui est indispensable de posséder aussi bien la partie technique de cette tâche que sa partie administrative, à laquelle il est mieux préparé par ses fonctions du temps de paix.

Enfin, le sous-intendant militaire, comme tout commandant de troupes, aura à s'occuper du chargement en chemin de fer et du débarquement des unités qu'il aura sous ses ordres, et de leur nombreux et encombrant matériel.

L'histoire a montré que c'est généralement par les transports que l'alimentation du soldat échoue. La production est toujours suffisante; la difficulté est de faire parvenir les denrées jusqu'au consommateur.

I

Transports par chemins de fer.

1° Quelques règles techniques.

Dans aucune de ses parties, le service technique des transports par voies ferrées n'incombe à l'intendance. Toutefois, en vue de la coopération du personnel administratif aux différents chargements et déchargements, que nous venons de signaler, il est nécessaire de posséder certaines données dont voici les principales :

Capacité des wagons; leur contenance en denrées de diverses sortes. — La contenance en poids des wagons est inscrite sur leur paroi extérieure.

Les aide-mémoire renferment tous des tableaux indiquant la contenance des différents véhicules, voitures ou wagons, en denrées de diverses natures. En principe, la charge des wagons couverts les plus communs est de 10 tonnes. Mais il est clair que la *contenance* réelle du wagon est différente et dépend de la densité du corps transporté.

Il est difficile et inutile de chercher à retenir des chiffres. Il est bon de connaître la règle empirique suivante :

Les denrées en sacs : blé, avoine, farine, riz, légumes secs, sucre cristallisé, sel, café vert, peuvent être contenues dans un wagon en quantité voisine de la charge maxima du wagon.

Les denrées en caisses (pain de guerre, conserve de viande, potages), le pain en vrac, le café torréfié en sacs, le lard en barils, sont contenus pour le même poids diminué d'un tiers.

Pratiquement, on se contente des charges suivantes :

Pain, en vrac, dans un wagon couvert de 10 tonnes : 6.000 rations;

Petits vivres, en sacs de 80 ou 100 kilogrammes, près de 10.000 kilogrammes (100 sacs);

Avoine, en sacs de 70 kilogrammes, de 7.000 à 9.000 kilogrammes (100 à 130 sacs);

Foin pressé, en balles de 75 kilogrammes, par wagon plat, bâché, 5.000 kilogrammes, et 3.500 kilogrammes en wagon couvert.

La capacité des wagons tend d'ailleurs à augmenter. Les wagons de 13, 15, 17 tonnes commencent à n'être pas rares sur certains grands réseaux.

L'emballage des différentes denrées ajoute un poids qui n'est pas négligeable (sauf celui des sacs pour l'avoine et les petits vivres, la farine, etc., et qui ne pèsent, en moyenne, que 1 kilogramme).

C'est ainsi que la conserve de viande est emballée par caisses de 150 rations de 300 grammes, pesant net 45 kilogrammes, auxquels il y a lieu d'ajouter 22 kgr. 500 pour le poids des boîtes, et 10 kgr. 500 pour le poids de la caisse. Total du poids brut, 78 kilogrammes.

Le lard est mis en barils renfermant 2.733 rations, soit 82 kilogrammes. La saumure et le baril augmentent ce poids de 38 kilogrammes, portant à 120 kilogrammes le poids brut du baril.

Le potage condensé s'expédie en caisses de 800 rations, pesant 40 kilogrammes. Les enveloppes de papier des rations pèsent 8 kilogrammes, et la caisse 9. Total : 57 kilogrammes.

Le pain de guerre est mis en caisses de 50 kilogrammes, dont 12 kilogrammes de tare, et 38 kilogrammes de la denrée, soit 63 rations fortes ou 126 de réserve.

Le café torréfié s'expédie en sacs de 40 kilogrammes.

Cette considération des sacs et des caisses a son importance. C'est, en effet, du nombre de récipients pleins, et non du nombre de kilogrammes, que dépend la facilité de chargement ou de déchargement. Il est plus intéressant — pour l'exécution même d'un transport — de savoir qu'on placera dans un wagon 100 sacs d'avoine, par exemple, que de connaître la valeur d'un chargement moyen à 7.000 kilogrammes. Enfin, la nécessité de ne pas fractionner les récipients oblige à *arrondir* toujours les quantités expédiées.

Des chiffres qui précèdent, on va déduire la composition d'un train renfermant un jour de vivres pour un corps d'armée.

Cette composition dépend évidemment de l'effectif du corps d'armée. Si nous supposons à celui-ci un effectif moyen voisin de 1.200 officiers et 44.000 hommes (soit 46.500 rationnaires) et 12.500 che vaux, en chiffres ronds, les quantités de denrées seront approximativement les suivantes :

Pain : 46.500 rations occupant 8 wagons;

Petits vivres : 46.500 rations à 176 grammes la ration (20 gr. de sel, 100 gr. de riz ou légumes secs, 32 gr. de sucre, 24 gr. de café), soit 8.184 kilogrammes occupant 1 wagon (12 sacs de sel, 47 de riz, 15 de sucre, 28 de café; total : 102 sacs);

Lard : 46.500 rations à 30 grammes; soit 1.395 kilogrammes, ou 17 barils, pesant 2.040 kilogrammes, répartis dans les autres wagons;

Avoine : 12.500 rations à 5 kilogrammes et demi, en moyenne; soit 69.750 kilogrammes; soit 968 sacs, 8 à 10 wagons.

Le nombre *minimum* de wagons nécessaire est donc de 17.

Ceci suppose le train divisé en rames de denrées, au départ d'une station-magasin, par exemple.

Les trains seront généralement divisés, à la gare régulatrice, en rames d'unités, et ils occuperont alors un nombre de wagons évidemment plus élevé et qui dépendra de la manière dont le déchargement aura été prévu.

On peut, à titre d'exemple (les chiffres de rationnaires n'étant bien entendu qu'approximatifs), calculer comme suit la composition d'un train de vivres :

Quartier général.	375 rationnaires 210 chevaux		1 wagon.
Une division	16.250 rationnaires : Pain Petits vivres et lard 2.800 chevaux : Avoine	 3 w. 1 w. 2 w.	6 wagons.
Une autre division			6 wagons.
E. N. E. (y compris une brigade autonome d'infanterie)	13.600 rationnaires : Pain Petits vivres et lard 7.000 chevaux : Avoine	 2 w. 1 w. 4 w.	7 wagons.
	Total		20 wagons.

C'est encore là un minimum, que l'on force un peu pour donner plus de latitude dans les chargements et déchargements, et l'on admet en général, pour le train de vivres du corps d'armée, 22 wagons uniformément, quelle que soit leur répartition et quel que soit l'effectif (sauf pour le corps d'armée à 3 divisions, auquel on attribue 30 wagons).

Pour une division de cavalerie, dont l'effectif approximatif est de 250 officiers, 4.500 hommes (soit 5.000 rationnaires) et 4.600 chevaux, le même calcul donne :

Pain : 5.000 rations, — 1 wagon;

Petits vivres : 5.000 × 0,176 = 880 kilogrammes, — fraction insignifiante de wagon;

Avoine : 4.600 × 5,5 = 25.300 kilogrammes, — 3 wagons.

En tout 4 wagons, qu'on force généralement à 5.

Un train de ravitaillement pour un corps d'armée ne comporte pas seulement les 17 à 22 wagons renfermant les vivres. On y ajoute toujours 1 wagon pour le service de la trésorerie et des postes, 1 wagon de 1re classe et 3 wagons de 3e classe ou aménagés, pour le personnel militaire, officiers convoyeurs, distributeurs, etc., 1 wagon pour les colis destinés aux corps de troupes, 2 fourgons de service. En tout 30 voitures au maximum. Le plus grand nombre de voitures qu'il soit de règle de faire traîner par une locomotive étant de 50, on voit qu'il reste une certaine marge pour accrocher encore quelques wagons, — par exemple les vivres d'une division de cavalerie, ou un train de bétail.

Pour ce dernier, on compte 8 à 10 bêtes par wagon : 1 jour de bétail pour le corps d'armée représentant 100 à 125 bêtes exige donc une quinzaine de wagons.

Si on transporte des moutons, à raison de 1.500 moutons du poids moyen de 35 kilogrammes, dont on peut faire entrer 60 dans un wagon, 1 jour de bétail occupera 25 wagons.

Mais on n'a pas grand intérêt à former des trains trop longs, car alors on ne trouve plus de quais, fixes ou de circonstance, d'une longueur suffisante pour les décharger (1).

Il est également intéressant de connaître la capacité des trains à

---

(1) En réalité, le *quai* proprement dit, dont le sol est à hauteur de la porte des wagons, ne convient pas du tout au chargement ou au déchargement des denrées, qui passent du wagon sur une voiture ou inversement. Ce qui convient, c'est le *chantier*, voie pavée ou chaussée qui s'étend le long de la voie ferrée, sur la longueur d'un train ou d'un demi-train militaire, et sur une largeur suffisante pour permettre aux voitures de venir s'adosser aux wagons. La plate-forme du wagon et le plancher de la voiture se trouvent alors sensiblement au même niveau, et les manutentions n'exigent plus que de faibles mouvements. Le quai n'est nécessaire que pour un *embarquement* de voitures, de personnel, de chevaux, de bétail.

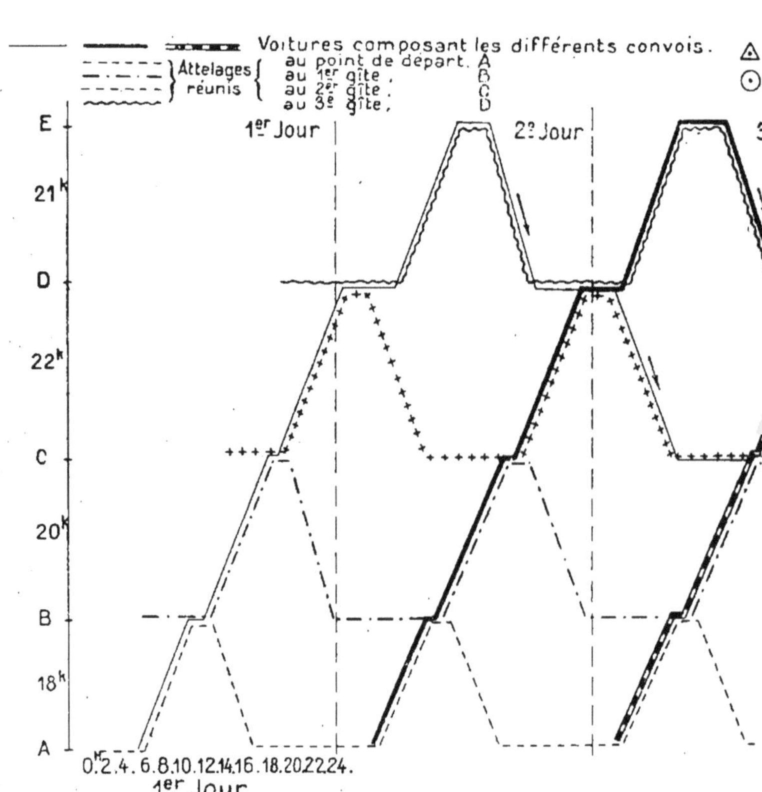

Transport pa

voitures à leurs propriétaires
chevaux
Trajets des voitures à vide.
4e Jour
5e Jour
6e Jour

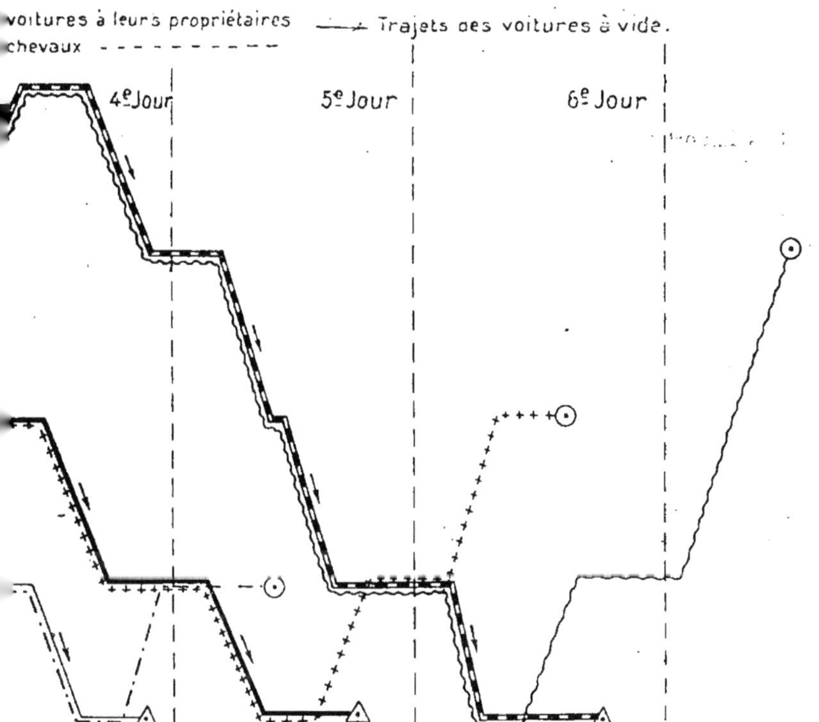

'attelages. — I.

porter non plus des denrées, mais des organes complets de l'intendance. Des tableaux la donnent dans tous les aide-mémoire. On peut en retenir qu'une section de convoi administratif (de corps d'armée ou d'armée) occupe 5 trains complets (47 à 48 wagons plus les fourgons de service). Une boulangerie de campagne occupe 1 train par section, et son convoi 3 trains. Une section de convoi auxiliaire représente 6 trains.

Durées de chargement et de déchargement. — C'est là un élément très important du transport, et sur lequel il faut posséder aussi quelques données générales.

On compte, en moyenne, pour charger un wagon de pain biscuité en vrac, 1 h. 53, autant dire 2 heures. Le pain en sacs exige moitié moins. L'avoine et autres denrées en sacs, les denrées en caisses, les liquides en fûts ou en barils, demandent de 35 à 45 minutes par wagon. Un wagon de bétail se charge en 20 ou 25 minutes.

Ce temps peut, du reste, être augmenté par suite de la mauvaise disposition des voies ou de l'éloignement des voitures qui ont amené les denrées.

Le déchargement, sujet aux mêmes causes de variation, exige en général 10 à 15 minutes de moins.

La constitution des équipes d'hommes dépend des circonstances. On attribue en général 5 à 8 hommes au chargement d'un wagon. Un homme dans chaque voiture à décharger passe les denrées à deux porteurs. Ceux-ci les portent ou les brouettent à deux arrimeurs dans les wagons. Un ou deux porteurs supplémentaires remplacent les premiers, qui se fatiguent assez rapidement si le trajet est long.

Si l'on peut amener les voitures à dos absolument contre le wagon, trois hommes suffisent au chargement ou au déchargement.

Le chargement d'un train dépendra encore du nombre de wagons sur lesquels on pourra travailler à la fois.

Il est particulièrement intéressant de connaître le temps nécessaire pour décharger un train de ravitaillement de corps d'armée renfermant 1 jour de vivres. Ici la question de déchargement se complique de celle de distribution (nécessité de servir par corps, constitution des appoints, circulation des voitures régimentaires), et de celle des mouvements en gare (pour séparer les rames et les amener chacune à un quai, pour reformer le train, etc.). L'expérience seule a pu fixer à ce sujet. Voici les chiffres admis pour le débarquement proprement dit, compte non tenu des mouvements du train : chaque division : 1 h. 30 (l'expérience était faite sur des divisions à 16 bataillons, mais à 2 groupes d'artillerie seulement); E. N. E. servis successivement : cavalerie (brigade) : 30 minutes; troupes et quartier général : 35 minutes; train de combat : 20 minutes; parcs et convois : 1 heure = 2 h. 35. Il faudrait ajouter une demi-heure au moins pour une brigade d'infanterie.

Si donc on opère sur les 3 rames successivement à un même quai, il faudra 5 heures et demie; si on opère sur les 3 rames simultanément, on ne prendra que le temps le plus long, c'est-à-dire 2 heures et demie.

Il faut 1 heure et demie pour embarquer ou débarquer le jour de bétail d'un troupeau de corps d'armée.

Il est toujours avantageux, quand on le peut, de forcer le nombre des wagons d'un train de ravitaillement, de façon à séparer nettement les diverses denrées, ce qui facilite beaucoup les distributions aux parties prenantes, qui sont nombreuses (il y a près de 50 officiers d'approvisionnement dans un corps d'armée). On doit chercher à établir un « guichet » pour le pain, un pour l'avoine, etc., auxquels s'adressent simultanément les différentes voitures d'un T. R. On tâchera de multiplier le nombre de ces guichets et de servir plusieurs trains régimentaires à la fois — ce qui n'est pas exclusivement une question de wagons, mais aussi, et surtout, une question de personnel, le nombre des distributeurs étant assez réduit.

Quand le convoi administratif vient se ravitailler au chemin de fer, cette dernière difficulté disparaît; car il n'y a plus qu'une partie prenante, le comptable de la section de CV.AD. On peut donc décharger tous les wagons à la fois, en amenant devant chacun d'eux — successivement, bien entendu — les cinq ou six voitures destinées à porter la denrée dont il est chargé; il ne faut pas plus d'un quart d'heure pour transborder le contenu de chacune. En deux heures, ou huit quarts d'heure, les 22 wagons du train de ravitaillement peuvent donc être facilement vidés dans les 160 voitures d'une section de CV.AD.

En ce qui concerne l'embarquement et le débarquement des unités, se reporter aux aide-mémoire. Quel que soit l'élément embarqué, il faut 2 h. 30 pour un train, et autant pour le débarquement à quai. L'opération au moyen de rampes mobiles exige 50 minutes de plus.

Exécution du transport. — Convoyeur. — Autant que possible, on fait les expéditions par wagons plombés. Le plombage, fait par le comptable expéditeur, est mentionné sur les titres de transport. La responsabilité du transporteur est dégagée lorsqu'il présente les plombs intacts à l'arrivée, et les formalités sont ainsi notablement diminuées.

On inscrit toujours sur le wagon la nature du chargement, le point de départ et le point d'arrivée, en ayant soin de faire l'inscription des deux côtés du wagon, car on ne sait pas de quel côté il sera ouvert.

Enfin, on fait généralement accompagner les chargements par un *convoyeur*, dont la mission est de suivre et surveiller le matériel pendant le transport et de faciliter la réception par le comptable destinataire, qui remet au convoyeur le reçu du matériel avec les observations auxquelles l'expédition a donné lieu.

Le convoyeur reçoit les pièces d'expédition, ainsi qu'une consigne dont le modèle est donné par le règlement sur les transports stratégiques. Il va sans dire que cette consigne est complétée, le cas échéant, par toutes les instructions d'ordre technique qui peuvent être nécessaires (par exemple, soins à prendre pour la conservation du pain en route, aération ou clôture des wagons).

Pour les transports de la gare régulatrice aux gares de ravitaillement, on fait accompagner les trains par des officiers d'administration que l'on appelle aussi convoyeurs, mais qui sont de véritables distributeurs, représentants du gestionnaire de la gare régulatrice, et délivrant, contre des bons réguliers, des denrées aux officiers d'approvisionnement. Pour l'opération matérielle de la distribution à un corps d'armée, on emmène un petit détachement de 30 à 35 sous-officiers ou soldats d'administration. Distribuer, compter, peser, ne sont pas choses aussi faciles qu'on pourrait le croire. Il y faut une certaine habitude. Pratiquement, 2 kilogrammes et 2 kilogrammes ne font pas 4 kilogrammes : ils ne font, le plus souvent, que 3 kgr. 950.

Enfin, un personnel de corvée (3 hommes par wagon) est fourni par les soins du commandant d'étapes de gare régulatrice, ainsi que la garde de police indispensable dans une gare militaire.

2° Règles administratives.

On distingue les transports par chemins de fer en *transports ordinaires*, qui s'effectuent dans les conditions habituelles de l'exploitation commerciale, et *transports stratégiques*, s'appliquant au déplacement de grandes masses de troupes et de matériel et ayant, par suite, pour effet de restreindre ou de supprimer le trafic commercial. Cette distinction existe en tout temps; mais, en temps de paix, les transports stratégiques sont très rares (grandes manœuvres très importantes, expériences de mobilisation), alors qu'à la mobilisation, au contraire, les transports stratégiques absorberont complètement, au moins au début, les ressources des compagnies requises à cet effet.

A un certain moment, la concentration étant terminée, certaines parties du réseau de l'intérieur pourront être de nouveau ouvertes au trafic commercial et, par suite, sur ces parties, les transports ordinaires s'effectueront dans les conditions du temps de paix (sauf en ce qui concerne les formalités, comme nous le verrons plus loin).

Sur le réseau des armées, les lignes ferrées seront, en principe, fermées au transport des voyageurs civils et des denrées ou matières qui n'auront pas, au préalable, été prises en charge par l'administration de la guerre ou qui ne seront pas directement adressées aux corps de troupe et aux services de l'armée. Le directeur de l'arrière appréciera dans quelles limites certaines lignes de ce réseau des armées pourront être ouvertes à l'exploitation commerciale.

Sur les lignes du réseau de l'intérieur ou des armées non rendues en totalité ou en partie au transport des voyageurs et des marchandises, il est prévu cependant des *trains de service journalier* et des *trains-poste* qui peuvent être utilisés pour les transports commerciaux dans des conditions fixées par le ministre (zone de l'intérieur) ou le général en chef (zone des armées). Un indicateur spécial de ces trains est établi à l'avance et déposé dans les archives de mobilisation des états-majors et services; il fait connaître par qui peuvent être pris ces trains du service journalier.

Formalités à accomplir. — A la mobilisation, les transports stratégiques (mobilisation, concentration, ravitaillement) s'effectuent dans des conditions prévues dès le temps de paix. Ceux qui n'ont pas été prévus (évacuations, transports de troupe nécessités par les opérations) doivent être ordonnés sur le réseau de l'intérieur par le ministre, et sur le réseau des armées par le commandant en chef et par entente de ces deux autorités s'ils doivent transiter d'un réseau à l'autre.

Cette règle s'applique aux transports quels qu'ils soient et en particulier à ceux du matériel militaire sans troupe. Toute autorité qui, à la mobilisation, a des transports de cette nature à faire doit adresser une *demande d'ordre de transport* soit au ministre, soit au commandant en chef; ces autorités en font le classement par ordre d'urgence et renvoient la demande en indiquant les conditions dans lesquelles elle recevra satisfaction (date de départ, indication du train, itinéraire).

Cette centralisation, un peu gênante, mais nécessaire, répond à la préoccupation de garantir les voies ferrées contre les encombrements. On peut craindre qu'elle n'occasionne des lenteurs et des retards dans l'exécution d'expéditions urgentes. Aussi recevra-t-elle des tempéraments. Ainsi le directeur de l'arrière pourra donner délégation aux commissions de réseau ou de chemins de fer de campagne, à qui les demandes seront envoyées directement et qui y satisferont dans la mesure du possible. Egalement, le ministre pourra rendre aux autorités compétentes du temps de paix le droit d'adresser directement des ordres de transport à certaines gares et pour certaines directions. Enfin, le retour à l'exploitation commerciale impliquera naturellement la même latitude pour les lignes où il s'effectuera.

Le service des trains journaliers sera d'ailleurs sans doute suffisant pour assurer les transports des matériels de petite dimension qui sont constamment nécessaires au bon fonctionnement des établissements, nécessaires même aux corps de troupe. Ce n'est que pour les envois particulièrement encombrants qu'il y aura lieu de recourir aux autorités supérieures.

L'autorisation de transport étant donnée, l'exécution est subordonnée à la délivrance d'*ordres de transport* de modèles différents de ceux du temps de paix. Ce ne sont plus seulement les fonctionnaires de l'intendance qui les délivrent, mais les chefs de corps, de détachement, d'établissement, présidents des commissions de réquisition ou de ravitaillement, commissaires militaires, etc. Les registres d'ordres de transport, la manière de les établir font partie des documents de mobilisation.

L'établissement de ces titres de transport ne présente rien de particulier en ce qui concerne le réseau de l'intérieur. Pour les expéditions destinées aux armées, il est établi un titre pour le transport jusqu'à la station-magasin, le déchargement étant de règle à cet endroit; il en est établi un autre de la station-magasin jusqu'à la gare régulatrice, parce que c'est là le dernier point fixe de la ligne de communication : enfin il en est établi un troisième de la gare régulatrice à la gare de ravitaillement. Il n'est fait exception que pour les colis destinés aux corps de troupes pour lesquels un seul titre suffit jusqu'à la gare régulatrice, et qui, d'ailleurs, ne passent point forcément par la station-magasin.

Si le matériel de certains trains ou wagons passe sans rompre charge en l'un de ces deux points, S. M. ou G. R., les titres de transport sont simplement visés pour continuation de route.

Si, enfin, un transport doit franchir et dépasser une station de transition, il est établi des ordres de transports distincts pour le parcours en deçà et au delà de cette station. Le motif de cette dernière formalité est que, en deçà de cette station de transition, les compagnies de chemins de fer effectuent le service avec leur matériel et leur personnel; il est donc logique de leur payer le service fait, sinon sur les bases du temps de paix, puisque les conditions sont toutes différentes, au moins d'après des bases analogues. Le décret du 2 août 1877 stipulait les transports au demi-tarif normal; depuis, pour simplifier, une convention du 12 juillet 1898 a établi un tarif à forfait par wagon complet, ou par tonne pour les wagons incomplets, et en proportion du nombre de kilomètres. Au delà des stations de transition, c'est un personnel militaire qui exploite; il exploite avec un matériel requis et loué à un taux déterminé par décret : il n'est plus dû aux compagnies qu'une taxe de péage fixée conformément au cahier des charges qui régit chacune d'elles. Ce nouveau mode de règlement des dépenses nécessite naturellement une comptabilité distincte.

Une fois le service fait, les titres de transport sont envoyés au liquidateur des transports de la guerre, soit par l'intermédiaire d'un sous-intendant, soit directement par le destinataire.

II

Transports sur voies navigables.

La capacité des bateaux varie avec les régions et surtout les voies sur lesquelles ils naviguent. En moyenne, les péniches peuvent porter 200 tonnes, mais les chalands et les fardiers de la Seine peuvent contenir jusqu'à 600 tonnes de denrées variées, 800 et même 900 de blé ou farine. Les aide-mémoire donnent les chiffres officiels de contenance des divers bateaux. Un bateau équivaut donc à peu près à un train entier, ce qui fait que, malgré sa faible vitesse avec traction animale (30 kilomètres par jour), ce moyen de transport peut rendre de grands services.

Il est clair que l'emploi des bateaux n'est pas désigné pour les transports de vivres journaliers à une armée en marche. En revanche, il sera précieux pendant les périodes de stationnement ou d'occupation d'une région, pour la constitution et le réapprovisionnement des magasins permanents sur la ligne de communication, pour le ravitaillement des places fortes ou des troupes de siège.

On a dit plus haut (2e partie, chap. III) comment était organisé et dirigé le réseau des voies navigables affecté aux armées en opération. Il reste à ajouter quelques mots sur l'exécution même des transports par bateaux.

Les transports sont exécutés soit par la batellerie civile, sous les ordres des ingénieurs des services de la navigation, soit par les compagnies de mariniers qui appartiennent au génie de l'armée territoriale.

Les bateaux devront toujours être requis, ce qui n'exclura pas un accord amiable sur le mode de règlement qui consistera, par exemple, à louer le bateau à la journée avec ou sans équipages ou à l'affréter à tant par tonne.

La subsistance du personnel requis, celle des chevaux de halage, doivent être assurées en nature. Ce sera l'affaire des commandants d'étapes, et, par ce point au moins, il y aura contact entre les sous-intendants militaires des commandements d'étapes et le service de la navigation. Ces fonctionnaires pourront intervenir encore au moment du déchargement du bétail et des denrées diverses destinées à leur service.

Lorsque des denrées sont embarquées sur des bateaux pour former des magasins flottants, le service des subsistances fournit pour chaque bateau un garde-magasin comptable, comme il y a un gérant d'annexe pour les en-cas mobiles du chemin de fer.

Pour les expéditions, chaque bureau doit être accompagné d'un convoyeur muni des factures d'expédition. Le commandant militaire du port d'expédition est tenu d'établir un bordereau de chargement tenant lieu de lettre de voiture, qui présente l'énumération des factures d'expédition.

III

Transports maritimes.

On a recours à ces transports en cas d'expédition lointaine, ou même en temps de paix, pour les envois de troupes et de matériel aux colonies. Ils forment le début de toutes les opérations, et de leur fonctionnement dépend la possibilité même d'entreprendre celles-ci.

Dans les expéditions qui peuvent n'être pas très éloignées, mais néanmoins se passer au delà d'une mer, c'est par transports maritimes que l'on assure la liaison entre le corps expéditionnaire et la mère patrie ou la colonie chargée de le ravitailler. C'est au point de débarquement des navires que s'établit la base des opérations, la station-magasin primordiale d'où sont expédiés ensuite tous les approvisionnements (exemples : expédition de Madagascar, port de Majunga; expédition du Maroc, port de Casablanca). Leur action peut être combinée avec celle du chemin de fer par un recours à la navigation de cabotage (exemple : expédition de 1907-1908 contre les Beni-Snassen, ports de Nemours, de Port-Say, gares origines d'étapes de Tlemcen et de Turenne).

C'est le service de l'intendance qui est chargé d'organiser ces transports. Il doit choisir les navires, d'après les besoins qui lui sont communiqués, les affréter, signer les conventions, assurer la plus grande partie des chargements. Ces divers actes donnent lieu à un grand nombre d'opérations que le sous-intendant exécute seul ou assisté de commissions. Un règlement spécial détermine dans quelles conditions tout doit se passer. L'étude de ce règlement sort du cadre de ce cours. Son application n'est du reste pas différente en temps de guerre et en temps de paix, à part le droit de requérir des navires qui est ouvert de lui-même dans le premier cas.

IV

Transports par voitures. — Convois.

Il serait imprudent de considérer comme secondaire l'emploi des convois sur routes. On a déjà signalé la consommation énorme de voitures que fit l'armée allemande en 1870. Dans la région de France la plus sillonnée de voies ferrées, le chemin de fer a été absolument insuffisant à effectuer les transports, et les troupes n'ont pu être alimentées que par des convois attelés, les réunissant à des gares de ravitaillement distantes parfois de plus de 100 kilomètres. Il y a là un besoin réel des armées; rien ne permet de penser qu'il ira en diminuant.

1° Rendement des voitures.

Diverses voitures. — Un matériel roulant très important est affecté aux services administratifs et, en particulier, à celui de l'alimentation. En dehors des voitures spéciales de boulangerie ou de boucherie, ce matériel comprend trois types principaux de voitures : le fourgon, le chariot de parc et la voiture de réquisition.

Les fourgons à deux chevaux, conduits en guides, constituent entièrement les trains régimentaires; ils entrent pour une forte proportion dans le convoi administratif (53 par section de 160 voitures). Leur charge normale est de 850 kilogrammes, et leur contenance est d'environ 1.100 rations de pain ou pain de guerre (avec le même nombre de rations de petits vivres), ou 2.000 rations de viande de conserve à 300 grammes, ou 150 rations d'avoine. (Voir les contenances exactes dans les aide-mémoire.)

La caractéristique du fourgon est d'être une voiture complètement fermée. Il convient aux denrées qu'il est indispensable d'abriter.

Il existe deux modèles de fourgons : le fourgon à vivres et le fourgon à bagages, qui ne diffèrent guère que par ce fait que le dernier est suspendu, ce qui lui donne forcément une forme et une capacité un peu différentes.

Le chariot de parc est une voiture à trois chevaux, qui se trouve dans le convoi administratif à raison de 19 par section; sa charge normale est de 1.350 kilogrammes; le rendement est plus faible que celui des fourgons. Il est surtout employé à transporter de l'avoine.

Le chariot de parc présente une surface de plate-forme supérieure à celle du fourgon, mais il n'est pas couvert, et les denrées ne peuvent y être protégées de la pluie que par une bâche.

En principe, les voitures de réquisition, qu'on emploie aux convois réglementaires, sont des voitures à deux chevaux, assimilables comme contenance aux fourgons. Elles constituent à peu près la moitié des voitures du convoi administratif et la totalité de celles du convoi auxiliaire; dans ces organes, voitures et attelages sont requis pour toute la campagne et conduits par des troupes du train.

La contenance des voitures de réquisition varie suivant leurs dimensions et leurs formes. Les tableaux de réquisition les classent en diverses catégories : voitures à deux roues ou à quatre roues, à un cheval ou à deux chevaux, couvertes ou bâchées, etc. En gros, on admet qu'une voiture ordinaire à deux chevaux est capable de recevoir le même chargement qu'un fourgon de train régimentaire. Elles sont cependant en général de capacité supérieure.

Les convois éventuels sont également formés de voitures de réquisition, mais prises seulement pour un temps restreint; alors, les conducteurs sont aussi requis et simplement encadrés.

Le cadre comprend en général : 1 brigadier pour 25 voitures, 1 sous-officier pour 50, 1 officier pour 200, fournis par la compagnie du train affectée au commandement d'étapes sur le territoire duquel a été effectuée la réquisition.

Durée de chargement des voitures. — Le chargement peut être effectué par une équipe de 4 à 6 hommes, y compris les conducteurs. Celui du fourgon exige, en moyenne, 7 minutes pour les denrées en sacs, 12 minutes pour les denrées en caisses, 15 minutes pour le pain en vrac.

Chargement des convois réglementaires. — Les voitures des trains régimentaires et du convoi administratif sont chargées conformément à des *tableaux de chargement*, qui constituent un document de mobilisation.

Les fourgons des trains régimentaires sont chargés très diversement suivant les unités auxquelles ils appartiennent; souvent, ils comprennent un chargement mixte; cependant, dans les corps d'infanterie, une moitié du chargement est absorbée par le pain et, dans les troupes à cheval, les deux tiers le sont par l'avoine.

Les denrées du convoi ne sont pas chargées non plus de façon uniforme; dans chaque section, on compte approximativement :

53 fourgons, chargés de pain;

19 chariots de parc, chargés d'avoine;

88 voitures de réquisition à deux chevaux, chargées d'avoine, de conserves, de petits vivres, de lard.

Total : 160 voitures.

La répartition des denrées sur les voitures peut, d'autre part, s'exprimer comme il suit :

Pain, petits vivres et lard : 60 voitures, dont tous les fourgons;

Conserves de viande : 25 voitures de réquisition;

Avoine : 75 voitures, dont tous les chariots de parc.

Ces chiffres sont d'ailleurs susceptibles de variations avec les effectifs des corps d'armée.

Dans le convoi auxiliaire, les 180 voitures nécessaires au transport d'un jour de vivres se répartissent d'une manière analogue, en augmentant légèrement le nombre des voitures de pain et surtout en majorant le nombre des voitures d'avoine, en raison du remplacement des fourgons et des chariots de parc par des voitures de réquisition.

Les convois administratifs sont, dans chaque section, chargés par nature de denrées. On s'est demandé s'il n'y avait pas lieu de constituer un lotissement différent des chargements et d'avoir, dans chaque section, des groupes de voitures portant 1 jour de vivres pour les grands éléments, divisions d'infanterie ou E. N. E. Cela pourrait simplifier la distribution aux trains régimentaires. En revanche, cela compliquerait le chargement du convoi administratif aux gares de ravitaillement.

Les convois éventuels sont chargés d'après la nature et le nombre des voitures qui les constituent. On tâchera de se rapprocher du convoi réglementaire. On opérera le chargement par rames d'unités si, exceptionnellement, un convoi de réquisition est amené à desservir directement des trains régimentaires.

Le ravitaillement des trains régimentaires au convoi administratif est naturellement plus souple que celui qui s'opère à la voie ferrée, par suite de la facilité de diviser l'organe ravitailleur, et de l'étendre, pour ainsi dire, à volonté. Certaines voitures du CV.AD. devront se vider entièrement dans celles du T. R. Pour celles-là, l'opération sera simple et rapide. Il suffira de faire placer les voitures du convoi à une distance assez grande les unes des autres (par exemple, sur une route, si on ne dispose pas de terrain étendu au voisinage de l'endroit choisi comme point de contact), et d'intercaler entre elles les voitures vides du T. R., dos à dos. Au bout d'un quart d'heure, le transbordement est opéré sur toute la longueur du convoi, à condition que l'on puisse placer à chaque couple de voitures un homme du convoi, pour compter les denrées prises. Comme ce n'est pas le cas général, on opérera, par exemple, par denrées successives; on fera prendre ainsi tout le pain par tous les T. R. simultanément, puis toute l'avoine, puis tous les petits vivres, ce qui durera environ trois quarts d'heure. Un dernier quart d'heure sera occupé par la deuxième opération, le chargement des appoints, c'est-à-dire des fractions de voitures, en toutes denrées.

Un ravitaillement au convoi, bien conduit, peut ainsi se faire en une heure. La difficulté réside dans les mouvements préalables des voitures des T. R., nécessaires pour leur faire prendre les formations correspondant exactement à la méthode adoptée. Il n'existe malheureusement pas de règlement de manœuvres des T.R., et il est difficile de faire mouvoir rapidement ces colonnes mal cohérentes et peu homogènes.

Bien d'autres procédés peuvent être adoptés. On peut, par exemple, — et cela est surtout facile lorsqu'il est possible d'étaler le convoi et les T.R. sur un vaste terrain, — diviser le CV.AD. en fractions correspondant à un certain nombre des unités à ravitailler et faire charger ces dernières simultanément. Comme les unités ne sont pas d'importance égale, il reste toujours quelques denrées qu'il n'a pas été possible de servir au moment voulu, et qui exigent le retour d'unités déjà servies.

Tous ces actes, qui sont d'ordre *technique* au premier chef, incombent au sous-intendant du convoi administratif, dans leur préparation, et dans leur direction sur le terrain.

La durée des ravitaillements serait singulièrement diminuée si convois administratifs et trains régimentaires étaient constitués uniquement d'une même espèce de voitures, des fourgons par exemple, et si, au lieu d'un transbordement de denrées sac par sac, presque ration par ration comme on fait pour le pain, on se contentait d'échanger des voitures pleines contre des vides. Bien des propositions ont été faites en ce sens, et elles paraissent très séduisantes. Il ne faut pas se dissimuler néanmoins que bien des difficultés viennent troubler la simplicité de cette conception. D'abord des difficultés d'ordre administratif : les voitures, mal surveillées, seront vite détériorées; tout ce qui, sur elles, n'est pas lié au corps de la voiture, les rechanges, par exemple, disparaîtra en deux jours Personne n'acceptera la responsabilité de ce matériel, dont une prise en charge régulière serait presque aussi longue qu'un transbordement. En outre, les corps seraient obligés d'accepter les denrées remises sans vérification, sur déclaration du convoyeur du convoi administratif; ils seraient obligés de n'avoir que des voitures complètement pleines ou entièrement vides, des chargements uniformes, ce qui enlèverait beaucoup de la souplesse nécessaire à une unité qui, telle que le T.R., ne peut, à cause de la mission variable qui lui incombe, conserver longtemps sa composition réglementaire. Chaque corps s'arrange un peu suivant ses besoins et sa commodité particulière, et il est bien rare de voir arriver à un ravitaillement des T. R. chargés de la même façon ou entièrement vides. On trouve toujours au fond des fourgons soit des denrées de reste, soit des objets d'une autre nature dont on ne pourrait pas éviter le transbordement.

Le ravitaillement serait abrégé, certes, mais sa durée serait encore très appréciable, à cause de la nécessité de faire des appoints, de servir les corps séparément, etc. On ne pourrait plus utiliser les voitures de réquisition, et il résulterait de l'achat d'une aussi grande quantité de fourgons une dépense considérable qui pourrait être mieux employée à autre chose. Enfin, toutes les mesures prises deviendraient illusoires si les convois ravitailleurs faisaient usage de camions automobiles; tout le système se détraque même si les circonstances amènent tout simplement à introduire, ne fût-ce qu'à la suite d'accidents, quelques voitures d'un modèle différent dans le convoi administratif.

Bref, la question est complexe, et il est fort douteux que l'interchangeabilité des voitures suffise à simplifier les ravitaillements.

2° Modes d'exécution des transports sur routes.

Les organes de transport affectés au service de l'avant ne doivent jamais, dès qu'ils entrent normalement en jeu, s'écarter beaucoup des formations qu'ils desservent, de façon à pouvoir les rejoindre périodiquement, soit pour assurer des ravitaillements ou des distributions, soit pour suivre les troupes à titre de réserve roulante.

Au contraire, lorsqu'on doit organiser des transports sur routes avec la seule préoccupation de faire arriver à destination des approvisionnements, les moyens de transport doivent être échelonnés sur les routes suivies, y faire un mouvement de navette, de façon à ne pas s'accumuler en certains points et, enfin, revenir périodiquement à l'endroit d'où ils sont partis.

C'est ainsi que, sur une route d'étapes, un jeu de convois est organisé sur chacune des parties de la route comprise entre la gare origine d'étapes et le premier gîte principal, puis de ce gîte principal au suivant, et ainsi de suite jusqu'à la tête d'étapes. Chacune de ces parties de route s'appelle *transit*.

L'instruction sur les services de l'arrière indique divers modes d'organisation des convois que nous allons passer en revue en en donnant des exemples.

Les trois premiers modes s'appliquent à des transports entre deux points fixes. Pour les étudier, nous supposons qu'il s'agit de faire parcourir à un convoi la distance comprise entre deux gîtes principaux (GP) A et E, distance jalonnée par trois gîtes d'étapes (GE) B, C et D.

1° *Transports par convois proprement dits.* — On requerra che-

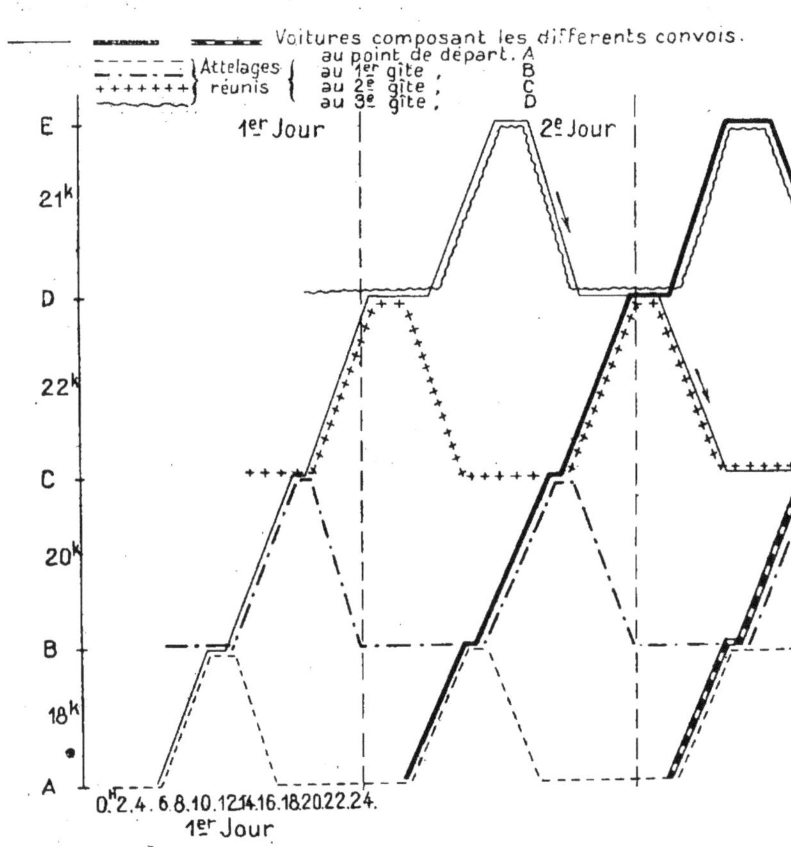

Transport par

des voitures à leurs propriétaires.
chevaux
Trajets des voitures à vide
4e Jour
5e Jour
6e Jour

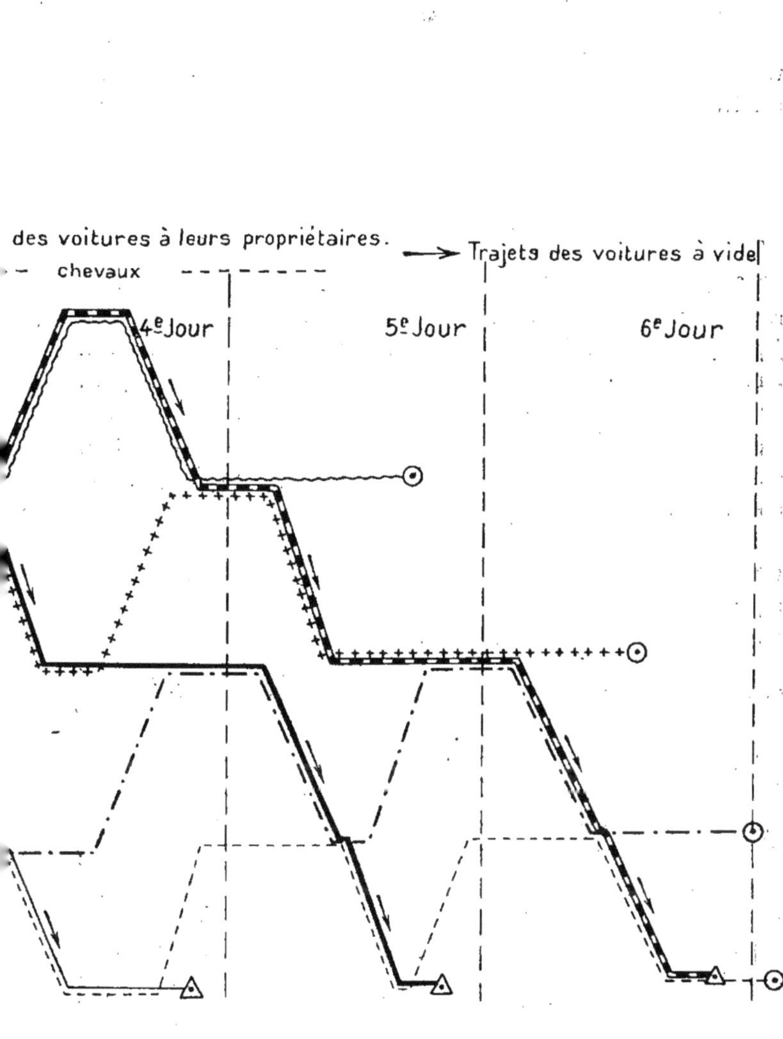

ttelages. — II.

vaux et voitures en A et on en constituera un convoi qu'on dirigera sur E.

GP	GE	GE	GE	GP
A	B	C	D	E

Les voitures y arriveront en quatre jours, s'y déchargeront, puis reviendront à vide, en doublant les étapes. Il faudra donc quatre jours pour l'aller, deux pour le retour et un jour de repos, soit au total sept jours; le même convoi pourra repartir le huitième jour.

Si on admet que le convoi comporte deux jours de vivres, c'est-à-dire 300 voitures à deux chevaux (1), il faudra requérir 7 fois 300, ou 2.100 voitures, et 4.200 chevaux, le tout au gîte principal A et dans les environs.

Dans un pays agricole moyennement peuplé, on admet qu'on trouvera par kilomètre carré six voitures à deux chevaux. Il faudra donc exercer la réquisition dans 700 kilomètres carrés, autrement dit dans un rayon de 15 kilomètres autour de A.

2° *Transport par relais alternatifs de voitures.* — On met en route le premier convoi comme dans le cas précédent et on organise en B, en même temps qu'en A, un convoi de voitures attelées, et vides, de même importance. Les approvisionnements arrivés en B le premier jour au matin sont chargés sur les voitures requises en B et peuvent, le même jour, arriver en C pendant que les voitures parties de A reviennent à vide à leur point de départ. Et ainsi de suite : le lendemain, les voitures réquisitionnées en C et D conduiront les denrées jusqu'en E.

Les approvisionnements parcourront deux étapes par jour; ils seront transbordés à chaque étape, ce qui nécessitera du personnel et produira des avaries et des manquants. Il faudra réquisitionner 300 voitures et 600 chevaux à chacun des gîtes, en admettant qu'elles puissent, chaque jour, recommencer un voyage jusqu'au gîte suivant. La réquisition porte ainsi sur toute la longueur de la route et est également échelonnée sur toute la durée du trajet.

---

(1) Ce chiffre et les suivants sont choisis simplement pour fixer les idées. Il est clair qu'on ne constituerait pas un seul convoi d'une pareille longueur, et que l'expédition serait fractionnée en plusieurs convois, séparés au moins par un intervalle de quelques heures.

3° *Transport par relais alternatifs d'attelages.* — Si, au lieu de transborder les approvisionnements en B comme dans le cas précédent, on se borne à les laisser dans les voitures et à changer les attelages, on évite une opération délicate et on gagne du temps, ce qui permet de faire progresser le chargement de trois étapes dans une même journée.

Les attelages reviendront en arrière soit seuls, au début, soit en ramenant des voitures vides.

Le mouvement des attelages et des voitures devient un peu plus compliqué à suivre, et, pour se rendre compte de ce qu'il est nécessaire de réquisitionner en chaque endroit, il est bon d'avoir recours à un graphique analogue à ceux qui sont en usage dans les chemins de fer pour figurer la marche des trains, c'est-à-dire dans lequel on porte en abscisses les temps et en ordonnées les distances.

Un exemple de ce graphique est donné. Des signes distinctifs permettent d'y suivre la marche des différents convois. On y verra, pour ainsi dire, les attelages faire la navette entre deux gîtes consécutifs, pendant que les voitures suivent, sans presque s'arrêter, le trajet d'un bout à l'autre (page 424) (1).

Il est intéressant, également, de suivre le trajet de retour des voitures et des attelages. Comme toutes les voitures partent de A, il faudra les y ramener toutes. On utilisera, naturellement, les attelages qui redescendent à vide. (On admet que des chevaux ayant fait une petite étape peuvent la refaire — ou la doubler — à la condition de ne plus traîner que des voitures vides.) Mais ceci ne sera pas possible les derniers jours, et tous les chevaux seront obligés de revenir jusqu'en A conduire les dernières voitures auxquelles ils auront été attelés. Il leur faudra ensuite revenir seuls à leur point de rassemblement. C'est ainsi que les attelages réunis en D et commençant à marcher le second jour, se trouveront en A, avec leurs voitures vides, le 6ᵉ jour, et ne pourront être rentrés que le 7ᵉ au plus tôt, sans journée de repos. En revanche, les chevaux rassemblés en A seront rendus le 3ᵉ jour (graphique I).

On peut d'ailleurs éviter ce long mouvement de retour en relayant les attelages pour les voitures vides comme pour les voitures pleines, mais en sens inverse. On obtient alors un second graphique

(1) Les attelages réunis au gîte C sont représentés, sur le graphique I, par des lignes de petites croix + + +, et non par une ligne pointillée, comme le dit à tort la légende.

(page 440). Les chevaux ne sortent plus, alors, de leur navette habituelle. Ceux des stations A B achèvent de travailler le 6e jour; ceux de la station C, le 5e; ceux de la station D, le 4e. Les différences dans les heures de retour des voitures vides ont pour cause une différente répartition des repos des chevaux.

Il aura fallu, pour transporter, d'après ce procédé, trois fois un jour de vivres pour deux corps d'armée, 600 chevaux réunis en chaque gîte, et 900 voitures, à trouver dans les environs du point de départ, à raison de 300 par jour. C'est une mauvaise utilisation des ressources d'une région que de prendre toutes les voitures d'une région, sans leurs chevaux, et ailleurs tous les chevaux, sans leurs voitures. Mais les circonstances peuvent l'imposer.

Il va sans dire que ce mode de transport n'est exécutable que si, dans toutes les régions de réquisition utilisées, dans le pays avoisinant les gîtes, les voitures sont attelées et conduites de la même façon.

4° *Transports par relais successifs.* — Ce mode de transport s'applique lorsqu'il s'agit de faire parvenir des approvisionnements d'un point fixe à un point mobile. Ce sera le cas d'un transport entre le dernier gîte d'étapes et la tête d'étapes, ou entre une boulangerie de campagne temporairement immobilisée et les équipages d'une troupe s'éloignant d'elle.

Supposons donc une boulangerie installée et fonctionnant en O et un corps d'armée se déplaçant, de façon à occuper chaque jour les positions A, B, C, etc.

Le 1er mai au matin, un convoi part de O et ravitaille le corps d'armée en A; les attelages restent en A.

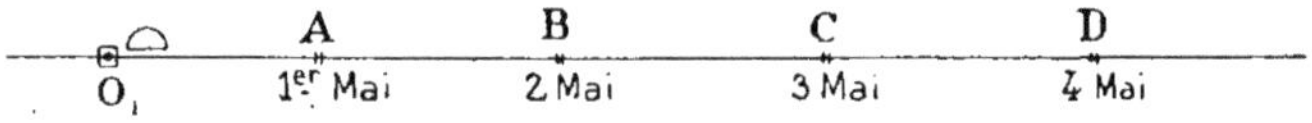

O	A	B	C	D
	1er Mai	2 Mai	3 Mai	4 Mai

Le 2 mai au matin, un convoi part de O, arrive, vers midi, en A, où ses attelages sont relayés par ceux qui sont arrivés la veille; il peut donc repartir immédiatement, et, le même jour, les approvisionnements arrivent en B. Leurs attelages restent en B, de même que ceux qui ont accompli le premier trajet restent en A.

Le 3 mai au matin, un troisième convoi part de O et les attelages sont successivement relayés en A et B par les attelages restés de la veille, ce qui permet au pain d'arriver dans la nuit du 3 au 4 en C.

Pour ravitailler le corps d'armée, le 4 mai, en D, par le même procédé, on voit qu'il ne suffira pas de faire partir un convoi le 4; il aura fallu en faire partir un second le 3 et l'envoyer jusqu'en B par exemple. Il devrait d'ailleurs, pour cela, se faire relayer, en A, par les attelages du premier convoi du 3, qui, ayant couvert déjà une étape dans la même journée, ne seraient peut-être pas en état d'en faire une seconde. Il faudra donc régler le dernier départ de façon à laisser à ces chevaux le temps de se reposer.

Ce procédé donne un fort rendement parce qu'il n'y a aucun temps perdu pour le retour à vide, qui s'effectue entièrement en fin de mouvement. Mais il exige une quantité considérable de voitures et de chevaux réunis tous au point de départ, ce qui limite la durée de son emploi à quelques jours.

On ne peut se rendre un compte bien exact de ce qu'est un transport de ce genre qu'en en établissant le graphique. On a simplifié l'exemple donné en supposant que les convois marchent toujours avec la même vitesse, que les ravitaillements se font aux mêmes heures, toujours à la même distance du centre des cantonnements, qu'il n'y a point de jours de repos. Ce sera encore bien suffisant pour se faire une idée de la complication de ce problème et du résultat qu'on peut espérer (page 456).

Ce graphique ne peut devenir clair que si les différents organes de transport y sont représentés par des traits de couleurs différentes. Il y aura donc lieu de passer au crayon de couleur les traits noirs qui le composent, conformément aux indications qu'il porte et à mesure que le texte est lu. (Passer un trait de couleur pointillé pour les chevaux, un trait plein pour les voitures.)

On suppose que la route de Neufchâteau à Etain fait partie d'une ligne d'étapes et qu'un corps d'armée (de 40.000 rationnaires) la suit en s'arrêtant dans les gîtes donnés. Son trajet est indiqué par de gros traits noirs. Le ravitaillement est supposé exécuté chaque jour à 6 ou 7 kilomètres en arrière du centre des cantonnements; le trajet des T. R. est marqué par un trait noir léger.

A Neufchâteau est établie une boulangerie de fours de construction et de fours civils requis. Le sous-intendant qui assure la fabrication devra, en même temps, faire parvenir tous les jours aux T. R. le pain fabriqué. Il devra établir une demande au commandant d'étapes pour les voitures et les attelages à requérir et mettre lui-même ses convois en route. Les choses pourront se passer comme il suit :

Le premier jour, les T. R. se chargent à Neufchâteau même. Il est inutile de recourir à un convoi. Le deuxième, un convoi ordinaire ira ravitailler à Autreville et reviendra, accomplissant un trajet de 26 kilomètres sans intérêt.

Le 3, mise en route d'un convoi de voitures bleues traînées par des chevaux bleus. La première étape étant faible (19 kilomètres), on pourra, le premier jour, atteindre le centre de ravitaillement en arrière de Bicqueley, qui constituera le premier gîte pour tous les convois partis ultérieurement de Neufchâteau. En ce point, le convoi est déchargé, chevaux et voitures vides restent sur place.

Le même jour, dans la soirée, départ d'un deuxième convoi, chevaux et voitures rouges. Il arrivera en arrière de Bicqueley après le ravitaillement, et y cantonnera.

Le 4, départ de Neufchâteau d'un convoi vert, qui va jusqu'à Bicqueley. En ce dernier point, les chevaux bleus seront attelés aux voitures rouges et iront ravitailler à Ménil-la-Tour. En arrivant à Bicqueley, le convoi vert dételera; les chevaux cantonneront. Les voitures seront immédiatement emmenées par les chevaux rouges jusqu'à Ménil-la-Tour, où le convoi tout entier cantonnera. (Pour que cela soit possible, il suffit que le convoi vert soit parti de Neufchâteau vers midi. Les chevaux rouges d'ailleurs, arrivés à Bicqueley le 3 vers 8 ou 9 heures du soir, repartant le 4 vers 6 heures, auront eu un repos suffisant.)

Le 5, répétition des mêmes événements. Départ de Neufchâteau d'un convoi bistre vers 6 heures du matin. Arrivés à Bicqueley vers midi, les chevaux bistres sont remplacés par les chevaux verts, qui font l'étape jusqu'à Ménil-la-Tour, où les chevaux rouges prennent leur place jusqu'à Essey-Mézeray, où se termine l'étape du convoi. Pendant ce temps, les chevaux bleus ont pris, à Ménil-la-Tour, les voitures vertes et ont été au ravitaillement d'Essey-Mézeray. Un convoi noir part de Neufchâteau vers 6 heures du soir et va coucher à Bicqueley.

Et ainsi de suite. L'emploi d'un graphique de ce genre permet de toujours établir sans peine la situation et de prévoir les jours et heures de départ des convois nécessaires pour parvenir chaque jour au ravitaillement du T. R. à l'heure voulue. Pratiquement, il sera prudent de ne pas s'en tenir à la rigidité du graphique et de laisser quelque « battement » pour permettre aux convois de rattraper le temps perdu par des causes accidentelles.

Le retour des voitures se prévoit de même avec la plus grande facilité. Si, par exemple, on admet que le chemin de fer redevient disponible à Etain, le dernier ravitaillement se fera à Conflans. En doublant les étapes pour le retour à vide, on voit qu'il faudra faire ramener les voitures bleues par les chevaux noirs dès le 6, les voitures bistres par les chevaux rouges le 7 et le 8, etc. Les chevaux bleus ramèneront enfin les voitures noires et les convois pourront être tous licenciés le 10 au soir.

En somme, pour procéder au ravitaillement pendant six jours, il aura fallu cinq convois de 50 voitures (à 1.000 rations) et de 100 chevaux, tous rassemblés à Neufchâteau et mis en route aux dates suivantes : un le 2 (premier jour du ravitaillement par convois), deux le 3, un le 4, deux le 5. Les chevaux noirs n'auront été requis que pendant vingt-quatre heures; les chevaux bleus auront marché pendant huit jours consécutifs.

L'essentiel à retenir de cet exemple, un peu théorique, est qu'il ne faut pas se borner à une règle générale pour les expéditions et qu'il sera bien préférable d'établir un graphique qui indiquera sans erreur possible, si on l'étudie soigneusement, le nombre de convois nécessaires, leur utilisation, etc.

Ce graphique, établi en sens inverse de sa lecture, c'est-à-dire en commençant par se donner le point, le jour et l'heure d'arrivée des convois, qui sont les événements futurs, fait connaître, finalement, l'heure exacte du départ qui en résulte — d'où l'on doit conclure les mesures à prendre pour que ce départ soit possible au moment nécessaire.

On voit, en particulier, sur l'exemple choisi, quelle serait l'erreur d'un sous-intendant qui, ayant à assurer la remise journalière d'un jour de pain à un corps d'armée en marche, *ne ferait fabriquer journellement qu'un jour de pain.* Il lui en faut deux jours à expédier le 3 et le 5, et pour sept jours de fourniture il ne dispose que de cinq journées de fabrication. Exemple net de la répercussion des transports sur la production, et qui montre à quel point ces deux services sont liés.

3° Convois des étapes.

Le problème des convois ne présente une véritable acuité que lorsqu'il s'agit de faire parvenir d'un point fixe, gare origine d'étapes, par exemple, ou centre de fabrication, un ravitaillement journalier à une troupe qui *se déplace avec régularité*.

« Continuez à faire à Varsovie de 25 à 30.000 rations de biscuit par jour, écrivait Napoléon à Daru, en février 1807, à la veille d'Eylau, mais bornez-vous à remplir vos magasins. Vous ne devez pas vous dissimuler que, de tout ce que vous avez envoyé à l'armée, rien n'y est arrivé, parce que l'armée a toujours marché, au lieu que, si cela avait pu partir en même temps que l'armée, elle eût été abondamment pourvue. »

« Pour recevoir régulièrement des distributions de pain, dit de son côté le maréchal Marmont, il faut que l'armée soit stationnaire ou en retraite, restant toujours à la même distance de ses magasins, ou en s'en rapprochant. Si, marchant en avant, elle s'éloigne d'une manière constante, l'opération est impraticable pour tout intendant, si habile qu'il soit (1); car les convois ne peuvent aller plus vite que l'armée, et ils la suivent toujours à la même distance qu'au moment de leur départ; à chaque nouvelle expédition de convoi, la distance augmentant, la difficulté devient plus grande. »

Il est difficile de mieux poser le problème. Mais, de nos jours, on en a trouvé la solution. Elle consiste toujours à *réaliser un moyen de transport qui se déplace plus rapidement que la troupe*. Allonger les étapes des convois, organiser des relais, imaginer un artifice quelconque, tendent toujours à ce but : augmenter la vitesse journalière du convoi.

Dans l'organisation d'une ligne d'étapes, tous les efforts seront faits en vue de l'obtention de ce résultat. Une exploitation intensive des ressources locales diminuera la distance à faire parcourir aux approvisionnements pour atteindre l'armée en marche. Elle est la raison d'être des gîtes principaux et des gestions de têtes d'étapes. On y drainera tout ce qu'il sera possible de trouver dans le voisinage, et qui sera toujours autant de moins à traîner sur les routes.

L'augmentation de la vitesse journalière des convois a comme conséquence forcée une *augmentation du débit de la source où ils s'approvisionnent*. Si nous assimilons la gare origine d'étapes à un

(1) Cette incidente semble prouver que Marmont, qui ne manquait pas d'une certaine compétence, reconnaissait les intendants capables de résoudre avec succès d'autres problèmes plus simples, qu'il admettait tout au moins que la lutte contre ces difficultés rentrait dans leurs attributions et leurs capacités. C'est une idée qu'on aimerait à voir se répandre à nouveau aujourd'hui.

robinet par lequel passerait en un jour une certaine quantité de liquide se dirigeant sur la tête d'étapes, il devient évident que, si on augmente la vitesse de ce liquide entre G. O. E. et T. E., la quantité qui en passera chaque jour par le robinet augmentera proportionnellement. Cela ne veut pas dire que la consommation sera plus grande à la tête d'étapes; l'armée ne consommera toujours qu'un jour de vivres par vingt-quatre heures. L'excédent restera échelonné sur les routes, qui s'allongent journellement. Cette surproduction aura sa contre-partie plus tard, le jour où la T. E. deviendra fixe. On pourra alors cesser pendant quelques jours tout écoulement à la G. O. E., la T. E. n'en aura pas moins son compte; elle recevra, successivement, tous les approvisionnements qui sont déjà en route pour la rejoindre.

Pratiquement, — on le verrait en établissant un graphique complet du mouvement des convois administratifs, auxiliaires et éventuels pendant une dizaine de jours, — pratiquement, on admet que l'expédition journalière par l'origine d'étapes doit comprendre deux jours de vivres. Le rendement des moyens normaux de fabrication, la durée des chargements dans les magasins, des transbordements dans les gares, les difficultés de la réunion, de la mise en marche, de la conduite de nombreux convois, surtout sur une seule route, empêchent d'ailleurs de dépasser ce chiffre (2 jours de vivres, pour une armée de 4 corps d'armée, représentent au moins 1.500 voitures).

Cette manière de poser le problème — comparaison de deux vitesses — en indique immédiatement la solution la plus radicale et la plus élégante. C'est de constituer les convois qui prolongent les chemins de fer en voitures douées d'une vitesse supérieure. La solution sera d'autant plus simple et d'autant meilleure que cette vitesse sera plus grande. On a été ainsi amené à proposer la création immédiate de chemins de fer à voie étroite sur les routes d'étapes. Ce serait bien long, bien coûteux et bien encombrant. Il semble qu'il y a mieux à faire et qu'un avenir prochain permettra de constituer les convois du service des étapes en camions automobiles.

Cette question est examinée un peu plus loin.

En revanche, cette même comparaison montre avec trop d'évidence que le problème sera absolument insoluble là où aucun artifice ne permettra d'accélérer la vitesse de la denrée expédiée. Or, il n'existe pas de moyen de faire faire à un bœuf plus de 30 kilomètres par jour. On peut donc affirmer que les troupeaux de bétail partant de l'origine d'étapes ne parviendront jamais à l'armée qui doit les consommer. Si le pays n'offre pas de lui-même de ressources suffisantes, il faudra absolument en venir à l'expédition de viande abattue, conservée par des procédés divers, ou même fraîche, si on dispose d'automobiles à viande, ou si on peut organiser des relais suffisamment rapides.

Enfin, il ne faut pas s'exagérer la valeur de la fameuse formule de la « vitesse des armées modernes ». Quelles que soient les intentions de leur chef, les armées ne sauraient marcher toujours sans s'arrêter, par étapes régulières de 20 kilomètres. Il y aura des ralentissements, des repos, des combats, des mouvements latéraux, des séjours pour repos et pour reconstitution d'effectifs ou de matériel.

Les services de l'arrière profiteront du moindre ralentissement, de tous les repos, de tous les séjours, pour pousser à l'avant les approvisionnements que leur prudence aura accumulés, et qui parviendront certainement aux troupes; leur arrivée n'est plus qu'une question de nombre de voitures.

De quelque façon qu'on l'envisage, la question des transports par voitures fait donc ressortir beaucoup de difficultés. Elle est cependant la partie essentielle du ravitaillement sur routes d'étapes. C'est surtout à son sujet qu'il faudra faire application des sages conseils du règlement sur les services de l'arrière :

> Pour donner satisfaction en temps opportun aux multiples besoins des troupes d'opérations, le personnel des services de l'arrière devra toujours prendre la plus large initiative dans la limite des instructions générales du commandement...

4° Administration des convois.

L'administration des convois administratifs et auxiliaires ne soulève aucune difficulté particulière. Ils sont desservis par des troupes régulières, troupes de première ligne ou troupes d'étapes, chaque section de convoi étant attelée par une compagnie du train. Il en est autrement des convois éventuels parce que, là, on ne se borne plus à requérir, au début de la mobilisation ou quand le besoin s'en fait sentir, des chevaux et des voitures qui, dès lors, sont considérés comme du matériel de guerre; on requiert aussi des conducteurs. Quelquefois, au lieu de les requérir, on traite avec eux; on passe, par exemple, des marchés avec des entrepreneurs, lorsque les circonstances le permettent. De toute façon, on est amené à une certaine modalité administrative indépendante d'ailleurs des formalités qu'exige la réquisition, lorsqu'on y a recours.

Les *transports par marchés* peuvent s'appliquer à des services locaux (camionnages, etc.) et quelquefois à des transports sur routes d'étapes, lorsque celles-ci sont assez sûres.

Ce sont les chefs de service compétents qui passent les marchés avec l'autorisation du directeur des étapes et des services. Celui-ci prévient les commandants d'étapes des marchés passés dans leur circonscription, afin qu'ils ne requièrent eux-mêmes les moyens de transport de l'entreprise que si ceux-ci ne sont pas employés ou si l'ordre de priorité des transports l'exige.

Il pourrait être passé des marchés généraux pour les transports afférents à tous les services, ainsi qu'on procède en temps de paix. Ces marchés seraient passés par le service de l'intendance.

L'administration de tous les équipages de réquisition est centralisée auprès du sous-intendant chef du service de l'intendance des étapes, par un *comptable des transports éventuels* des étapes, désigné par le directeur des étapes et des services, sur la proposition de l'intendant d'armée.

Ce comptable est représenté à toute gare origine d'étapes et à chaque gîte principal par un délégué, désigné par les mêmes autorités, parmi le personnel déjà employé à ces organes.

En toutes circonstances, même en pays ennemi, il est alloué aux conducteurs une solde journalière (fixée par le commandant de l'armée) et une ration de vivres. De plus, les chevaux reçoivent une ration de fourrages.

Pour le paiement de cette solde, le comptable perçoit des fonds au Trésor sur mandat d'avance; il fait des avances aux divers délégués et ceux-ci, à leur tour, remettent aux chefs de convoi les sommes nécessaires pour le paiement du prêt (à terme échu et tous les cinq jours).

Ce sont les chefs de convoi qui établissent les bons pour la perception des vivres et des fourrages. Ils tiennent un contrôle mensuel des conducteurs et équipages administrés par leurs soins; ce contrôle fait l'office de feuille de journées et est adressé au comptable des transports.

Le chef de convoi ne paie jamais le loyer de l'équipage au conducteur: il se borne à délivrer un certificat de service individuel, au moyen duquel le propriétaire peut se faire éventuellement payer par l'intermédiaire de sa municipalité, au titre des réquisitions.

V

Transports automobiles.

L'armée française ne dispose pas, dès le temps de paix, du nombre de camions automobiles suffisant pour assurer ses besoins en campagne; ce n'est qu'à la mobilisation que sont constitués les convois par lesquels elle tirera parti de ce nouveau et puissant mode de transport. Il n'est, du reste, pas encore possible d'exposer en détail les éléments de cette organisation. Nous nous en tiendrons donc aux principes.

1° Emploi des convois automobiles.

Les convois automobiles viendront-ils peu à peu remplacer les convois à chevaux — qu'on commence à appeler fréquemment « convois hippomobiles » — dont nous venons de faire ressortir les insuffisances ? Il ne semble pas qu'on doive s'engager entièrement dans cette voie.

Il n'est, en effet, jamais prudent de conserver au milieu des troupes des mécanismes délicats et sujets à dérangement. Malgré les progrès journaliers de la mécanique, les moteurs à essence, les châssis même des camions sont des organes susceptibles d'accidents, et qui ne peuvent être réparés, en général, avec des moyens de fortune. Le camion automobile ne pourrait pas, d'autre part, suivre les troupes partout où passe un train régimentaire, par exemple, bien qu'il ne faille pas croire que seules les grandes routes conviennent à la circulation automobile; un camion bien construit, muni de bandages en caoutchouc, passe par tous chemins. Mais les automobiles ne peuvent pas marcher avec le soldat, et prendre place dans les colonnes : à cause de leur vitesse, des nécessités de leur marche, petits arrêts, réparations légères, etc., elles doivent circuler à part. Pour ces raisons, les convois automobiles ne trouveront pas place au milieu des troupes.

Il serait déjà possible de les employer à l'arrière immédiat des corps d'armée, pour les convois administratifs par exemple. Une section ne comporterait plus alors qu'une cinquantaine de voitures, prêtes à rejoindre rapidement, presque intantanément, les trains régimentaires, le jour où le chemin de fer interromprait son apport régulier. Mais, là encore, la difficulté de marche en colonne des automobiles apporterait une gêne, et surtout le précieux mécanisme serait fort mal utilisé.

Le convoi administratif est, en effet, une *réserve*, à qui il suffit de suivre l'armée à la vitesse ordinaire de 20 kilomètres par jour, quitte à donner un effort et à fournir le double le jour où son intervention deviendra nécessaire. Ce ne sont pas là distances sur lesquelles s'exercerait utilement la capacité de vitesse de l'auto, et le cheval est bien suffisant pour un tel travail.

De même, lorsque, vidé, le CV.AD. fonctionne exclusivement comme organe de ravitaillement, les distances qu'il a à couvrir journellement ne justifient pas le recours au mécanisme.

C'est donc franchement à l'arrière qu'on maintiendra les convois automobiles. Là, ils rendront les plus précieux services. Toutes les fois que les gares de ravitaillement seront éloignées, lors même que le chemin de fer n'existera plus et qu'il faudra aller chercher les denrées à des magasins ou à des organes des étapes, le convoi automobile, qui peut couvrir 100 et même 120 kilomètres par jour, permettra de continuer les ravitaillements sans que le mouvement de l'armée soit ralenti. C'est là son véritable rôle, c'est là la place où il sera le mieux possible d'utiliser de façon avantageuse sa vitesse et sa puissance. Ces convois permettront également de rendre beaucoup plus sûr le ravitaillement des divisions de cavalerie, auxquelles l'extrême éloignement des centres possibles de distribution crée de grosses difficultés d'alimentation.

L'attribution des convois automobiles se fera donc, suivant toute vraisemblance, de la façon suivante.

Aux divisions de cavalerie : un convoi automobile pouvant porter un jour de vivres (300 quintaux environ) et toujours prêt à aller se ravitailler à une cinquantaine de kilomètres;

Aux corps d'armée : pas d'autre convoi que celui que nous avons signalé en traitant du service de la viande fraîche, c'est-à-dire quelques voitures spécialement aménagées rattachées aux parcs de bétail (et une section sanitaire automobile);

A l'armée, c'est-à-dire à la disposition du directeur des étapes et des services, tous les convois que l'on pourra organiser. Il est impossible d'en fixer dès maintenant le nombre et le rôle précis. Ils ne forment encore qu'un moyen de transport de plus, susceptible de prolonger la voie ferrée, et qui paraît devoir remplacer, au fur et à mesure des disponibilités, les convois auxiliaires, les convois éventuels des étapes, les convois de boulangerie (ceux-ci peut-être les premiers à établir) et même les convois administratifs d'armée.

2° Le camion automobile.

L'organe élémentaire du convoi automobile est le camion.

Les camions n'appartiennent pas à un type unique, ni même à un nombre très restreint de types. Ils sont extrêmement variés, suivant leur origine.

L'administration de la guerre ne possédant pas de camions en nombre appréciable, constitue, à la mobilisation, des convois des armées par voie de réquisition, comme elle le fait pour une grande partie de ses convois à chevaux.

Pour restreindre, précisément, l'hétérogénéité de convois ainsi formés, et en même temps pour développer dans le commerce et l'industrie la présence des camions en nombre suffisant pour n'avoir pas d'inquiétude au moment de l'entrée en campagne, on a imaginé le système des *primes*.

A tout propriétaire d'un camion automobile dont la forme générale et les propriétés sont définies par un programme spécial et sont constatées dans un recensement annuel, l'administration militaire paie une prime fixe assez élevée (de 2.000 à 2.600 francs), qui diminue pour le propriétaire la charge de l'achat, et une prime annuelle (de 1.000 à 1.200 francs), pendant trois ans, qui supporte une partie des frais d'entretien.

Ce système a donné d'excellents résultats : le commerce français possède actuellement, en service, et bien entretenu, un nombre qui commence à être élevé, de camions automobiles parfaitement aptes aux besoins des armées. Ce nombre augmente chaque année, et l'armée disposera ainsi, pour une dépense relativement peu élevée, du matériel nécessaire, *toujours en état* et *toujours de modèles récents*.

Ces dernières considérations sont essentielles, puisqu'il s'agit de mécanismes en pleine période de progrès, constamment perfectionnés, et qui ne pourraient rester inactifs en magasin sous peine de se détériorer. Les chevaux et les voitures ordinaires ne provoquent point de telles préoccupations. Ils sont arrivés, si on peut dire, à leur forme définitive, et existent en un petit nombre de types bien connus et classés suivant leur utilisation possible.

Les caractéristiques essentielles des camions automobiles aptes au service militaire peuvent se résumer en deux mots : être capables de porter une charge de 2.000 kilogrammes à une vitesse *moyenne* de 12 kilomètres à l'heure.

En fait, ces capacités de tonnage et de marche sont toujours dépassées.

D'autres obligations, garantissant le fonctionnement même du mécanisme et l'emploi du véhicule en campagne, sont imposées aux camions primés. Les plus intéressantes, au point de vue du service, sont celles qui se rapportent à la carrosserie.

Celle-ci doit comprendre une plate-forme de $3^{m},60$ de longueur sur $1^{m},70$ de large, bordée de ridelles de $0^{m},60$ de hauteur, et couverte par une bâche imperméable supportée par trois ou quatre cerceaux métalliques de $1^{m},60$ de hauteur au point le plus élevé.

Cette carrosserie est à trois fins, et rend le camion utilisable par trois services.

L'artillerie, qui a surtout à transporter de lourds matériels et des caisses, se contente de la plate-forme à ridelles.

Le service médical peut ramener sur ces camions quelques blessés sur brancards suspendus aux arceaux.

Enfin, l'intendance peut charger sur la plate-forme toutes denrées en caisses ou en sacs, et pour les denrées en vrac, transformer facilement le camion en un fourgon de circonstance : il suffit d'insérer au-dessus des ridelles des voliges de $0^{m},22$, qu'on trouve partout et qui se fixent avec la plus grande facilité avec quelques clous ou du fil de fer aux ranchets et aux arceaux. On peut aussi garnir

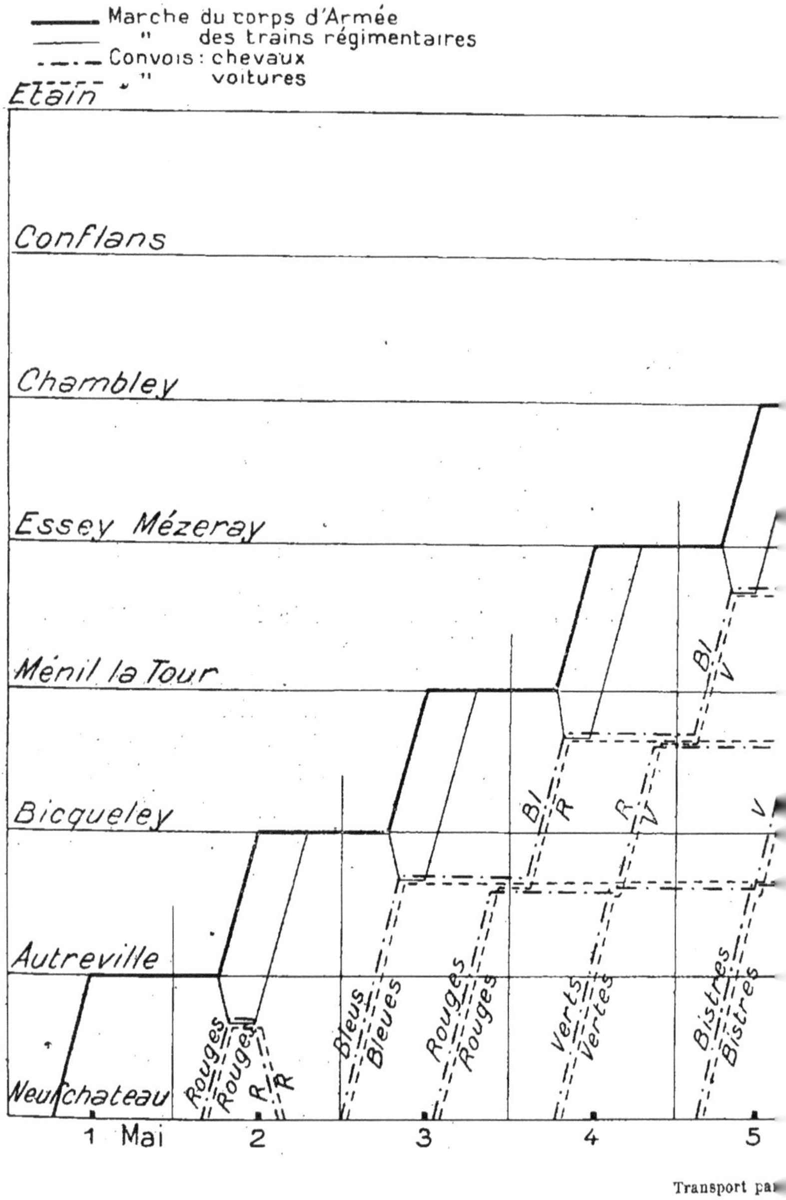

——— Marche du corps d'Armée
——— " des trains régimentaires
-·-·- Convois : chevaux
- - - " voitures

Etain

Conflans

Chambley

Essey Mézeray

Ménil la Tour

Bicqueley

Autreville

Neufchateau

Rouges Rouges R R Bleus Bleues Rouges Rouges Verts Vertes Bistres Bistres Bl R R V V Bl V

1 Mai 2 3 4 5

Transport pa

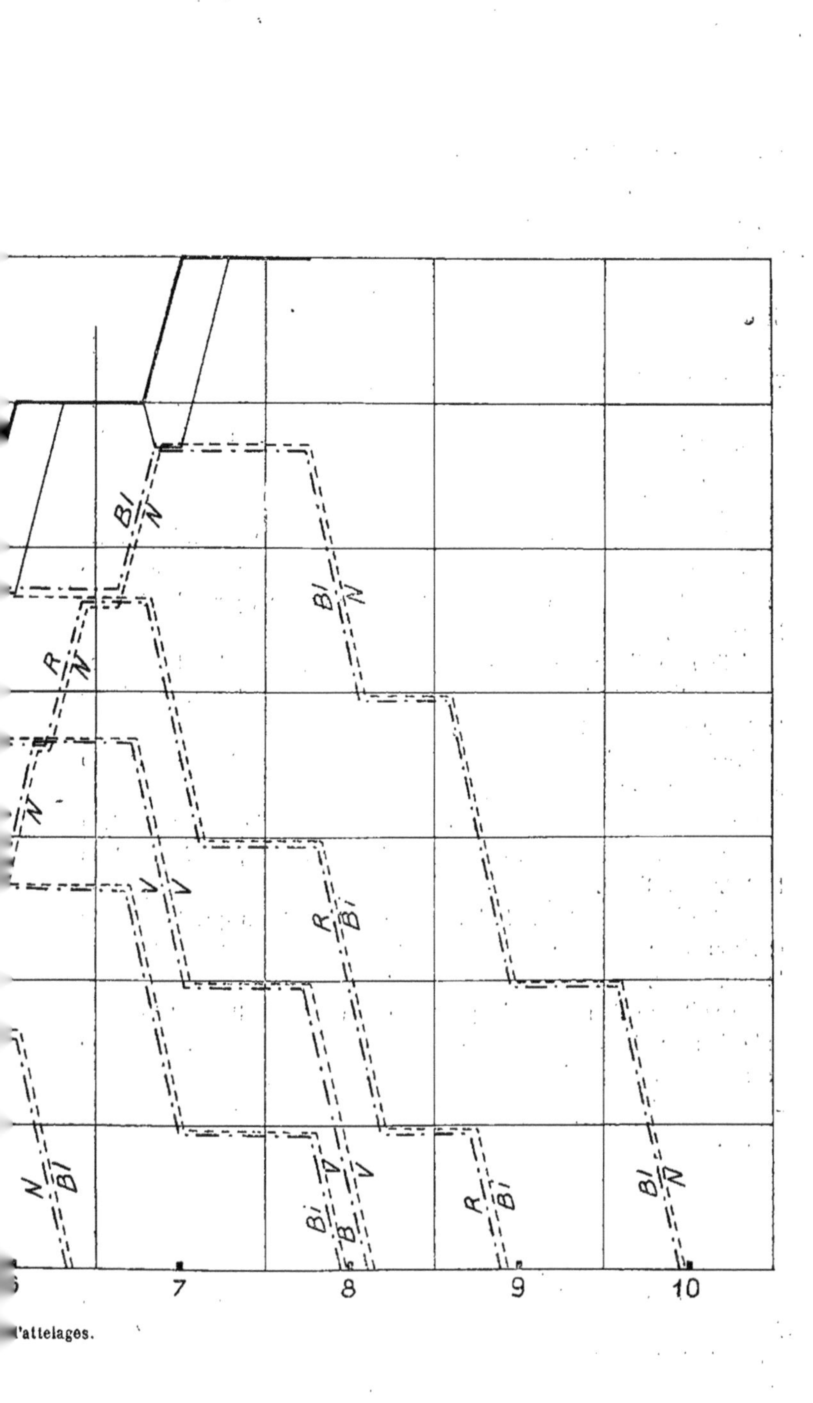

'attelages.

les côtés et la partie supérieure du camion d'un treillis métallique qui maintient le chargement.

Le chargement en pain par exemple peut être fait de la façon suivante.

Le pain biscuité, de deux rations, a environ 22 centimètres de diamètre et 10 d'épaisseur. Sur la plate-forme on peut donc disposer, en une seule couche, 15 rangées de 17 pains, sur tranche, soit 250 pains ou 500 rations.

Sur 66 centimètres de hauteur, on pourra donc placer trois couches, ou 1.500 rations. Les ridelles sont alors très légèrement dépassées.

En les surélevant d'une volige, on peut placer une nouvelle couche et porter le nombre des rations à 2.000. Une seconde volige, puis une troisième, permettent d'atteindre la base du cintre des arceaux et de porter le chargement à 3.000 rations, pesant 2.100 kilogrammes.

Si l'on ne dispose pas de voliges, on surmontera les 1.500 premières rations de 16 sacs renfermant chacun 50 rations, représentant par conséquent 800 rations.

Avec deux voliges seulement et 10 sacs, on peut constituer un chargement de 3.000 rations.

On peut enfin composer entièrement en sacs le chargement, à raison de 28 sacs debout, surmontés de 16 couchés, renfermant en tout 2.200 rations.

Quatre hommes et un chef d'équipe mettent trois quarts d'heure environ pour effectuer ce chargement (le camion étant rangé contre la paneterie).

On voit que l'on peut ainsi utiliser très rationnellement le véhicule dont la charge est voisine du maximum et dont la contenance correspond à l'effectif d'un régiment d'infanterie.

On obtient les mêmes résultats par l'addition des treillis de fil de fer.

3° Composition des convois.

La base de l'organisation des convois automobiles sera une unité formée du nombre de voitures capable d'être dirigé et surveillé par un seul chef, et d'une capacité de transport représentant une fraction notable du poids qui se transporte le plus habituellement, c'est-à-dire un jour de vivres pour un corps d'armée.

Cette unité est la *section automobile de transport de matériel.*

Elle comprend une vingtaine de voitures, de modèles aussi voisins que possible, et ayant la même vitesse de marche, et d'une capacité moyenne de 2.000 kilogrammes; pour tenir compte des voitures non utilisables, elle n'est considérée que comme pouvant charger 35 tonnes de matériel. Elle est conduite et administrée par un cadre appartenant au train des équipages, mais composé surtout d'officiers de réserve à qui leur profession donne une compétence particulière, ingénieurs, etc. Les conducteurs, pour la plupart réservistes, seront également tous de profession choisie. Il faut, en principe, à un camion, deux hommes : un conducteur, ou chauffeur, et un mécanicien.

Le chef de la section est un lieutenant.

Les sections sont réunies par quatre et forment alors un *groupe automobile*, sous le commandement d'un capitaine. Mais elles peuvent rester indépendantes, pour être affectées, par exemple, à une division de cavalerie.

Un jour de vivres pour un corps d'armée pesant environ 125 tonnes (exactement 122 tonnes 5, dont 43,5 pour la nourriture des hommes, et 79 d'avoine), on voit que le groupe suffira largement, même avec quelques indisponibilités, pour le ravitaillement d'un corps d'armée.

Le groupe comprend près de quatre-vingts camions. Il ne peut marcher que fractionné par sections.

La circulation même d'une section n'est pas très facile. D'abord, quelque précaution que l'on prenne pour grouper ensemble les véhicules de même puissance et de même type, les vitesses ne sont jamais identiques. De plus, la poussière soulevée par la marche des autos empêche absolument les voitures de se suivre à petite distance; au bout d'un kilomètre, aucune voiture, sauf celle de tête, ne serait capable de se diriger. On est donc obligé de conserver des intervalles qui peuvent s'élever à une centaine de mètres, ce qui allonge prodigieusement les colonnes et en rend la surveillance très difficile.

La consommation de combustible, essence ou benzol, et de matières graissantes, sera évidemment considérable dans de pareilles unités. Des mesures spéciales seront prises pour la réalisation des approvisionnements nécessaires, qui incombera vraisemblablement à l'intendance, et pour leur transport jusqu'aux véhicules. Ce dernier problème se simplifie néanmoins par la facilité évidente que posséderont les camions à aller se ravitailler eux-mêmes à des distances assez grandes. 80 camions, faisant 100 kilomètres par jour, consommeront près de 2.500 litres d'essence. C'est à peu près la charge d'un seul camion, qui suffirait donc à ravitailler le groupe à une gare située à 50 kilomètres. Enfin, le plus souvent, les groupes viendront se charger de denrées, ou de munitions, aux gares mêmes où on leur aura envoyé leur combustible, qu'elles pourront prendre en même temps que leur chargement normal. En fait, il y aura lieu à ravitaillement éventuel dans les conditions ordinaires.

Les camions emportent toujours avec eux quelques rechanges usuels. Pour remplacer les pièces importantes ou assurer les grosses réparations, il est créé des *sections de parc automobile*, renfermant du matériel neuf, un outillage, etc.

CHAPITRE IV

ADMINISTRATION DES CORPS ET DES DÉTACHEMENTS EN CAMPAGNE.

I

Corps de troupe.

1° Administration.

Conseils d'administration. — En temps de guerre comme en temps de paix, les corps de troupe sont administrés par des conseils d'administration. Mais, en temps de guerre, les corps de troupe sont scindés au moins en deux parties, car il reste sur le territoire un *dépôt* d'où la portion active tire son personnel pour remplacer ses pertes et, dans une certaine mesure, son matériel.

A ce dépôt, qui devient portion centrale, fonctionne le conseil d'administration dont relèvent à la fois le corps actif et les corps de réserve ou de l'armée territoriale qui lui sont rattachés et pour l'ensemble desquels il n'est tenu qu'une comptabilité.

Les portions principales ou détachements sont, aux termes du règlement du 20 mars 1906, administrés par l'officier qui les commande, assisté d'un officier payeur et d'un officier délégué à l'habillement. On ne trouvera donc plus dans les formations mobilisées de conseils d'administration éventuels; le dualisme des conseils dans un même corps a disparu.

Les batteries d'artillerie affectées à des formations de campagne s'administrent séparément.

Les règles essentielles d'administration posées par les décrets des 20 mars 1906 et 29 mai 1890 s'appliquent, en principe, au temps de guerre, sauf certaines modalités intéressant surtout la comptabilité, qui ont été énoncées par un décret du 10 juin 1889, sur la comptabilité des corps de troupe en campagne, complété par une instruction de la même date.

Pour certains corps ou établissements spéciaux seulement, la comptabilité, comme d'ailleurs l'administration, restent la même en temps de guerre; tels sont : la gendarmerie et les spahis, les écoles militaires et établissements pénitentiaires.

A l'exception de ceux-ci, tous les corps de troupe, aussi bien les portions restées sur le territoire que les autres, sont administrés suivant les règles du temps de guerre, à partir du premier jour de la mobilisation.

ALLOCATIONS. — 1° *Soldes et prestations en nature.* — Les tarifs de solde appliqués dès le temps de paix restent applicables en temps de guerre; mais il est à remarquer que les allocations en deniers dues à certaines catégories de personnel (officiers, sous-officiers rengagés) peuvent faire l'objet de *délégations* souscrites par les ayants droit dans une mesure déterminée, au profit de leurs femmes, leurs ascendants ou descendants, ou même au profit d'un membre de leur famille ou d'un tiers. La mention de la délégation doit être portée sur le livret de solde du corps, et le paiement aux délégataires est subordonné à la réception d'un certificat de retenue adressé par le conseil d'administration du déléguant.

En ce qui concerne les prestations en nature, l'Etat fournit en campagne toutes les denrées nécessaires à l'alimentation, non seulement aux hommes de troupe, mais aux officiers ; la prime de viande n'est plus perçue, non plus que les primes éventuelles, puisque les allocations qu'elles représentent sont faites en nature, mais les primes fixes sont perçues comme en temps de paix au profit des ordinaires, qui, en campagne, fonctionnent par unité administrative sans l'intervention d'aucune commission des ordinaires. Les fonds de l'ordinaire serviront à couvrir les menues dépenses et à améliorer l'alimentation par des achats supplémentaires de denrées quand il sera possible d'en faire.

Le droit aux allocations combinées de solde et de prestations ne s'ouvre pas du premier jour de la mobilisation, mais seulement le jour de l'entrée réelle en campagne. Cette date est soigneusement définie par le décret du 10 janvier 1912. (Règlement sur la solde.)

2° *Masses.* — Le système des masses, laissant aux corps le soin et la responsabilité des achats, est peu applicable en campagne. Aussi, à partir du premier jour de la mobilisation, le fonctionnement de toutes les masses du temps de paix est-il suspendu; tous les besoins auxquels elles pourvoyaient sont assurés soit par l'Etat, directement, en nature, soit au moyen des ressources d'une masse unique et nouvelle.

Le règlement du 20 mars 1906 prévoit d'ailleurs la suspension et non la suppression des masses. C'est dire que le passage d'un régime à l'autre se fera en observant toutes les formalités nécessaires pour que le retour à l'organisation du temps de paix puisse être ultérieurement effectué sans difficulté.

En revanche, il est créé une *masse générale d'entretien;* elle prend à sa charge une foule de petites dépenses accessoires supportées en temps de paix par les masses d'habillement ou de harnachement : entretien de la musique, frais de marquage, achats d'ingrédients, etc., et, en général, toutes celles qui sont indiquées dans une énumération donnée par l'instruction du 8 novembre 1902 (sur le service de l'habillement dans les corps de troupe en temps de guerre), énumération qui n'est du reste pas limitative : on peut imputer à cette masse toute dépense prescrite par le commandant du corps d'armée (ou de la région territoriale pour les dépôts). Cette masse est déterminée, pour l'ensemble du corps, sous forme d'allocation mensuelle. Une partie des fonds reste acquise aux unités de dépôt, le reste aux unités en campagne. La répartition est laissée aux soins du corps lui-même, et le conseil d'administration doit l'avoir faite dès le temps de paix, en une délibération conservée dans les archives de mobilisation, et dont copie doit être transmise au sous-intendant; elle est transcrite également en tête du livret de solde de chaque portion. Le taux de l'allocation est variable; à titre d'exemple, un régiment d'infanterie à quatre bataillons de quatre compagnies et un dépôt de deux compagnies avait droit à 625 francs par mois, dont 25 consacrés au harnachement, 400 à la musique, etc.

La masse fait également recette du produit de la vente des fumiers et dépouilles.

Dès le jour fixé pour leur suppression, le compte des masses est établi en deniers et en nature; l'avoir en nature est décompté et le compte est arrêté dans une séance du conseil, afin de servir, s'il y a lieu, lors de la reconstitution des masses. L'avoir en numéraire est viré aux fonds divers, ce qui ne l'empêche pas de supporter toutes les dépenses restant à solder au titre d'une masse quelconque. Après extinction de toutes ces dettes, le corps dispose du reliquat comme des fonds généraux de sa caisse pour faire des avances aux fractions détachées, ou verse au Trésor, à titre de dépôt, ce qui excède ses besoins.

Des dispositions spéciales sont prévues aux journaux de mobilisation, surtout pour les corps qui partent dans des conditions particulières de rapidité.

Au moment de partir en campagne, les corps reçoivent des caisses de l'Etat une avance de fonds déterminée et perçue suivant des règles fixées par les règlements confidentiels sur la mobilisation. Chaque unité reçoit, de plus, de la caisse du corps, une avance, au titre du harnachement et de la ferrure, de 2 fr. 50 par animal mobilisé.

Les allocations en campagne se perçoivent dans les mêmes conditions qu'en temps de paix, sur états de solde ordonnancés par les sous-intendants militaires et payés par les agents de la trésorerie et des postes aux armées.

Exécution des services de l'habillement, du harnachement et de la ferrure. — A partir du premier jour de la mobilisation, ces services sont exécutés dans les corps de troupe aux frais et au compte de l'Etat. Tout le matériel de la réserve de guerre passe au service courant. Tout le matériel des masses passe à l'Etat, qui le restituera — ou son équivalent — au moment de la reprise du pied de paix.

Les effets de toute nature sont fournis, remplacés et entretenus par l'Etat, qui prend également à sa charge les frais de ferrure et de médication des chevaux.

Tantôt les livraisons sont faites directement par les gestionnaires de l'Etat (aux corps en campagne comme aux portions de l'intérieur), tantôt les dépenses sont effectuées par les caisses des corps ou des détachements, et remboursées dans les conditions ordinaires par les caisses de l'Etat.

Les points principaux de l'exécution du service sont les suivants : ils diffèrent un peu, selon qu'on les considère dans les dépôts ou dans les portions en campagne.

Les dépôts sont alimentés, soit par des envois des magasins administratifs ou des établissements désignés par le ministre pour satisfaire aux demandes présentées par eux, soit par des achats ou des confections sur place. Les dépôts donnent à leurs ateliers toute l'extension possible par le rappel des anciens ouvriers, par l'appel des hommes du service auxiliaire des professions utiles, au besoin par les ressources de la main-d'œuvre civile.

L'importance des approvisionnements à former et à entretenir et les conditions de leur emploi sont déterminées par des documents de mobilisation.

Les effets sont classés comme en temps de paix. Ils continuent à être divisés en effets de la 1re et de la 2e portion. L'achat et la réception de ces derniers ont lieu comme en temps de paix.

Les mises hors de service sont prononcées par le conseil d'administration, les réformes par le général de brigade, après avis du sous-intendant militaire. Les pertes sont constatées par procès-verbal du sous-intendant et peuvent être imputées aux conseils négligents par le général commandant la région.

Les officiers d'habillement et les commandants d'unités de dépôt tiennent les mêmes registres qu'en temps de paix, à quelques modifications près.

En principe, les dépôts approvisionnent les détachements en campagne. Les colis d'effets sont expédiés au comptable du commandement d'étapes de la gare régulatrice, en passe-debout par le comptable entrepositaire de la gare de rassemblement de la région de corps d'armée. Les colis sont conditionnés et marqués avec soin et sont numérotés suivant une série unique de numéros pendant toute la durée de la guerre. Des factures d'expédition sont établies comme en temps de paix, ainsi que des bulletins d'envoi.

Dans les portions en campagne, on retrouve, pour le réapprovisionnement des corps en effets de l'habillement, la mise en œuvre des procédés déjà étudiés pour le ravitaillement en vivres :

1° L'exploitation locale, au moyen d'achats ou de réquisitions, de confections organisées dans les localités occupées et, accessoirement, les prises sur l'ennemi;

2° Le recours aux approvisionnements de l'arrière, qui sont constitués aux stations-magasins et aux dépôts. Les demandes de réapprovisionnements en effets sont centralisées par les intendants de corps d'armée;

3° Enfin, les corps de troupe ont, en général, à titre de réserve, un petit approvisionnement d'effets portés par le train régimentaire en vue des besoins urgents. Lorsque cette réserve a été entamée, elle doit être recomplétée sans retard. Cette réserve comprend surtout, pour un régiment d'infanterie, des brodequins, ceintures de flanelle, chemises, pantalons et képis.

Pour le *harnachement*, le réapprovisionnement s'effectue d'après les mêmes principes; toutefois, la réserve d'effets de harnachement se trouve, non dans les corps, mais au *dépôt de remonte mobile*. On doit puiser d'abord dans cette réserve, qui se recomplète ensuite au moyen des ressources de l'arrière (approvisionnements des stations-magasins). Pour les effets qui ne sont pas entretenus au dépôt de remonte mobile (effets de la 2e portion), les corps s'adressent à leurs dépôts.

Pendant les périodes d'occupation ou de stationnement, on a prévu l'organisation possible de magasins secondaires d'habillement et de harnachement.

Les effets de toute nature, ainsi d'ailleurs que les armes, sont remplacés lorsque leur état l'exige; mais, à la différence de ce qui se passe en temps de paix, la mise hors de service dans les troupes en campagne proposée par le conseil d'administration exige l'intervention du sous-intendant militaire, et la justification nécessaire de cette mise hors de service est le procès-verbal rapporté par ce fonctionnaire pour en constater la nécessité. Toutefois, en cas de désaccord entre le corps de troupe et lui, c'est le général de brigade qui tranche.

Les demandes de remplacement sont faites à des époques déterminées par les généraux commandant les corps d'armée, et, sauf exception justifiée, sont centralisées par corps d'armée. Elles sont transmises soit directement au dépôt de remonte mobile, soit au général commandant la région de l'intérieur pour parvenir aux dépôts des corps. Celles qui sont à destination de la station-magasin passent par le directeur des étapes et des services. Tous les envois (sauf les premiers) sont conservés à la gare régulatrice, d'où ils ne sont réexpédiés aux destinataires que sur l'ordre du directeur des étapes et des services et par les trains des ravitaillements journaliers ou éventuels.

Les réparations en campagne s'exécutent, comme on l'a dit, aux frais de l'Etat et généralement à l'intérieur des compagnies; à cet effet, les corps de troupe emportent en campagne des caisses d'outils pour ateliers de réparations dont la dotation varie suivant les besoins.

Ainsi un régiment d'infanterie possède une caisse pour ouvrier bourrelier, et chaque bataillon une caisse pour ouvrier tailleur et une caisse pour ouvrier cordonnier.

Chaque escadron de cavalerie emporte une caisse pour tailleurs, une pour cordonniers et une pour bourreliers, etc.

Ces caisses, approvisionnées dès le temps de paix, sont en général garnies seulement à la mobilisation; elles comportent non seulement des outils, mais aussi quelques matières premières.

Les chefs de corps et de détachements font, s'il y a lieu, la répartition de ces outils et matières entre les unités et groupent comme ils l'entendent les ouvriers des unités administratives en ateliers. Au besoin, on peut requérir la main-d'œuvre civile.

Lorsqu'un détachement est insuffisamment pourvu d'ouvriers, outils ou matières premières, le commandement peut prescrire que les réparations soient exécutées par un corps voisin. En particulier, les réparations nécessaires aux détachements d'ouvriers d'administration sont exécutées par la compagnie du train des équipages dont les éléments marchent avec ces détachements. Il en est de même des réparations faites pour les divers isolés des quartiers généraux. Les tailleurs appartenant à ces détachements travaillent à l'atelier de la compagnie du train.

C'est surtout en cas de stationnement que des ateliers de réparation ou de confection pourront être constitués.

En principe, tous les effets devenus disponibles par suite de décès sont renvoyés aux stations-magasins, ainsi que les effets recueillis sur les champs de bataille. Les effets réintégrés et encore utilisables sont expédiés au dépôt comme effets d'instruction. Enfin, tout ce qui est inutilisable est vendu par les agents du Trésor faisant fonctions de receveurs des domaines ou détruit. Les armes disponibles sont versées au parc d'artillerie du corps d'armée.

La perte des effets en service est constatée par procès-verbal rapporté par le sous-intendant militaire, et dont les conclusions sont exécutoires quelle qu'en soit l'importance (il n'est pas établi de procès-verbal pour les effets d'habillement en service).

Si le procès-verbal ne peut être rapporté immédiatement, le corps établit des bulletins sommaires relatant les faits, les envoie au sous-intendant, qui les vise et les annexe ensuite à son procès-verbal.

Le sous-intendant délivre au corps un extrait de son procès-verbal qui est envoyé au dépôt du corps pour être mis à l'appui de la comptabilité.

La *ferrure* des chevaux fait l'objet de dispositions un peu spéciales. Elle est à la charge de l'Etat, mais assurée par les maréchaux ferrants des corps, qui perçoivent une prime d'abonnement à tant par cheval et par jour pour les animaux des corps dont l'entretien de la ferrure leur incombe.

Toutefois, des officiers sans troupe, ceux des détachements éloignés, ont toujours la faculté de faire effectuer la ferrure de leurs chevaux par l'abonnataire du corps le plus à proximité, qui reçoit, en échange, un bon décompté suivant un tarif à tant par pied. Ce bon sert à l'abonnataire qui a fait le travail à se faire rembourser soit par l'abonnataire qui perçoit les primes pour les chevaux dont il s'agit, soit, à défaut de celui-ci, s'il s'agit par exemple d'un officier sans troupe isolé, par l'officier payeur.

2° Comptabilité.

Nouvelles bases. — La comptabilité des corps de troupe en campagne repose sur deux grands principes :

1° Séparation absolue de la comptabilité du temps de paix de celle du temps de guerre;

2° Simplification des écritures à tenir par les portions de troupes mobilisées.

Pour satisfaire au premier principe, toute la comptabilité du temps de paix est arrêtée à la veille du premier jour de la mobilisation à minuit (24 heures). Une nouvelle comptabilité commence aussitôt à la date de ce premier jour (zéro heure). Elle est caractérisée par l'ouverture de nouveaux registres et par le report de leurs opérations sur des revues trimestrielles spéciales, dites *revues du pied de guerre.*

Pour satisfaire au second principe, on réduira les opérations comptables des unités mobilisées au simple enregistrement de tous les faits de nature à créer ou à éteindre des droits.

Mais la comptabilité du corps reste entière, et sera tenue au dépôt en prenant pour base ces enregistrements sommaires faits en campagne.

L'enregistrement des faits créateurs ou extincteurs de droits en campagne s'effectue, pour chaque unité administrative mobilisée, sur un *carnet de comptabilité en campagne* ouvert pour toute la durée d'un trimestre et renvoyé, à l'expiration du trimestre, au conseil d'administration.

Au dépôt, il est institué un *bureau spécial de comptabilité* chargé de l'établissement des *comptes réguliers* des unités mobilisées et de la reddition de ces comptes. Le trésorier est le chef de ce bureau, qui continue à fonctionner, même après le retour sur le pied de paix, jusqu'à reddition complète des comptes afférents à la période de guerre.

Le chef du bureau spécial de comptabilité est substitué aux commandants d'unités administratives sur le pied de guerre pour tout ce qui concerne l'établissement des feuilles de journées et autres documents ordinaires de comptabilité. Il ouvre dès le premier jour les feuilles de journées des officiers, des hommes et des chevaux sur le pied de guerre.

Il représente les commandants d'unités d'abord pour la régularisation et la liquidation, au titre du pied de paix, de toutes les opérations que ces officiers n'auraient pu régler avant leur départ. Il reçoit tous les documents des unités relatifs à cette comptabilité.

Il reçoit et classe les documents de comptabilité que lui font parvenir les unités en campagne (situations administratives, bons de distribution, extraits des procès-verbaux de perte, bulletins de versement, etc.), ainsi que les carnets de comptabilité en campagne, au bout de chaque trimestre. Il peut ainsi reconstituer en détail la comptabilité des unités, établir les revues de liquidation sur le pied de guerre, retrouver les justifications, régulariser, en un mot, toutes les opérations.

Cette séparation de la comptabilité est une innovation heureuse postérieure de peu d'années à la guerre de 1870.

Dans les guerres antérieures, on ne s'était jamais préoccupé d'alléger les règles de la comptabilité du temps de paix. Aussi les officiers comptables de tous ordres se voyaient-ils bien vite dans l'impossibilité de tenir les comptabilités compliquées qu'ils auraient dû produire; ils ne tardaient pas à être surmenés et à négliger cette partie de leur service; pour leur avoir demandé des justifications trop nombreuses, on n'en obtenait aucune.

La guerre finie, il fallait reconstituer de toutes pièces les comptabilités en retard. Des légions d'employés se mettaient à la besogne; et l'on voyait alors se perpétuer dans les ministères ces services de liquidation qui n'arrivaient, au prix d'un labeur énorme, à produire que des comptes à demi fantaisistes, et cela de longues années après que la guerre avait pris fin. Or, il est évident que, pour qu'un contrôle quelconque puisse s'exercer utilement, il faut qu'il soit contemporain des faits. En fait, le contrôle des dépenses de guerre était très incertain.

Les avantages de ce système de double comptabilité — l'une, sommaire, tenue par les chefs de la troupe; l'autre, complète, établie par les soins de comptables de profession — seraient encore plus grands si on pouvait l'appliquer dès le temps de paix. Des essais ont été faits dans ce sens et une commission a été chargée d'étudier l'unification des comptabilités en temps de paix et en temps de guerre. Il ne paraît malheureusement pas que ses travaux aient été suivis d'effet; mais il faut bien dire aussi que la simplification de la comptabilité du temps de guerre n'est pas uniquement due à la convention. Elle résulte également de faits propres à la période de campagne : il n'y a plus de réserve de guerre, tout étant passé au service courant à la mobilisation; plus de matériel appartenant aux masses, au moins auprès des unités; enfin, les effets distribués ne figurent plus dans les écritures. On se borne à les inscrire sur les livrets individuels et, en cas de mutation, à les mentionner sur un bulletin, à titre de renseignement.

La simplification de la comptabilité du temps de paix, en l'état de notre législation, de nos institutions et de nos mœurs, apparaît du reste comme bien difficilement réalisable.

Comptabilité des unités. — La base de cette comptabilité est le *carnet de comptabilité en campagne;* c'est le seul registre tenu. Il doit être constamment porté par le sous-officier comptable. Il doit faire ressortir tous les faits administratifs, et présente forcément un assez grand nombre de chapitres et de subdivisions. Voici les principales inscriptions qui doivent y trouver place :

Renseignements sur les diverses positions de l'unité (situation au premier jour du trimestre, mouvements exécutés ensuite);

Tableau des allocations accordées à la troupe (vivres de campagne, indemnités, etc.);

Situations et mutations journalières (report de la situation administrative, mutations numériques seulement);

Contrôles des officiers, de la troupe, des chevaux, avec mutations nominatives sommaires;

Enregistrement des pertes par force majeure.

Ces différents tableaux enregistrent les ouvertures des droits. Chacun d'eux est certifié par le capitaine commandant, une seule fois, à la fin du trimestre. Les extinctions de ces droits sont prouvées par les tableaux relatifs à la solde (reproduction des feuilles de prêts, visée par l'officier payeur), et aux prestations en nature, subsistance et chauffage (reproduction des bons, visée également par l'officier payeur).

Enfin, les comptes du matériel terminent le carnet. Ils font ressortir par entrées et sorties, avec quelques justifications sommaires, les bons perçus, les distributions faites, l'état du matériel autre que les effets d'habillement, les matières premières employées à des réparations. Ils sont visés par l'officier délégué à l'habillement.

L'objet du carnet de comptabilité n'est pas uniquement comptable. Quand la reddition des comptes est terminée, les chapitres I (renseignements sur les positions) et V (contrôle de la troupe) sont détachés du carnet, reliés ensemble et envoyés au ministère de la guerre, où ils sont conservés au bureau des archives administratives.

En outre, les commandants d'unités produisent, chaque jour, la situation administrative destinée au conseil d'administration central; c'est un double emploi avec le carnet de comptabilité; mais cette situation reste la base de la comptabilité réelle, et le carnet de comptabilité n'en est que le double, tenu dans des conditions de sécurité un peu plus grandes. Les feuilles de prêt, bons, procès-verbaux, sont établis comme en temps de paix, et envoyés de même au bureau du trésorier.

Les commandants d'unités envoient également au commandant du détachement une situation-rapport journalière qui sert à la fois de situation de prise d'armes et d'état d'effectif pour l'officier payeur.

Comptabilité de l'officier payeur. — L'officier payeur aura à faire ses états de solde, à ouvrir des états d'émargement pour la solde des officiers et des sous-officiers rengagés, à tenir son registre-journal des recettes et des dépenses. Il s'occupera du remboursement des sommes payées au compte de l'Etat, sur avances faites par la caisse du corps, par exemple, aux officiers d'approvisionnement pour les achats de denrées, aux commandants d'unités pour l'exécution du service du harnachement.

Enfin, au moyen des situations-rapports, il tiendra le registre des distributions du temps de paix, légèrement modifié de façon à faire ressortir l'effectif journalier et qui, pour ce motif, prend le nom de *registre d'effectif et des distributions.*

Le but de toutes ces situations est toujours la connaissance de l'*effectif*, base de toutes les perceptions, en argent ou en nature.

De tout temps, d'ailleurs, la connaissance exacte des effectifs a été un problème à peu près insoluble. On sait avec quel soin méticuleux Napoléon examinait lui-même les situations de tous ses corps. On cite cependant les formidables erreurs de dénombrement qui se commettaient dans ses armées, et que le dépouillement des archives historiques fait encore ressortir à l'heure actuelle. C'est ainsi que si l'on compare le chiffre des hommes portés absents à l'hôpital par les corps de troupe, pendant l'année 1807, avec le chiffre des malades portés en traitement à l'hôpital par l'administration sanitaire, on trouve une différence de 20.000. La même année, on retrouvait, dans les villages prussiens ou polonais, de l'Oder à la Vistule, plus de 50.000 hommes qui étaient portés décédés à l'hôpital, déserteurs, ou même employés à la conduite des bagages.

Comptabilité de l'officier délégué à l'habillement. — Cet officier ne tiendra plus en campagne qu'un seul registre, celui *des entrées et des sorties* pour le matériel appartenant à l'Etat, registre qui est envoyé trimestriellement au conseil d'administration central.

3° Surveillance administrative.

Aux termes du décret du 20 mars 1906, la « surveillance administrative des corps de troupe » est distincte de la « vérification de leurs comptes ».

La première est une attribution du commandement, qui peut en déléguer l'exercice aux fonctionnaires de l'intendance. Cette distinction doit être étendue au temps de guerre. Mais il est douteux que les généraux tiennent beaucoup à exercer eux-mêmes leur droit de surveillance administrative : les préoccupations du commandement en campagne seront assez multiples et absorbantes, assez remplies par la conduite et la discipline des troupes, pour qu'il ne cherche pas à se charger encore du souci de leur administration intérieure, et la délégation générale sera de règle au début de chaque campagne.

Cette surveillance s'exercera — comme la vérification des comptes — d'après les mêmes procédés qu'en temps de paix, compte tenu des modalités nouvelles. On signalera seulement les particularités suivantes, insérées dans les règlements.

Pour permettre au sous-intendant de connaître l'effectif prenant part aux distributions, il est adressé chaque jour à ce fonctionnaire un *état d'effectif* présentant distinctement, pour les officiers, pour la troupe et pour les chevaux et mulets, le nombre des présents et des absents.

Aux revues d'effectif à l'armée — et il est clair qu'elles ne peuvent être passées que sur l'ordre du commandement, seule autorité au nom de laquelle le sous-intendant puisse agir — l'appel est fait à l'aide des contrôles inscrits aux carnets de comptabilité de campagne.

Enfin, fait déjà signalé, la compétence des sous-intendants en matière de procès-verbaux de pertes n'est plus limitée.

II

Détachements de commis et ouvriers militaires d'administration.

En principe, chaque section du temps de paix fournit du personnel administratif aux divers services de l'intendance d'un corps d'armée. Tout ce personnel appartenant à un corps d'armée mobilisé constitue un *détachement principal* administré, au titre de la section, par un officier désigné à cet effet.

Mais ce détachement principal fournit aux divers services des *détachements particuliers* qui sont commandés par le gestionnaire qui les emploie, sous l'autorité supérieure du sous-intendant militaire. Les commandants des détachements particuliers sont en rapport avec le commandant du détachement principal, qui seul est en rapport avec le dépôt.

Le détachement principal est sous l'autorité supérieure du sous-intendant du quartier général et de l'intendant. C'est le commandant de ce détachement qui tient les documents prescrits pour les corps en campagne, en particulier le carnet de comptabilité, pour tout le personnel des commis et ouvriers d'administration, au moyen des pièces que lui expédient les commandants des détachements particuliers.

Ceux-ci ne fournissent pas de situation administrative. Ils ouvrent par mois une *feuille de présence* indiquant la situation journalière du détachement ou de ceux qui y sont placés en subsistance, ainsi que le nombre de rations de vivres pour lesquelles des bons ont été signés, ou des reçus de prestations délivrés. Les feuilles de présence sont envoyées mensuellement au commandant du détachement principal, qui en reporte les données à son carnet de comptabilité, puis les renvoie avec les pièces à l'appui au dépôt de la section, dont le commandant tient le bureau spécial de comptabilité.

Le commandant du détachement particulier paie la solde au titre de ses avances et en établit le décompte sur la feuille de présence. S'il n'a pas d'avances personnelles, il en demande au commandant du détachement principal, qui lui envoie la somme nécessaire aux dépenses d'un mois.

Le commandant du détachement principal établit ses états de solde au moyen des renseignements tirés des feuilles de présence et il rembourse les détachements particuliers après en avoir perçu le montant, soit en numéraire, soit par envoi de mandats sur le Trésor.

C'est, autant que possible, le commandant du détachement principal qui demande pour tous les détachements particuliers les effets d'habillement; toutefois, un détachement particulier éloigné a la possibilité de percevoir des effets directement.

Dans le service des étapes d'une armée, il est constitué également un détachement principal, qui relève d'une des sections qui ont contribué à le former et qui en porte le numéro *bis*. Il est commandé par un officier d'administration du service des subsistances, sous l'autorité supérieure du sous-intendant chef du service des étapes et de l'intendant d'armée.

III

Isolés des quartiers généraux.

Il se trouve dans les quartiers généraux un nombre considérable d'officiers sans troupe ou détachés de leurs corps de troupe, et de soldats isolés de leurs corps (secrétaires ou commis, ordonnances, plantons, conducteurs), etc.

Pour faciliter l'administration de cet ensemble, on divise tout le personnel (officiers, hommes de troupe) en groupes constitués chacun, autant qu'il est possible, par un état-major ou un service distinct. Ainsi, il y aura : un groupe de l'état-major du corps d'armée, un groupe de l'état-major de l'artillerie, un groupe de l'état-major du génie, un groupe de l'intendance, etc., et, dans chaque groupe, un officier est désigné pour s'occuper des détails administratifs concernant la troupe. Il porte le nom d'*officier de détails;* en général, c'est un officier d'administration. Un autre centralise les perceptions en deniers et en nature pour les officiers du groupe : c'est l'*officier payeur.*

Le groupe n'est d'ailleurs pas une division invariable. La répartition en groupes peut être changée par le général commandant le corps d'armée.

Une instruction spéciale qui fait partie des documents de mobilisation règle la répartition de ces groupes, l'organisation de leurs ordinaires, etc.

Administration des officiers sans troupe. — Les règles du temps de paix leur sont applicables en temps de guerre. Ils sont payés de leur solde sur mandats établis par le sous-intendant militaire, à qui il est fourni, le 25 du mois, un état de mutations distinct pour chaque catégorie budgétaire. Ce n'est plus, en campagne, l'officier le plus élevé en grade de chaque catégorie qui établit ces états, mais bien l'officier spécialement désigné, dans chaque groupe, pour remplir les fonctions d'*officier payeur.*

Cet officier intervient encore en percevant la solde pour le compte de tous les officiers du groupe. Il a qualité pour en donner quittance au payeur (agent du Trésor) et remet à chacun le montant de son mandat. L'inscription des sommes perçues est portée naturellement sur les livrets de solde ou pièces en tenant lieu.

C'est l'officier payeur qui établit les bons collectifs pour la perception des fournitures en nature. Il fournit, le 1er de chaque mois, une situation numérique faisant ressortir journellement le nombre de rations de vivres, chauffage et fourrages auquel le groupe a eu droit pendant le mois précédent.

Le point de départ du crédit d'un groupe inscrit sur la première situation produite est justifié par un état nominatif des officiers du groupe.

L'officier payeur est assisté d'un sous-officier comptable.

Les revues de liquidation sont établies, comme en temps de paix, par le sous-intendant ordonnateur; elles sont distinctes pour les perceptions en deniers et pour les perceptions en nature. Les revues relatives à la solde sont établies par catégorie budgétaire, et celles afférentes aux prestations en nature sont établies par groupe.

En cas de trop-perçu, le sous-intendant fait des propositions tendant soit à l'exonération, soit à l'imputation des trop-perçus. Ces propositions, appuyées des avis de l'intendant du corps d'armée et de l'intendant de l'armée, sont transmises au ministre par le commandant de corps d'armée.

Administration des hommes de troupe isolés. — Dans un quartier général, certains détachements ont une administration propre : ce sont les détachements de prévôté, les détachements d'escorte commandés par un officier et auxquels on rattache les estafettes, les detachements du train des équipages.

Tous les autres hommes, secrétaires ou commis, infirmiers, ordonnances, vélocipédistes, etc., sont mis en subsistance dans une unité administrative, en principe la compagnie du train affectée au quartier général. C'est le commandant de cette unité qui les administre, c'est-à-dire qui tient leur carnet de comptabilité, qui peut être soit distinct, soit confondu avec celui de sa propre troupe.

Mais, en ce qui concerne les perceptions et distributions, il est aidé par les officiers de détails de chacun des groupes, auxquels il fait des avances pour le paiement du prêt et des indemnités journalières.

L'officier de détails ouvre, par quinzaine, une *feuille de présence* des isolés, relatant pour chaque homme ses mutations, le nombre de journées de présence, le décompte du prêt de la quinzaine échue et, pour mémoire, le nombre de rations perçues chaque jour.

L'officier de détails établit les bons journaliers de vivres et de fourrages pour les chevaux d'équipages. Il inscrit sur les bons les noms des hommes en s'abstenant d'y comprendre ceux qui, éloignés momentanément, ont pu percevoir individuellement des vivres sur un autre point.

IV

Prisonniers de guerre.

Les prisonniers de guerre blessés ou malades, ne pouvant pas être évacués, sont soignés dans les hôpitaux, puis, lorsque c'est possible, évacués dans les mêmes conditions que les blessés ou malades français.

Les prisonniers valides ou n'ayant pas besoin d'être hospitalisés sont dirigés sur l'intérieur par les soins du service des étapes, à moins toutefois qu'ils ne puissent être échangés. On commence donc par les réunir au quartier général de chaque corps d'armée, où ils sont remis au prévôt qui en fait dresser un contrôle et provoque des ordres du chef d'état-major pour la garde, la subsistance et le logement des prisonniers jusqu'au moment où une décision est prise à leur égard.

Ceux qu'il y a lieu d'évacuer vers l'intérieur sont dirigés en colonne, sous escorte, vers des commandements d'étapes désignés par le chef d'état-major. Il est alloué aux prisonniers des indemnités de route depuis le jour de la capture jusqu'à celui de la remise au service des étapes. Elles sont mandatées par le sous-intendant militaire du quartier général et perçues par le commandant de la colonne (tarif annexé au règlement du 21 mars 1893).

C'est à l'aide de ces fonds que le commandant de la colonne se procure les denrées nécessaires à l'alimentation, conformément aux ordres du commandement (au besoin par perception à titre remboursable). S'il n'emploie pas toutes les sommes perçues, il en verse le reliquat au Trésor.

A partir de leur remise au service des étapes, les prisonniers voyagent encore d'après les règles du service de marche; mais, alors qu'auparavant ils étaient tous considérés comme isolés, à partir de leur remise les officiers et assimilés sont seuls traités comme tels; les hommes sont, autant que possible, formés en détachement, et il leur est alloué une solde et certaines prestations en nature (suivant tarifs annexés au règlement du 21 mars 1893).

Les feuilles de déplacement sont visées ou établies par le sous-intendant du commandement d'étapes, en vue de la continuation du voyage jusqu'aux dépôts de prisonniers établis pour les hommes de troupe à l'intérieur dans les places désignées par le ministre, ou jusqu'aux lieux de résidence assignés aux officiers. Ces dépôts sont administrés d'après les mêmes règles que les corps de troupe.

V

Déplacements des isolés.

Les déplacements individuels seront assez nombreux en temps de guerre. Ils donneront lieu, comme en temps de paix, à indemnité, et suivront les prescriptions du règlement du 12 juin 1908.

Ces prescriptions seront exactement suivies à l'intérieur. Dans la zone des armées, elles sont susceptibles de recevoir quelques modifications.

L'indemnité à percevoir se divise en trois parties :

L'indemnité kilométrique, destinée à couvrir les frais de transport de la personne qui voyagera;

L'indemnité fixe, qui payera les frais de transport des bagages;

L'indemnité journalière, pour subvenir aux dépenses de nourriture et de logement.

Ces trois indemnités sont maintenues aux armées; toutefois, l'indemnité journalière qui en temps de paix est décomptée d'après deux taux différents, un pour les chefs de famille, un pour les célibataires — taux variables eux-mêmes suivant la durée du déplacement — ne comporte plus qu'une seule tarification : tant par jour.

Enfin, le général commandant l'armée pourra édicter toutes prescriptions jugées utiles d'après les circonstances, pour résoudre les cas particuliers que n'a pu prévoir un règlement établi uniquement pour les nécessités du temps de paix. En fait, c'est l'intendant de l'armée qui règlera toutes ces questions, que ne tarderont pas à poser les sous-intendants, et qui les fera homologuer sous forme de dispositions générales par le commandant de l'armée. C'est surtout en matière de régularisation et de liquidation qu'il sera impossible d'utiliser les règles du temps de paix, et il y aura lieu de prendre des mesures pour que les pièces de dépense et de justification afférentes aux déplacements parviennent aux bureaux de comptabilité de chaque armée.

APPENDICE

Manœuvres et exercices d'application.

Consolider les connaissances acquises; devenir capable de les évoquer et de les assembler très rapidement, de façon à en déduire la solution que comporte une situation quelconque; forcer la réflexion à s'appliquer à des notions entrées dans l'esprit bien souvent par la simple mémoire des mots; sortir de la théorie pour rentrer un peu dans le domaine du fait; voir dans quelles mesures les idées générales se déforment lorsqu'on les soumet au critérium de la réalité pratique; constater l'importance que prennent de nombreux petits détails que les vues d'ensemble forcent à négliger; prendre enfin l'habitude de certaines difficultés d'exécution et des situations les plus fréquentes, au point de les résoudre dorénavant sans effort et pour ainsi dire machinalement; tel est, de façon générale, le but des nombreux exercices et manœuvres de différents ordres auxquels se livrent les officiers de toute armée vraiment instruite, et qui sont si nécessaires à une époque où les occasions d'exercer réellement la profession militaire sont rares.

Comme leurs camarades, les fonctionnaires de l'intendance ont besoin de cette éducation spéciale, et doivent prendre une part très active à tous les exercices d'instruction.

La mise en œuvre de leurs devoirs journaliers leur donne bien la meilleure des connaissances pratiques; la direction des établissements des subsistances enseigne bien aux sous-intendants la partie technique de leur service en campagne. Mais encore faut-il y ajouter ce que nous avons appelé, en débutant, la « modalité », c'est-à-dire entourer la science acquise des circonstances particulières qui viennent la troubler lorsque ses moyens d'action se trouvent subitement amoindris, lorsque son intervention est obligée de se faire plus rapide, lorsqu'elle doit s'appliquer à des besoins plus urgents, servir des effectifs qui se meuvent et de l'action desquels elle devient une collaboratrice.

C'est dans ce sens que les exercices en liaison, réelle ou figurée, avec les troupes, sont utiles, très utiles, aux fonctionnaires de l'intendance.

Quelques mots sur le rôle et l'importance de chacun d'eux ne seront pas sans intérêt.

Manœuvres d'automne.

Services administratifs aux manœuvres. — Les services administratifs sont constitués dans les manœuvres de division, de corps d'armée et d'armée; mais, dans toutes ces catégories de manœuvres, les services divisionnaires et le parc de bétail de corps d'armée fonctionnent seuls dans des conditions assez analogues à celles du temps de guerre.

Pour éviter les dépenses considérables que nécessiterait la location des chevaux, on ne constitue jamais les convois administratifs ni les boulangeries de campagne; celles-ci, tout au moins, ne sont jamais formées en organe mobile.

Leur nécessité, d'ailleurs, ne se fait pas sentir. Les effectifs mis sur pied sont relativement restreints; toutes les mesures concernant l'approvisionnement sont étudiées à l'avance; enfin, la région elle-même où on opère est choisie en raison des facilités de toute nature qu'elle présente, et il n'est pas à craindre qu'une destruction prive les troupes du concours des chemins de fer.

Les considérations budgétaires, qui, en manœuvres, ne perdent rien de leur acuité, amènent aussi à n'user de l'exploitation locale qu'avec une discrétion qui, en pratique, réduit ce mode d'approvisionnement à l'achat du foin et de la paille, et lui fait préférer l'envoi de vivres tirés de certaines places.

Les services de l'arrière sont organisés à l'occasion des manœuvres d'armée importantes. On fait fonctionner une ou deux stations-magasins avec leurs boulangeries de guerre. Des sous-intendants en prennent la direction et expédient journellement du pain, des petits vivres, de l'avoine, quelquefois du foin pressé, des légumes secs.

On crée aussi des gares régulatrices réduites aux organes essentiels : la commission régulatrice, la sous-intendance de G. R. et une gestion des subsistances. Elles ne fonctionnent d'ailleurs que comme organes de transit. Les trains de vivres y sont formés, en vue du ravitaillement journalier, au moyen des envois de la station-magasin.

Le bétail est fréquemment rassemblé par les soins d'une commission de réception du ravitaillement (2e partie, chap. VI), qui opère, comme en temps de guerre, par voie d'affiches et d'achats à caisse ouverte. Les parcs ainsi constitués sont la source où s'alimentent, par voie ferrée, les parcs de corps d'armée. Ceux-ci proviennent aussi d'achats faits sur le pays par les gestionnaires.

Enfin, des convois automobiles sont, depuis quelques années, affectés régulièrement aux armées des grandes manœuvres, tant pour les ravitaillements ordinaires, au delà des gares de ravitaillement, que pour le service de la viande fraîche.

Tout cela concourt à donner aux manœuvres un aspect qui n'est qu'une image assez éloignée de la guerre et qui, du reste, n'a pas la prétention de la représenter exactement. Les opérations purement militaires ont souvent aussi un caractère conventionnel qui les empêche de créer de véritables situations de guerre. Par contre-coup, le fonctionnement des services administratifs s'écarte encore plus de ce qu'il serait en campagne.

Est-ce à dire pour cela qu'on ne doive tirer des manœuvres qu'un faible profit sous le rapport de l'apprentissage de la guerre ? En aucune façon; seulement il faut mettre les choses au point, se demander ce qu'il serait advenu de telle opération avec des effectifs presque doublés, avec des formations beaucoup plus nombreuses, dans des circonstances moins favorables, mais dont l'éventualité est à envisager. Cette restriction faite, les grandes manœuvres sont une excellente école.

On y voit aussi, fréquemment, des expériences qui permettent de se faire au moins une première idée de l'intérêt que présentent certaines méthodes ou certains appareils nouveaux, dont on ne pourrait juger entièrement les qualités pratiques : tels ont été, pour ne parler que de choses récentes, les très intéressants essais des divers transports automobiles, de l'emploi de la viande refroidie, des cuisines roulantes, des uniformes « invisibles », etc.

Pour les simples manœuvres de division, les opérations administratives sont réduites au minimum; et les denrées nécessaires tirées de places désignées à l'avance, dont la production est simplement un peu accrue.

Achats. — Les achats sont limités aux denrées qui ne sont pas fournies par des places désignées ou des stations-magasins; cependant, même pour ces dernières denrées, on a quelquefois occasion de faire des achats d'urgence et à titre exceptionnel.

On établit généralement, au début des manœuvres, un tableau des prix pour chaque région ou chaque département, d'après les mercuriales ou les renseignements que recueillent, à cet effet, les directeurs de l'intendance. Ces tableaux sont délivrés, à titre confidentiel, aux officiers d'approvisionnement, qui doivent chercher à se renfermer dans les limites qu'ils indiquent. Faute de trouver des fournisseurs acceptant ces prix, ils useraient de la réquisition.

Réquisition. — En cas de rassemblement de troupes, le décret du 2 août 1877 subordonne l'exercice du droit de réquisition à deux conditions : 1° le ministre de la guerre doit prendre des arrêtés qui en déterminent les limites territoriales et la durée ; 2° ces arrêtés doivent être publiés dans les communes intéressées.

Les réquisitions aux manœuvres sont soumises à des tempéraments qui sont stipulés par la loi elle-même, ou prévus par les instructions ministérielles et, en particulier, celle du 18 février 1895. Mais, sauf ces dispositions de nature à en atténuer la rigueur, elles s'effectuent et se règlent suivant les mêmes principes qu'en cas de mobilisation générale.

Pour le règlement, en particulier, on constitue des commissions d'évaluation des indemnités dues pour prestations fournies et, sur les propositions de ces commissions, l'intendant directeur du corps d'armée sur le territoire duquel les réquisitions ont eu lieu arrête le chiffre des indemnités à allouer.

Mais, encore une fois, il est recommandé de ne pas user de la réquisition, et, en fait, on n'y recourt guère que pour le logement et le cantonnement, et parfois quelques transports isolés.

Fourniture de la viande fraîche. — Les manœuvres peuvent initier au service des vivres-viande tous les personnels qui auraient à y participer en campagne.

On ne constitue d'ailleurs les troupeaux ou parcs de bétail que pour les grandes manœuvres d'armée. Aux manœuvres de division, la viande est fréquemment achetée au jour le jour, sur place.

Parfois, on laisse aux officiers d'approvisionnement le soin de procurer aux unités administratives la viande fraîche. Alors, le plus souvent, pour éviter d'être pris au dépourvu, les corps traitent plus ou moins ouvertement avec un fournisseur, qui s'engage à les approvisionner dans les différents cantonnements où ils passent.

D'autres fois, on confie à l'intendance le soin d'opérer la fourniture. Elle y pourvoit par un marché ou par des achats directs.

La formation d'un troupeau par l'administration est certainement la meilleure solution, car les bêtes sont examinées, au moment de leur réception, par un vétérinaire et un officier d'administration compétents. On a ainsi l'avantage de se rapprocher des conditions du temps de guerre et d'initier au service un assez grand nombre d'officiers et d'hommes de troupe, en même temps qu'on assure à la troupe une viande de bonne qualité, qu'on ne trouve que rarement dans le bétail issu des troupeaux d'entrepreneurs.

Quant à l'exécution du service des abats, il est bon qu'à titre d'instruction il soit effectué dans la même période de manœuvre tantôt par les corps de troupe, tantôt par l'administration. En raison de la réduction des effectifs et aussi du taux de la ration, les difficultés redoutées pour le temps de guerre ne se présentent pas aux manœuvres.

Fabrication du pain. — Elle s'effectue, comme on l'a dit plus haut, soit dans une manutention de garnison, soit dans une station-magasin désignée par le ministre. Quelquefois, on confie une partie de la fabrication à des boulangeries de campagne, ou bien on crée des centres de fabrication avec des fours démontables, qu'on peut même déplacer au cours des manœuvres. En tout cas, surtout lorsque le lieu de fabrication n'est pas le siège d'une garnison permanente importante, outre les difficultés inhérentes au service des vivres-pain, il s'en présente une d'un autre ordre, celle de n'avoir pas, en fin de manœuvres, d'excédents notables qui ne pourraient être consommés que par des expéditions au loin, c'est-à-dire à grands frais et sous risque d'avaries (1).

(1) La date de fabrication de chaque pain doit être imprimée en creux dans la pâte. Cette mesure est le seul moyen d'établir les responsabilités en cas de moisissure du pain. Presque toujours ces accidents sont dus à un trop long séjour dans les fourgons des trains régimentaires, au fond desquels on oublie facilement quelques rations. La connaissance du temps écoulé entre la fabrication et la distribution permet de déterminer la durée du séjour en fourgon.

Généralement, par une bien naturelle prudence, on cherche à avoir devant soi une certaine avance, par exemple, d'un ou deux jours de pain, et, lorsqu'on s'avise d'enrayer la fabrication on s'aperçoit fréquemment qu'il est trop tard. Pour éviter cet inconvénient, une précaution indispensable consiste à relever exactement les effectifs au début des manœuvres et à en multiplier le chiffre par le nombre total des journées pendant lesquelles l'approvisionnement incombe au centre de fabrication ou à la station-magasin. Dès que la production cumulée se rapprochera du produit, on ralentira pour arrêter complètement la fabrication quand on l'aura atteint ou dépassé de très peu. Malheureusement, on n'est pas toujours certain des effectifs, et on ne sait pas toujours quel sera le dernier jour de fabrication. Il y a quelquefois des ordres et des contre-ordres — par exemple sur la manière dont les troupes se procureront le pain qu'elles emporteront pour les premières marches de dislocation — qui troublent profondément les prévisions.

La même difficulté se produit d'ailleurs pour la viande. Il est encore plus difficile de constituer un troupeau au nombre exact de rations qui seront nécessaires. On est souvent obligé de faire, à l'issue des manœuvres, une distribution supplémentaire. Pour éviter la mise en consommation de viande trop ancienne, il est alors préférable de remettre aux corps de troupe désignés des animaux vivants, que les officiers d'approvisionnement se chargent de faire abattre, même après une étape si c'est nécessaire.

Mais cela même n'est pas toujours possible, les parcs de bétail, surtout les parcs initiaux, étant généralement assez éloignés des troupes.

Cette préoccupation de consommer exactement un nombre de têtes de bétail déterminé d'avance fausse profondément le service des vivres-viande; et si l'on y joint la nécessité, également conventionnelle, de distribuer, à certaines dates, de la viande frigorifiée ou demi-salée, et la prévision formelle — d'une invraisemblance qui touche à l'ironie — des jours où seront consommés les vivres de réserve, sans négliger le droit inadmissible à l'utilisation permanente du télégraphe, on arrive à faire fonctionner les parcs de bétail dans des conditions qui n'ont plus aucune espèce de rapport avec celles de la guerre. On nourrit les troupes largement, trop largement même, mais on détourne l'activité du personnel, on dénature son instruction, et l'on en vient à se faire les idées les plus inexactes sur le rendement et les possibilités des organes.

Ravitaillement quotidien. — Par raison d'économie, le système de ravitaillement automatique n'est généralement employé qu'aux manœuvres d'armée, en dehors desquelles l'envoi des vivres quotidiens est subordonné à une commande faite par le chef ou le directeur du service de l'intendance et adressée à l'organe producteur, centre de fabrication ou station-magasin.

De toute façon, le rôle du sous-intendant à la gare de ravitaillement ne diffère pas de celui qui lui incomberait en campagne.

Mais, aux manœuvres, comme l'exploitation locale est employée dans des limites très restreintes; comme, d'ailleurs, les cantonnements ne seront souvent connus ou accessibles qu'à l'issue de la manœuvre, c'est-à-dire dans l'après-midi, rien n'empêche le sous-intendant d'assister en personne au ravitaillement, qui a généralement lieu le matin. C'est là qu'il prendra contact avec les officiers d'approvisionnement, qu'il prendra note de leurs besoins pour le jour suivant, et, le cas échéant, qu'il usera de son influence pour éviter les refoulements de vivres, toujours susceptibles d'occasionner des pertes et de provoquer des appréciations dénuées d'indulgence sur l'exactitude des prévisions de l'intendance.

Il faut reconnaître d'ailleurs que l'on cherche actuellement à se débarrasser des préventions contre les refoulements de denrées; déjà admis à titre exceptionnel, il faut espérer que ceux-ci finiront par être appliqués régulièrement comme en campagne.

Quelquefois, le ravitaillement se fait en dehors des gares; c'est le cas lorsqu'une armée a été dotée de convois automobiles; on s'installe alors en général le long d'une large route, de façon à exécuter le transbordement avec ordre et rapidité. Le sous-intendant s'y comportera de la même façon.

Réparation des dommages. — Dégâts causés dans les cantonnements. — La réquisition du cantonnement aux manœuvres ne donne pas droit à une allocation; mais les dégâts qui peuvent être commis dans les cantonnements ouvrent au profit de l'habitant le droit à indemnité. Toutefois, les dégâts doivent être signalés dans les trois heures qui suivent le départ de la troupe. A cet effet, un officier est laissé dans le cantonnement pendant ce laps de temps, et il sera toujours prudent de lui recommander d'exiger de la municipalité un certificat indiquant le nombre des réclamations reçues dans les trois heures, ou l'absence de réclamation (certificat de bien vivre). Il sera bon aussi de charger l'officier d'un corps de troupe de recevoir les réclamations pour les détachements ou isolés.

Faute de pouvoir faire constater le dégât par un officier, les habitants feraient dresser procès-verbal par le maire et le juge de paix et se feraient payer comme en matière de réquisition.

L'imputation de la dépense est à faire sur les fonds de la justice militaire si le dégât est dû aux conditions défectueuses du cantonnement, ou à la masse d'habillement s'il est causé par la malveillance des hommes; la responsabilité des officiers peut même être engagée s'il y a eu défaut de surveillance de leur part.

Dégâts causés par les manœuvres. — La réparation du dommage causé dans les cantonnements n'est pas spéciale aux manœuvres; il en est autrement de la réparation des dégâts aux propriétés privées causés par les évolutions des troupes.

En guerre, un semblable dommage ne donne pas droit à indemnité; en manœuvres, au contraire, le droit est ouvert pourvu que la réclamation ait été faite dans un délai de trois jours.

Le règlement est effectué par les soins d'une commission spéciale qui opère derrière les troupes et qui comprend un fonctionnaire de l'intendance et un expert civil désigné par le préfet.

Un officier d'administration, muni d'une avance de fonds sur le budget de la justice militaire, accompagne la commission, de manière à effectuer le paiement immédiat aux propriétaires qui ont accepté les offres de la commission. En cas de refus, l'affaire est portée devant les tribunaux civils.

Les commissions de dégâts n'ont pas à régler les dégâts causés dans les cantonnements dans les conditions indiquées plus haut.

En résumé, quels enseignements peut-on tirer des manœuvres ? C'est surtout la connaissance précise de nombreux détails : commandement et rendement des personnels techniques de boulangerie ou de boucherie; valeur et emploi de divers matériels, fours démontables, étagères et ustensiles de paneterie et de boulangerie, outils de boucher; facilités de marche du bétail et appréciation des animaux et, d'une façon générale, le temps et les moyens nécessaires à l'exécution d'une grande quantité d'opérations. Il faut y joindre la fréquentation active des états-majors et les détails de l'administration des quartiers généraux.

Tout cela, on l'acquiert simplement en faisant son service pour peu qu'on se donne la peine d'observer, de noter et de retenir; mais on peut aller plus loin et, parfois, se livrer à un réel travail d'instruction en substituant aux circonstances réelles des situations de guerre adaptées et plausibles, quoique imaginaires.

On peut, dans cette hypothèse, étudier l'exploitation locale d'une région, d'un cantonnement, rechercher les statistiques locales et voir le parti qu'on en peut réellement tirer, les contrôler ainsi que les données théoriques moyennes admises. On peut aussi se poser des problèmes particuliers : les possibilités du ravitaillement en viande d'une armée sur le pied de guerre dans la région qu'on parcourt; la facilité de constituer des troupeaux avec le bétail du pays; la fabrication du pain au moyen des ressources de la région, etc. Dans ce cas, les manœuvres peuvent offrir un grand intérêt. Une condition préalable du succès de pareilles études est d'y intéresser discrètement le directeur de la manœuvre, qui, seul, peut donner aux personnels administratifs la liberté d'allures qu'impliquent ces travaux; une autre condition est qu'ils n'entravent en aucune façon la bonne exécution du service même des manœuvres. C'est dire que ce petit travail supplémentaire n'est guère possible qu'au cours de manœuvres de faibles effectifs.

Enfin, il est un point du service de l'alimentation qui joue un rôle considérable et sur lequel l'incertitude ne cesse de régner. On ne saurait trop chercher à le préciser : c'est la *connaissance des effectifs*. Ce renseignement, base de tout le travail de l'intendance, n'est pour ainsi dire jamais exact. Les sous-intendants de division doivent chercher par tous les moyens à connaître ces effectifs de façon aussi certaine que possible. C'est surtout par relations directes avec les officiers d'approvisionnement qu'ils y parviendront, en discutant avec eux les chiffres remis, situations en mains. Il faut bien dire que l'effectif est assez variable et que la quantité de rations demandées n'est pas toujours égale à cet effectif. Les officiers d'approvisionnement eux-mêmes ne sont pas toujours fixés sur le nombre d'hommes qu'ils auront à nourrir (à cause des évacuations, des petits détachements, des achats faits d'avance, etc.).

On peut excuser, en quelque sorte, les comptables de la grande armée, qui, au cours de la campagne de 1807, commettaient les erreurs que nous avons citées plus haut. Les causes de disparition et de désordre étaient alors autrement nombreuses qu'elles ne peuvent l'être en pleine paix, et pendant les simples manœuvres de trois ou quatre corps d'armée. Peut-être un peu plus de soin dans les unités inférieures permettrait-il enfin à l'intendance d'être renseignée avec précision sur le nombre des bouches qu'elle a à nourrir.

Manœuvres de cadres et voyages d'état-major.

Telles sont les dénominations sous lesquelles on comprend les exercices d'application sur le terrain où la troupe n'intervient pas.

Dans les *manœuvres de cadres* s'appliquant au moins à une division, le commandement est assisté de l'état-major et des services; les généraux de brigade et les commandants des corps de troupe sont généralement convoqués; les *voyages d'état-major* sont spéciaux aux personnels d'état-major, auxquels sont adjoints parfois quelques directeurs ou chefs de service. Dans les deux cas, l'exercice a, en ce qui concerne les services administratifs, un même caractère, et les fonctionnaires de l'intendance doivent y prendre part avec une double préoccupation.

D'abord accomplir intégralement leur travail, en s'efforçant d'aller au fond des situations, de se rendre compte des difficultés qui se présenteraient et de la manière de les surmonter. On ne traite pas, dans de pareils exercices, toutes les questions que provoquerait la réalité des opérations. Aussi peut-on, en général, approfondir assez les points spéciaux que l'on examine.

Ensuite, profiter du passage dans la région pour mettre à l'épreuve de quelques enquêtes ou vérifications très rapides les données générales sur les ressources locales et leur utilisation.

Les manœuvres de cadres les plus intéressantes pour le service de l'intendance sont les manœuvres des services de l'arrière, qui sont organisées avec des personnels très complets et qui prennent parfois beaucoup d'ampleur.

Exercices sur la carte.

Dans les exercices sur la carte, comme dans ceux qu'on exécute sur le terrain; on étudie le développement d'une situation de guerre conforme à un thème donné; mais le terrain n'est plus représenté que par la carte.

Si, au point de vue militaire, la différence est grande, elle l'est moins en ce qui concerne l'étude du fonctionnement des services administratifs, et de pareils exercices peuvent être, à ce point de vue, très profitables. Ils le seront d'autant plus qu'on apportera à leur exécution plus de conscience personnelle. C'est dire qu'on doit y venir, non pas avec le seul souci de s'acquitter envers une autorité supérieure d'un travail déterminé, mais avec le désir de poursuivre pour soi-même l'étude approfondie des cas qui se présentent, sans faire abstraction des difficultés que l'on pourrait s'attendre à rencontrer dans la réalité, dût le travail qu'on s'impose n'avoir aucune répercussion immédiate sur l'exercice lui-même.

Les exercices sur la carte présentent le grand intérêt de familiariser le personnel de l'Intendance avec le langage et les usages de l'état-major, de l'habituer à recevoir des ordres des autorités compétentes et à en rédiger lui-même, de l'accoutumer aux formations diverses, de lui enseigner sa place exacte dans celles-ci, de lui faire fréquenter et connaître les futurs chefs du temps de guerre. Réciproquement, c'est dans ces réunions qu'il pourra lui-même prouver ses connaissances générales et se faire apprécier des généraux, des chefs d'état-major et des autres services.

Les thèmes de ces exercices sont le plus souvent des données très utiles à conserver, et l'étude des situations obtenues peut être poursuivie à tête reposée et indépendamment des solutions officielles.

Si les grandes manœuvres ne sont déjà qu'une image fort restreinte de la guerre, les exercices sur la carte ne sauraient encore que bien moins approcher des réalités d'une campagne. « A la guerre, ont dit tous les grands capitaines, la conception est simple, l'exécution est tout. » Sur la carte, on ne se heurte jamais à l'exécution. Tous les ordres donnés sont censés être parvenus à temps et avoir produit leur effet complet. Tous les mouvements sont censés effectués correctement et dans le temps fixé, tous les cantonnements pris aux heures dites, tous les convois mis en marche sans erreurs et arrivés sans retard, etc... De plus, pour ne pas compliquer ces travaux, on en réduit les données aux conditions les plus simples. On ne tient aucun compte, par exemple, des variations d'effectif, ni des consommations différentes des diverses troupes, qui, au bout de quelques jours de campagne, introduiront un si grand trouble dans l'alimentation : on compte toujours les approvisionnements et les ravitaillements par « jours de vivres » et non par rations, ce qui est pourtant le seul mode applicable en campagne, au moins pour ceux qui ont à fournir ces rations; on admet toujours que le rendement des organes est parfait; on néglige totalement les ressources locales, etc. Bien d'autres questions sont pareillement laissées dans le vague et considérées comme résolues en bloc, alors que la réalité est essentiellement multiple, et fait ressortir, cruellement parfois, l'opposition de la simplicité des formules et de la complexité des faits.

Cette modalité, un peu élémentaire, suivant laquelle se développent les travaux sur la carte, comporte donc une part d'erreur inévitable, dont le corps de l'intendance est appelé à se garer plus que tout autre, car elle s'exerce surtout à ses dépens. Sur la carte, le sous-intendant ne paraît devoir jouer, en campagne, qu'un rôle assez effacé entre l'état-major et les agents d'exécution. Rien n'est plus faux : l'expérience l'a démontré cent fois. La responsabilité de ceux qui exercent la direction d'un service est double : ils doivent transmettre les ordres du commandement et en assurer l'exécution. Leur rôle ne s'arrête pas à la rédaction de prescriptions plus ou moins détaillées: il faut que ces prescriptions soient réalisées, ce que les agents d'exécution n'ont pas les moyens de faire seuls : ils ne peuvent agir que suivant les ordres de la direction et après que celle-ci leur a préparé leur travail.

Le sous-intendant ne saurait se borner à répéter les ordres qu'il a reçus. Il lui faut à chaque instant imaginer des moyens de se tirer d'affaire lorsque les procédés réguliers ou prévus ne suffisent pas, lever les difficultés qui proviennent de contradictions ou d'omissions inévitables, réparer les accidents, adapter ses ressources aux circonstances imprévues, tirer parti des situations les plus compromises. On peut dire que chaque acte administratif est un problème pour lui, et c'est la solution de ce problème, qu'on aurait de la peine à résoudre sans lui, qui est sa principale raison d'être. Elle ne peut résulter que du concours d'une intelligence active et d'une connaissance complète des moyens d'action et de toute leur souplesse. C'est ce genre de services qui crée la grande utilité du fonctionnaire de l'intendance, qui justifie — et impose — sa situation à côté des chefs des grandes unités, — depuis la division jusqu'à l'armée, — qui en fait l'auxiliaire indispensable des généraux, aux conceptions desquels il doit éviter toute difficulté administrative d'exécution, aux ordres de qui il ne doit jamais laisser opposer une impossibilité.

Mais rien de pareil, naturellement, ne ressort des exercices sur la carte, où tout se passe avec une régularité parfaite; aussi faut-il bien se garder de s'en rapporter à ceux-ci pour donner une idée exacte du rôle du sous-intendant. Il ne faut les considérer que comme un procédé didactique, une méthode, excellente d'ailleurs, d'enseigner ou de rappeler aux fonctionnaires de l'intendance ce qu'ils doivent connaître, de sorte que, le jour de l'exécution venu, ils soient entièrement préparés à leurs fonctions de guerre et en possèdent à fond tout ce qu'il est possible d'en apprendre dès le temps de paix.

Le danger des interprétations trop fermes des manœuvres de cadre ou des travaux sur la carte est surtout grave lorsque l'on tente de juger par leur moyen des innovations administratives, des méthodes ou des organisations que l'on cherche à créer ou à modifier. La confiance exagérée en cette manière de faire a, malheureusement, quelque tendance à se développer à l'heure actuelle. Elle est évidemment extrêmement commode pour quiconque occupe dans ce genre d'exercices une situation lui permettant de soutenir ses idées dans les données mêmes du travail ou dans les rapports qui le suivent. Mais les arguments qu'on tire de ces travaux sont bien souvent aussi illusoires que les discussions qui sont censées les avoir accompagnés.

N'oublions pas que les Allemands, chez qui cet exercice a été en grande faveur, même avant de l'être chez nous, l'ont appelé d'un nom que nous leur empruntons parfois : *kriegspiel*, le *jeu* de la guerre. Il ne faut tirer d'un jeu des conclusions à appliquer à la vie elle-même qu'avec une extrême prudence, et lorsqu'il y a unanimité pour reconnaître la justesse de ces conclusions. Ce ne sera pas le moindre devoir des fonctionnaires, qui, dans ces parties à enjeu nul, représentent le service de l'intendance, que de réagir contre toute exagération; et il leur faudra sans doute parfois attirer l'attention du commandement sur les invraisemblables prouesses qu'on aura fait accomplir à leur service, le plus souvent sans même les avoir consultés. Ils sont placés mieux que personne pour faire ressortir les illusions dangereuses, conséquence forcée d'un optimisme tout de théorie, et qui n'ont peut-être que trop de facilité à se glisser ensuite dans des règlements.

Enfin, il est un mode d'instruction qui, pour n'être pas réglementaire, ne doit pas être négligé : c'est l'étude de l'histoire militaire. A notre époque, les guerres sont rares; ce n'est guère que dans quelques expéditions coloniales qu'un petit nombre de fonctionnaires a pu prendre un peu d'expérience. Cette expérience pourra profiter à tous ceux qui liront avec attention et intelligence les comptes rendus et les historiques. On y verra comment les principes généraux restent et comment les détails les mieux prévus s'évanouissent devant la réalité. On ne saurait trop se préparer à cette idée que, quoi que l'on ait organisé d'avance, *le service de l'intendance aura toujours à créer en campagne*. L'étude des campagnes récentes, tant des guerres importantes que des simples expéditions, fera voir comment ont créé ceux qui se sont trouvés aux prises avec un service difficile parce qu'il n'était précédé, en général, que d'une préparation insuffisante. Ce sera la meilleure leçon à recevoir, parce qu'elle sera double, portant en même temps sur le caractère et sur l'intelligence, à la fois pratique et morale.

CONCLUSION

Que peut-on espérer de l'organisation dont on vient d'exposer le détail ? Suffira-t-elle aux besoins des troupes en campagne ? Jouera-t-elle avec assez de puissance et de souplesse ? Il est permis de l'espérer, et l'on ne peut nier au moins le grand effort d'intelligence et de bonne volonté produit en vue du succès. Mais l'avenir seul, la seule expérience d'une guerre, pourront corroborer cette opinion et montrer la justesse des vues qui ont présidé à l'élaboration de nos règlements, à la constitution de nos matériels, à la réunion de nos ressources.

Il serait d'ailleurs un peu puéril de s'imaginer que tout est prévu, que tous les organes fonctionneront comme ils le doivent et que, par suite, l'alimentation se fera régulièrement, que les privations, si souvent supportées pendant les campagnes précédentes, ne se feront plus sentir.

Les forces humaines ne prévalent point contre les éléments, et les plans les mieux conçus sont souvent déjoués par des événements qu'il était impossible de prévoir. Il faudra s'attendre à souffrir de la lenteur des convois, de leur enlèvement par l'ennemi, les routes seront défoncées par les pluies ou rendues glissantes par les gelées, les ponts auront sauté, les voies de fer seront détruites; des épizooties surviendront qui décimeront les troupeaux; des denrées seront avariées, des approvisionnements pillés; des alertes troubleront les distributions et les repas; on fera la guerre dans des pays pauvres; des changements subits de direction des troupes empêcheront de parvenir les trains de vivres soigneusement chargés et mis en route, etc., etc.

Rien de tout cela même n'arrivât-il, qu'il resterait encore une cause majeure de privations : c'est la loi inéluctable qui veut que la guerre soit faite de l'*effort maximum*. Le seul fait que l'homme peut, à la rigueur, marcher et se battre sans avoir mangé, créera à son chef l'obligation, le devoir d'utiliser un jour cette possibilité. Sinon, l'effort aurait pu être plus grand, une force aurait été négligée, et il viendra un moment où toutes les forces sans exception devront agir. La privation est une de celles-là, comme le sacrifice de la vie en est une autre.

N'allons pas conclure de là l'inutilité de la perfection du service. Bien au contraire, en l'exécutant au mieux, on entretient les troupes en bon état, on les ménage; on recule le moment où le recours à la privation devra être imposé, et on les rend aptes à l'accepter de meilleur cœur et à fournir quand même un travail efficace.

Mais, quelque énergie que déploie l'intendance pour être égale et, s'il se peut, supérieure à sa tâche, les obstacles qui se dresseront devant l'accomplissement de son devoir ne sont pas de ceux qui peuvent toujours être surmontés. Quoi qu'elle fasse, elle aura besoin, elle aussi, qu'on lui accorde parfois un certain droit à l'impuissance, et que l'on souffre ce qu'il aura été au delà de ses forces d'empêcher.

« Le salut de la patrie — dit notre règlement sur le service en campagne — dépend des aptitudes du soldat à supporter virilement les fatigues et *les privations* de la guerre, aussi bien que de sa ténacité, de sa bravoure et de son entrain au feu. »

Il les supportera d'autant mieux qu'il se rendra compte qu'il souffre des événements seuls, et non du manque de prévisions ou de la faiblesse de ceux qui ont charge de le nourrir. Ce devoir passif entraîne par réciprocité celui, tout actif, de l'intendance, dont l'idéal sera toujours d'éviter, de reculer autant que possible cet appel au courage contre la faim; dans ce but, les personnels de ce corps ne ménageront ni leurs cerveaux, ni leurs muscles, ni leurs cœurs, et ils donneront, eux aussi, leur « effort maximum ». Il sera certainement fécond.

Il le sera, surtout s'il est spontané. Avant tout, toujours, en toutes circonstances, nous devons songer à *pourvoir* la troupe, de nous-mêmes, sans attendre d'ordres... L'initiative, c'est l'offensive de l'administration.

Paris et Limoges. — Imprimerie militaire Henri CHARLES-LAVAUZELLE.

www.ingramcontent.com/pod-product-compliance
Ingram Content Group UK Ltd.
Pitfield, Milton Keynes, MK11 3LW, UK
UKHW020609230726
13926UKWH00005B/2288